660MW超超临界火力发电机组培训教材

GUOLU FENCE

锅炉分册

望亭发电厂　编

中国电力出版社
CHINA ELECTRIC POWER PRESS

内 容 提 要

《660MW超超临界火力发电机组培训教材》对超超临界燃煤发电机组的原理及设备只做简单介绍，着重以岗位运行知识为基础，以提高操作技能为目的，根据电厂生产一线人员在660MW超超临界燃煤发电机组调试、运行、维护过程中的经验，详细介绍发电设备及系统的运行维护及故障处理。

本书为此套教材的《锅炉分册》，全书共十五章，主要内容包括超（超）临界燃煤锅炉概述，锅炉本体，制粉系统，锅炉燃烧设备及控制，燃油系统，风烟系统，超超临界锅炉蒸发受热面的热偏差及传热恶化，超超临界锅炉的积盐及腐蚀，火焰检测系统，锅炉吹灰系统及设备，锅炉干除灰、除渣系统，超超临界直流锅炉启停及保养，锅炉的正常运行及调整，超（超）临界直流锅炉燃烧优化调整，超临界锅炉常见故障及处理。

本书可作为从事660MW超超临界火力发电机组锅炉设备及系统的安装调试、运行维护和检修等岗位的生产人员、技术人员和管理干部的上岗培训、在岗培训及继续教育等的培训教材，也可作为600～1000MW超超临界火力发电机组锅炉设备及其系统的生产人员、技术人员及大专院校相关专业师生的参考教材。

图书在版编目(CIP)数据

660MW超超临界火力发电机组培训教材．锅炉分册/望亭发电厂编．—北京：中国电力出版社，2012.1（2026.1重印）

ISBN 978-7-5123-2282-0

Ⅰ.①6… Ⅱ.①望… Ⅲ.①火力发电-发电机组-技术培训-教材 ②火电厂-锅炉运行-技术培训-教材 Ⅳ.①TM621

中国版本图书馆CIP数据核字(2011)第220934号

中国电力出版社出版、发行

（北京市东城区北京站西街19号 100005 http://www.cepp.sgcc.com.cn）

北京盛通印刷股份有限公司印刷

各地新华书店经售

*

2012年1月第一版 2026年1月北京第四次印刷

787毫米×1092毫米 16开本 20印张 441千字

印数6501—7000册 定价**45.00**元

《660MW 超超临界火力发电机组培训教材》

编 委 会

序

自1882年中国有了商品电以来，中国电力工业的历史车轮已然驶过了三个世纪。斗转星移，大浪淘沙，在今天知识爆炸的时代，新一代的电力工作者需要怎样的知识来传承光荣，成就梦想？需要怎样的书籍来实现自我提升，成为一名真正具有竞争力的电力工作者？人生哲理、科学理论、生活常识，这些都很重要。阅读它们可以使人明智、静心、修身、达理，不断走向完美。但要成为一名优秀的电力运行工作者，除了这些之外，更为重要的是一定要有过硬的专业素质，以及坚定而执着的专业精神，这就需要有一套专业对口、学践结合、操作性强、通俗易懂的职业学习丛书，这就是我们出版《660MW超超临界火力发电机组培训教材》丛书的主要宗旨。

当前，加快转变经济发展方式已成为影响我国经济社会领域各个层面的一场深刻变革。在火电行业，大容量、高参数的火电机组因为其较低的能耗和排放成为了行业发展的主流。随着单机百万容量机组的投产发电，标志着我国的电力工业已经步入百万级时代。但是，就目前情况而言，600MW级的机组仍是我国电网供电的中坚力量。因此，加强对600MW级机组基础理论的研究，深入开展600MW级机组的管理创新和技术创新，不断提高600MW级机组运行技术水平，对于促进中国电力工业更加健康快速地发展，确保国民经济稳定运行具有重要的现实意义。

2009年6月，望亭发电厂通过科学论证、大胆规划、辛苦建设，在国内率先成功投运了由上海电气集团制造的660MW超超临界燃煤机组。投运至今，各项性能指标在同类型机组中处于先进行列，并成为中国华电集团600MW级标杆机组。“追求卓越，勇于创新”的企业精神造就了今天望亭发电厂的再度辉煌，有着崇尚科学、不断精益优良传统的“望电人”紧紧依托自身日积月累、扎实深厚的技术底蕴，立足660MW级超超临界燃煤机组基建生产运行所掌握的第一手宝贵经验，加紧研究、认真总结、不断提炼，迅速建立起一套体系完善、环节精益、过程闭环、统筹兼顾的运营管控理论模式，锻炼出一支业务精、作风硬、素质强的职工队伍，为更好地发挥机组运营潜效、不断提升内生效益奠定了理论和技术基础，为实现超超临界机组在中国更好地发展和运营做出了自己应有的贡献。

本套丛书编撰历时两年有余。两年来，在望亭发电厂党委和厂部的关心支持下，集聚厂内技术骨干的编撰团队克服了生产任务繁重、技术资料缺乏、编撰经验不足等诸多困难，充分发挥“望电人”严谨求实的工作作风，勤钻研、巧思考、多实践，力求在内容上理论联系实际，在表述上做到通俗易懂。本套丛书包括《汽轮机分册》、《电气分册》、《锅炉分册》、《脱硫脱硝分册》、《化学分册》、《燃料分册》、《热控分册》。针对发电厂工作的特点，本套丛书对660MW超超临界燃煤发电机组设备的原理只做简单介绍，着重以岗位运行知识为基础，以提高技能操作能力为目的，根据电厂一线人员在660MW超超临界燃煤发电机组调试、运行、维护过程中的经验，介绍发电设备及系统的运行维护及故障处理，有效提升了本书的实用性，使该书成为国内少有的能够全面、系统地反映该类型机组的培训教材。

时代在变，创新的精神和力量是永恒的。我们希望本套丛书的出版，能够成为一个契机和交流的载体，为推动低碳节能的660MW超超临界燃煤机组在中国更好更快地发展增添一份力量。

由于编撰人员的理论水平和实践经验有限，书中难免有缺点和错误，恳请读者批评指正。

2011年4月

前　言

随着电力工业技术的不断发展，用电量的持续增加和世界范围内环保形势的日趋严峻，大容量、高参数、高效率的超超临界大型发电机组正逐渐成为我国电力系统的主力发电机组。大型超超临界发电机组普遍采用低 NO_x 燃烧以及烟气脱硫脱硝技术，大幅度降低了二氧化硫、氮氧化物等污染物的排放。低煤耗、高环保的超超临界发电机组目前正成为我国电力行业“上大压小”、“节能减排”的首选机型。

为使广大电力生产岗位工人、技术人员和管理人员熟悉、了解和掌握660MW超超临界大型燃煤火力发电机组的性能及特点，中国华电集团公司望亭发电厂在中国电力出版社的大力支持下，组织各级技术人员耗时两年时间，精心编写了《660MW超超临界火力发电机组培训教材》。

针对发电厂工作的特点，本套教材对660MW超超临界燃煤发电机组设备的原理只做简单介绍，着重以岗位运行知识为基础，以提高操作技能为目的，根据电厂生产一线人员在660MW超超临界燃煤发电机组调试、运行、维护过程中的经验，详细介绍发电设备及系统的运行维护及故障处理，力求能以平实的语言及通俗的阐述，更好地满足660MW超超临界燃煤机组岗位运行、技能操作和继续教育的需要。本套教材也可供高等院校有关专业的相关师生参考。

本书为《660MW超超临界火力发电机组培训教材》锅炉分册，共十五章，由陆建棋主编，包献忠主审，胡隆、杨波、狄亮、杨国庆、周建庆、谢建民、朱伟、徐亮、朱建峰、贺晓忠、乐国强、沈梅芳、金志伟、常青、葛红频等参与本书编写，全书由陆建棋统稿。

本分册在编写过程中，参阅了部分已正式出版的技术文献及制造厂、设计院、安装单位、调试单位的有关说明书、图纸等技术资料，在此一并表示感谢。

由于编者水平有限，加之编写时间仓促，错漏之处在所难免，敬请读者批评指正，并提出宝贵意见。

编　者

2011年4月

目　录

第一章 超(超)临界燃煤锅炉概述

电力工业是国民经济发展的基础工业。电力工业的发展水平和电能供应的数量和质量，是衡量工业、农业、国防和科技现代化水平的重要标准。发电能源的种类很多，如火力发电、水力发电、核能发电、风力发电、太阳能发电、地热发电、潮汐发电等。当前世界上主要有三类发电形式，分别为火力发电、水力发电和核能发电。从总体上讲，火力发电仍然是世界电能生产的主要形式，我国由于能源构成的特点更是如此。

第一节 锅炉的分类

锅炉可以按循环方式、燃烧方式、排渣方式、运行方式，以及燃料、蒸汽参数、炉型、通风方式等进行分类，其中按循环方式和蒸汽参数进行的分类最为常见。

一、循环方式分类

锅炉按照循环方式可分为自然循环锅炉、控制循环锅炉和直流锅炉。

(1) 自然循环锅炉。给水经给水泵升压后进入省煤器，受热后进入蒸发系统。蒸发系统包括汽包、不受热的下降管、受热的水冷壁以及相应的集箱等。当给水在水冷壁中受热时，部分水会变为蒸汽，所以水冷壁中的工质为汽水混合物，而在不受热的下降管中，工质则全部为水。由于水的密度大于汽水混合物的密度，因此，在下降管和水冷壁之间会产生压力差，在这种压力差的推动下，给水和汽水混合物在蒸发系统中循环流动。这种循环流动是由于水冷壁受热而形成的，没有借助其他的能量消耗，所以称为自然循环。在自然循环中，每千克水循环一次只有一部分转变为蒸汽，或者说每千克水要循环几次才能完全汽化，循环水量大于生成的蒸汽量。单位时间内的循环水量同生成的蒸汽量之比称为循环倍率。自然循环锅炉的循环倍率为4～30。

(2) 控制循环锅炉。在循环回路中加装循环水泵，就可以增加工质的流动推动力，形成控制循环锅炉。在控制循环锅炉中，循环流动压头要比自然循环时增强很多，可以比较自由地布置水冷壁蒸发面，即蒸发面可以垂直布置，也可以水平布置，其中的汽水混合物既可以向上流动，也可以向下流动，所以可以更好地适应锅炉结构的要求。控制循环锅炉的循环倍率为3～10。

自然循环锅炉和控制循环锅炉的共同特点是都有汽包。汽包将省煤器、蒸发部分和过热器分隔开，并使蒸发部分形成密闭的循环回路。汽包内的大容积能保证汽和水的良好分离。但是，汽包锅炉只适用于临界压力以下的锅炉。

(3) 直流锅炉。直流锅炉没有汽包，工质一次通过蒸发部分，即循环倍率为1。直流锅炉的另一特点是，在省煤器、蒸发部分和过热器之间没有固定不变的分界点，水在受热蒸发面中全部转变为蒸汽，沿工质整个行程的流动阻力均由给水泵来克服。如果在直流锅炉的启动回路中加入循环泵，则可以形成复合循环锅炉。即在低负荷或者本生负荷以下运行时，由于经过蒸发面的工质不能全部转变为蒸汽，因此在锅炉的汽水分离器中会有饱和水分离出来，分离出来的水经过循环泵再输送至省煤器的入口。这时流经蒸发部分的工质流量超过流出的蒸汽量，即循环倍率大于1。当锅炉负荷超过本生点以上或在高负荷运行时，由蒸发部分出来的是微过热蒸汽。这时循环泵停运，锅炉按照纯直流方式工作。

二、蒸汽参数分类

锅炉按照蒸汽参数可分为低压锅炉（出口蒸汽压力，下同，≤2.45MPa）、中压锅炉（2.94～4.90MPa）、高压锅炉（7.8～10.8MPa）、超高压锅炉（11.8～14.7MPa）、亚临界压力锅炉（15.7～19.6MPa）、超临界压力锅炉（＞22.1MPa）和超超临界压力锅炉（＞27MPa或主蒸汽温度≥580℃）。

三、其他分类

（1）锅炉按照燃烧方式可分为层式燃烧锅炉、悬浮燃烧锅炉、旋风燃烧锅炉和循环流化床锅炉。其中，悬浮燃烧锅炉常见的火焰形式有切向、墙式及对冲、U型、W型等。

（2）锅炉按照使用的燃料可分为燃煤锅炉、燃油锅炉、燃气锅炉及燃用其他燃料（如油页岩、垃圾、沼气等）的锅炉。

（3）锅炉按照排渣方式可分为固态排渣和液态排渣两种。固态排渣是指炉膛下部排出的灰渣呈灼热的固态，落入排渣装置经冷却水粒化后排出。液态排渣是指炉膛内的灰渣以熔融状态从炉膛底部排出。20世纪五六十年代，为强化燃烧和解决燃用低挥发分、低灰熔点燃煤的困难，液态排渣炉发展较快。但因燃烧温度高、排出NO_x较多对环境保护不利、对煤种变化敏感、运行可靠性易受影响等因素限制，现在发展基本停滞，大部分锅炉均采用固态排渣方式。

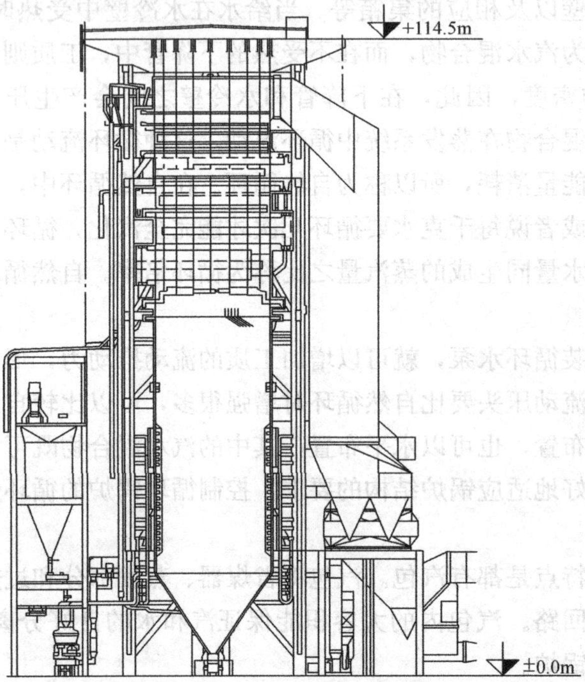

图1-1 塔型锅炉布置示意

（4）锅炉按照通风方式可分为平衡通风锅炉、微正压锅炉（2～4kPa）和增压锅炉。所谓平衡通风锅炉，是指进入锅炉的供风由风机提供，燃烧后的烟气经风机抽吸出去，炉膛燃烧室呈负压状态（−200～−50Pa）。现在大型电站锅炉基本都采用平衡通风方式。微正压锅炉炉壳密封要求高，多用于燃油、燃气锅炉。增压锅炉炉内烟气压力高达1～1.5MPa，多用于燃气—蒸汽联合循环锅炉。

（5）按锅炉类型进行分类，有Ⅱ型锅炉、箱型锅炉、塔型锅炉（布置见图1-1）及D型锅炉等。Ⅱ型锅炉是电站锅炉中最常见的一种炉型，几乎适用于各种容量和不同燃料。箱型锅炉和D型锅炉主要燃用重油和天然气。塔型锅炉更适用于多灰分烟煤和褐煤，德国此种炉型较多。塔型锅炉最先出现于欧洲。促进塔型锅炉发展的原因主要可归结为燃料及灰渣特性，以及锅炉容量增大引发的结构布置上的问题两个方面。

欧洲大陆的许多国家，如德国、捷克、波兰、罗马尼亚、比利时、瑞士、南斯拉夫等国家的褐煤资源非常丰富，为了燃用这种高挥发分、灰分、水分和低热值的褐煤，解决飞灰对对流受热面的磨损，以及锅炉容量增大、布置困难的问题，于20世纪60年代开发了适合于褐煤的塔型锅炉。其后，在容量上也经历了由小到大的发展，被广泛应用于燃用不同煤种。

我国于20世纪70年代末引进了几台300MW级机组的塔型锅炉。塔型锅炉具有如下特点：

1）防磨性能。由于塔型布置为单烟道，烟气垂直上升流经各对流受热面，烟气中的灰粒因受到重力作用，上升速度将减慢；灰粒与烟气有速度差，因而灰粒对塔型锅炉的对流受热面的磨损大大减轻，而且灰粒不会因转弯而发生分离，且飞灰浓度比较均匀，不致产生局部严重磨损，因此尤其适用于高灰分煤种。

2）便于疏水。塔型锅炉的过热器、再热器及省煤器均为水平布置，所以管内疏水可全部排尽，有利于启动、停炉检查和保养，也有利于过热器、再热器酸洗。Π型锅炉则难以做到。

3）对流受热面布置方便。Π型布置时，由于受到尾部烟道空间位置的限制，烟速很难降到塔型布置的烟速。以300MW机组Π型布置的直流锅炉为例，如果其他条件不变，省煤器烟速从8m/s下降到6m/s，传热系数约减小18%，受热面积约需增加22%；同样，高温过热器的烟速从12.5m/s降到8m/s，传热系数约下降27.6%，受热面积约需增加40%。显然，Π型布置锅炉要增加如此多的受热面较为困难，而塔型布置锅炉则容易做到。

4）煤种适应性广。凡Π型布置能适应的煤种，塔型布置都能适应；反之，Π型布置较难实施的煤种，塔型锅炉也能实施。根据德国电厂的实践，塔型锅炉不仅适用于燃油、燃气，也适用于燃煤，更适于燃用高灰分、多水、低熔点、低热值的褐煤以及高灰分的烟煤、贫煤等。

5）占地面积小，且有利于制粉及燃烧系统设备和烟、风、煤粉管道的布置。

6）炉顶的穿墙管大量减少，易于解决炉顶的密封问题。

7）锅炉钢架金属耗量大。塔型布置的锅炉炉体高，整个炉体悬吊在炉顶，荷载高且集中，从而使锅炉支撑结构金属耗量相对增大。

8）安装与检修复杂。塔型锅炉炉体高，使设备安装和检修复杂程度高，锅炉吊装需使用高型起吊设备或液压提升装置及专用机具，且难度也较大，安装工期也较其他常用炉型长。

第二节 超（超）临界火电技术发展状况

一、超（超）临界的定义

水的临界状态参数为22.115MPa、374.15℃，在水的参数达到该临界点时，水的完全汽化会在瞬间完成，即在临界点时，饱和水和饱和蒸汽之间不再有汽、水共存的两相区存在，两者参数不再有分别。当机组参数高于这一临界状态参数时，通常称其为超临界参数机组。高效超临界（High Efficiency Supercritical）机组或超超临界（Ultra Supercritical，简称 USC）机组是相对于常规超临界机组而言的，其工作压力大于 27.0MPa 或工作温度高于 580℃。

对蒸汽动力装置循环的理论分析结果表明，提高初参数和降低循环的终参数都可以提高循环的热效率。实际上，蒸汽动力装置的发展和进步就是一直沿着提高参数的方向前进的。

经过几十年的发展，目前，超临界火电技术是世界上唯一的先进、成熟和达到商业化规模应用的洁净煤发电技术，已在不少国家推广应用并取得了显著的节能和改善环境的效果。当前，实际应用中机组的主蒸汽压力最高已达到 31MPa，主蒸汽温度最高已达到 610℃，容量等级在 300～1300MW 内均有业绩。与同容量亚临界火电机组的热效率比较，理论上采用超临界参数可使效率提高 2%～2.5%，采用更高的超临界参数可提高 4%～5%。目前，世界上先进的超临界机组效率已达到 47%～49%，同时先进的大容量超临界机组具有良好的运行灵活性和负荷适应性；超临界机组大大降低了 CO_2、粉尘和有害气体（主要 SO_x、NO_x 等）等污染物的排放，具有显著环保、洁净的特点。实际运行业绩表明，超临界机组的运行可靠性指标已经不低于亚临界机组，有的甚至更高；另外，相对其他洁净煤发电技术来说，超临界技术具有良好的技术继承性。因此，超临界发电技术得到了各国电力界的重视，又进入了新一轮的发展时期，进一步发展的方向是保证其可用率、可靠性、运行灵活性和机组寿命等的同时，进一步提高蒸汽的参数，从而获得更高的效率和环保性。

我国电力工业总体与国外先进水平相比有较大差距，能耗高、环境污染严重是目前我国火电厂中存在的两大突出问题，并成为制约我国电力工业乃至整个国民经济的重要因素。

二、超临界锅炉的特点

所谓超临界锅炉，是指运行参数超过临界点的锅炉，即主蒸汽压力高于临界压力（22.13MPa）的锅炉。超临界锅炉具有如下特点：

（1）热效率高、热耗低。超临界机组热耗比亚临界机组低 2%～2.5%，故可节约燃料，降低能源消耗和大气污染物的排放量。

（2）超临界压力时，水和蒸汽比体积相同、状态相似，单相的流动特性稳定，没有汽水分层和在中间集箱处分配不均的困难，并不需要像亚临界压力锅炉那样用复杂的分配系统来保证良好的汽水混合，回路比较简单。

（3）超临界锅炉水冷壁管道内单相流体阻力比亚临界汽包锅炉双相流体阻力低。

（4）超临界压力下工质的热导率和比热容较亚临界压力的高。

（5）超临界压力工质的比体积和流量较亚临界的小，故锅炉水冷壁管内径较小，汽轮机的叶片可以缩短，汽缸可以变小，从而降低了质量与成本。

（6）超临界压力直流锅炉没有大直径厚壁的汽包和下降管，制造、安装和运输方便；同时，取消汽包而采用汽水分离器，汽水分离器远比亚临界锅炉的汽包小，内部装置也很简单，制造工艺也相对容易，相应地降低了成本。

（7）启动、停炉快。超临界压力直流锅炉不存在汽包上下壁温差等安全问题，而且其金属质量和储水量小，因而锅炉的储热能力差，所以其增减负荷允许的速度快，启动、停炉时间可大大缩短。一般在较高负荷（80%～100%）时，其负荷变动率可达10%/min。

(8) 超临界压力锅炉适宜于变压运行。

(9) 超临界压力锅炉的蓄热特性不及汽包锅炉，外界负荷变动时，汽温、汽压变化快而必须有相当灵敏可靠的自动调节系统，锅炉机组的自控水平要求也较高。

三、超临界发电技术的发展过程

世界上超临界发电技术的发展过程大致上可分为以下两个阶段。

第一阶段：20世纪50～80年代，主要以美国、德国、日本等为技术代表。初期技术发展的起步参数就是超临界参数。20世纪50年代美国最先投运两台超临界机组，即1957年Philo 6号（125MW、31.0MPa/621℃/566℃/538℃）和1958年Eddystone 1号（325MW、34.3MPa/649℃/566℃/566℃）。但由于所采用的过高蒸汽参数超越了当时材料的实际发展水平，从而导致诸如机组运行可靠性差等问题的发生，但同时也积累了一定的经验。在经历了初期过高的参数后，从20世纪60年代后期开始，美国超临界机组大规模发展时期所采用的参数均降低到常规超临界参数。由于燃料价格下降等诸多原因，发展速度比较缓慢，直至20世纪80年代，美国超临界机组的参数基本稳定在该水平。

从20世纪80年代初期开始，随着材料的进步和发展，以及对电厂水化学方面认识的深入，设计者们克服了早期超临界机组所遇到的问题。期间对已投运的机组进行了优化改造，大大提高了机组的经济性、可靠性、运行灵活性，其可靠性和可利用指标已经达到甚至超过相应的亚临界机组。超临界机组的市场逐步转移到欧洲及日本，并涌现出一批新的超临界机组。

第二阶段：20世纪90年代开始，国际上高效超超临界机组进入了快速发展的阶段，其背景原因在于环保要求日益严格，同时，新型耐高温材料的开发成功、关键技术的成熟和常规超临界技术的成功也为超超临界机组的发展提供了必要的条件。在此阶段，技术发展主要以日本为代表，进入了新一轮发展阶段，即在保证机组高可靠性、高可用率的前提下，采用更高的蒸汽温度和压力。该阶段机组的发展具有以下三个方面的趋势：

(1) 蒸汽压力并不高，多为25MPa左右，而蒸汽温度相对较高。这种方案可以降低造价，使结构简单、可靠性增加，通过提高温度来获得机组热效率更有效。近期欧洲及日本生产的新型机组，大多数压力均保持在25MPa左右，温度也提高到了580～610℃。

(2) 蒸汽压力和温度同时都取较高值（28～30MPa，600℃左右），从而获得更高的效率，技术发展主要以欧洲为代表。部分机组采用高温的同时，压力也提高到27MPa以上。压力的提高不仅关系到材料强度及结构设计，而且由于汽轮机排汽湿度的原因，压力提高到某一等级后，必须采用更高的再热蒸汽温度或二次再热循环。

(3) 更大容量等级的超超临界机组的开发。决定机组容量的关键因素之一是低压缸的排汽能力，与蒸汽参数无直接关系。为尽量减少汽缸数，大容量机组的发展更注重大型低压缸的开发和应用。经过40多年的不断完善和发展，目前超（超）临界机组的发展已进入成熟和实际应用阶段，具有更高参数的高效超临界机组已经成功地投入商业运行。

随着机组蒸汽压力和蒸汽温度的不断提高，对机组材料的要求也逐渐提高，如图1-2所示。

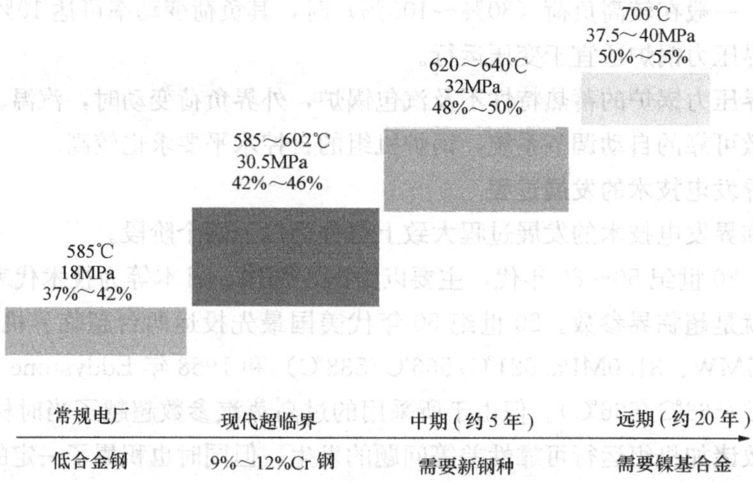

图 1-2 机组参数发展目标及所用材料要求

四、我国主要超超临界机组

我国投运和在建的超超临界机组情况见表 1-1。

表 1-1 我国投运和在建的超超临界机组情况

机组名称	出力（MW）	蒸汽参数		开始运行时间
		压力（MPa）	温度（℃）	
外高桥二期	900	24.9	538/566	2003 年 5 月
华能玉环 1 号	1000	26.25	600/600	2006 年 11 月
华能玉环 2 号	1000	26.25	600/600	2006 年 12 月
邹县四期 1 号	1000	25	600/600	2006 年 12 月
华能玉环 3、4 号	1000	26.25	600/600	2007 年 11 月
外高桥三期	1000	27	600/600	已投运
华电望亭 3、4 号	660	26.15	605/603	2009 年 7 月

五、超（超）临界火电技术展望

根据世界上先进的超临界电站的发展经验，机组效率的提高可能来源于许多方面的因素，如较低的锅炉排烟温度，高效的主、辅设备，煤的良好燃烧，较高的给水温度，较低的凝汽器压力，较低的系统损失，蒸汽的再热级数等。据研究报告估计，仅由于提高蒸汽参数而提高的效率最多，为效率总提高量的 50%左右。因此，发展高效超临界机组和超超临界机组的工作，不仅是简单地提高蒸汽参数就可以实现的，还必须同时注重其他相关技术的开发和研究工作。

由于煤发电技术具有煤可以远距离运输，还可以大量储存的优势，因此煤的供应具有极好的安全保证。随着超临界技术的不断发展和进步，在众多具有竞争力的先进发电技术中，超临界发电技术仍是一种极其重要的选择。超临界机组具有广泛的发展前景。

由于采用了超临界参数，因此，对机组的设计、制造和运行等方面提出了更高的要求和标准，也带来了一些新的问题，需要在技术上进一步开展试验和研究工作。在这些问题中，有的是属于超临界机组本身所特有的技术问题，如超临界参数下部件的材料特性问题，工质流体热物性的变化对锅炉传热、水动力、热偏差和动态特性的影响分析，汽轮机缸体结构设计与转子的冷却技术等；有的是属于火电技术在持续发展和技术进步过程中的一些共性问题，如机组轴系稳定性研究、叶片固体颗粒侵蚀的技术问题、汽轮机末级长叶片的开发设计技术等，还有的则是国产化条件下所需要解决的技术问题。此外，对于更大容量的超临界机组，还需要解决机组大型化带来的技术问题。

六、我国发展超（超）临界火电机组的必要性和基础条件

煤炭在我国一次能源结构中的主导地位，决定了我国电力生产中以煤电为主的格局。但是，我国煤炭可采量及开采能力受到一定的限制，煤炭供需矛盾仍很突出，并随着火电的发展进一步扩大。另外，煤炭产地与高用电负荷地区相分隔，致使煤炭生产和运输一直是制约电力工业发展的重要因素。

为扭转我国火电机组煤耗居高不下的局面，缩小我国火电技术水平与国外先进技术水平的差距，采用先进的超（超）临界火电技术对我国的现有火电结构进行改造势在必行，发展国产大容量的超（超）临界火电机组十分必要。

超（超）临界技术是我国电力工业升级换代，以及缩小与发达国家技术和装备差距的新一代技术。超超临界发电机组将是未来 20～30 年我国电力工业生产的主要机组形式。我国国民经济的迅速发展，对电力的需求越来越大，同时对环保和控制污染排放的要求也越来越高。因此，积极发展高效、节能、环保的超临界火力发电机组势在必行。

总之，大型超临界机组的国产化，是提高机组热效率、改善环境状况和优化我国火电装机结构最现实和最有效的途径，具有显著的社会效益和经济效益。因此，发展超临界和超超临界机组是我国目前发展洁净煤技术的必然选择。

七、我国超超临界锅炉技术概况

我国发电装机总容量和发电量均居世界前列。其中，火电是我国主要的发电方式，而我国的火力发电是以煤作为主要燃料。当前，我国燃煤电站存在的突出问题是机组效率低、供电煤耗高。

目前，发展先进的燃煤发电技术应考虑的问题是效率、环保性能、可靠性、机动性、投资和废弃物的利用等。为此，今后发展先进燃煤发电技术的主要途径是：燃煤联合循环和高效超临界发电技术。该技术的基本设计思想是：提高机组发电效率，减少燃料消耗，从而降低比电价，并减少有害物质的排放。高效超临界发电技术则是在发电技术已很成熟的传统燃煤超临界发电技术的基础上作了进一步的改善，采用了更高的蒸汽初参数和先进的烟气脱硫、脱硝技术。

超临界机组已是世界上比较成熟的一项技术，其效率比亚临界机组有大幅度提高，因而在发电量相同的条件下，耗煤比亚临界机组低，排放的污染物也比较少。因此，加快建设和发展高效超临界火电机组，是解决电力短缺、能源利用率低和环境污染严重的最现实和最有效的途径。高效超临界机组有望成为我国下一代燃煤火力发电的主力机组。

2002 年，我国将开发超超临界锅炉列为国家“863”重大项目攻关计划；2003 年，原国家经济贸易委员会和科技部都将超超临界锅炉列入了国家重大技术装备研制计划。

我国当前在建电厂项目中主要采用亚临界机组和超临界机组。亚临界机组以国产为主，超临界机组则主要依靠进口，现已投入运行的超临界机组有十余台。与超超临界机组有关的主要运行数据：我国目前运行的火力发电厂，平均发电效率为35%以下，单电煤耗为380g标准煤以上；我国设计生产的亚临界机组的发电效率为38%左右，单电煤耗约350g标准煤；我国引进的超临界机组的发电效率为41%左右，单电煤耗约310g标准煤；以三菱、日立为代表的日本超超临界机组发电效率为48%左右，单电煤耗约265g标准煤。如果采用超超临界技术发电，和我国现在运行的机组效率相比，每发1kWh的电，至少可以节煤50g，按现在的装机容量，每年可节煤两亿t。

我国超超临界锅炉主要由国内三大动力厂，即哈尔滨锅炉厂有限责任公司、上海锅炉厂有限公司、东方锅炉集团引进技术制造，分别引进了三井巴布科克能源公司、美国阿尔斯通能源公司及日本巴布科克—日立公司技术，代表了当今国内先进的技术水平。三大动力厂所制造的锅炉在设计上的相同点和不同点如下。

（一）相同点

三大动力厂所制造的锅炉皆为超临界参数变压运行本生直流锅炉，采用单炉膛、π型布置、一次中间再热、平衡通风、露天布置、固态排渣、全钢构架、全悬吊结构，采用水煤比和两级减温水调节过热蒸汽温度，水冷壁为膜式水冷壁，下部水冷壁及灰斗采用螺旋管圈，上部水冷壁为垂直管屏。

（二）不同点

1. 工作原理方面

(1) 哈尔滨锅炉厂有限责任公司（简称哈锅）制造的锅炉从炉膛出口至锅炉尾部，烟气依次流经上炉膛的屏式过热器、高温过热器、水平烟道中的高温再热器，然后至尾部双烟道中烟气分为两路，一路流经前部烟道中的立式和水平低温再热器、省煤器，另一路则流经后部烟道的一级过热器、省煤器，采用烟气挡板调节再热汽温。

(2) 上海锅炉厂有限公司（简称上锅）从炉膛出口至锅炉尾部，烟气依次流经上炉膛的分隔屏过热器、后屏过热器、水平烟道中的高温再热器和高温过热器，然后至尾部单烟道中的低温再热器和省煤器，用燃烧器摆动调节再热蒸汽温度。

(3) 东方锅炉厂有限公司（简称东锅）从炉膛出口至锅炉尾部，烟气依次流经上炉膛的屏式过热器、高温过热器、水平烟道中的高温再热器，然后至尾部双烟道中烟气分为两路，一路流经前部烟道中的两级水平低温再热器，另一路则流经后部烟道的一级过热器、两级水平省煤器，采用烟气挡板调节再热蒸汽温度。

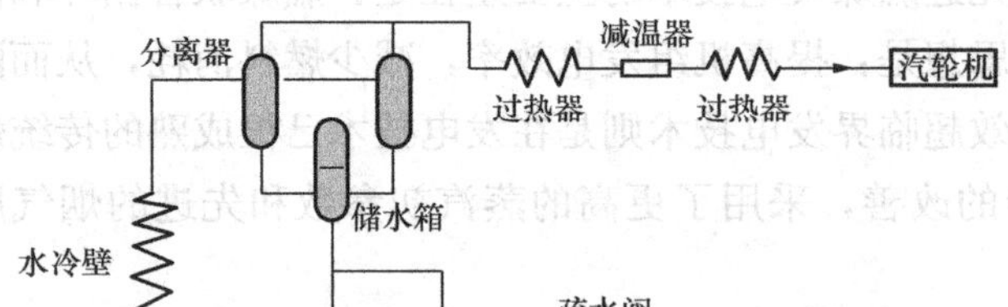

图1-3 哈锅启动系统（再循环泵型）

2. 启动系统形式方面

(1) 某厂的启动系统皆为内置式，从小类别来看，哈锅为再循环泵型（见图1-3），上锅为大气扩容型（见图1-4），东锅为疏水扩容器型。

(2) 东锅启动循环系统由启动分离器、储水罐、储水罐水位控制阀（361 阀）等组成。启动分离器布置在炉前、垂直水冷壁混合集箱出口，采用旋风分离形式，规格为 ϕ876×98mm（保证内径为 ϕ680），材料为 SA-336F12，直段高度为 2.890m，总长为 4.08m，每台炉布置两个。经水冷壁加热后的工质分别由 6 根连接管沿切向向下倾斜 15°进入两分离器，分离出的水通过分离器下方的连接管进入储水罐，蒸汽则由分离器上方的连接管引入顶棚入口集箱。分离器下部水出口设有阻水装置和消旋器。启动分离器储水罐的规格为 ϕ972×111mm（保证内径为 ϕ750），材料为 SA-336F12，直段高度为 17.5m，总长为 18.95m，每台炉布置一个。

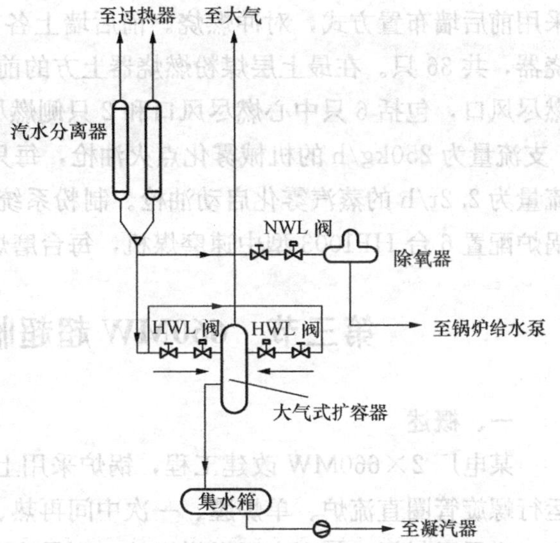

图 1-4 上锅启动系统（大气扩容型）

(3) 带炉水循环泵系统的启动系统由于在转直流之前需控制储水箱水位，因此很容易控制不好而引起炉水泵跳闸，最终导致省煤器入口流量低锅炉跳闸。但带炉水循环泵系统省水，启动速度快。

(4) 大气扩容式启动系统相对简单。

3. 燃烧系统方面

(1) 哈锅燃烧器采用三井巴布科克能源公司的低 NO_x 轴向旋流煤粉燃烧器（LNASB），燃烧器采用前后墙布置方式，对冲燃烧。前后墙上，在标高 18.351、22.194、26.037、29.880m 处各布置 4 排燃烧器，每排各有 4 只 LNASB 燃烧器，共 32 只。在最上层煤粉燃烧器上方、前后墙标高 33.388m 处各布置 1 排燃尽风口，每排布置 7 只燃尽风口，共 14 只。每只 LNASB 燃烧器装有 1 支流量为 1.2t/h 的油枪，用于点火、暖炉和低负荷稳燃。制粉系统采用冷一次风机正压直吹式制粉系统，每台锅炉配置 4 台 BBD4360 型双进双出钢球磨煤机，每台磨煤机带 1 层燃烧器，每端带前墙或者后墙的 4 只燃烧器。

(2) 上锅采用美国阿尔斯通能源公司的摆动式四角切圆 CFS-Ⅰ型低 NO_x 同轴燃烧系统，其主要组件为紧凑燃尽风（CCOFA）喷嘴、可水平摆动的分离燃尽风（SOFA）喷嘴、预置水平偏角的辅助风喷嘴及强化着火（EI）煤粉喷嘴。主风箱设有 6 层带燃料风的 EI 喷嘴，相邻两层煤粉喷口间布置 1 组辅助风喷嘴，其中包括上下 2 只 CFS 喷嘴和中间 1 只直吹风喷嘴。主风箱上部设有 2 层 CCOFA 喷嘴，下部设有 1 层火下风（UFA）喷嘴。主风箱上方设有 5 层 SOFA 喷嘴。主燃烧器喷嘴和 SOFA 燃烧器分别由一台气动执行器集中带动作上下摆动。在燃烧器二次风室中，配置了 3 层共 12 支流量为 3.575t/h 的 Y 形蒸汽雾化喷嘴轻油枪。制粉系统采用冷一次风机正压直吹式制粉系统，每台锅炉配置 6 台 HP1003 型中速磨煤机，每台磨煤机带 1 层 4 只燃烧器。

(3) 东锅燃烧器采用日本巴布科克—日立公司的 HT-NR3 型旋流煤粉燃烧器，燃烧器采用前后墙布置方式，对冲燃烧。前后墙上各布置 3 排燃烧器，每排各有 6 只 HT-NR3 燃烧器，共 36 只。在最上层煤粉燃烧器上方的前后墙上各布置 1 排燃尽风口，每排布置 8 只燃尽风口，包括 6 只中心燃尽风口和 2 只侧燃尽风口，共 16 只。每只 HT-NR3 燃烧器装有 1 支流量为 250kg/h 的机械雾化点火油枪，每只前墙中、下排及后墙中排燃烧器均装有 1 支流量为 2.2t/h 的蒸汽雾化启动油枪。制粉系统采用冷一次风机正压直吹式制粉系统，每台锅炉配置 6 台 HP1003 型中速磨煤机，每台磨煤机带前墙或者后墙的 6 只燃烧器。

第三节　660MW 超超临界压力锅炉设备概述

一、概述

某电厂 2×660MW 改建工程，锅炉采用上海锅炉厂有限公司生产的超超临界参数变压运行螺旋管圈直流炉、单炉膛、一次中间再热、平衡通风、固态排渣、全钢构架、全悬吊结构、半露天封闭、Π型布置燃煤锅炉，型号为 SG-2024/26.15/605/603-YM621。

1. 锅炉主要设计参数

某电厂 660MW 超超临界锅炉主要设计参数见表 1-2。

表 1-2　　某电厂 660MW 超超临界锅炉主要设计参数

名　称	BMCR 工况	额定工况	名　称	BMCR 工况	额定工况
过热蒸汽流量（t/h）	2024	1928	再热蒸汽进口温度（℃）	383	375
过热蒸汽出口压力（MPa）	26.15	26.00	再热蒸汽出口压力（MPa）	6.00	5.69
过热蒸汽出口温度（℃）	605	605	再热蒸汽出口温度（℃）	603	603
再热蒸汽流量（t/h）	1708	1621	省煤器进口给水压力（MPa）	29.75	29.32
再热蒸汽进口压力（MPa）	6.20	5.88	给水温度（℃）	298	294

2. 锅炉运行条件

（1）锅炉运行方式：锅炉带基本负荷并参与调峰。

（2）制粉系统：采用中速磨煤机正压直吹冷一次风机制粉系统，每台锅炉配 6 台磨煤机（5 台运行、1 台备用）及 2 台一次风机。

（3）给水泵配置：配置 2×50%BMCR 容量的调速汽动给水泵和 1 台启动用 30%BMCR 容量的电动调速给水泵。

（4）汽轮机旁路系统：（30%～40%）BMCR 容量的高、低压串联旁路，以满足启动要求。

（5）空气预热器进风加热方式：热风再循环。

3. 锅炉技术要求

（1）锅炉带基本负荷并参与调峰。

（2）锅炉变压运行，采用定—滑—定运行或纯滑压运行的方式。

（3）锅炉应能适应设计煤种和校核煤种（考虑偏差值）。在额定工况条件下，锅炉保证热效率应不小于 93.6%（按低位发热值计算）。目前，实际的锅炉热效率为 94.5%。

（4）锅炉应满足在全部高压加热器停运时（给水温度暂取为 191℃），蒸汽参数保持在额定值，蒸发量满足汽轮机带额定功率。此时过热器、再热器不允许超温。

（5）锅炉负荷变化率应达到以下要求：

1）在（50%～100%）BMCR时，不低于5%BMCR/min。

2）在（30%～50%）BMCR时，不低于3%BMCR/min。

3）在30%BMCR以下时，不低于2%BMCR/min。

4）负荷阶跃：大于10%汽轮机额定功率/min。

（6）过热器和再热器温度控制范围，过热蒸汽温度在（30%～100%）BMCR、再热蒸汽温度在（50%～100%）BMCR负荷范围时，应保持稳定在额定值605、603℃，偏差不超过±5℃。

（7）过热器和再热器两侧出口的蒸汽温度偏差应分别小于5℃和10℃。

（8）锅炉的启动时间（从点火到机组带满负荷）应与汽轮机相匹配，一般需满足以下要求：

冷态启动	5～6h
温态启动	2～3h
热态启动	1～1.5h
极热态启动	＜1h

（9）从锅炉点火至汽轮机冲转的时间应满足以下要求：

冷态启动	3～4h
温态启动	2～3h
热态启动	＜1h
极热态启动	＜1h

冷态、温态启动曲线分别见图1-5和图1-6。

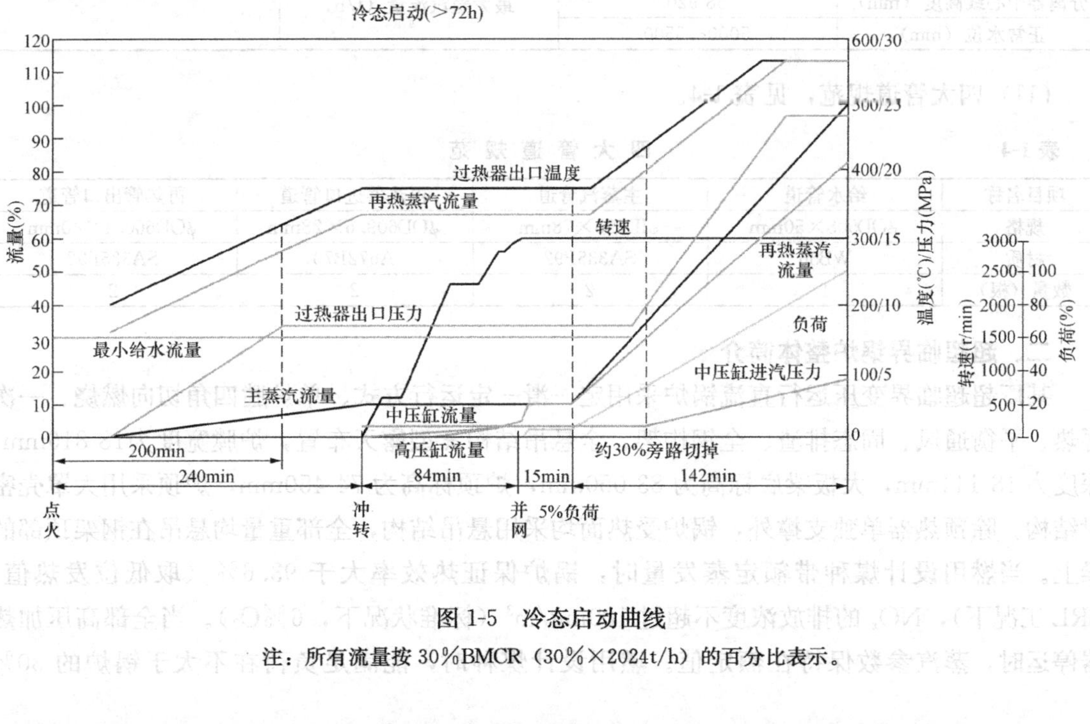

图1-5 冷态启动曲线

注：所有流量按30%BMCR（30%×2024t/h）的百分比表示。

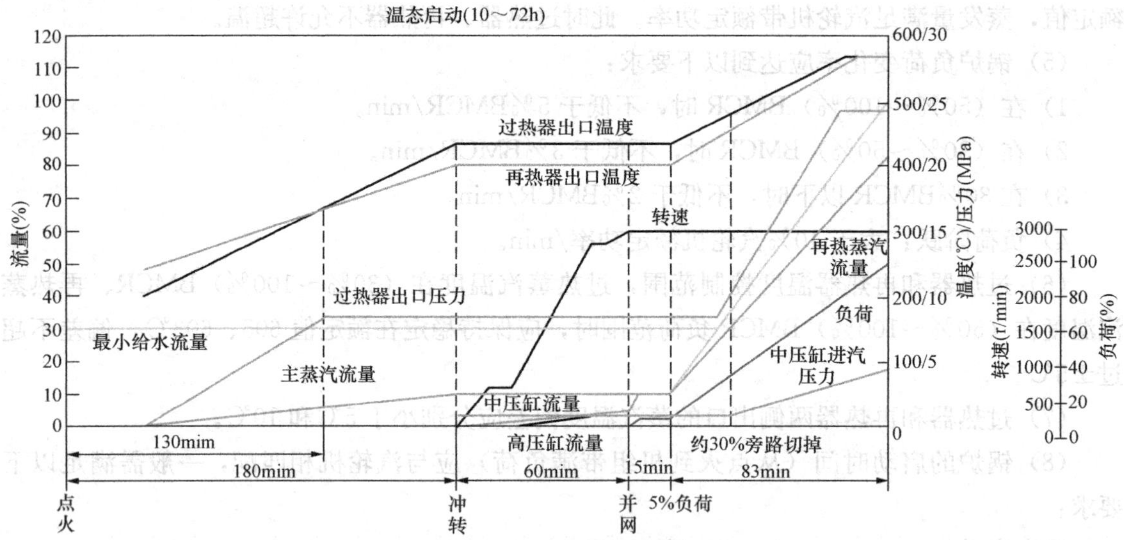

图 1-6 温态启动曲线

注：所有流量按 30%BMCR（30%×2024t/h）的百分比表示。

（10）启动分离器及其内部装置规范，见表 1-3。

表 1-3 **启动分离器及其内部装置规范**

启动分离器		启动分离器内部装置	
设计压力（MPa）	20.6	形式	涡轮式分离器
材质	SA-335P22	数量（只）	56
外径（mm）	812.8	直径（mm）	254
壁厚（mm）	90	每只分离器的最大蒸汽流量（t/h）	18.6
高度（mm）	19 600		
分离器中心线高度（mm）	58 920		
正常水位（mm）	5000～8500		

（11）四大管道规范，见表 1-4。

表 1-4 **四 大 管 道 规 范**

项目名称	给水管道	主蒸汽管道	再热器进口管道	再热管出口管道
规格	ϕOD508×50mm	ϕID290×78mm	ϕOD609.6×28mm	ϕOD660.4×40mm
材质	WB36	SA335P92	A672B70	SA335P92
数量（根）	1	2	2	2

二、超超临界锅炉整体简介

某厂超超临界变压运行直流锅炉采用定—滑—定运行方式、单炉膛四角切向燃烧、一次再热、平衡通风、固态排渣、全钢构架、全悬吊结构 π 型露天布置，炉膛宽度为18 816mm，深度为 18 144mm，大板梁底标高为 83 050mm，炉顶标高为 74 450mm，炉顶采用大罩壳密封结构。除预热器单独支撑外，锅炉受热面均采用悬吊结构，全部重量均悬吊在钢架顶部的梁上。当燃用设计煤种带额定蒸发量时，锅炉保证热效率大于 93.6%（取低位发热值，BRL 工况下），NO_x 的排放浓度不超过 100mg/m^3（标准状况下，6%O_2）。当全部高压加热器停运时，蒸汽参数保持在额定值。燃用设计煤种时，能满足负荷在不大于锅炉的 30%

BMCR（200MW）时，不投油长期安全、稳定运行，并在最低稳燃负荷及以上范围内满足自动化投入率为100%。过热蒸汽温度在（30%～100%）BMCR、再热蒸汽温度在（50%～100%）BMCR负荷范围时，保持稳定在额定值，偏差不超过±5℃。过热器和再热器两侧出口的蒸汽温度偏差分别小于5℃和10℃。最低直流负荷不大于30%BMCR。

在锅炉启动阶段和低于最低直流运行工况（30%BMCR）时，水在水冷壁内吸热形成汽水混合物，汇集至水冷壁上集箱，通过水冷壁引出管进入汽水分离器；在汽水分离器内进行汽水分离；分离后的蒸汽引至过热器，而水则通过两根疏水管道引至一个连接球体，连接球体下方引至一个三通，一路疏水至启动循环泵被送至省煤器进口，另一路则通入大气式扩容器中。凝结水则进入集水箱，并由两台疏水泵将合格的疏水送往凝汽器和凝结水精处理系统，进行工质和热量的回收；疏水不合格，则排至机组排水槽。在高于最低直流运行工况（30%BMCR）时，水在水冷壁内吸热形成未过热蒸汽，汇集至水冷壁上集箱，进入汽水分离器后，直接引至过热器。此时的汽水分离器仅作连接水冷壁与过热器之间的汽水通道。

1. 汽水系统

给水由锅炉左侧单路经过给水总门和止回阀后进入省煤器进口集箱，流经后烟井前后烟道省煤器管组、中间集箱和悬吊管，然后汇合在省煤器出口集箱，再由连接管道分别引入水冷壁左、右侧墙环形下集箱，水经由前后墙下集箱螺旋进入炉膛四周水冷壁。水冷壁采用全焊接膜式，形成完全气密封炉膛，由炉膛四周从冷灰斗进口一直到标高（51 047mm）的中间混合集箱之间为螺旋管圈，水冷壁经中间混合集箱至垂直水冷壁管圈；中间混合集箱实现垂直段与螺旋段管屏的过渡，由1根螺旋管分成3根垂直管。垂直管圈高度约为25.05m，共有1320根管子，螺旋管圈高度为42.3m，由440根管子以倾角18.7493°右旋螺旋而成。从冷灰斗上沿计算至螺旋管圈出口，螺旋圈数为1.2圈。垂直段管屏包括上、下两部分，共有48片膜式管屏。螺旋段管屏包括过渡段及螺旋段管屏，从标高8500mm至标高51 500mm，共有100片管屏（不包括燃烧器区水冷壁及SOFA区水冷壁）。炉膛折焰角水冷壁由光管与扁钢焊接而成。前后墙水冷壁在标高20 890mm处与水平方向成55°的夹角形成冷灰斗，冷灰斗下倾至标高8753mm处形成深度为1214mm的出渣口，并与渣斗装置相接。

由水冷壁出口集箱（4只）的各4根引出管至2只汽水分离器。从分离器顶部引出的蒸汽进入炉顶过热器，经前炉顶管至炉顶出口集箱。为减少蒸汽阻力损失，在BMCR工况下，约29.5%BMCR的蒸汽经旁路管直接进入炉顶出口集箱。从炉顶出口集箱两端的H型集箱流出的蒸汽进入延伸侧墙和后烟井两侧包覆，汇总至后烟井下部环形集箱，并在此分成3路：第一路为后烟井前墙和后烟井前炉顶，第二路为后烟井后墙和后烟井后炉顶，第三路为中间隔墙下部向上至低温过热器进口集箱。第一路和第二路汇总至中间隔墙上集箱，通过中间隔墙上部向下至低温过热器进口集箱。蒸汽流经低温过热器受热面后进入低温过热器出口集箱，再分2路经Ⅰ级喷水减温后进入分隔屏过热器进口集箱，而后流经分隔屏受热面进入分隔屏出口集箱，又从分隔屏过热器出口集箱分2路经Ⅱ级喷水减温后进入后屏过热器进口集箱；通过后屏过热器受热面后，蒸汽流至后屏过热器出口集箱，从后屏过热器出口集箱又分2路经Ⅲ级喷水减温后进入高温过热器进口集箱。蒸汽在高温过热器受热面吸热后汇总至高温过热器出口集箱，再由两个高温过热器出口集箱上分别引出的各一根主蒸汽管道送往汽轮机高压缸。

过热器系统由炉顶管、延伸墙包覆、尾部包覆、低温过热器、分隔屏过热器、后屏过热器及高温过热器组成。炉膛上部布置有6片分隔屏，每片屏有80根管子和20片后屏过热器，共由22根管子组成。高温过热器布置于折焰角烟道上，高温过热器有33片，每片屏有22根管子，材料为Super304HSB及HR3C。低温过热器布置于后竖烟井道尾部内。再热器由低温再热器和高温再热器组成，低温再热器布置于前竖烟井道尾部内。高温再热器共82片，每片屏有10根管子布置于延伸墙斜烟道上。在低温再热器、低温过热器后烟道上布置2组省煤器，采用光管蛇形管，顺序排列，与烟气成逆流布置。

锅炉启动系统采用带炉水循环泵的内置式启动系统。锅炉前沿宽度方向垂直布置2只外径为812.8mm、壁厚为90mm、总长度为21m的汽水分离器，其进、出口分别与水冷壁和炉顶过热器相连接。锅炉启动初期，汽水膨胀阶段排水到大气式扩容器中，汽化的蒸汽通过排汽管道通向炉顶上方排入大气；为了防止锅炉启动初期汽水膨胀阶段分离器水位过高，以及饱和水进入过热器，通过在扩容器进口设置的2个高水位调节阀（HWL），将分离器中大量的疏水排入大气式扩容器。为保持启动系统处于热备用状态，启动系统还设有暖管管路。暖管水源取自省煤器出口，经启动系统管道、阀门进入过热器Ⅰ级减温水管道，再随喷水进入过热器Ⅰ级减温器。暖管系统在启动结束后约70%负荷时投入运行。

启动再循环系统采用1台湿式笼型感应电动机循环泵，形式为1个吸入口、1个排出口。启动循环泵需要由冷却系统来保证其安全运行。

过热器配置三级喷水减温装置。在任何工况（包括高压加热器全切和BMCR工况）下，过热器总减温水量均为6%的主蒸汽流量，减温器设计能力为10%BMCR主蒸汽流量，其中Ⅰ级减温器设计的最大喷水量为115t/h，Ⅱ级减温器设计的最大喷水量为50t/h，Ⅲ级减温器设计的最大喷水量为45t/h，减温器喷嘴均采用多孔笛形管结构。在低温过热器和分隔屏过热器之间布置了Ⅰ级喷水减温器，分隔屏过热器和后屏过热器之间布置了Ⅱ级喷水减温器，在后屏过热器和高温过热器之间布置了Ⅲ级喷水减温器，左、右能分别调节。过热器喷水取自省煤器进口管道。在直流负荷以前，过热蒸汽温度采用喷水减温控制；在直流负荷以后，过热蒸汽温度调节以控制水煤比为主、喷水减温为辅。

在低温过热器和分隔屏过热器之间、后屏过热器和高温过热器之间设置的Ⅰ、Ⅲ级喷水减温左右交叉，以减小左、右侧蒸汽温度偏差。

在锅炉尾部后烟井包覆下集箱上布置3根疏水管道（前后墙各1根、隔墙1根）。3根疏水管道汇总后接至锅炉疏水母管，最终扩至大气式扩容器。

自汽轮机高压缸排出的蒸汽经排汽管分2路引入低温再热器进口集箱，经过低温再热器后，再由低温再热器出口集箱引出；而后通过2根连接管左右交叉引至高温再热器进口集箱，经过高温再热器后，又由高温再热器出口集箱上引出至再热蒸汽管道（双管），最后通向汽轮机中压缸。

在高温再热器进口管道上左右两侧各布置1只微量喷水减温器。其中，喷嘴为莫诺克喷嘴，用来控制再热蒸汽温度和调节左、右蒸汽温度的偏差，其最大设计喷水量为85t/h。喷水由给水泵中间抽头来，设计喷水量为0。

再热器蒸汽温度采用烟气挡板调温方式、燃烧器摆动和过量空气系数作为辅助调节，微量喷水再控制高温再热器出口蒸汽温度。

机组配置2台50%BMCR容量的调速汽动给水泵和1台30%BMCR容量的电动调速给水泵。汽轮机旁路系统采用45%容量的二级串联旁路。

锅炉本体配有12只弹簧式安全阀和2只电动释放阀（EBV）。安全阀分别布置在炉顶过热器（4只）、高温过热器出口管道（2只）、再热器冷段进口管道（4只）及再热器热段出口管道上（2只），电动释放阀则装在过热器出口安全阀后的主蒸汽管道上。炉顶过热器和高温过热器安全阀的总排汽量为2045t/h，是最大蒸发量的101.04%。其中，炉顶过热器安全阀的总排汽量为1432t/h，是最大蒸发量的70.75%；高温过热器安全阀的总排汽量为613.50t/h，是最大蒸发量的30.31%。再热蒸汽最大流量为1708t/h，再热器进口排汽量为1195.6t/h，出口安全阀的排汽量为512.4t/h，是再热蒸汽最大流量的100%。主蒸汽释放阀的排汽量为205.0t/h，是锅炉最大蒸发量的10.13%。

2. 制粉系统

锅炉采用正压直吹式制粉系统，配置6台HP-1043型中速磨煤机，6台CS2024型电子重力式给煤机和2台100%容量的离心式密封风机。其中，5台磨煤机就可满足锅炉BMCR负荷，1台为备用。采用低NO_x同轴煤粉燃烧器LNCFS-Ⅲ及分级配风方式。

燃烧器采用四角布置正切圆燃烧方式，设计煤种为淮南煤，校核煤种为淮北煤。煤粉细度按200目筛通过量为75%。燃烧方式采用低NO_x同轴燃烧系统（LNCFS）和摆动式燃烧器。

每角燃烧器风箱中设有3层启动及助燃用的轻油枪，每层轻油枪设有高能电子发火器并采用微油点火，设置在最下层燃烧器上。锅炉启动、低负荷助燃系统采用微油点火方式，锅炉二级点火作为备用启动助燃方式。

燃烧器沿高度方向自下而上编号为：AA层、AⅠ层、A层、AB层、BⅠ层、B层、BC层、CⅠ层、C层、CD层、DⅠ层、D层、DE层、EⅠ层、E层、EF层、FⅠ层、F层、CCOFA-Ⅰ层、CCOFA-Ⅱ层、SOFA-Ⅰ层、SOFA-Ⅱ层、SOFA-Ⅲ层、SOFA-Ⅳ层、SOFA-Ⅴ层（共计25层，100只执行机构）。其中，A、B、C、D、E、F层为煤粉喷嘴（煤粉喷嘴周围配有燃料风喷嘴），AA层为火下二次风喷嘴，AB、BC、CD、DE、EF层为辅助风喷嘴，AⅠ、AⅡ、BⅠ、BⅡ、CⅠ、CⅡ、DⅠ、DⅡ、EⅠ、EⅡ、FⅠ、FⅡ层为上、下夹助风喷嘴（辅助风），CCOAF-Ⅰ、CCOFA-Ⅱ为两层合尽风喷嘴，SOFA-Ⅰ、SOFA-Ⅱ、SOFA-Ⅲ、SOFA-Ⅳ、SOFA-Ⅴ层为五层分尽风喷嘴。在AB、CD、EF层辅助风喷嘴内布置有空气雾化轻油枪。

燃烧器喷嘴摆动是由气动驱动装置通过连杆机构和内外摆动机构装置来实现的，每角燃烧器的喷嘴都有各自的摆动连杆，通过摇臂装置和主连杆，由摆动气缸装置驱动上下摆动。以喷嘴水平位置为0°，一次风可上下摆动各20°，二次风可上下摆动各30°。油燃烧器的总输入热量按20%BMCR计算。

3. 风烟系统

锅炉采用平衡通风方式。炉膛（包括炉墙、刚性梁、炉顶密封及水冷壁连接件等）的设计结构强度能承受±5.8kPa的压力，当燃烧室突然熄火或送风机全部跳闸时，炉墙及支撑件不会产生永久变形。炉膛瞬间能承受±9.8kPa的压力。

锅炉配备有2台轴流式静叶可调引风机、2台轴流式动叶可调送风机、2台轴流式动叶调节一次风机。炉后尾部布置脱硝系统及三分仓容克式空气预热器，内径为14.25m；预热器主轴垂直布置，由围带传动，烟气和空气以逆流方式换热；每台预热器配备主、辅电动驱动装置和电动机，各驱动电动机之间能自动离合自动切换。空气预热器设有火灾报警装置、消防系统、间隙自动控制装置（含停转报警装置）和水冲洗系统（高、低压）。空气预热器进风加热方式为热风再循环。预热器润滑油油站由分散控制系统（DCS）控制。一、二次风分隔布置，一次风分隔角度为50°，转子反转。

锅炉还配备有炉膛火焰电视摄像装置、炉膛出口烟温探针、炉管泄漏自动报警装置等安全保护装置。

在炉膛出口左右两侧布置了2只伸缩式烟温探针。在锅炉启动阶段，烟温探针伸入炉内，以监测启停时的炉膛出口烟温。烟温探针最高测量温度为600℃，当烟温达到560℃时，在DCS上会发出报警，随后烟温探针自动退出，此时可降低燃料量，控制炉膛燃烧率。炉膛出口处还装有16个负压测点（左右两侧各8点）。

4. 锅炉控制系统

该机组的热控部分采用美国西屋公司的Ovation分散控制系统。整个系统在功能上包括模拟量控制系统（MCS）、炉膛安全监控系统（FSSS）、顺序控制系统（SCS）和数据采集系统（DAS）4个子系统。

BMS（燃烧器管理系统）主要功能有炉膛吹扫、油枪投停、制粉系统投停、火焰检测、主燃料跳闸（MFT）和发生负荷快速返回（Run Back）时燃料系统的自动停用。燃烧器管理系统自动地对燃烧设备进行操作、控制和监视，以保证锅炉安全燃烧。

顺序控制系统是按照预定的顺序进行辅助设备的操作，以减轻操作员工作量，防止误操作。

MCS自动对主蒸汽温度、再热蒸汽温度、中间点温度、机组负荷、主蒸汽压力、炉膛压力、锅炉送风量、分离器水位、磨煤机出口温度、磨煤机风量、一次风压力、燃料量等进行控制，以适应外界负荷需要，保证机组正常运行。

5. 锅炉吹灰系统

锅炉共布置有154只吹灰器。其中，炉室部分有96只短伸缩式吹灰器，分4层布置，在燃烧器下部为A层，燃烧器上部从下往上依次是B、C、D层，在炉室上方布置54只长伸缩式烟道吹灰器。尾部烟道的省煤器区域布置有16只声波吹灰器。每台预热器烟气冷、热端各布置1只双介质伸缩式吹灰器。本体部分吹灰蒸汽及预热器吹灰汽源由后屏过热器出口集箱B侧接出，蒸汽温度为519℃，蒸汽压力为27.1MPa。蒸汽经减压后进入各吹灰器。为保证吹灰介质有适当干度，吹灰管路中设有疏水管路，本体部分有4个疏水点、其中炉室吹灰器2个疏水点、烟道吹灰器2个疏水点，另加预热器1个疏水点，共有自动疏水点5个。每一疏水点上布置有一只电动疏水调节阀，能自动进行疏水。吹灰器可进行近控、遥控和顺控操作。吹灰顺控可按吹灰的工艺要求编排，能完成汽源开启→疏水→吹灰→汽源关闭整个吹灰过程的控制。锅炉正常运行时，预热器吹灰应使用来自后屏过热器出口集箱B侧接出的预热器吹灰总的汽源。来自辅助蒸汽系统的预热器吹灰辅汽应保持在关闭位置。在锅炉启动期间及负荷不大于30%时，预热器的吹灰汽源应使用来自辅助蒸汽系统的汽源，即关闭预热器吹灰总门，开启预热器吹灰辅汽。吹灰器全面顺控进行一次吹灰约需5.5h。

6. 电除尘系统

锅炉配有BEL型双室四电场电除尘器2台，除尘效率为99.75%以上，露天布置。

极板极线型式：阳极板采用ZT24型极板，阴极线采用V型镀铜芒刺线。

阴极振打方式：采用顶部电磁锤振打清灰方式，按小区域结构布置。

阳极振打方式：采用侧部整体仿形锤振打清灰方式。

控制方式：IPC智能控制。

程控系统能实现根据烟尘浊度（浊度仪采用进口产品，每台锅炉配备2台）自动调整输出的电量。

电除尘器本体上的所有检修门、人孔门、通向除尘器高压电气设备的门均与高压电源系统有可靠的联锁手段，即只有在电源被切断并消除残留电荷的情况下才能进入除尘器内部。

7. 锅炉除灰系统

飞灰输送系统由电除尘器系统、干灰输送系统和灰库系统等组成。该系统采用双套管浓相气力输送方式，通过双套管将飞灰输送到3座灰库并外运。

该工程设3座平底干灰库，其中包括1座原灰库、1座粗灰库和1座细灰库。原灰库、粗灰库用于收集从两台炉电除尘器一电场来的粗灰；1座细灰库用于收集从电除尘器二、三、四电场灰斗里来的细灰。原灰库和粗灰库可以互相切换，而原灰库、粗灰库、细灰库可以互为备用。

两台机组干灰输送系统共配置6台除灰气泵及4台冷冻式干燥机，用作干灰输送气源。干灰输送系统仪用气源来自锅炉控制气。

为防止灰斗积灰板结，在每个静电除尘器灰斗底部均设有电加热装置和气化装置，采用空气电加热器可把空气加热到不低于176℃。每台炉的电除尘器设2台空气电加热器，1台运行、1台备用。气化风机用于向所有灰斗提供加热的气化空气。

干灰输送系统：每台锅炉电除尘器下设32只仓泵，共分4个电场，每个电场设8只仓泵。由南向北分为A、B侧，每侧16只仓泵。一、二电场每只气泵的容积为3.0m^3，三电场每只气泵的容积为1.0m^3，四电场每只气泵的容积为0.5m^3。

电除尘器除灰每台炉采用3根灰管，一电场采用2根粗灰管，二、三、四电场设1根细灰管，分别输送至运河边的干灰库内，省煤器、脱硝灰斗中收集的飞灰送至一电场粗灰管中。

干除灰系统流程见图1-7。

8. 锅炉干式排渣系统

炉底渣采用干式排渣系统去除。该排渣系统设备包括炉底排渣装置小、中挤压头各1

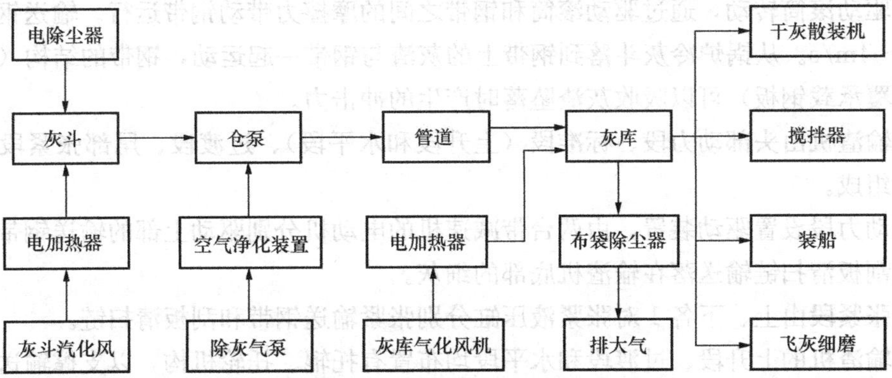

图1-7　干除灰系统流程示意

对，大挤压头2对，钢带输渣机和碎渣机各1台，链斗输送机2台，渣仓1座等。工作时，利用锅炉炉膛的负压将冷却空气吸入干式排渣机，将渣冷却；冷却空气能最大限度将底渣的热量带回炉膛，且冷却风量能根据锅炉的排渣量进行调节，而不影响锅炉的燃烧；最大冷却空气量不超过锅炉燃烧空气量的1%。

底渣在干式排渣机输渣过程中冷却到一定温度后，输送到碎渣机粉碎，而后再输送到链斗输送机，由链斗输送机送至渣仓，通过卸渣机至干或湿排渣口，由汽车运走。此外，也可通过事故排渣口，由汽车运走。

机械送至渣仓储存。干式排渣机在设计出力下运行时，其排渣口温度应低于100℃；在最大出力下运行时，其排渣口温度应低于200℃；储渣仓出口炉渣的温度应保持在50℃以下。

每炉一套渣仓及卸渣设备，每套渣仓应能储存BMCR工况下8～10h的排渣量，渣仓直径为7.5m；每套渣仓下设干、湿两种卸渣设备，且有高、低料位报警；为保证渣仓卸渣时畅通，渣仓装设有防堵设施。每套渣仓安装1个测温热电偶。

干式排渣机正常出力为10～13.5t/h，最大出力为46t/h，要求连续或间歇运行。

干式排渣机与锅炉出渣口用渣斗相连。渣斗是指从锅炉水冷壁下集箱挡板处至炉底排渣装置上槽体之间的钢结构部分，一般相对于锅炉排渣口中心线偏心500mm布置。过渡渣斗采用独立支撑方式，它与锅炉下集箱挡板之间设有机械密封装置，能满足锅炉4～6h的最大排渣量。锅炉渣斗与炉底排渣装置间采用不锈钢波纹板连接，用于承受锅炉渣斗和干式排渣机受热膨胀引起的变形。

渣斗与干式排渣机之间设有炉底排渣装置，装置由格栅、挤压头、箱体、驱动液压缸和摄像监视系统等部分组成。炉底排渣装置中的挤压头部件采用液压驱动，可实现大渣块的预冷却、预破碎，也能起到关断门的作用。200mm以上的渣块首先落到格栅上，经水平移动的齿形挤压头破碎，后再由干式排渣机运出，允许炉底排渣机故障停运4～6h而不影响锅炉安全运行。

一般情况下，干排渣系统正常运行期间挤压头均处于常开状态，不需要操作。当格栅上出现无法下落的大渣块（200mm以上的渣块）时，渣块首先落到格栅上得到冷却，此时需要启动液压泵，推动挤压头，由水平移动的齿形挤压头将渣块破碎，使其落到钢带输送机上。炉渣下落及破碎过程均由摄像系统监视，在控制室的液晶显示屏可以清楚地看到。

钢带输渣机安装在锅炉渣斗下部炉底排渣装置的正下方，是干式排渣系统的关键设备。它以钢带作为牵引部件，同时又作为承载部件，实现灰渣的收集和运输。工作时，钢带驱动装置带动驱动滚筒转动，通过驱动滚筒和钢带之间的摩擦力带动钢带运行。输送钢带行走速度为0.4～4m/s。从锅炉冷灰斗落到钢带上的灰渣与钢带一起运动，钢带的结构（双向自平衡钢网被覆承载钢板）可以吸收灰渣坠落时产生的冲击力。

钢带输渣机由头部动力段、标准段（上升段和水平段）、过渡段、尾部张紧段和电气与控制系统组成。

头部动力段设置驱动装置，由两台带减速机的电动机分别驱动上部的输送钢带输送灰渣和下部的刮板清扫链输送落在输渣机底部的细灰。

尾部张紧段由上、下各1对张紧液压缸分别张紧输送钢带和刮板清扫链。

钢带输渣机的上升段、过渡段和水平段均布置有托辊、托轮机构，以支撑输送钢带和刮板清扫链。钢带的两侧安装有限位轮，可实现输送钢带的强制纠偏。另外，在钢带机箱体侧板和头部顶板处还安装有进风口，用来冷却钢带和灰渣。过渡段增设了压辊、压轮机构，用于输送钢带和刮板清扫链的改向运动。

干式排渣机设有超载保护装置、断链停车保护装置、渣温检测装置和大渣检测装置。

链斗输送机要求连续或间歇工作，其出力为50t/h。

干式排渣机出口设有碎渣机，碎渣机的出力为50t/h。碎渣机出口破碎后的灰渣颗粒小于20mm。碎渣机各部轴承耐热温度能承受350℃以上的高温工况连续工作。碎渣机通过电动机和减速机驱动，并通过联轴器将驱动力传递到轴上。电动机和减速机之间安装液力耦合器，同时在电动机支架和联轴器靠近碎渣机侧安装有电感式接近开关，采用电、液二级保护的方式保证电动机的安全运行。碎渣机可以通过脚轮在支撑导轨上移动，具有自动反转等保护功能。

渣仓的有效容积为200m³，每台锅炉配备1座渣仓。660MW机组燃用设计煤种可容纳16h的排渣量。渣仓直径为7.5m，属双出口结构，一个出渣口接加湿双轴搅拌机，另一个出渣口接干式卸料机。干式卸料机和双轴搅拌机的出力均为100t/h。渣仓设有料位指示器，当料位高时，能发出报警信号。渣仓顶部装有事故真空压力释放阀和布袋除尘器。

干式排渣系统的控制由DCS实现。DCS能进行干式排渣系统的自动程序控制、半自动控制和就地手动控制。

干式排渣的流程为：炉渣→炉底排渣装置→钢带输渣机（被冷却）→液压碎渣机→链斗输送机→渣仓—卸渣机→干、湿排渣口→汽车运至用户。

该工程配备一套石灰石—石膏湿法脱硫装置（脱硫率不小于95%）。风烟、制粉系统流程见图1-8。锅炉汽水流程见图1-9。

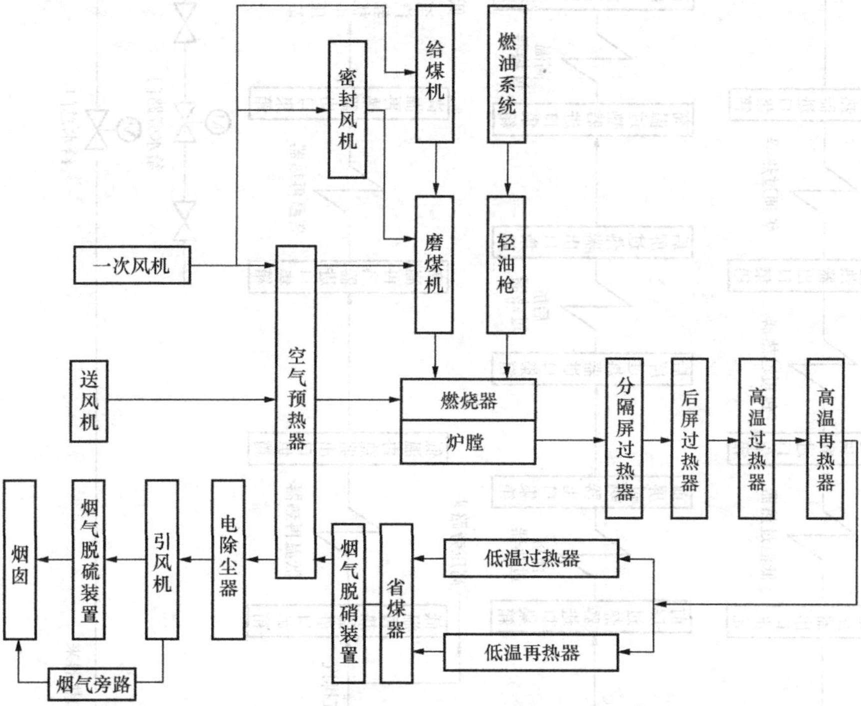

图1-8 风烟、制粉系统流程示意

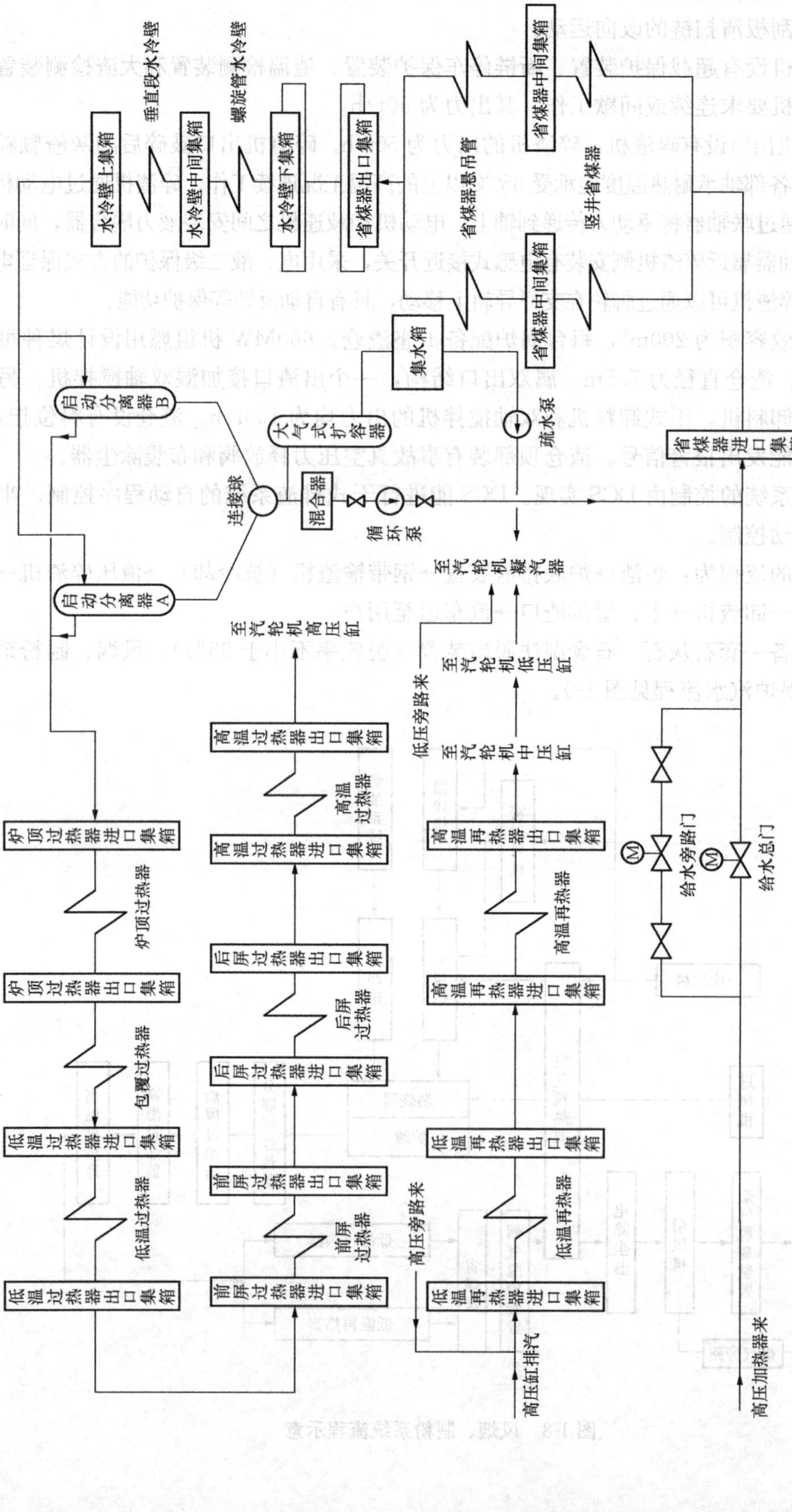

图 1-9 锅炉汽水流程示意

第二章 锅炉本体

锅炉整体结构包括锅炉本体和辅助设备两大部分。其中，锅炉本体由炉膛、汽包、燃烧器、水冷壁过热器、省煤器、空气预热器、构架和炉墙等主要部件构成，是生产蒸汽的核心部分。

第一节 省 煤 器

一、省煤器的类型及结构特点

省煤器按使用材料可分为钢管省煤器和铸铁省煤器。铸铁省煤器耐磨损、耐腐蚀，但不能承受高压。目前，大、中容量锅炉广泛采用钢管省煤器，其优点是强度高、能承受高压、工作可靠、传热性能好、质量小、体积小、价格低廉；缺点是耐腐蚀性差，但现代锅炉给水都经严格处理，管内腐蚀已彻底得到解决。省煤器按出口水温可分为沸腾式省煤器和非沸腾式省煤器。沸腾式省煤器是指出口水温达到饱和温度，并且还有部分水蒸发汽化的省煤器。汽化水量一般占给水量的10%～15%，最多不超过20%，以免省煤器中介质的流动阻力过大。非沸腾式省煤器的出口水温低于该压力下的沸点，即未达到饱和状态，一般低于沸点20～25℃。

在现代大容量锅炉中，由于参数高、水的汽化潜热所占比例减小、预热所占比例增大，因此总是采用非沸腾式省煤器；而且，为了保证安全，省煤器出口的水都有较大的欠焓。省煤器按结构形式可分为光管式、鳍片式、膜片管式（简称膜式）和螺旋肋片管式四种，按蛇形管的排列方式可分为错列布置和顺列布置。错列布置结构紧凑，传热系数较大，但加大了管子的磨损；顺列布置可以减轻省煤器的磨损，且易于清灰。大型锅炉一般采用纵向鳍片管、螺旋形鳍片管和整焊膜式受热面制造省煤器，以增大烟气侧的换热面积，节约金属耗量，降低管组高度和减小烟气侧阻力，并可减轻省煤器的磨损。

二、省煤器的布置方式

省煤器在尾部烟道中多为卧式逆流布置，这样既有利于停炉排除积水，减轻停炉期间的腐蚀，也有利于改善传热，节约金属。其工作原理是：水在蛇形管内从下往上流动，烟气在管外自上而下横向冲刷管壁，以实现烟气与给水之间的热量交换。这种换热方式，由于水在蛇形管内从下往上流动便于排除空气，从而可避免引起局部的氧腐蚀，而烟气在管外自上而下流动，不但有助于吹灰，还使烟气与水呈逆向流动，从而可增大传热平均温差，提高对流传热量。

省煤器蛇形管在烟道中的布置方式分为纵向布置和横向布置两种。纵向布置是指蛇形管放置方向与锅炉的前后墙垂直。此布置方式的特点是：由于尾部烟道的宽度大于深度，因此管子较短，支吊比较简单，且平行工作的管子数目较多，所以水的流速较低，流动阻力较小。但这种布置的全部蛇形管都要穿过烟道后墙，从飞灰磨损角度来看是不利的。因为当气从水平烟道流入尾部烟道时，拐弯将产生离心力，使烟气中大灰粒多集中在靠近后墙的一侧，这就造成了全部蛇形管局部磨损严重，检修时需要更换全部磨损管段。横向布置是指蛇形管布置方向与锅炉后墙平行。此布置方式的特点是：平行工作的管数少，因而水速高、流动阻力大，且管子较长、支吊比较复杂。但因其只有少数几根蛇形管靠近后墙，从而使管子所遭受的磨损仅局限于靠近烟道后墙的几根管子，所以防护和维修比较简便。为了改进这种布置方式因水速高而导致流动过大的缺点，可以采用双管圈或双面进水。此布置方式在中、小型燃煤锅炉中得到广泛应用。

三、省煤器积灰与磨损

进入省煤器区域的烟气已没有熔化的飞灰，碱金属（钠、钾）氧化物蒸汽的凝结也已结束，所以省煤器的积灰容易用吹灰方法清除。

进入省煤器区域的飞灰具有不同的颗粒尺寸，属于宽筛分组成，一般都小于 200μm，大多数为 10～20μm。当携带飞灰的烟气横向冲刷蛇形管时，在管子的背风面会形成涡流区，较大颗粒飞灰由于惯性大不易被卷进去，而小于 30μm 的小颗粒则跟随气流卷入涡流区，在管壁上沉积下来，形成楔形积灰。

省煤器受热面积灰后，使传热恶化、排烟温度升高、锅炉效率降低。积灰可能使烟道堵塞，轻则使流动阻力增大、出力降低，严重时可能被迫停炉清灰。锅炉运行时，为防止或减轻积灰的影响，除保证烟气速度不能过低外，至关重要的是及时、合理地进行吹灰，确定合理的吹灰间隔时间和一次吹灰的持续时间。

进入尾部烟道已硬化的大量飞灰，随烟气冲击受热面时，会对管壁表面产生磨损，使管子变薄，强度下降，造成管子损坏。特别是省煤器，其灰粒较硬，更容易发生磨损。这种由于飞灰磨损而造成的省煤器管排损坏，最主要的表现特征就是省煤器的爆管。

含有硬粒飞灰的烟气相对于管壁流动，对管壁产生磨损的现象称为冲击磨损，亦称冲蚀。冲蚀有撞击磨损和冲击磨损两种。

撞击磨损是指灰粒相对于管壁表面的冲击角较大，或接近于垂直，以一定的流动速度撞击管壁表面，使管壁表面产生微小的塑性变形或显微裂纹。在大量灰粒长期反复的撞击下，逐渐使塑性变形层整片脱落而形成磨损。

冲刷磨损是指灰粒相对管壁表面的冲击角较小，甚至接近平行。如果管壁经受不起灰粒冲击和表面摩擦的综合切削作用，就会使金属颗粒脱离母体而流失。在大量飞灰长期反复作用下，管壁表面将产生磨损。

省煤器磨损一般都是撞击磨损和冲刷磨损综合作用的结果。显然，烟气流速越高、灰粒质量越大、灰粒硬度越大、灰粒锐角越多、飞灰浓度越大，对受热面管子的磨损作用越强烈。在省煤器中局部烟气流速和飞灰浓度偏高的情况下，这种磨损是难以避免的。

四、超超临界压力直流锅炉的省煤器

1. 结构特点及布置

某电厂改建工程 2×660MW 机组锅炉为上海锅炉厂有限公司生产的 SG-2024t/h/26.5-

M621 型超超临界压力直流锅炉。该锅炉的省煤器分成两部分，分别布置于锅炉后烟井的低温再热器和低温过热器下方，两组省煤器工质侧呈并联布置。后烟井前后烟道中各布置两组省煤器管组，采用光管蛇形管顺列排列，与烟气成逆流布置。管子规格为 ϕ47.6×7.80mm，材料为 SA-210C，共 167 片，每片受热面由 2 根并联蛇形套管组成，总计有 668 根管子。管子横向节距为 112mm，纵向节距为 101.6mm。省煤器入口有取样点，并有其相应的接管座及一次门。省煤器能自疏水，进口集箱上装有疏水、锅炉充水和酸洗的接管座，并带有相应的阀门。省煤器在最高点设置排放空气的接管座和阀门。

图 2-1 所示为 2024t/h 超超临界压力锅炉省煤器系统。

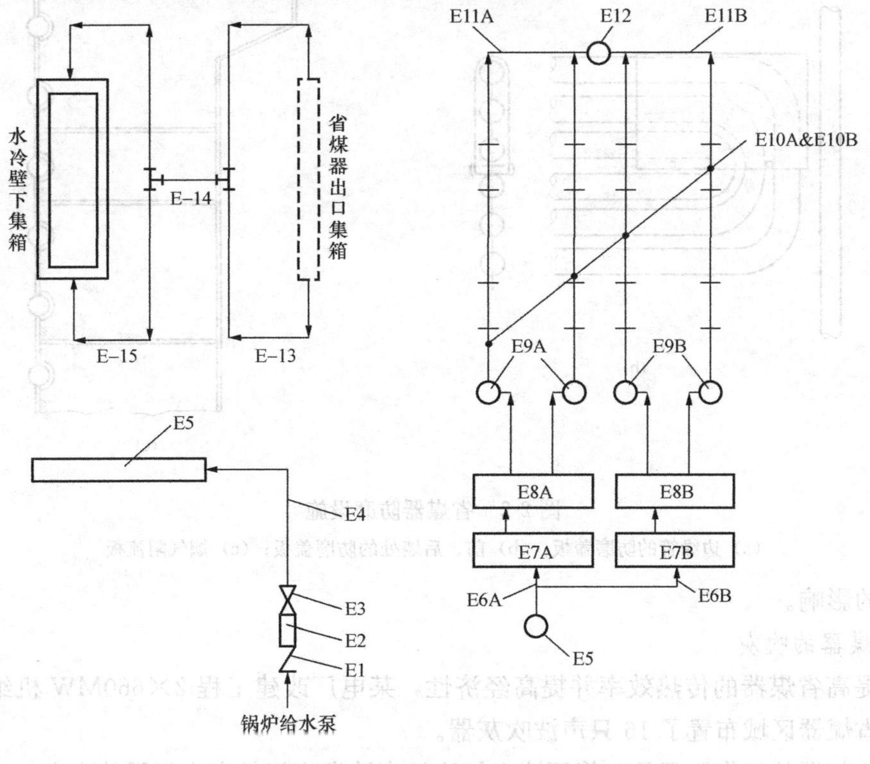

图 2-1 2024t/h 超超临界压力锅炉省煤器系统示意

2. 省煤器的支吊

省煤器由吊杆和管夹支吊分别承载于前、后烟道中 4 只省煤器中间集箱下方，前后分 4 列悬吊，每列再通过省煤器中间集箱上的 67 根悬吊管悬吊承载。悬吊管规格为 ϕ60×12mm，共 268 根，材料为 SA-210C，管内的介质来自省煤器。

给水经省煤器的入口汇集集箱分别供至前、后省煤器入口集箱。吊挂管的 4 只出口集箱两端与 2 根下降管相连，下降管将水供至水冷壁下集箱。

省煤器入口管道上设置 1 只止回阀和 1 只电动闸阀，并设有给水旁路管道及阀门。为了确保后烟井的烟气分布均匀，在后烟井入口的后墙包覆管及省煤器进口处包覆管上均焊有烟气阻流板，以防止形成烟气走廊，造成局部磨损。

3. 省煤器的防磨措施

锅炉采用较大节距顺列布置，同时加装烟气阻流板和防磨套管（见图 2-2），以避免或

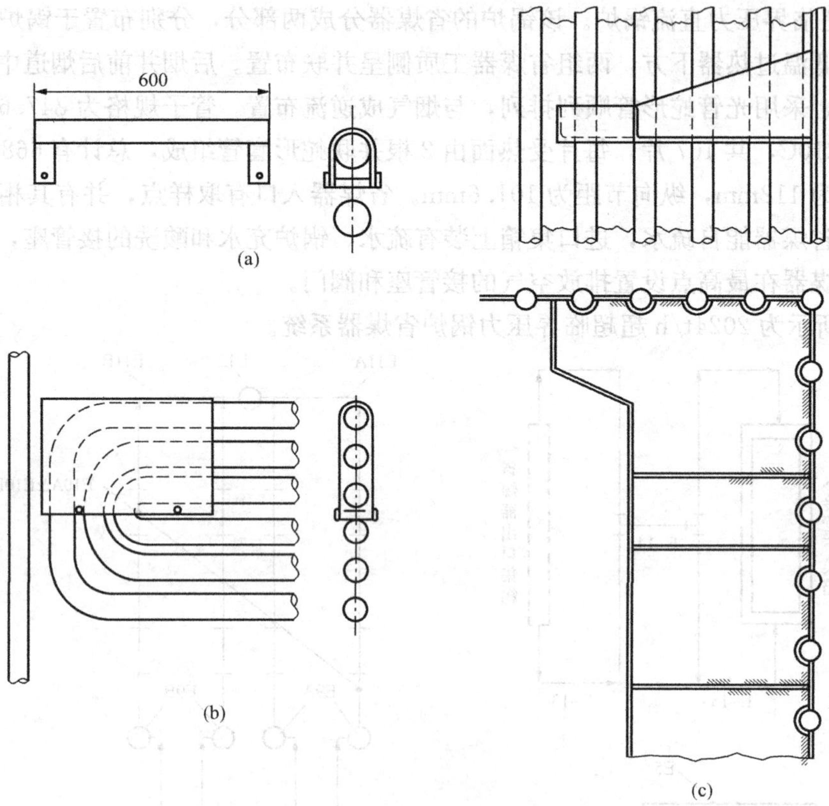

图 2-2 省煤器防磨设施

(a) 边缘管的防磨盖板；(b) 前、后墙处的防磨盖板；(c) 烟气阻流板

减轻磨损的影响。

4. 省煤器的吹灰

为了提高省煤器的传热效率并提高经济性，某电厂改建工程 2×660MW 机组锅炉在尾部烟道的省煤器区域布置了 16 只声波吹灰器。

声波吹灰器的工作原理是：将压缩空气流经声波发生组件产生很强的声音，声波在炉内传播，牵动烟气中的灰粒同步振动，并周期性改变积灰边界层的纵向压力梯度；在声波振动及疲劳反复作用下，使微小的灰粒难以靠近积灰面或使沉积在积灰面上的灰尘破坏而剥离，从而达到清灰的目的。

第二节 炉膛与水冷壁

炉膛是锅炉中组织燃料燃烧的空间，也称燃烧室，是锅炉燃烧设备的重要组成部分。炉膛除了要把燃料的化学能转变成燃烧产物的热能外，还承担着组织炉膛换热的任务，因此其结构应能保证燃料燃尽，并使烟气在炉膛出口处已被冷却到使其后面的对流受热面安全工作所允许的温度。

一、水冷壁的结构及特点

现代锅炉的水冷壁主要有光管式、销钉式和膜式三种类型。

1. 光管式水冷壁

光管式水冷壁是由普通无缝钢管排列并按炉膛几何形状弯制而成。水冷壁管排列的疏密程度用管间节距 s 与管子外径 d 的比值，即相对节距 s/d 表示。当 s/d 增大，即管子排列较稀时，炉内火焰从管间穿过水冷壁照射到炉墙上的辐射热增加，管子背面受炉墙反射的热量也随之增加，受热面利用率高，但水冷壁对炉墙的保护作用下降；反之，若 s/d 减小，则情况正好相反。

当 s/d 一定时，水冷壁管中心线至炉墙内表面的距离 e 与管子外径 d 的比值 e/d 对水冷壁管的吸热量及炉墙的保护作用也有影响。当 e/d 增加时，由于炉墙内表面对管子背面的反射热增多，管子吸热量增加。但是，焊在管子背面的拉杆容易烧坏，对炉墙的保护作用也会下降；当 e/d 减小时，情况相反。

现代大型锅炉光管式水冷壁的结构具有如下两个特点：

（1）水冷壁管紧排列，其相对节距 s/d 介于 1～1.1 之间。因为随着锅炉容量的增大，炉壁面积的增长速度小于锅炉容量的增长速度。为了充分冷却烟气，防止受热面结渣，水冷壁应密排，以力求增加单位炉壁面积的辐射传热量。

（2）广泛采用敷管式炉墙，这时水冷壁一半埋入炉墙中，即 $e/d=0$。这种布置的管子相对节距 s/d 较小，一般为 1～1.05。这种结构的优点是炉墙温度较低，可做成薄而轻的炉墙；节省了高温耐火材料和保温材料；锅炉质量小，并简化了水冷壁炉墙的悬吊结构。

2. 销钉式水冷壁

销钉式水冷壁是在光管式水冷壁的外侧焊接上很多圆形开度为 20～25mm、直径为 6～12mm 的销钉，并在有销钉的水冷壁上敷盖一层铬矿砂耐火材料，形成卫燃带。卫燃带的作用是在燃烧无烟煤、贫煤等着火困难的煤时减少着火区域水冷壁的吸热量，提高着火区域炉内温度，稳定着火和燃烧。对于液态排渣炉，由销钉式水冷壁构成的熔渣池可使炉膛下部区域温度升高，便于顺利流渣。

3. 膜式水冷壁

现代大、中型锅炉普遍采用膜式水冷壁。膜式水冷壁是由鳍片管焊接而成。膜式水冷壁的管间节距与锅炉压力、炉膛热负荷等有关，s/d 一般为 1.2～1.5。膜式水冷壁按一定组件大小整焊成片，安装时组件与组件间焊接密封，使整个炉室形成一个长方形箱壳结构。

膜式水冷壁具有如下优点：

（1）膜式水冷壁使炉膛具有良好的气密性，适用于正压或负压的炉膛；对于负压炉膛，还能减少漏风，降低锅炉的排热损失。

（2）对炉墙具有良好的保护作用。膜式水冷壁将炉墙与炉膛完全隔开，炉墙接受不到炉膛高温火焰的直接辐射，因而炉墙不必使用高温耐火材料，只需轻质的保温材料，从而使炉膛质量减小很多，便于采用全悬吊结构。炉墙蓄热量明显减少，仅为采用耐火材料的光管式水冷壁结构的炉墙蓄热量的 5/1～1/4，燃烧室升温和冷却快，使锅炉的启动和停运过程缩短。

（3）在相同的炉墙面积下，膜式水冷壁的辐射传热面积比一般光管式水冷壁大，且角系数 $x=1$，并可用鳍片代替部分管材，因而节省了高价管材。

（4）膜式水冷壁可在现场成片吊装，从而使安装工作量大大减少，加快了锅炉安装进度。

(5) 膜式水冷壁成片吊装，增加了抗炉膛爆炸的能力。

膜式水冷壁的缺点是：

(1) 制造、检修工作量大，且工艺要求高。

(2) 运行过程中要求相邻管间温差一般不应大于50℃。

(3) 设计膜式水冷壁时必须有足够的膨胀延伸自由，还应保证人孔、检查孔、观火孔等处的密封性。

(4) 采用敷管炉墙的膜式水冷壁，由于炉墙外无护板和框梁，因此刚性较差。为了能承受炉膛爆燃产生的压力及炉内气压的波动，防止水冷壁产生过大的结构变形或损坏，在水冷壁外侧、沿炉膛高度每隔一定距离布置有一层围绕炉膛周界的腰带横梁，即刚性梁。

二、水冷壁的布置形式

1. 传统直流锅炉的水冷壁类型

直流锅炉的特点和类型主要体现在蒸发受热面的结构方式和汽水系统两个方面。直流锅炉与汽包锅炉在结构上的差异，除了无汽包之外，主要体现在炉膛水冷壁的布置形式上。在直流锅炉中，给水在给水泵压头的作用下依次通过省煤器、蒸发受热面和过热器。由于工质在蒸发受热面中为强制流动，因此直流锅炉蒸发受热面布置较自由，水冷壁的布置形式也很多。

直流锅炉三种传统的水冷壁基本形式，分别为水平围绕管圈型（拉姆辛型）、多次垂直上升管圈型（本生型）、回带管圈型（苏尔寿型），如图2-3所示。

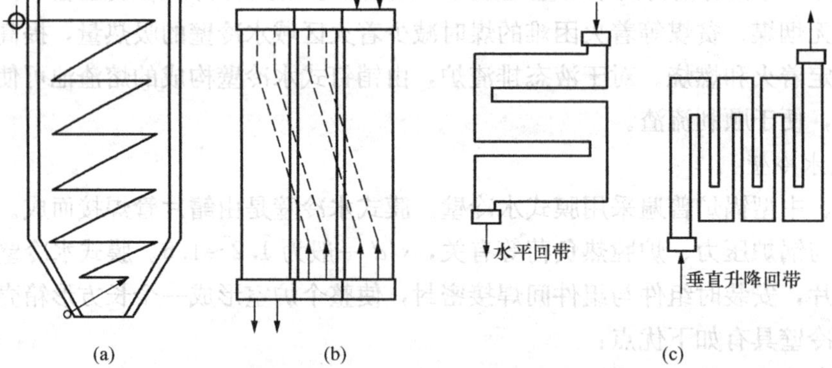

图2-3 传统直流锅炉的水冷壁类型

(a) 水平围绕管圈型；(b) 多次垂直上升管圈型；(c) 回带管圈型

(1) 水平围绕管圈型。水平围绕管圈是指许多根并联的微倾斜或部分微倾斜、部分水平的管子，沿整个炉膛周壁盘旋上升，不需下降管。其主要优点是：没有中间集箱，金属耗量少，便于滑压，各管圈受热均匀，相邻管带外侧两根相邻管子间的壁温差较小，宜于整焊膜式壁结构；主要缺点是：安装组合率低，现场焊接工作量大，水冷壁支吊结构复杂，因此目前使用极少。

(2) 多次垂直上升管圈型。水冷壁由许多垂直管圈所组成，各管圈之间用2～3根不受热的下降管连接，使它们串联起来。德国早期本生型锅炉曾采用这种结构形式。其优点是：

便于在制造厂装配成组件，工地安装方便，支吊结构简单，便于做成全悬吊炉膛结构；缺点是：金属耗量大，相邻管圈外侧两根相邻管子间的管壁温差大，不利于采用膜式水冷壁（膜式水冷壁相邻管壁温差一般要求不大于50℃），不能适应滑压运行要求，因压力变动时中间集箱中工质状态发生变化（如原为单相的水，压力降低时出现汽，则成为双相汽水混合物），会引起汽水分配不均。

（3）回带管圈型。回带分水平回带和垂直升降回带两种。垂直升降回带又可分为U形、N形和多弯道形等，一般无炉外下降管。在大容量锅炉中，各管圈之间可以有连接管。该管圈形式是早期瑞士苏尔寿直流锅炉的典型结构，是在膜式壁出现之前产生的。其主要优点是：能适应复杂的炉膛形状，如在炉底采用水平迂回管圈，在燃烧器区域采用立式迂回管圈；中间集箱极少使用，甚至取消；金属耗量较少。但其致命的弱点是：两集箱间的管子极长，热偏差大，不利于管子自由膨胀，管圈每一弯道的两行程之间相邻管子内工质的流向总相反，所以温差大，对膜式水冷壁结构尤为不利。

2. 现代直流锅炉的水冷壁类型

（1）一次垂直上升管圈，如图2-4（a）所示。

1）蒸发受热面采用一次垂直上升管圈，垂直上升的相邻管圈之间不相串联，仅在上升过程中作几次混合。该炉型最早由美国拔柏葛—威尔考克斯公司生产。其优点是：金属消耗量少，易于采用膜式水冷壁，支吊结构简单；缺点是：工质一次上升，只有容量足够大、周界相对小时，才能保证管内工质的质量流速足够大，以避免出现传热恶化，但负荷调节性能差。300MW机组锅炉采用$\phi22\times5.5$mm的带内螺纹小管子以增加流速，才刚满足水冷壁可靠运行的要求。采用小管径可以减小壁厚，但影响水冷壁刚度，且对管子内径偏差、管圈制造、安装要求高，否则易造成水力偏差。

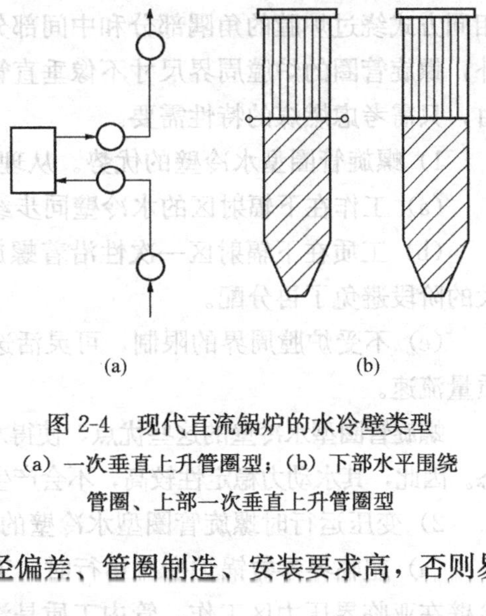

图2-4 现代直流锅炉的水冷壁类型

（a）一次垂直上升管圈型；（b）下部水平围绕管圈、上部一次垂直上升管圈型

2）下部水平围绕管圈、上部一次垂直上升管圈，如图2-4（b）所示。炉膛下部回路为水平倾斜，围绕着炉膛盘旋上升的螺旋管圈组成膜式水冷壁，以保证必要的工质质量流速和受热均匀性。炉膛上部通过中间集箱或分叉管过渡成垂直上升管。该布置方式的特点如下：

（a）布置与选择管径时灵活，易于获得足够的质量流速。

（b）管间吸热偏差小。

（c）抗燃烧干扰能力强。

（d）可不设置水冷壁进口节流圈。

（e）适应锅炉变压运行要求。

（f）支吊系统与过渡区结构复杂。

（g）设计、制造和安装复杂。

（2）螺旋管圈型水冷壁。螺旋管圈型水冷壁是20世纪70年代以来发展较快的一种水冷

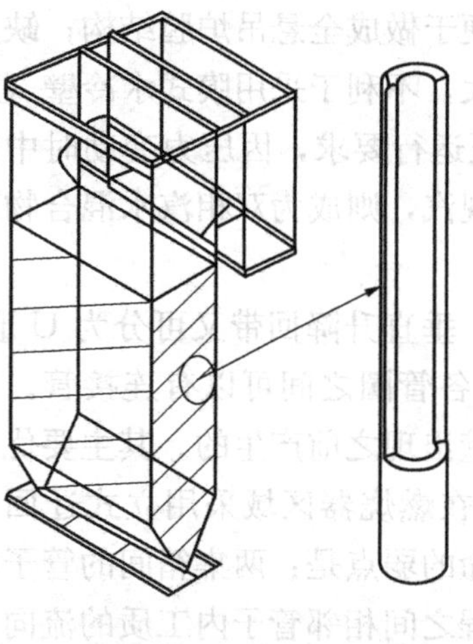

图 2-5 螺旋管圈型水冷壁（光管）

壁，如图 2-5 所示。

水冷壁管组成管带，沿炉膛周界倾斜螺旋上升。它无水平围绕管圈型水冷壁中的水平段，工质在蒸发管内不易出现汽水分层现象，管带中并联管数也较多。

螺旋管圈型水冷壁的特点是可以通过选取螺旋管的倾角来改变管子节距，使其平行管的数量与炉膛周界无关，可以采用较少的管子而获得高的质量流速，从而避免传热恶化的发生和保证水动力的稳定性。此外，由于平行管圈盘绕炉膛四周上升，受热均匀，热偏差小，因而螺旋管圈型水冷壁具有很好的变负荷性能，适合变压运行。

水冷壁采用螺旋围绕结构，与垂直管圈相比，水冷壁管间的吸热量偏差获得根本性改善。由于同一管带中的管子以相同方式绕过炉膛的角隅部分和中间部分，因此吸热均匀，炉膛出口处蒸汽温度偏差小。此外，螺旋管圈的炉膛周界尺寸不像垂直管圈那样受到质量流速的限制，故炉膛的设计比较自由，只需考虑燃煤的特性需要。

1）螺旋管圈型水冷壁的优势。从理论上分析，螺旋管圈水冷壁具有以下优势：

(a) 工作在下辐射区的水冷壁同步经过受热最强的区域和受热最弱的区域。

(b) 工质在下辐射区一次性沿着螺旋管圈上升，没有中间集箱，在工质比体积变化最大的阶段避免了再分配。

(c) 不受炉膛周界的限制，可灵活选择并列工作的水冷壁管子根数和管径，保证较大的质量流速。

螺旋管圈型水冷壁的这些优点，使得水冷壁能够工作在热偏差最小和流量偏差最小的良好状态。因此，其水动力稳定性较高，不会产生停滞和倒流，可以不装节流圈，最适合变压运行。

2）变压运行时螺旋管圈型水冷壁的工作特点：

(a) 超临界参数锅炉变压运行时，工作压力随负荷变化。在 75%MCR 负荷以下时，水冷壁在亚临界压力区工作，管内工质是汽水混合物，比体积变化较大。此时，如果管外热流密度过高，不仅容易引起膜态沸腾，还会引起较大的工质热膨胀。

(b) 超临界压力锅炉在低负荷下变压运行时，下辐射区出口的压力比较低，50%MCR 负荷时的中间点压力为 13MPa，这时饱和汽的比体积是水的比体积的 8.1 倍以上，汽水的比体积差显著增大。

(c) 低负荷运行时，螺旋管圈进口工质温度降低、工质欠焓增大，当部分水冷壁结渣、积灰或火焰偏移时，将使各水冷壁管的沸腾点不同步地推迟，此时尽管水冷壁的总流量不变，但各管内工质流量分配不均或流量时大时小，从而出现流动不稳定的现象。因此，应特别注意低负荷下的水动力不稳定性。负荷越低，压力越低，越容易出现水动力不稳定性。

(d) 变压运行的超临界直流锅炉启动时处于无压或低压状态，随着燃烧率的增加，工质温度和压力不断提高，水冷壁管中的汽水膨胀使得水冷壁出口的流量远大于给水量，这将影响到分离器的水位变化特性和系统的水动力稳定性。75%MCR 负荷以上时，水冷壁进入临界压力和超临界压力区工作，影响水动力稳定性和传热特性的主要因素是工质比热容大的特性。

(e) 热偏差对螺旋管圈型水冷壁安全性的影响。实际运行经验表明，直流锅炉的水动力不稳定性多数是在低负荷且水冷壁热负荷分布不均的情况下形成的。水冷壁热负荷分布主要取决于火焰中心位置的偏移以及受热面结渣和积灰等条件，即影响水动力稳定性的主要因素是炉内过程引起的热偏差。

超超临界参数660MW锅炉曾经因为四角火焰燃烧调整存在偏差，导致低负荷时炉膛火焰充满程度不好，火焰向后墙偏斜，使得锅炉在50%MCR及以下的负荷范围内运行时，后墙水冷壁出现超温现象。低负荷时水冷壁超温的原因不仅与热偏差增大有关，而且与水冷壁中工质流量减少、质量流速降低有关。机组负荷高于60%MCR时，火焰偏斜程度减弱，水冷壁中工质流量逐渐增大，超温现象逐渐缓减。

(f) 燃料投入速度及减温水量对水动力特性的影响。在升温升压的过程中，随着燃料量的增加，尤其是直吹式系统增投磨煤机时，一方面炉内燃烧放热量增大，引起热敏感性较强的水冷壁吸热量剧烈变化，管内汽水比体积变化速度加快；另一方面，为控制汽温，还需要增加减温水量，如果减温水量较大，水冷壁中工质流量就减少得多。因此，实际运行中总是有多种不利因素同时影响着水动力的稳定性。

三、水冷壁的热偏差

直流锅炉水冷壁中，因蒸汽含量高，在亚临界压力（或超临界压力）及高热负荷的条件下，就容易发生膜态沸腾（或类膜态沸腾），因此必须限制热偏差。

因并联管中各根管子吸热不同而引起的流量偏差，称为热效流动偏差。受热强的偏差管子中工质比体积大，故其摩擦阻力及重位压头都与平均管不同。当摩擦阻力起重要作用时，比体积大的偏差管中的流量必然较小，即流量不均匀系数 η_G 与吸热不均匀系数 η_q 是有联系的，$\eta_G = f(\eta_q)$。

对于超临界压力管组，流量也随吸热量的增加而减小，若热负荷较高、偏差管流量过低，则可能引起膜态沸腾，壁温 t_b 有突升特性。

利用节流圈（阀）来减小热偏差极为有效。

在一次上升垂直管圈的直流锅炉中，为减小各水冷壁管的热偏差，不但在水冷壁进口加装了节流圈（阀），而且采取了把管圈宽度减小、增加中间混合集箱等方法。

对螺旋管圈，由于各管工质在炉膛内的吸热量相差较小，其热偏差小，因此其水冷壁进口不需加装节流圈（阀）和中间混合集箱，使锅炉更适宜于变压运行。

四、炉膛结渣

结渣是指炉内高温烟气夹带的熔融或部分熔融的黏性灰粒碰撞在炉墙或受热面上，黏结形成灰渣层。

结渣造成的危害是相当严重的。受热面结渣以后，会使传热减弱，吸热量减少。为保持锅炉的出力，只得送进更多的燃料和空气，因而降低了锅炉运行的经济性；同时，受热面结渣会导致炉膛出口烟温升高和过热蒸汽超温。这时为了维持汽温，运行中要限制锅炉负荷。燃烧器喷口结渣，将直接影响气流的正常流动状态和炉内燃烧过程。由于结渣往往是不均匀的，因而结渣会对自然循环锅炉的水循环安全性和强制循环锅炉水冷壁的热偏差带来不利影响；炉膛出口对流管束上结渣，可能堵塞部分烟气通道，引起过热器偏差；另外，炉膛上部积结的渣块掉落时，还可能砸坏冷灰斗的水冷壁，甚至堵塞排渣口而使锅炉无法继续进行。总之，结渣不但增加了锅炉运行和检修工作量，严重的是影响锅炉的安全经济性，还可能迫使锅炉降低负荷运行，甚至被迫停炉。结渣对锅炉运行的影响主要体现在以下几个方面：

（1）结渣引起蒸汽温度升高，甚至会导致汽水爆破。

（2）结渣可能造成掉渣灭火，损坏受热面和造成人员伤害。

（3）结渣会使锅炉出力下降，严重时被迫停炉。

（4）受热面易发生高温腐蚀。

（5）影响锅炉的经济性。

产生结渣的先决条件是呈熔融状态的颗粒与壁面的碰撞。炉内颗粒随气流运动，由炉内燃烧空气动力场决定气流向壁面的冲刷程度，以及灰粒与壁面碰撞的几率。此外，较大尺寸的颗粒容易从转向气流中分离出来，与壁面碰撞。因此，急剧的气流转向与粗的煤粉细度是容易导致结渣的。低的灰粒熔融温度和高的壁面温度，使灰粒与壁面碰撞之际易呈熔融状态；粗的灰粒也因分离速度大、碰撞壁面前经历的分离时间短、冷却不易而呈熔融状态；水冷壁不清洁、吸热能力弱、区域温度高、对灰粒的冷却能力弱，使灰粒在碰撞之际呈熔融状态。灰的熔融特性温度与所处的环境气氛相关，氧化性气氛下，熔融温度高，还原性气氛则低。因此，炉内的过量空气系数也影响炉内的结渣。所以，结渣并不单纯取决于煤灰特性，而与许多因素密切相关，并通过灰粒的熔融特性温度与结渣倾向相联系。下面从锅炉设计和运行方面分析影响结渣的因素。

从设计的角度分析，影响结渣的基本因素有：

（1）炉内的空气动力场、煤粉或灰的粒度和密度。这影响到烟气和灰粒在炉内的流动。

（2）灰粒从烟气中分离出来与壁面的碰撞，既与煤粉细度相关，也与煤粉的选择性沉积相关。

（3）煤的燃烧特性、锅炉负荷及炉内空气动力场所构成的炉内温度场以及煤灰的熔融特性。这影响到与壁面碰撞的灰粒是否呈熔融状态，并具有黏结的能力，同时也与受热面的热负荷、受热面的清洁程度相联系。

从运行的角度分析，影响结渣的主要因素有：

（1）炉膛出口烟温。炉膛出口烟温在相当程度上表征着炉内的温度水平、灰粒状态的条件及炉膛出口受热面的结渣倾向。因此，燃用低灰熔点煤种的锅炉，其炉膛出口温度总是设计得偏低些，防止因炉膛出口温度过高而造成锅炉炉膛出口结渣。

（2）锅炉负荷。锅炉负荷通过增大炉内燃料量和受热面的静热流而得到提高，燃料量表征炉内的整体温度水平，而受热面的静热流反映了受热面的外壁温度。因此，锅炉负荷增加就意味着炉内结渣的可能性将增大。发现锅炉结渣现象剧增时，主要处理措施之一是降低锅炉负荷。

（3）燃烧器上部的炉膛高度。煤粉燃烧过程中，需要有一定的炉膛高度来满足燃烧过程或者说火焰长度的需要。而炉内温度分布与这一高度密切相关，温度只有在燃烧基本结束后才会较迅速下降，灰粒才有被冷却固化的可能；如果这一高度（最上层燃烧器到屏式过热器底部）较小，那么屏式过热器结渣的可能性就会增大，甚至引起较严重的结渣。在锅炉设计中，这一高度与燃用煤种的特性及灰的熔融特性是相对应的。

(4) 炉壁热负荷和燃烧器区域热负荷。炉壁热负荷即投入炉内热量与炉壁投影面积之比，表征水冷壁对投入炉内热量的吸收能力，亦即炉内的温度水平，尤其对近炉壁区域而言，还将直接影响对接近壁面灰粒的冷却能力。燃烧器区域热负荷表征了燃烧器布置的集中和分散程度。燃烧器区域是炉内速度和温度变化最激烈、梯度最大的区域，燃烧最强烈，区域温度水平最高，最容易产生结渣的区域。因此，燃用结渣倾向性高的煤种的锅炉，燃烧器区域热负荷值取低限。

(5) 燃烧的空气量及风粉配比。炉内空气量不足时，容易产生一氧化碳，从而使灰熔点大大降低，引起炉膛内结渣；特别是燃用挥发分大的煤时，更容易出现这种现象。燃料与空气混合不充分，即使供应足够的空气量，也会造成某些区域空气多些，另一些区域空气少些，这样，空气少的区域就会出现还原性气体而使灰熔点降低，造成局部结渣。

(6) 火焰偏斜，煤粉气流贴壁。燃烧器的缺陷或炉内空气动力工况失常都会引起火焰偏斜或煤粉气流贴壁。火焰偏斜，会使温度最高的火焰层移至炉壁处，从而使水冷壁产生严重结渣。

(7) 煤粉细度。煤粉中的粗颗粒容易从气流中分离出来与壁面碰撞，燃尽时间较长，火焰长度要求较长，同时其热容量大，换热系数小而冷却固化不易。因此，在燃用熔融温度特性值低的煤种时，更需控制煤粉中的粗粒质量份额（实际控制煤粉均匀度）。

(8) 吹灰操作。煤粉锅炉受热面一旦结渣，表面温度会随之升高；对于接近受热面的灰粒，其冷却能力会减弱，由此导致恶性循环（结渣越来越严重）。这时只能通过吹灰器对受热面进行吹扫来维持受热面清洁，以降低受热面受污染的程度。因此，吹灰器的布置和运行必须与燃用煤种的结渣倾向相适应，使沉积灰渣能得到及时清扫。

针对影响结渣的因素，可采取以下防治措施：

(1) 选取较小的炉膛热负荷，避免火焰冲刷受热面，同时降低整个炉膛温度，以减小结渣的可能性。

(2) 选取合理的燃烧区域化学反应当量比，不仅确保有一个低 NO_x 排放出口烟温，同时也使结渣的可能性降到最小。

(3) 选取能够防止对流受热面出现任何结渣可能性的炉膛排烟温度。

(4) 采用膜式二级和高温过热器设计，在防止部件管子出列、变形的同时抑制结渣。

(5) 穿过悬吊过热器中央的吹灰器与过热器的膜式设计面相结合，以保证吹灰的有效性。

(6) 燃烧器喉口周围布置水冷壁弯管，与高导热性的碳化硅砖面相结合，从而降低燃烧器喉口的表面温度，有效防止燃烧器区域结渣。

(7) 低 NO_x 燃烧器产生较低的燃烧器区域峰值火焰温度。

(8) 控制燃烧器燃料和空气的分布，保证沿炉膛宽度的均匀燃烧并防止还原区的形成。

(9) 在燃烧系统的设计方面，可通过采用二次风气流（CFS）等措施来控制结渣，具体措施如下：

1) 一次风煤粉气流被偏转的二次风气流裹在炉膛中央，以减少灰渣在水冷壁上的沉积。

2) 在燃烧区域及上部四周水冷壁附近形成富空气区，以减轻结渣并使灰渣疏松，减少墙式吹灰器的使用频率。

3) 炉膛结渣的控制提高了下部炉膛的吸热量，降低了炉膛出口烟温，从而控制了上部炉膛的结渣。

4）水冷壁附近氧量提高也降低了燃用高硫煤时水冷壁的高温腐蚀倾向。

五、SG-2024t/h/26.5-M621超超临界压力直流锅炉的水冷壁

水冷壁采用外径为38.1mm和34.9mm的光管，节距分别为56mm与54mm，管间用扁钢焊接形成完全气密封炉膛。炉膛折焰角节距为56mm，材料为12Cr1MoVG，由外径为38.1mm的光管与扁钢焊接而成。前后墙水冷壁在标高20 890mm处与水平方向成55°的夹角形成冷灰斗，冷灰斗下倾至标高8753mm处形成深度为1214mm的出渣口，并与渣斗装置相接。前墙及两侧墙水冷壁通过装在垂直段顶部的吊板装置悬吊，后墙水冷壁通过56根直径为57.2mm的光管作为悬吊管，支撑炉室后墙的全部重量。

锅炉炉膛和水冷壁设计数据如下：

炉膛断面尺寸（炉宽×炉深）	18 816mm×18 144mm
炉膛容积	17 968m³
炉膛水冷壁面积	4058m²
上排一次风中心线到屏底的距离	19.374m
炉膛出口烟气温度	1030℃
屏式过热器底部烟气温度	1423℃

以上各设计数据的定义如下：

（1）炉膛出口断面：沿烟气行程遇到的管间净距离平均小于或等于457mm的受热面第一排管子中心线构成的断面。由于该工程锅炉上炉膛的屏式过热器和高温过热器的节距均大于457mm，故将后水冷壁吊挂管中心线定义为炉膛出口断面。

（2）炉膛容积：冷灰斗底部有效容积上半部高度到炉膛出口断面的容积。

（3）热负荷值根据炉膛净输入热量计算。炉膛净输入热量是锅炉在相应负荷下的计算燃煤量与燃料低位发热量的乘积。

（4）燃烧器区域的选取：燃烧器上下煤粉喷口中心线之间的垂直距离外加3m所包围的炉墙壁面积。

锅炉炉膛几何形状及尺寸如图2-6所示。炉膛截面是一个宽深比为1.037∶1的矩形，炉膛宽度为18.816m，深度为18.144m。锅炉顶棚管中心线标高为74.450m，炉膛截面积为341.397m²，体积为22427.77m³。在炉膛底部标高15.344m处前后墙向炉内倾斜55°形成冷灰斗，冷灰斗下缘开口截面尺寸（深×宽）

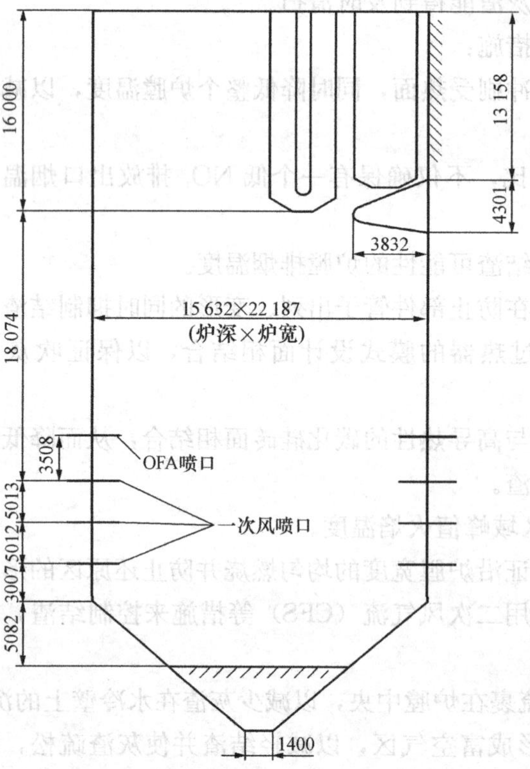

图2-6 SG-2024t/h/26.5-M621超超临界压力直流锅炉炉膛几何尺寸简图

为1400mm×22 187mm。该锅炉折焰角位于后墙标高49.072m处，其高度为3725mm，深度为3442mm。

SG-2024t/h/26.5-M621超超临界压力直流锅炉水冷壁下集箱标高为8500mm，炉顶管中心线标高为74450mm，大板梁底标高为83 050mm。

炉膛由膜式壁组成。炉底冷灰斗角度为55°，从炉膛冷灰斗进口（标高8500mm）到标高51047mm处炉膛四周采用螺旋管圈，管子直径为38.1mm，节距为54mm，倾角为18.7493°。在此上方为垂直管圈，管子直径为34.9mm，节距为56mm。螺旋管与垂直管的过渡采用中间混合集箱。

螺旋管圈与垂直管圈采用中间混合集箱的过渡形式。与分叉管方式相比，中间混合集箱更能保证汽水两相分配的均匀性，而且结构上不受螺旋管与垂直管转换比的限制。

SG-2024t/h/26.5-M621超超临界压力直流锅炉的水冷壁流程见图2-7。

采用下炉膛螺旋管圈型水冷壁和上炉膛垂直管水冷壁的组合方式，一方面满足了变压运行性能的要求，另一方面可在水冷壁的顶部采用结构上成熟的悬吊结构。

中间混合集箱布置在低负荷时螺旋管圈出口蒸汽干度在0.8以上的标高上。在该蒸汽干度下，中间混合集箱的汽水均匀分配已不成问题，此处炉膛热负荷已明显降低，垂直管圈在较低的质量流速下能够得到可靠的冷却。

冷灰斗的吸热量约占炉膛总吸热量的10%，因此冷灰斗吸热不均引起的热偏差不可忽视。冷灰斗采用螺旋管圈时，出口工质几乎没有温度偏差，这是垂直管冷灰斗不可比拟的。

整个炉膛水冷壁由炉膛上部的垂直段管圈与炉膛下部的螺旋段管圈组成。在标高51 047mm处，通过锻件多通及中间混合集箱实现垂直段与螺旋段管圈的过渡，由1根螺旋管分成3根垂直管。垂直管圈高度约为25.05m，共有1320根管子；螺旋管圈高度为42.3m，由440根管子以倾

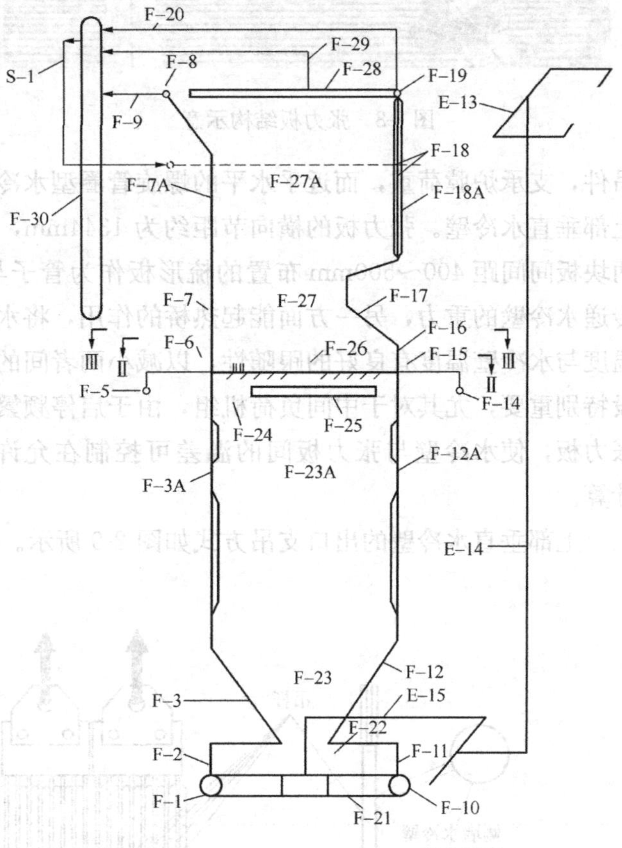

图2-7 SG-2024t/h/26.5-M261超超临界压力直流锅炉水冷壁流程示意

F-1、F-10、F-21—水冷壁前墙、后墙、侧墙下集箱；F-2、F-11、F-22—水冷壁前墙、后墙、侧墙进口管；F-3、F-12、F-23—水冷壁前墙、后墙、侧墙螺旋管段水冷壁；F-5、F-14、F-25—水冷壁前墙、后墙、侧墙中间混合集箱；F-7、F-27—水冷壁前墙、侧墙水冷壁直管段；F-17—水冷壁后墙折焰角管；F-18—水冷壁后墙垂帘管；F-8、F-19、F-28—前墙、后墙、侧墙上集箱；F-30—启动分离器；S-1—包覆连接管路

角 18.749 3°右旋螺旋而成，从冷灰斗上沿计算至螺旋管圈出口，螺旋圈数为 1.2 圈。垂直段管圈包括上、下两部分，共有 48 片膜式管圈。螺旋段管圈包括过渡段及螺旋段管圈，从标高 8500mm 至标高51 500mm，共有 100 片管圈（不包括燃烧器区水冷壁及 SOFA 区水冷壁）。从运行性能上看，采用螺旋管圈型水冷壁能有效消除热偏差，而且水冷壁的设计不受燃料品种的制约，但螺旋管圈的支吊问题要比垂直管圈复杂得多。由于螺旋管圈的管子轴线近乎水平，由管圈和工质自重、积灰及炉膛负压等载荷所产生的应力，其方向与管内压力所产生的最大径向应力方向基本一致，由此造成的复合应力比垂直管圈大。因此，需要一个垂直布置的吊带结构来组成螺旋管圈的支承和悬吊结构，这种支承装置称为张力板，结构如图 2-8 所示。

图 2-8 张力板结构示意

垂直管圈炉膛水冷壁本身就作支吊件，支承炉膛荷重，而近乎水平的螺旋管圈型水冷壁的重量则通过张力板将力传递至炉膛上部垂直水冷壁。张力板的横向节距约为 1344mm，板厚 11mm，由平行的两块板组成。在两块板间间距 400～500mm 布置的梳形板作为管子与张力板间的连接件，其作用一方面是传递水冷壁的重力，另一方面能起热桥的作用，将水冷壁的热量传递给张力板，使张力板的温度与水冷壁温度有良好的跟随性，以减小两者间的温度应力。这一点在锅炉启动和停炉阶段特别重要，尤其对于中间负荷机组，由于启停频繁及要求快速启动，因此必须精确设计此张力板，使水冷壁与张力板间的温差可控制在允许范围内，并对此进行应力分析和疲劳计算。

上部垂直水冷壁的出口支吊方式如图 2-9 所示。

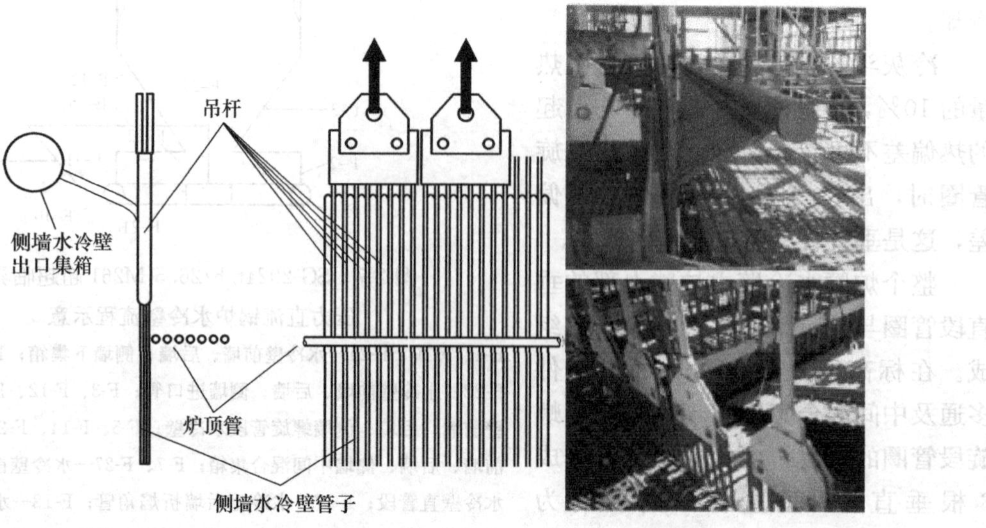

图 2-9 上部垂直水冷壁的出口支吊方式（以侧墙为例）

水冷壁荷重通过许多过渡吊耳支吊于炉顶吊杆及支撑在钢架上。这种支吊方式有助于吊点负荷的均匀分布及调整。由于上部出口集箱和管座不承受重的载荷，因此允许有更高的许用温差，有利于机组快速启停。

该锅炉炉膛水冷壁采用全焊接的膜式水冷壁，以保证燃烧室的严密性。鳍片宽度应能适应变压运行工况，并确保在任何工况下鳍端温度低于材料的最高允许温度。从炉膛冷灰斗进口至折焰角下1m处水冷壁采用螺旋管圈型，炉膛上部采用垂直管圈型。渣斗底部有足够的加强型厚壁管，允许的磨蚀厚度不小于1mm。钢结构足以防止灰渣落下造成的损害。渣斗喉部最小开口宽度为1.2m。冷灰斗采用螺旋管圈，螺旋管与垂直管的过渡采用中间混合集箱型。水冷壁由灰斗进口开始，在任何工况下（尤其是低负荷及启动工况），应保证在水冷壁内有足够的质量流速，以确保水冷壁水动力稳定和传热不发生恶化，特别是防止发生在亚临界压力下的偏离核态沸腾和超超临界压力下的类膜态沸腾现象。

由于超临界直流锅炉水冷壁内的质量流速几乎与锅炉负荷成正比（循环倍率为1或小于1），因此，在确定管圈形式后，要根据锅炉运行模式，选择水冷壁质量流速和管径，确定最低直流负荷和超超临界满负荷工况下的质量流速，并对水冷壁各工况进行水动力计算和壁温计算，以保证在超超临界满负荷工况或亚临界部分负荷工况都安全、可靠。为了减小热偏差，在螺旋管圈和垂直管圈连接处设置混合集箱。该点的位置确定既要满足水动力和壁温计算要求，又要满足总体布置上的结构要求。炉膛下部采用螺旋管圈型水冷壁，螺旋管以18.7493°螺旋倾角的由冷灰斗下部盘旋上升，在折焰角下方1m处通过中间混合集箱实现由下方螺旋管圈到上部垂直管圈的过渡。螺旋管和垂直管之间的比例为1∶3。螺旋管圈由直径为38.1mm的15CrMoG管子组成，节距为54mm；上部垂直管由直径34.93mm的15CrMoG管子组成，节距为56mm。从冷灰斗上沿至螺旋管终端的高度为31.43m，螺旋管圈数大于1.2圈。水冷壁管在不同负荷下的质量流速见表2-1。

表2-1　水冷壁管在不同负荷下的质量流速　kg/（m^2·s）

负　荷	螺旋管	垂直管	负　荷	螺旋管	垂直管
30%BMCR	830	368	75%BMCR	1685	753
50%BMCR	1101	493	BMCR	2600	1154

为监视蒸发受热面出口金属温度，在水冷壁上装有足够数量的测温装置。具体数量如下：水冷壁中间混合集箱上设150个测点，分离器设8个测点，分离器出口蒸汽导管上设8个测点。

锅炉膨胀中心以密封罩壳顶部、后水冷壁中心线前1m的锅炉中心线处为原点，通过水平和垂直方向的导向与约束实现三维膨胀，防止炉顶、炉墙开裂和受热面变形，并在需要监视膨胀的位置合理布置膨胀指示器。

水冷壁上设置有观测孔、热工测量孔、人孔、吹灰器孔及相应的平台。水冷壁的放水点装在最低处，以保证水冷壁及其集箱内的水能放空。

第三节 过热器与再热器

一、过热器

（一）过热器蒸汽参数的选择

为了提高循环热效率，过热蒸汽的压力已经由超高压提高到亚临界和超超临界压力。但过热器和再热器蒸汽温度的选择要受到金属材料性能的限制，目前，国产机组亚临界压力以下的过热器高温段采用12CrMoWVB，再热器高温段采用1Cr18Ni9Ti，蒸汽温度限制在540～550℃。当采用耐更高温度的金属材料时，过热蒸汽温度可提高到560～660℃以上。

（二）过热器的布置

设计和布置过热器时，必须确保其受热面管子外壁温度低于钢材的抗腐蚀和氧化温度，并保证其高温持久强度。

蒸汽参数提高，使锅炉受热面的布置也相应发生变化。低压锅炉的蒸汽温度为350～370℃，这时热过热汽气所需的热量不多，但由于压力低，水的汽化潜热大，水的蒸发热量却较多，炉膛辐射热量不能满足水蒸气所需热量，因此，在对流过热器前一般还要布置大量对流蒸汽管束。对于中压锅炉，其炉膛热与所需蒸发热大致相当，过热器一般直接布置在炉膛出口的少量凝管束之后。对于高压锅炉，由于汽化潜热减少，炉内的辐射已超出所需的蒸发热，而且过热蒸汽和加热水的热量增加较多，因此必须把一部分过热器受热面布置在炉内，即采用所谓的辐射式和半辐射式过热器。随着锅炉容量的增大和蒸汽压力的进一步提高，水蒸发所需热量继续减少，而蒸汽过热热进一步增加，所以要把过热器布置在更高烟温区，以增大过热热占炉内吸热量的比例。因此，超高压力、亚临界压力和超临界压力的锅炉，必须采取更多的辐射式和半辐射式过热器。

（三）过热器的结构形式

按传热方式分，过热器可分为对流式、半辐射式和辐射式三种形式；按结构分，过热器可分为蛇形管式、屏式、壁式和包墙管式（又称包覆）四种形式。随着蒸汽参数的提高，过热蒸汽及再热蒸汽的吸热量占工质总吸热量的比例越来越高，亚临界机组已达50%以上，见表2-2。

表2-2　工质吸热分配份额

过热蒸汽压力（MPa）	给水温度（℃）	过热蒸汽温度（℃）	再热蒸汽温度（℃）	工质吸热分配份额			
				加热份额	蒸发份额	过热份额	再热份额
3.83	150	450		0.163	0.640	0.197	
9.82	215	540		0.193	0.536	0.272	
13.74	240	555	550	0.213	0.314	0.299	0.174
16.69	260	555	555	0.229	0.264	0.349	0.158

因此，过热器受热面在锅炉总受热面中占有很大比例。为此，过热器布置区域不仅应从水平烟道前伸入炉膛内，还应向后延至锅炉尾部烟道。

1. 对流式过热器

对流式过热器是指布置在对流烟道内主要吸收烟气对流放热的过热器。对流式过热器由蛇形管受热面和进、出口集箱组成。蛇形管一般采用外径为32～57mm的无缝钢管弯制而成，管壁厚度由强度计算决定，管子材料则根据其工作条件确定。

根据烟气与蒸汽的流动方向，对流式过热器可分为顺流、逆流及混合流布置三种方式。对于逆流布置的过热器，蒸汽温度高的那一段处于烟气高温区，金属壁温高，但由于平均传热温差大，受热面可少些，较为经济，常用于过热器的低温级（进口级）。对于顺流布置的过热器，蒸汽温度高的那一段处于烟气低温区，金属壁温较低，安全性较好，但由于平均传热温差最小，需要较大的受热面，金属耗量大，不经济，因此多用于蒸汽温度较高的最末级（高温级）。对于混合流布置的过热器，低温段为逆流布置，高温段为顺流布置；低温段具有较大的平均传热温差，高温段管壁温度也不致过高。混合流布置方式广泛用于中压锅炉，高压和超高压锅炉过热器的最后一级也常采用这种布置方式。

根据管子的布置方式分，对流过热器可分为立式和卧式两种。蛇形管垂直放置的立式过热器的优点是支吊结构比较简单，可用吊钩把蛇形管的上弯头吊挂在锅炉的钢架上，并且不易积灰，通常布置在炉膛出口的水平烟道中；缺点是停炉时管内存水不易排出。蛇形管水平放置的卧式过热器在停炉时管内存水容易排出，但其支吊结构比较复杂且容易积灰，常以有工质冷却的受热面管子（如省煤器管子）作为其悬吊管。

过热器的蛇形管可做成单管圈、双管圈及多管圈，这与锅炉的容量和管内必须维持的蒸汽流速有关。大容量锅炉通常采用多管圈结构。

根据管子的排列方式分，对流过热器可分为顺列和错列布置两种方式。在烟气流速和管子排列特性等相同的条件下，错列横向冲刷受热面的传热系数比顺列大，但由于错列管束的吹灰通道小，错列管束的外表面积灰难以吹扫干净，或者为了增大吹灰通道，不得不把横向节距过分地增大，从而降低了烟道的利用率；而顺列管束的外表积灰很容易被吹灰器清除。国内绝大多数锅炉均在高温水平烟道中采用立式顺列布置的受热面，可以避免燃烧多灰分燃料时产生结渣和减轻积灰的程度。当受热面顺列布置时，相对横向节距s_1/d为2～3，相对纵向节距在管子半径允许的条件下应尽量小，使结构紧凑。通常，相对纵向节距s_2/d为1.6～2.5；当过热器的进口烟气温度较高并接近1000℃以上时，为了防止结渣，常把过热器管束的前几排拉稀，使相对横向节距$s_1/d \geqslant 4.5$，相对纵向节距$s_2/d \geqslant 3.5$。通常，在尾部竖井烟道中采用卧式错列布置的受热面。近年来，为了提高锅炉运行的可用率和可靠性，大型电站锅炉在尾部竖井烟道中也采用卧式顺列布置的受热面。

为了保证对流过热器管子金属得到足够的冷却，管内工质必须保证一定的质量流速，流速越高，管子的冷却效果越好，但工质的压降也越大。通常，过热器系统允许的压降不宜超过过热器工作压力的8%～10%。对流过热器低温级的质量流速建议采用400～700kg/($m^2 \cdot s$)，高温级建议采用700～1100kg/($m^2 \cdot s$)。

流经过热器和再热器受热面的烟气流速的选取受多种因素的相互制约。高烟气流速可提高传热系数，但管子的磨损也较严重；相反，过低的烟气流速不仅会降低传热系数，而且还会导致管子严重积灰。在额定负荷时，对流受热面的烟气流速一般不宜低于6m/s。在炉膛出口之后的水平烟道中，烟温较高、灰粒较软、对受热面的磨损较小，常采用10～12m/s

以上的烟气流速；在烟温低于600～700℃的区域中，灰粒变硬、磨损加剧，所以烟气流速一般不宜高于9m/s。

2. 辐射式过热器

辐射式过热器是指布置在炉膛中直接吸收炉膛辐射热的过热器。辐射式过热器有多种布置方式：辐射式过热器设置在炉膛内壁上，称为墙式过热器；辐射式过热器布置在炉顶，称为顶棚过热器；辐射式过热器悬挂在炉膛上部，称为前屏过热器。高参数、大容量锅炉中，过热吸热占很大比例，蒸发吸热的比例减小。从布置足够的炉膛受热面来冷却烟气及减小过热器金属耗量的角度来看，布置辐射式过热器具有一定的好处；同时，由于辐射式过热器与对流式过热器具有相反的温度特性，因此可达到改善锅炉汽温调节特性的目的。

由于炉内热负荷很高，因此辐射式过热器的工作条件较为恶劣。运行经验表明，管壁与管内工质的温差可达100～120℃。为了改善工作条件，通常在对辐射式受热面进行设计、布置及运行时采取下列措施：

（1）使辐射式受热面远离热负荷最高的火焰中心，过热器只布置在远离火焰中心的炉膛上部。墙式受热面会使水冷壁高度减小，对水循环的安全性不利，设计时特别注意水循环计算。

（2）将辐射式过热器作为低温级受热面，以较低温度的蒸汽流过这些受热面，从而达到冷却金属的目的。

（3）过热器内采用较高的蒸汽质量流速，以提高管内工质的放热系数。蒸汽质量流速取值一般为1000～1500kg/(m^2·s)，为此，需尽量减少受热面并列管子的数目，并将受热面分组布置，以增加工质的流动速度。

3. 半辐射式过热器

半辐射式过热器是指布置在炉膛上部或炉膛出口烟窗处，既吸收炉内的直接辐射热，又吸收烟气的对流放热的过热器，通常又称屏式过热器。同时具有前屏过热器的锅炉，则称为后屏过热器。

屏式过热器由进出口集箱及焊在集箱上的许多U形管紧密排列成的管屏组成，它像屏风一样把炉膛上部分隔成若干个空间。管屏通常悬挂在炉顶构架上，可以自由向下膨胀。为了增强管屏的刚性，相邻两管屏之间用它们本身的管子相互连接，有时在管屏的下部用中间的管子把其余的管子包扎起来。

屏式过热器管屏中并列管子的根数为15～30根。屏间距离（横向节距）s_1较大，通常为600～1200mm；相对纵向节距s_2/d很小，通常为1.1～1.25。

烟气在管屏与管屏之间的空间流过，流速通常为6m/s。屏式过热器热负荷较高，为了降低管壁温度以提高受热面工作的安全性，屏式受热面管内蒸汽的流速应比同样压力的对流过热器高，质量流速通常为700～1200kg/(m^2·s)。

4. 屏式过热器

屏式过热器吸收部分炉内辐射热，能有效地降低炉膛出口烟温，防止对流过热器结渣。

出口烟窗处后屏的屏间距离s_1大，稀疏布置的管屏起到了凝结熔渣的作用。流经管屏的烟气流速大，所以后屏也吸收了相当一部分的对流换热量，能有效降低进入水平烟道的烟气温度，防止布置密集的对流过热器或再热器结渣。

屏式过热器能在1000～1300℃的烟温区内可靠地工作，与对流式过热器相比，烟温升高、传热温差增大、传热强度高、受热面积减少。

屏式过热器以辐射为主，与对流式过热器联合使用，可改善汽温变化特性。

屏式过热器中紧密排列的各U形管受到的辐射热及所接触的烟气温度有明显差别，并且内、外管圈长度不同会导致蒸汽流量的差别，因此，平行工作的各U形管的吸热偏差较大，有时管与管之间的壁温差可达80～90℃。运行时，应注意屏式过热器出口端金属壁温的监视和控制。屏最外围的U形管工质行程长、阻力大、流量小，又受到高温烟气的直接冲刷，且接受炉膛辐射热的表面积较其他管子大许多，因此其工质焓增比屏的平均焓大40%～50%，极容易超温烧坏。为了防止外管圈超温，有许多改进结构，如将外管圈的长度缩短，将外管圈和内管圈在中间交换位置，也可用加大外管圈管径及采用高一级材质的钢材等方法来提高其工作的可靠性。

5. 包覆过热器

在大型锅炉中，为了采用悬吊结构和敷管式炉墙，在水平烟道或尾部烟道内壁布置了过热器管，此种过热器称为包覆过热器。

包覆过热器作为炉壁，主要用于悬吊炉墙。由于包覆过热器仅受烟气的单面冲刷，贴壁处烟气流速又低，因此对流传热效果差；又因包覆过热器较紧密地布置在烟温较低的后部烟道内，辐射吸热量很小，故包覆过热器不能作为主受热面。

炉墙敷设在管子上，可以减轻炉墙质量，简化炉墙结构。由于包覆过热器内的蒸汽来自焓增很小的炉顶过热器或直接来自汽包，蒸汽温度较低，因此，包覆过热器具有较低的管壁温度，有利于减少锅炉的散热损失。

此外，包覆过热器还具有将蒸汽输送入布置在尾部烟道的低温过热器进口的作用。

包覆过热器的直径与对流过热器的直径相同。当包覆过热器采用光管结构时，管子间的相对节距 s/d 为1.1～1.2；当包覆过热器采用膜式结构时，管子间的相对节距 s/d 为2～3。

为了保证锅炉对流烟道的严密性及减少金属消耗量，一般在管间焊上扁钢或圆钢，使之成为膜式结构。

（四）过热器的工作特点

(1) 由于过热器出口处的工质已达到较高温度，因此过热器的许多部分，特别是其末端部分需要采用价格较高的合金钢。通常，为降低锅炉造价，尽量避免采用更高级的合金钢，设计时，几乎使各级过热器金属管子的工作温度都接近极限温度。为使过热器安全运行，必须注意保持汽温稳定，波动不应超过±(5～10)℃。

(2) 整个过热器的阻力（即工质压降）不能太大。因大部分过热器都布置在较高烟温区域，为了使管子得到较好的冷却，就应使管内工质有较高的流速。工质流速越高、阻力越大，工质的压降就会越大。对于过热器，工质压降越大，要求给水压力越高，除给水泵功率消耗增大外，省煤器、水冷壁等承压部件壁厚就需要增大，从而其材料和制造成本就会提高。因此，一般要求整个过热器内工质的压降不超过其工作压力的10%。

(3) 过热器出口蒸汽温度随负荷的改变而变化。这是由于过热器是组合式的，既有对流传热，又有辐射传热，但总体上是以对流传热为主，当负荷变化时，受热面管外烟气流速和管内工质流速都将发生变化，管内外的对流放热系数随着改变，从而导致管内蒸汽吸热量改变。

(4) 在锅炉启动点火或汽轮机甩负荷时，过热器中没有或只有少量蒸汽通过，管壁会由于得不到冷却而产生爆管或烧损。为此，必须采取控制烟气温度等有效措施，来保障在启动或汽轮机甩负荷时过热器的安全。

(五) 660MW超超临界锅炉过热器系统

过热器系统（流程见图2-10）按蒸汽流向分，可分为顶棚和包墙过热器、低温过热器、分隔屏过热器、后屏过热器及高温过热器。其中，主受热面为低温过热器、分隔屏过热器、后屏过热器和高温过热器。分隔屏过热器和后屏过热器布置在炉膛的上部，主要吸收炉膛内的辐射热量。高温过热器布置在折焰角上方，也具有较强的辐射特性。过热器系统的汽温调节采用燃料/给水比和三级6点喷水减温，在后屏过热器和高温过热器之间设置一级喷水减温并左右交叉，以减小左、右侧汽温偏差。

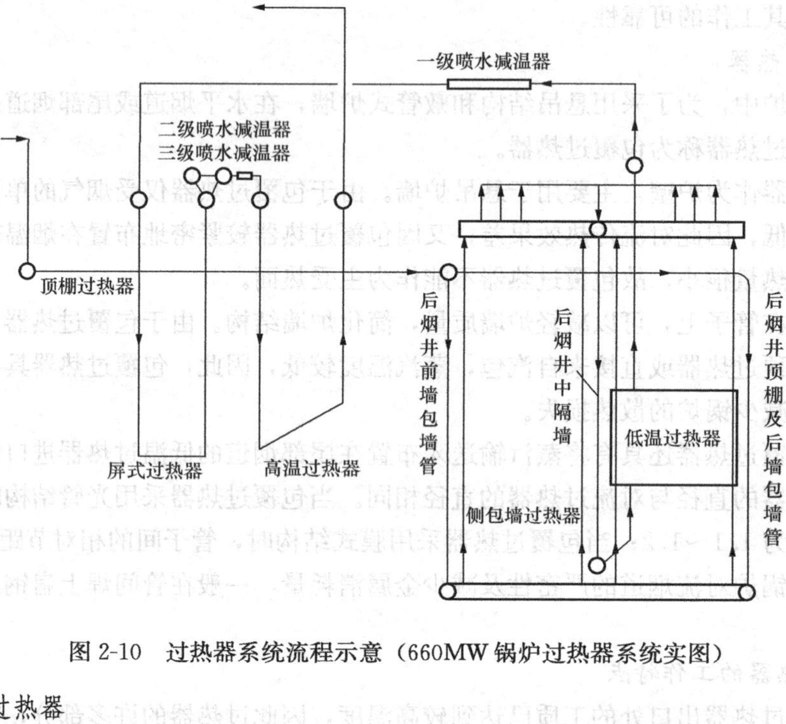

图2-10 过热器系统流程示意（660MW锅炉过热器系统实图）

1. 顶棚过热器

顶棚过热器布置在炉膛、水平烟道顶部，由外径为219mm的顶棚入口集箱引出192根直径为63.5mm、材料为15CrMoG、节距为115mm的管子组成，管子之间焊接6mm厚的扁钢，另一端接至外径为219mm的顶棚出口集箱。

2. 包墙过热器

顶棚出口集箱同时与后烟道前墙和后烟道顶棚相接。后烟道顶棚转弯下降形成后烟道后墙，后烟道前、后墙与后烟道下部环形集箱相接，并连接后烟道两侧包墙。侧包墙出口集箱的24根直径为168mm的引出管与后烟道中间隔墙入口集箱相接，隔墙向下引至隔墙出口集箱，隔墙出口集箱又与一级过热器相连。后烟道后包墙的管子规格为ϕ44.5×6mm，后烟道前包墙的管子规格为ϕ57×7.7mm，后烟道侧包墙和中隔墙的管子规格为ϕ63.5×8.6mm。

3. 低温过热器

低温过热器布置于尾部双烟道中的后部烟道中，由3段水平管组和1段立式管组组成。

第1、2段水平过热器沿炉宽布置190片，横向节距为115mm，每片管组由4根ϕ57×8mm、材料为15CrMoG的管子绕成。至第3段水平过热器，管组变为95片，横向节距为230mm，每片管组由8根ϕ51×7.5mm、材料为15CrMoG的管子绕成。立式低温过热器采用相同的管子和节距，并引至出口集箱。

4. 屏式过热器

屏式过热器布置在上炉膛，沿炉宽方向共有30片管屏，管屏间距为690mm。每片管屏由28根并联管弯制而成，管子的直径为38mm。根据管子的壁温不同，入口段材料为SA-213T91，外圈管及出口段材料采用SA-213TP347H。

5. 高温过热器

高温过热器位于折焰角上方，沿炉宽方向排列，共30片管屏，管屏间距为690mm。每片管组由20根管子绕制而成，管子的直径为44.5mm，材料为SA-213T91。蒸汽在高温过热器中加热到额定参数后，经出口集箱和主蒸汽导管进入汽轮机。

6. 减温器

一级喷水减温器装在低温过热器和屏式过热器之间的管道上，外径为508mm，壁厚为84mm，材料为SA-335P92。二级喷水减温器装在前屏过热器和后级过热器之间的管道上，外径为508mm，壁厚为68mm，材料为SA-335P91。三级喷水减温器装在后屏过热器和高温过热器之间的管道上，外径为508mm，壁厚为68mm，材料为SA-335P92。

（六）过热器的结构特点

为消除蒸汽侧和烟气侧产生的热力偏差，过热器各段进、出口集箱采用多根小口径连接管连接，并左右交叉，以保证蒸汽充分混合。过热器采用三级喷水减温装置，且左右能分别调节，可保证过热器两侧汽温差小于5℃。

过热器管排根据所在位置的烟温留有适当的净空间距，以防止受热面积灰搭桥或形成烟气走廊而加剧局部磨损。处于吹灰器有效范围内的过热器的管束设有耐高温的防磨护板，以防止吹损管子。

在屏式过热器底端的管子之间安装膜式鳍片来防止单管的错位、出列，保证管排平整，从而有效抑制了管屏结焦和挂渣，同时方便吹灰器清渣。

屏式过热器和高温过热器在入口和出口段的不同高度上，由若干根管弯成环绕管。环绕管贴紧管屏表面的横向管将管屏两侧压紧，保持管屏平整。过热器采用防振结构，在运行中保证没有晃动。

过热器在最高点处设有排放空气的管座和阀门。放空气门在炉顶集中布置。

二、再热器

1. 再热器的工作特点

对流式再热器的结构与对流式过热器的结构相似，也是由大量平行的蛇形管和进、出口集箱组成，也可分为低温段和高温段，分别布置在尾部竖井烟道和水平烟道中。对流式再热器也有顺流、逆流、立式布置与卧式布置之分，并且在这些方面的特点与对流式过热器相同。辐射式再热器通常布置在炉膛上部的壁面上，又称为壁式再热器。壁式再热器由进、出口集箱及覆盖在水冷壁上紧密排列的管子组成。

再热器的进汽是汽轮机高压缸的排汽，其压力约为主蒸汽压力的20%，温度稍高于相应的饱和温度，流量约为主蒸汽流量的80%，离开再热器后的蒸汽温度约等于主蒸汽温度。因此，再热器与过热器相比具有以下几个特点：

(1) 再热蒸汽压力低，蒸汽与管壁之间的对流放热系数小。对于超高压机组，再热蒸汽的对流放热系数仅为过热器的25%。再热蒸汽对管壁的冷却效果差，而再热蒸汽出口温度与过热蒸汽相同，为了使再热器管壁不超温，在出口段采用高级合金钢，并且尽量将再热器布置在烟气温度较低区域。

(2) 虽然再热蒸汽的质量流量约为主蒸汽流量的80%，但由于再热蒸汽压力低、温度高、比体积大，再热蒸汽的容积流量比主蒸汽大得多，因此，再热蒸汽连接管道的直径比主蒸汽管道大，再热器本身采用大管径、多管圈受热面，管子直径为42～60mm，管圈数为5～8。

(3) 再热器蒸汽侧阻力的大小直接影响机组热效率，阻力每增加0.98MPa，汽轮机的汽耗则增加0.28%。因此，再热蒸汽的连接管道和再热器本身的阻力越小越好。再热器本身的阻力一般限制在0.2MPa左右（约$2kgf/m^2$），再热器内工质的流速一般为250～400kg/(m^2·s)。

(4) 再热器对汽温偏差较为敏感。在相同的温度下，蒸汽的比热容随着压力的降低而减小，因此再热蒸汽的比热容比过热蒸汽的比热容低。例如，13.7MPa、555℃的超高压过热蒸汽的比热容为2.62kJ/(kg·℃)，而2.35MPa、555℃的再热蒸汽的比热容为2.232kJ/(kg·℃)，因此，在相同的热偏差下，再热器出口汽温偏差比过热蒸汽大。

(5) 再热器出口汽温受进口汽温的影响。单元机组在定压下运行时，汽轮机高压缸排汽温度随着负荷的降低而降低，再热器进口温度也相应降低，从而使再热器出口汽温降低。对于对流式再热器，其对流汽温特性更加显著，汽温调节幅度比过热器大。

(6) 当汽轮机甩负荷或机组启停时，再热器无蒸汽冷却即可能烧坏，因此，在过热器和再热器之间装有高压旁路，将过热蒸汽通过高压旁路上的快速减温减压装置引入再热器，从而起到保护再热器的作用。

(7) 再热器进汽蒸汽状态取决于汽轮机高压缸的排汽参数，而高压缸排汽参数随汽轮机的运行方式、负荷大小及工况变化而变化。当汽轮机负荷降低时，再热器入口汽温也相应降低，要维持再热器的额定出口汽温，则其调温幅度大。由于再热汽温调节机构的调节幅度受到限制，因此维持额定再热汽温的负荷范围也将受到限制。

(8) 再热汽温调节不宜用喷水减温的方法，否则机组的运行经济性将下降。再热器置于汽轮机的高压缸和中压缸之间，因此，在再热器喷水减温，使喷入的水蒸发加热成中压蒸汽，会使汽轮机的中、低压缸的蒸汽流量增加，即增加了中、低压缸的输出功率。如果机组总功率不变，则势必要减小高压缸的功率。由于中压蒸汽做功的热效率较低，使整个机组的循环热效率降低，因此，再热汽温调节方法采用烟气侧调节，即采用摆动燃烧器或分隔烟道等方法。为确保再热器在事故状态下不发生过热烧坏，在再热器进口处设置了事故喷水减温器，当再热器进口汽温采用烟气侧调节无法使汽温降低时，可用事故喷水来保护再热器管壁不超温，以保证再热器的安全。

(9) 采用再热器的目的是降低汽轮机末几级叶片的湿度和提高机组的热经济性。在亚临界压力机组中，再热蒸汽温度与过热蒸汽温度采用相同的温度。而在超超临界压力机组中，如果再热蒸汽温度与过热蒸汽温度相同，则汽轮机末几级叶片的湿度仍比较大，仍需采用较高的再热蒸汽温度，以减小其末几级叶片的湿度。

(10) 再热蒸汽压力低，其放热系数低于过热蒸汽。在相同的蒸汽流量和吸热条件下，再热器壁温高于过热器壁温。

2. 再热器系统

2×660MW 改建工程再热器系统分为低温再热器和高温再热器两部分。高温再热器布置在水平烟道内，低温再热器布置在尾部烟道的前烟道内。高温再热器顺流布置，受热面特性表现为对流特性；低温再热器逆流布置，受热面特性为纯对流。再热器的汽温调节主要靠挡板调节、摆动燃烧器和改变过量空气系数来实现。在两级再热器中间布置有微量喷水减温器，低温再热器至高温再热器之间采用交叉连接。

(1) 低温再热器。低温再热器布置于尾部双烟道的前部烟道中，由 3 段水平管组和 1 段立式管组组成，布置形式见图 2-11。1～3 段水平再热器沿炉宽布置 190 片，横向节距为 115mm，每片管组由 5 根管子绕成；1、2 段的管子规格为 ϕ63.5×4mm，材料为 SA-210C；3 段的管子规格为 ϕ57×4mm，材料为 15CrMoG。立式低温再热器的片数为 95 片，横向节距为 230mm，每片管组由 10 根管子组成，管子规格为 ϕ57×4mm，材料为 15CrMoG。

(2) 高温再热器。高温再热器布置于水平烟道内，与立式低温再热器直接连接，逆顺混合换热布置，如图 2-12 所示。高温再热器沿炉宽排列 95 片，横向节距为 230mm，每片管组

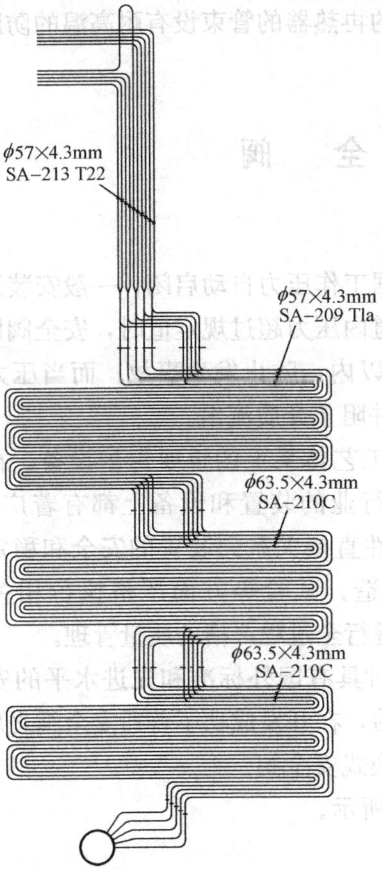

图 2-11 低温再热器布置形式

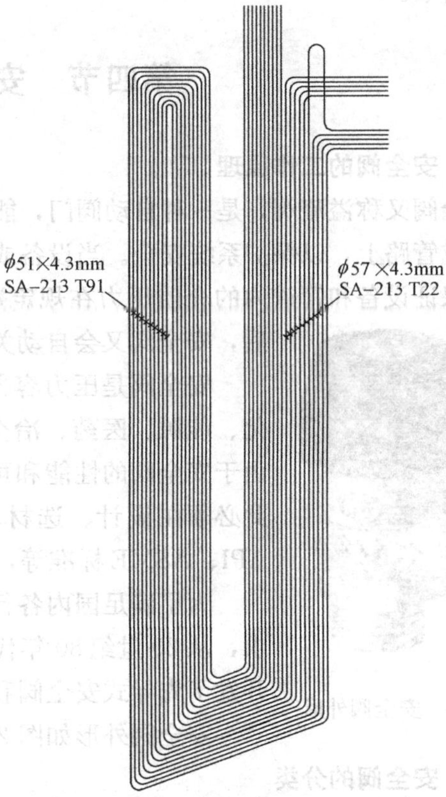

图 2-12 高温再热器布置形式

采用 10 根管子。入口段管子规格为 $\phi57\times4mm$，材料为 12Cr1MoVG；其余管子规格为 $\phi51\times4mm$，材料为 SA-213T91/SA-213TP347H。

(3) 再热器系统的保护。再热器进、出口管道上分别设置了 4 只和 2 只弹簧安全阀。再热器出口管道上的安全阀整定压力低于再热器进口管道上的安全阀整定压力，出口管道上的安全阀先起跳。安全阀动作时，再热器中有足够的蒸汽流过，确保再热器得到有效的保护。

再热蒸汽温度的监视是通过设置在再热器系统上的热电偶来实现的，而管子金属壁温的监视则是通过再热器管出口的壁温测点来实现。

另外，在锅炉启动初期，还通过炉膛出口烟温探针的监控来实现对过热器和再热器的保护。当炉膛出口烟温超温时，烟温探针能自动退回，报警烟温为 540℃，退回温度为 580℃。

3. 再热器的结构特点

由于再热器串联在汽轮机高、中压缸之间，因此再热器系统阻力会使蒸汽在汽轮机内做功的有效压降相应减小，从而使汽耗和热耗都增加。为了减小再热器系统阻力，提高系统效率，再热器常采用较小的质量流速。因此，再热器系统结构较简单，并采用较过热器大的通流面积，即采用管径较大、并列管束较多的管组。

再热器采用烟气挡板调温，喷水减温仅用作事故保护。

再热器管排根据所在位置的烟温留有适当的净空间距，以防止受热面积灰搭桥或形成烟气走廊而加剧局部磨损。处于吹灰器有效范围内的再热器的管束设有耐高温的防磨护板，以防吹损管子。

第四节 安全阀

一、安全阀的工作原理

安全阀又称溢流阀，是一种自动阀门，能根据工作压力自动启闭，一般安装于封闭系统的设备或管路上，以保护系统安全。当设备或管道内压力超过规定值时，安全阀即自动开启泄压，保证设备和管道内的介质压力在规定数值以内，防止发生事故；而当压力恢复正常后，安全阀又会自动关闭并阻止介质流出。

图 2-13 安全阀外形

安全阀是压力容器和工艺体系上的重要保护设备，在航天、石化、能源、医药、冶金等行业的装置和设备上都有着广泛的应用。由于安全阀的性能和可靠性直接关系到装置的安全和稳定运行，因此必须在设计、选材、制造、试验等方面严格执行相关标准，如 API、ASME 标准等，并进行全过程严格的质量管理。

为了满足国内各行业对具有国外标准和先进水平的安全阀的要求，从 20 世纪 80 年代开始，在开发成功了普通安全阀之后，又研制开发了先导式安全阀和切换式安全阀。

安全阀外形如图 2-13 所示。

二、安全阀的分类

安全阀的结构主要有弹簧式和杠杆式两大类。弹簧式安全阀中阀瓣与阀座的密封靠弹簧的作用力实现，杠杆式安全阀则是靠杠杆和重锤的作用力实现密封。随着大容量机组的需要，又有一种脉冲式安全阀，也称先导式安全阀，由主安全阀和辅助阀组成。当管道内介质压力超过规定压力时，辅助阀先开启，介质沿着导管进入主安全阀，并将主安全阀打开，使增高的介质压力降低。

安全阀的排放量取决于阀座的口径与阀瓣的开启高度。微启式安全阀的开启高度为阀座内径的1/20～1/15，全启式安全阀的开启高度则为阀座内径的1/4～1/3。

此外，随着使用要求的不同，又有封闭式安全阀和不封闭式安全阀。封闭式安全阀即排出的介质不外泄，全部沿着规定的出口排出，一般用于有毒和有腐蚀性的介质；不封闭式安全阀一般用于无毒或无腐蚀性的介质。

常见的安全阀分类方法如下。

（一）按整体结构及加载机构的不同分

按整体结构及加载机构的不同分，安全阀可分为重锤杠杆式、弹簧微启式和脉冲式三种。

1. 重锤杠杆式安全阀

重锤杠杆式安全阀是利用重锤和杠杆来平衡作用在阀瓣上的力。根据杠杆原理，它可以使用质量较小的重锤通过杠杆的增大作用获得较大的作用力，并通过移动重锤的位置（或变换重锤的质量）来调整安全阀的开启压力。

重锤杠杆式安全阀结构简单、调整容易而又比较准确，所加的载荷不会因阀瓣的升高而有较大的增加，适用于温度较高的场合，特别是在锅炉和温度较高的压力容器上。但重锤杠杆式安全阀比较笨重，加载机构容易振动，常因振动而产生泄漏，而且回座压力较低，开启后不易关闭及保持严密。

2. 弹簧微启式安全阀

弹簧微启式安全阀是利用压缩弹簧的力来平衡作用在阀瓣上的力。螺旋圈形弹簧的压缩量可以通过转动其上面的调整螺母来调节，从而根据需要校正安全阀的开启（整定）压力。弹簧微启式安全阀结构轻便、紧凑，灵敏度也较高，安装位置不受限制，而且因为对振动的敏感性小，所以可用于移动式压力容器上。这种安全阀的缺点是所加的载荷会随着阀的开启而发生变化，即随着阀瓣的升高，弹簧的压缩量增大，作用在阀瓣上的力也随着增加，这对安全阀的迅速开启是不利的。另外，阀上的弹簧会由于长期受高温的影响而使弹力减小。用于温度较高的容器上时，常常要考虑弹簧的隔热或散热问题，从而使结构变得复杂起来。

3. 脉冲式安全阀

脉冲式安全阀由主阀和辅阀构成，通过辅阀的脉冲作用带动主阀动作，其结构复杂，通常只适用于安全泄放量很大的锅炉和压力容器。

上述三种形式的安全阀中，使用较为普遍的是弹簧式安全阀。

（二）按介质排放方式的不同分

按介质排放方式的不同，安全阀又可分为全封闭式、半封闭式和开放式三种。

1. 全封闭式安全阀

全封闭式安全阀排气时，气体全部通过排气管排放，介质不能向外泄漏，主要用于介质为有毒、易燃气体的容器。

2. 半封闭式安全阀

半封闭式安全阀所排出的气体一部分流入排气管，另一部分从阀盖与阀杆的间隙中漏出，多用于介质为不会污染环境的气体的容器。

3. 开放式安全阀

开放式安全阀的阀盖是敞开的，使弹簧腔室与大气相通，这样有利于降低弹簧的温度，主要适用于介质为蒸汽以及不会对大气产生污染的高温气体的容器。

（三）按阀瓣的最大开启高度与安全阀流道直径之比分

按阀瓣的最大开启高度与安全阀流道直径之比分，安全阀又可分为弹簧微启封闭高压式安全阀和弹簧全启式安全阀两种。

1. 弹簧微启封闭高压式安全阀

弹簧微启封闭高压式安全阀的开启高度小于流道直径的1/4，通常为流道直径的1/40～1/20。此类安全阀的动作过程为比例作用式，主要用于液体场合，有时也用于排放量很小的气体场合。

2. 弹簧全启式安全阀

弹簧全启式安全阀的开启高度大于或等于流道直径的1/4，排放面积为阀座喉部最小截面积。其动作过程是属于两段作用式，必须借助于一个升力机构才能达到全开启，主要用于气体介质的场合。

（四）按作用原理分

按作用原理分，安全阀可分为直接作用式和非直接作用式两种

1. 直接作用式安全阀

直接作用式安全阀是在工作介质的直接作用下开启的，即依靠工作介质压力的作用克服加载机构加于阀瓣的机械载荷，使阀门开启。这种安全阀具有结构简单、动作迅速、可靠性好等优点。但因为依靠结构加载，其载荷大小受到限制，所以不能用于高压、大口径的场合。

2. 非直接作用式安全阀

非直接作用式安全阀又可分为先导式安全阀和带动力辅助装置的安全阀两类。

先导式安全阀是依靠从导阀排出的介质来驱动或控制的。导阀本身是一个直接作用式安全阀，有时也采用其他形式的阀门。先导式安全阀适用于高压、大口径的场合，其主阀还可以设计成依靠工作介质来密封的形式，或者可以对阀瓣施加比直接作用式安全阀大得多的机械载荷，因而具有良好的密封性能；同时，其动作很少受背压的影响。先导式安全阀的缺点在于其可靠性同主阀和导阀有关，动作不如直接作用式安全阀那样迅速、可靠，而且结构较复杂。

带动力辅助装置的安全阀是借助于一个动力辅助装置，在低于正常开启压力的情况下强制安全阀开启。这种安全阀适用于开启压力很接近于工作压力的场合，或需定期开启安全阀以进行检查或吹除附着、冻结的介质的场合，也提供了一种在紧急情况下强制开启安全阀的手段。

（五）按压力是否可调节分

按压力是否可调节分，安全阀可分为固定不可调安全阀和可调安全阀。固定不可调安全阀的压力值出厂前已设定好，使用时不能变动，常用在中央空调、锅炉壁挂炉、太阳能等系

统中。可调安全阀的起跳压力可随用户的不同需求在一定范围内任意设置，常用于系统保护压力需经常变动的场合，价格一般较高。

(六) 按使用介质分

按使用介质分，安全阀可分为：

(1) 蒸汽用安全阀（通常以A48Y型为代表）。

(2) 空气及其他气体用安全阀（通常以A42Y型为代表）。

(3) 液体用安全阀（通常以A41H型为代表）。

(七) 按公称压力分

按公称压力分，安全阀可分为：

(1) 低压安全阀：公称压力PN≤1.6MPa的安全阀。

(2) 中压安全阀：公称压力PN为2.5～6.4MPa的安全阀。

(3) 高压安全阀：公称压力PN为10.0～80.0MPa的安全阀。

(4) 超高压安全阀：公称压力PN＞100MPa的安全阀。

(八) 按适用温度分

按适用温度t分，安全阀可分为：

(1) 超低温安全阀：$t\leqslant-100$℃的安全阀。

(2) 低温安全阀：$-100℃<t<-40℃$的安全阀。

(3) 常温安全阀：$-40℃<t\leqslant120℃$的安全阀。

(4) 中温安全阀：$120℃<t\leqslant450℃$的安全阀。

(5) 高温安全阀：$t>450℃$的安全阀。

特别要指出的是，鉴于国内弹簧制造的实际情况，当安全阀用于350℃以上工况条件时，大都加散热器或将阀盖做成花篮式，以便弹簧能更好地散热，使弹簧始终能在350℃以下工作，确保其刚度不变，从而保证安全阀的正确开启和回座，以及满足其他性能要求。

(九) 按连接方式分

按连接方式分，安全阀可分为：

(1) 法兰接连安全阀：安全阀进口和管道之间采用法兰连接，出口形式灵活。

(2) 螺纹接连安全阀：安全阀进口和管道之间采用螺纹连接，出口形式灵活。

(3) 焊接接连安全阀：安全阀进口和管道之间采用焊接连接，出口形式灵活。

(十) 按密封副分

安全阀的密封副常见的有以下几类：

(1) 硬质合金对硬质合金密封副：适用于高温高压的场合，尤其是高温高压的过热蒸汽。

(2) 2Cr13对2Cr13r密封副：适用于一般场合下的饱和蒸汽和过热蒸汽，或温度低于450℃的其他介质的容器或管道上。

(3) 阀座密封面为2Cr13，阀瓣密封面为硬质合金：适用于高压蒸汽及流速较大、易对密封面造成冲刷的其他介质。

(4) 阀座密封面为合金钢，阀瓣密封面为聚四氟乙烯：适用于石油或天然气介质、密封要求严格，但工作温度低于150℃的场合。

(5) 密封副为奥氏体不锈钢：这种安全阀的阀体，其阀盖多为奥氏体不锈钢，应用于介质中含有酸、碱等腐蚀性成分的场合。

(十一) 按动作特性分

按动作特性分，安全阀可分为：

(1) 比例作用式安全阀：开启压力随压力升高而逐渐变化的安全阀。

(2) 两段式安全阀（突跳动作式安全阀）：开启过程分为两个阶段，起初阀瓣随压力升高而成比例开启；当压力升高一个不大的数值后，阀瓣在压力几乎不再升高的情况下急速开启到规定高度的安全阀。

(十二) 按有无背压平衡机构分

按有无背压平衡机构分，安全阀可分为：

(1) 背压平衡式安全阀：利用波纹管、活塞或膜片等平衡背压作用的原件，使阀门开高前背压对阀瓣上下两侧的作用相互平衡的安全阀。

(2) 常规式安全法：不带背压平衡原件的安全阀。

三、安全阀的选用原则

(1) 蒸汽锅炉安全阀：一般选用敞开全启式弹簧安全阀。

(2) 液体介质用安全阀：一般选用微启式弹簧安全阀。

(3) 空气或其他气体介质用安全阀：一般选用封闭全启式弹簧安全阀。

(4) 液化石油气汽车槽车或液化石油气铁路罐车用安全阀：一般选用全启式内装安全阀。

(5) 采油井出口用安全阀：一般选用先导式安全阀。

(6) 蒸汽发电设备的高压旁路安全阀：一般选用具有安全和控制双重功能的先导式安全阀。

(7) 要求对安全阀做定期开启试验时，应选用带提升扳手的安全阀。当介质压力达到开启压力的75%以上时，可利用提升扳手将阀瓣从阀座上略微提起，以检查安全阀开启的灵活性。

(8) 若介质温度较高时，为了降低弹簧腔室的温度，一般当封闭式安全阀的使用温度超过300℃及敞开式安全阀的使用温度超过350℃时，应选用带散热器的安全阀。

(9) 若安全阀出口背压是变动的，则当其变化量超过开启压力的10%时，应选用波纹管安全阀。

(10) 介质具有腐蚀性时，应选用波纹管安全阀，防止重要零件因受介质腐蚀而失效。

四、安全阀常见故障及处理方法

(1) 排放后阀瓣不回座。这主要是弹簧弯曲阀杆、阀瓣安装位置不正或被卡住而造成的，应重新装配。

(2) 泄漏。在设备正常工作压力下，阀瓣与阀座密封面之间发生超过允许程度的渗漏。故障原因及处理方法分别是：

1) 阀瓣与阀座密封面之间有脏物。可使用提升扳手将阀开启几次，将脏物冲净。

2) 密封面损伤。应根据损伤程度，采用研磨或车削后研磨的方法加以修复。

3）阀杆弯曲、倾斜或杠杆与支点偏斜，使阀芯与阀瓣错位。应重新装配或更换。

4）弹簧弹性降低或失去弹性。应采取更换弹簧、重新调整开启压力等措施。

（3）到规定压力时不开启。故障原因及处理方法是：

1）定压不准。应重新调整弹簧的压缩量或重锤的位置。

2）阀瓣与阀座黏住。应定期对安全阀做手动放气或放水试验。

3）杠杆式安全阀的杠杆被卡住或重锤被移动。应重新调整重锤位置，并使杠杆运动自如。

（4）排气后压力继续上升。故障原因及处理方法分别是：

1）选用的安全阀排量小于设备的安全泄放量。应重新选用合适的安全阀。

2）阀杆中线不正或弹簧生锈，使阀瓣不能开到应有的高度。应重新装配阀杆或更换弹簧。

3）排气管不够，应采取符合安全排放面积的排气管。

（5）阀瓣频跳或振动。故障原因及处理方法是：

1）弹簧刚度太大。应改用刚度适当的弹簧。

2）调节圈调整不当，使回座压力过高。应重新调整调节圈位置。

3）排放管道阻力过大，造成过大的排放背压。应减小排放管道阻力。

（6）不到规定压力开启。主要原因是定压不准，弹簧老化弹力下降。应适当旋紧调整螺杆或更换弹簧。

五、660MW超超临界锅炉安全阀的类型

安全阀是当其进口侧工质静压超过其起座压力整定值时能突然起跳至全开的自动泄压阀门，是锅炉等压力容器防止超压的重要安全附件。为限制工质排放损失，当压力恢复至正常或稍低的压力后，安全阀应能自行关闭。

望亭发电厂2×660MW改建工程锅炉过热器出口左右侧各装设1只安全阀和电磁泄放阀，炉顶过热器进口4根管道上各装设1只安全阀，低温再热器进口左右侧各装设2只安全阀，再热器出口左右侧各装设1只安全阀，各阀的容量及起跳压力见表2-3。

表2-3　　660MW超超临界锅炉安全阀容量及起跳压力

安全阀类别		参数名称	单位	数值	安全阀类别		参数名称	单位	数值
过热器安全阀	总排放量	t/h	2045.0		过热器安全阀	过热器出口管道上安全阀的起跳压力	MPa	31.99	
	包覆进口管道上安全阀的起跳压力	MPa	32.13			过热器出口管道上安全阀的回座压力	MPa	31.03	
	包覆进口管道上安全阀的回座压力	MPa	31.17			过热器出口管道安全阀的数量	只	2	
	包覆进口管道安全阀的数量	只	4			过热器出口管道安全阀的总排放量	t/h	613.50	
	包覆进口管道安全阀的总排放量	t/h	1432						

续表

安全阀类别		参数名称	单位	数值	安全阀类别		参数名称	单位	数值
过热器出口管道上PCV阀	总排放量	t/h	205.0		再热器安全阀	再热器进口管道上第二组安全阀的起跳压力	MPa	7.02	
	PCV阀起跳压力	MPa	27.46			再热器进口管道上第二组安全阀的回座压力	MPa	6.81	
	PCV阀回座压力	MPa	26.91			再热器进口管道安全阀的数量	只	4	
	数量	只	2			再热器进口管道安全阀的排放量	t/h	1195.6	
再热器安全阀	总排放量	t/h	1708			再热器出口管道上安全阀的起跳压力	MPa	6.75	
	再热器进口管道上第一组安全阀的起跳压力	MPa	6.95			再热器出口管道上安全阀的回座压力	MPa	6.55	
	再热器进口管道上第一组安全阀的回座压力	MPa	6.74			再热器进口管道安全阀的数量	只	2	
						再热器进口管道安全阀的排放量	t/h	512.4	

第五节 启 动 系 统

一、概述

启动系统是为解决直流锅炉启动和低负荷运行而设置的功能组合单元，一般包括启动分离器、混合球体、混合过滤器、大气式扩容器、再循环泵、集水箱、回水疏水泵及其他汽侧和水侧连接管，阀门等，作用是在水冷壁中建立足够高的质量流量，实现点火前循环清洗，保护蒸发受热面，保持水动力稳定，同时回收热量，减少工质损失。

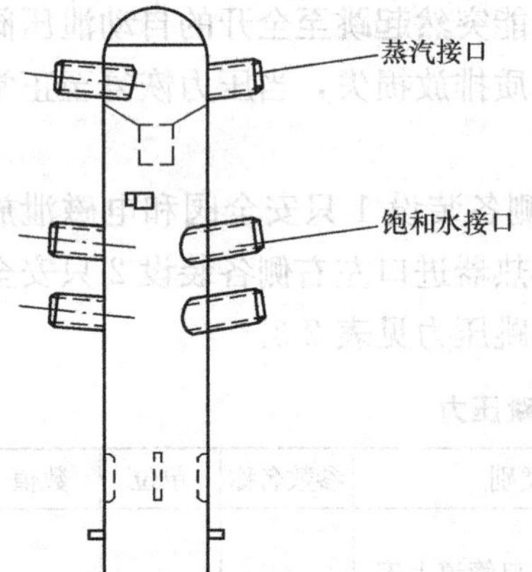

图 2-14 启动分离器结构简图

启动系统按正常运行时需切除和不需切除分为两类，即外置式和内置式。

二、启动系统的结构特点

2×660MW 锅炉的启动系统为内置式，结构简单、易于控制，容量为 30%BMCR，以与锅炉水冷壁最低质量流量相匹配。

启动分离器为圆形筒体结构、直立式布置，内设有阻水装置和消旋器，如图 2-14 所示。分离器的分离原理为：蒸汽由周向的 4 根管呈切向布置进入分离器，蒸汽在分离器中高速旋转，水滴因所受离心力大而被甩向分离器内壁流下，经底部的轴向引出管引出，饱和蒸汽则由顶部的轴向引出管引出。该形式除有利于汽水的有效分离，防止分离器蒸汽发生带水现象以外，还有利于渡过汽水膨胀期。

三、启动系统的组成

某660MW超超临界锅炉启动系统的组成如下：

（1）两只汽水分离器（布置于炉前标高60.378m处）及其引入引出管系统。分离器外径为812.8mm，壁厚为90mm，高度为19 600mm，材料为SA-335P22。

（2）一只连接混合球体。球体外径为610mm，壁厚为65mm，材料为SA-335P22。

（3）水冷壁出口管。前、后、左、右墙共8根，各4根管倾下切向启动分离器布置。

（4）由混合球体底部引出的下降管通过混合过滤器至启动再循环泵入口管道。

（5）通往循环泵的入口管道经再循环泵，在出口管道上的控制调节阀至省煤器入口管道。

（6）由分离器出口管引出管通往大气式扩容器的高容量溢流管和低容量溢流管；各装有一只调节阀（一大一小）及截止阀，分离器水位控制通过改变两只调节阀的开度来实现。

（7）溢流管暖线管（热备用管）。

（8）启动再循环泵。

（9）疏水集水箱。

（10）两台疏水泵。

某锅炉启动循环系统如图2-15所示。

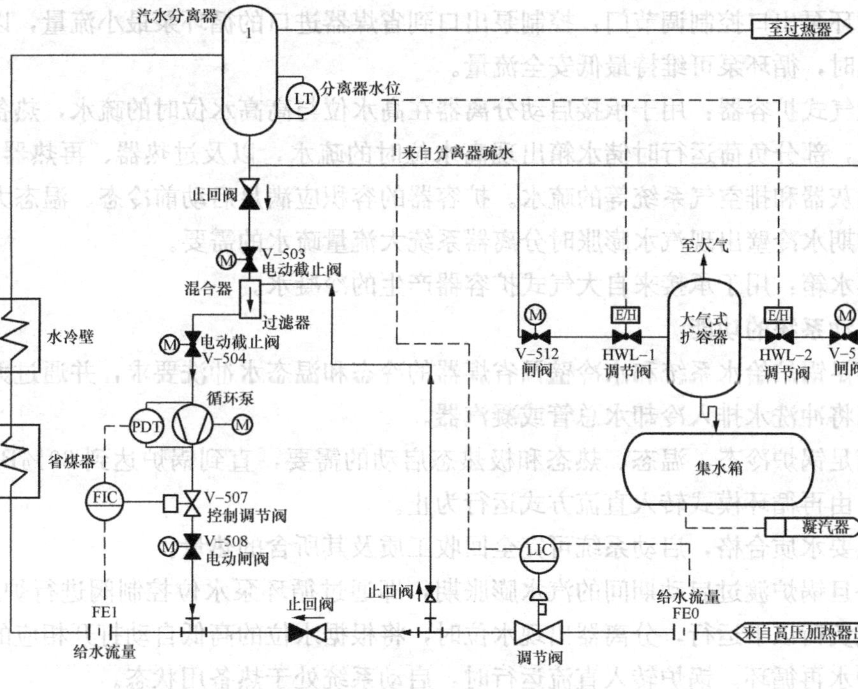

图2-15 某锅炉启动循环系统

四、主要部件和管道的用途

（1）分离器及其引入与引出管系统：启动期间由水冷壁出口集箱引出的两相介质由引出管引至两只汽水分离器。工质在分离器中在离心力的作用下进行汽水分离，由分离器顶部引出蒸汽，在分离器内装有脱水装置，以防止蒸汽带水进入过热器管中。炉水由两只平行工作的分离器底部引出，送往混合球体。

（2）混合球体：起到炉水的中间储藏作用。在分离器下部的水空间及两根通往混合球体的连接管道应包括在储水系统的容量内，其尺寸能够保证储水系统能储藏启动期间在打开各水位调节阀和隔绝门前的全部工质，以保证过热器无水进入。

（3）由两只分离器底部引出的再循环管道：经混合过滤器进入循环泵的入口，其容量按锅炉BMCR流量的30%设计。

（4）通往锅炉疏水大气式扩容器的溢流支管及其两只高水位调节阀和隔绝门：用于初次启动和较长期停炉后启动前用凝结水清洗给水系统和省煤器、水冷壁系统。当流量大或清洗后的水质不合格，不能进行再循环时，必须通过此溢流管送往大气式扩容器。另外，当机组启动初期，水冷壁出现汽水膨胀现象，导致分离器储水箱中水位急剧上升时，也必须打开高水位和高高水位调节阀，将工质送往集水箱系统，其的容量按满足锅炉各态启动溢流要求设计。

（5）热备用暖管：其用途是当锅炉转入直流运行后，有少量省煤器出口炉水通往再循环泵进口、大气式扩容器的调节阀、隔绝门和管道，以使管道保持在热备用状态下。

（6）自省煤器入口到循环泵入口管道的冷却水连接管：流量为泵流量的1%～2%，其目的是使进入循环泵的再循环炉水具有一定的过冷度，避免在循环泵的叶片上发生空蚀现象。

（7）循环泵出口控制调节门：控制泵出口到省煤器进口的循环泵最小流量，以保证锅炉循环流量低时，循环泵可维持最低安全流量。

（8）大气式扩容器：用于承接启动分离器在高水位与高高水位时的疏水，热备用状态时的少量疏水，部分负荷运行时储水箱出现高水位时的疏水，以及过热器、再热器、省煤器、水冷壁、吹灰器和排空气系统等的疏水。扩容器的容积应满足启动前冷态、温态大流量水冲洗和启动初期水冷壁出现汽水膨胀时分离器系统大流量疏水的需要。

（9）集水箱：用于承接来自大气式扩容器产生的冷凝水。

五、启动系统的功能

（1）满足锅炉给水系统和水冷壁及省煤器的冷态和温态水冲洗要求，并通过大气式扩容器和集水箱将冲洗水排入冷却水总管或凝汽器。

（2）满足锅炉冷态、温态、热态和极热态启动的需要，直到锅炉达到30%BMCR最低直流负荷，由再循环模式转入直流方式运行为止。

（3）只要水质合格，启动系统可完全回收工质及其所含的热量。

（4）一旦锅炉渡过启动期间的汽水膨胀期，即通过循环泵水位控制阀进行炉水再循环。在最低直流负荷以下运行，分离器出现水位时，将根据水位的高低自动打开相应的水位调节阀，进行炉水再循环。锅炉转入直流运行时，启动系统处于热备用状态。

（5）启动分离器系统也能起到在水冷壁出口集箱与过热器之间的温度补偿作用，均匀分配进入过热器的蒸汽流量。

六、660MW超超临界炉水循环泵

1. 炉水循环泵的作用及结构

在锅炉的启动及低负荷运行阶段，炉水循环确保了在锅炉达到最低直流负荷之前的炉膛水冷壁的安全性。当锅炉负荷大于最低直流负荷时，一次通过的炉膛水冷壁质量流速能够对水冷壁进行足够的冷却。在炉水循环中，由分离器分离出来的水往下流到锅炉启动循环泵的入口，通过泵提高压力来克服系统的流动阻力和省煤器最小流量控制阀的压降。水冷壁的最小流量是通过省煤器最小流量控制阀来实现控制的，即使当一次通过的蒸汽量小于此数值时，炉膛水冷壁的质量流速也不能低于此数值。炉水再循环提供了锅炉启动和低负荷时所需的最小流量，选用的循环泵能提供锅炉冷态和热态启动时所需的体积流量，在启动过程中，并不需要像简单疏水扩容器系统那样向扩容器连续地排水。循环泵（见图 2-16）的设计必须提供足够的压头来建立冷态和热态启动时循环所需的最小流量。从控制阀出来的水通过省煤器，再进入炉膛水冷壁。

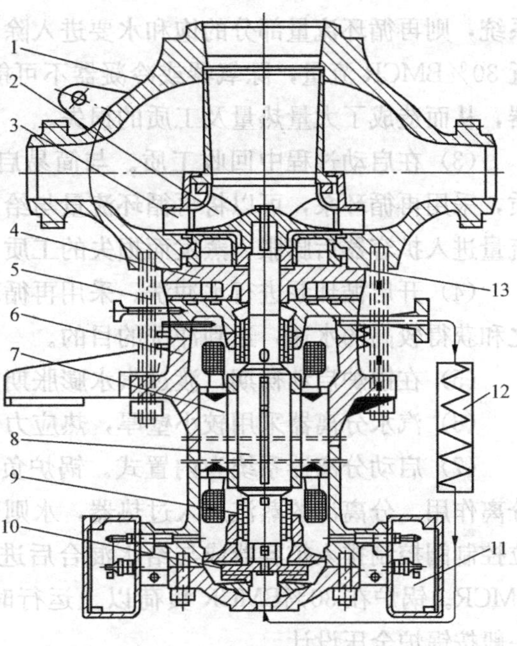

图 2-16　循环泵结构示意

1—泵壳；2—叶轮；3—导翼；4—热屏；5—主螺杆；6—电动机壳；7—定子绕组；8—电动机转子；9—水润滑导向轴承；10—水润滑止推轴承；11—接线盒；12—冷却器；13—密封垫

2. 循环泵的结构特点

某厂 2×660MW 改建工程锅炉炉水循环泵是启动系统的重要组成部分，采用英国泰勒公司的无泄漏泵。无泄漏泵的主要结构特点是将泵的叶轮和电动机转子装在同一主轴上，置于相互连通的密封压力壳体内，泵与电动机结合成一整体，没有通常泵与电动机之间连接的那种联轴器结构，没有轴封，这就从根本上消除了泵泄漏的可能性。无泄漏泵电动机的定子和转子用耐水耐压的绝缘导线做成绕组，浸沉在高压冷却水中，电动机运行时所产生的热量就由高压冷却水带走，并且该高压冷却水通过电动机轴承的间隙，既是轴承的润滑剂，又是轴承的冷却介质。泵体与电动机是被分隔的两个腔室，中间虽有间隙，不设密封装置就可使压力可以贯通，但泵体内的锅水与电动机腔内的冷却水是两种不同的水质，两者不可混淆。由于电动机的绝缘材料是一种聚乙烯塑料，不能承受高温，温度超过 80℃时绝缘性能就明显恶化，因此绕组电动机内部的高压冷却水温度必须加以限制。由于绕组及轴承间的间隙极为紧密，因此高压冷却水中不得含有颗粒杂质，在高压水管路中必须设有过滤器。高压冷却水的水质要比锅水干净得多，其水温也要比锅炉锅水的温度低得多，为了带走电动机运行产生热量和泵侧传到电动机的热量，保证电动机的安全运行，必须配有一套冷却高压水的低压冷却水系统。

3. 带循环泵系统的优点

（1）增大了水冷壁管内水的质量流速，提高了启动和低负荷时水冷壁蒸发段的运行可靠性。由于水冷壁管的质量流速增大，从而可以选用较粗的水冷壁管，降低水冷壁的加工成本和钢材耗量。

（2）在启动过程中回收热量。启动过程中水冷壁的最低流量为 30％BMCR，因此锅炉的燃烧率为加热 30％BMCR 的流量到饱和温度和产生相应负荷下的过热蒸汽，如采用简易系统，则再循环流量部分的饱和水要进入除氧器或冷凝器。当负荷率极低时，这部分流量接近30%BMCR流量，除氧器或冷凝器不可能接收如此多的工质及热量，只能排入大气扩容器，从而造成了大量热量及工质的损失。

（3）在启动过程中回收工质。与简易启动系统相比，带循环泵的启动系统可以回收工质，采用再循环泵，可以将再循环流量与给水混合后泵入省煤器，从而可以节省由于此部分流量进入扩容器后膨胀、蒸发而损失的工质。

（4）开启循环泵进行水冲洗。采用再循环泵系统，可以用较少的冲洗水量与再循环流量之和获得较高的水速，达到冲洗的目的。

（5）在锅炉启动初期，渡过汽水膨胀期后，锅炉不排水，从而节省了工质与热量。

（6）汽水分离器采用较小壁厚，热应力低，可使锅炉启动、停炉灵活。

（7）启动分离器系统为内置式。锅炉负荷小于30%BMCR直流负荷时，分离器起汽水分离作用，分离出的蒸汽进入过热器，水则通过连接管进入储水箱。储水箱中的水由三只水位控制阀控制排入扩容器或与给水混合后进行再循环，以保证水冷壁中的最小流量为30%BMCR。锅炉在30%BMCR负荷以上运行时，分离器呈干态运行，只作为一个流通元件，一般按锅炉全压设计。

第三章 制粉系统

第一节 制粉系统概述

火电厂大型燃煤锅炉机组一般都采用煤粉燃烧方式。这种燃烧方式适合于大容量锅炉，具有较高的燃烧效率、较广的煤种适应性及较迅速的负荷响应性。煤粉在炉内是处于悬浮状态燃烧的，燃烧过程在煤粉流经炉膛的短暂时间内完成，从着火稳定性与系统的经济性角度考虑，电站锅炉都对煤粉的细度和干度提出一定的要求。火力发电厂制粉系统的任务就是为锅炉制备和输送细度及干度符合运行要求的煤粉。

制粉系统按系统风压分，可分为正压式和负压式；按工作流程分，又可分为直吹式和中间储仓式两类。所谓直吹式制粉系统，就是原煤经过磨煤机磨成煤粉后直接吹入炉膛进行燃烧；而中间储仓式制粉系统是将制备出的煤粉先储存在煤粉仓中，然后根据锅炉负荷的需要，再从煤粉仓取出，经给粉机送入炉膛燃烧。直吹式制粉系统制备出的煤粉一般是被具有一定风压的一次风吹至炉膛的，系统处于正压状态，所以直吹式制粉系统一般属于正压式制粉系统；而在中间储仓式制粉系统中制备出的煤粉一般是由排粉风机抽出的，系统处于负压状态，所以中间储仓式制粉系统一般属于负压式制粉系统。

一、原煤与煤粉

原煤是火力发电厂运行过程中的最初处理对象。原煤特性的改变将影响到发电厂整个的后续生产过程，对锅炉机组的出力与可利用率、机组的效率与维修费用、整个发电厂的经济性与运行的可靠性都具有很大的影响。

煤炭的热值、水分和可磨度系数将影响到磨煤机的出力与运行方式；原煤灰分的大小与组成将直接影响辗磨部件的使用寿命和维修费用；原煤挥发分的大小将影响到燃烧的着火稳定性和炉内的燃烧工况，从而影响到过热蒸汽、再热蒸汽温度，配风方式和燃烧对煤粉细度的要求。

我国习惯上将煤炭分为泥煤、褐煤、烟煤和无烟煤4类。

(1) 泥煤。泥煤具有较高的水分及可燃基挥发分，通常也具有较高的灰分，不适用于大容量的电站锅炉。

(2) 褐煤。褐煤是一种生成年代较近的煤炭，当其沉浸于水中时，会使水呈褐色，在堆放过程中容易因收缩而脆裂。褐煤的结构较松散，易风化、碎裂与磨制，可磨系数高。新采掘的褐煤呈块状，经短期的堆放后会因失水而碎裂成屑；褐煤含水分高，分析水分多在8%～16%范围内，可燃基挥发分多在40%～60%范围内；可燃基元素分析含碳量多小于77%，含氧量高者可达30%，氢的含量变化相对较大；有含氢量较高，也有含氢量较低的褐煤。

(3) 烟煤。烟煤是扬州第二发电有限责任公司二期工程的应用煤种，其可燃基挥发分值为10%～55%。在我国，烟煤可细分为长焰煤、不黏煤、弱黏煤、气煤、肥煤、瘦煤、焦煤、贫煤8类。扬州第二发电有限责任公司二期工程的应用煤种属不黏煤范畴，该煤种的挥发分和元素分析值与肥煤相当，但没有黏结性；分析基水分可高达5%～15%，可燃基发热量多接近29 300kJ/kg；与相同挥发分的其他类别的煤炭相比，含碳量低而含氧量高；在煤的岩相组成中，丝碳体的组分可高达30%～70%；在燃烧过程中容易着火，不产生黏结。

(4) 无烟煤。无烟煤是煤炭类别中碳化程度最高的，煤块的外观呈黑色到钢灰色，光泽性强，硬度高。纯无烟煤的比重常在1.4～1.9范围内。可燃基碳元素含量常高达90%～98%，氢元素的含量小于4%，氮和氧的含量均较低。

二、煤炭的元素和分析

1. 煤炭元素分析基准

无论是煤炭的元素分析还是工业分析，其结果都是通过各组成的质量百分率来表达的。煤炭都含有水分，所含的水分也都随着其所处的环境温度、湿度等条件而变，从而使这些分析值也随着外部条件而变。因此，在不同的条件下得出的结果相互之间是无法进行比较的。在表明分析结果时，必须同时表明相应于这些分析结果的基准（试验条件）。这些基准分别是应用基（亦称接收基或收到基）、分析基、干燥基、可燃基（亦称干燥无灰基）。

(1) 应用基。应用基是煤炭处于入炉或接收状态下的分析结果，亦称接受基或收到基。元素分析及工业分析的表达式分别为

$$\mathrm{C_{ar}}+\mathrm{H_{ar}}+\mathrm{O_{ar}}+\mathrm{N_{ar}}+\mathrm{S_{ar}}+A_{ar}+M_{ar}=100\% \tag{3-1}$$

$$\mathrm{C_{ar}}+V_{ar}+A_{ar}+M_{ar}=100\% \tag{3-2}$$

上述两式中的A_{ar}与M_{ar}无论从意义上还是数值上都是相同的，分别是煤样中的应用基灰分与水分。式(3-1)中的$\mathrm{C_{ar}}$是指煤样中的固定碳，式(3-2)中的$\mathrm{C_{ar}}$则是指煤样有机质中的总碳量，两者之差即为挥发分中的碳量。因此，上述两式虽然符号相同，但意义和数值有别，后者的值总是小于前者。

(2) 分析基。分析基是煤样处于自然干燥状态下的分析结果。实验室分析用这种煤样来进行，能获得较正确的结果，相应的表达式为

$$\mathrm{C_{ad}}+\mathrm{H_{ad}}+\mathrm{O_{ad}}+\mathrm{N_{ad}}+\mathrm{S_{ad}}+A_{ad}+M_{ad}=100\% \tag{3-3}$$

$$\mathrm{C_{ad}}+V_{ad}+A_{ad}+M_{ad}=100\% \tag{3-4}$$

与应用基之间的差别只是由于$M_{ad}<M_{ar}$，所以其他成分的含量都有所增大。

(3) 干燥基。干燥基是将煤样经历105℃的恒重干燥后得到的测定结果。但是，在实际测定过程中，由于称量过程极易吸湿，因此都是以分析基的结果扣除水分（$M_{ad}=0$）后通过计算得出的，亦即是排除水分影响后的结果。相应的表达式为

$$\mathrm{C_{d}}+\mathrm{H_{d}}+\mathrm{O_{d}}+\mathrm{N_{d}}+\mathrm{S_{d}}+A_{d}=100\% \tag{3-5}$$

$$\mathrm{C_{d}}+V_{d}+A_{d}=100\% \tag{3-6}$$

(4) 可燃基。可燃基是将分析结果排除灰分和水分的影响（$M_{ad}=0$、$A_{ad}=0$）后通过换算得出的表达标准。相应的表达式为

$$\mathrm{C_{daf}}+\mathrm{H_{daf}}+\mathrm{O_{daf}}+\mathrm{N_{daf}}+\mathrm{S_{daf}}=100\% \tag{3-7}$$

$$C_{daf}+A_{daf}=100\% \tag{3-8}$$

这种表达方式因排除了水分和灰分的影响，进一步明确地表达了煤炭中有机质的组成，因此有关煤炭领域的分析数据都是采用可燃基来表达的。

因此可以看出：用应用基、分析基、干燥基、可燃基来表达煤炭的组成成分，在本质上都是相同的，差别只是它们的数值来自于不同的分析标准。以不同基准的测得的百分值也可以进行相互换算。

2. 煤炭的元素分析

煤炭的元素分析，能表明煤炭有机质中碳、氢、氧、氮、硫元素的含量以及灰分和水分的含量。煤炭的元素分析值除可用于估量煤炭的发热量、燃烧所需要的空气量和生成的烟气量外，还可表明煤炭元素与煤化程度之间的联系；可借长期堆放煤炭前、后的氧元素测定值，证明煤炭在堆放期间的风化程度；对组织煤炭燃烧过程更具指导意义。

(1) 氢和碳。应该指出的是，元素分析氢值是通过在800℃氧气环境下燃烧所产生的水蒸气量得出的，这分水蒸气中也包含了煤炭有机物与煤炭原生灰分中的某些结晶水，以及煤样的分析基水分。后者可以在氢分析值的结果计算公式中扣除，而前两者则无法扣除，因此元素分析氢值并不表示为可供燃烧的“可燃氢”。所以，有关煤炭发热量的估算、燃烧空气量的计算中，总需考虑元素分析中来自于水的那部分氢的影响，扣除这部分氢之后的值才是“可燃氢”。同样，元素分析中碳的值也是通过燃烧产生的CO_2得出的，而800℃的温度下，包含于煤炭原生灰分中的碳酸盐也分解出CO_2。因此，在测定结果计算公式中列出了一项修正。

(2) 氧。煤炭中氧的多寡，表征了煤炭的煤化程度和品位。煤炭中的氧元素几乎全部是以氧化物的形式存在的，而氧化物是不可燃的，因此含氧量越高的煤炭发热量越低。

(3) 硫。煤炭中的硫大致来源于有机硫、黄铁矿硫或硫化物硫、硫酸盐硫。其中，对以取得热量的燃烧过程而言，有机硫与黄铁矿硫是可燃的，称为可燃硫；其余的硫认为是不可燃的。而作为燃料的硫分，其害处体现在三个方面：①发热量低，仅相当于同等碳量的32%左右；②燃烧的产生物SO_2和SO_3的露点低，易腐蚀设备；③硫的氧化物可造成空气污染。对煤炭而言，含硫量越低越好。

(4) 氮。煤炭中的氮几乎都以有机物的状态存在，并以氨（NH_3）和氮苯（C_5H_5N）的形式出现。煤炭中的含氮量一般随煤炭煤化程度的增加而减少，含量也都不多。氮无助于燃料燃烧过程中热量的释放，而且生成NO、NO_2等氮的氧化物（NO_x）对大气的污染比SO_x更严重。所以，作为燃料使用时，都希望燃用煤种的含氮量低一些。

三、煤粉的一般特性

(1) 吸附性。煤粉是由不规则形状的微细颗粒组成的颗粒群，其尺寸一般小于300μm，其中100μm以下的颗粒占多数（尤其是20～50μm的颗粒）。与其他颗粒群不同的是，煤粉由于在制粉系统中被干燥，其水分一般为0.5～1.0M_i（内在水分）。因此，干燥的煤粉具有很强的空气吸附能力。

(2) 流动性。刚刚磨制出的煤粉是松散的，轻轻堆放时，自然倾斜角为25°～30°。吸附了空气薄层的煤粉的自然堆积密度为700kg/m³。堆放久了的煤粉，被压紧成块，流动性减小，其堆积密度可达到800～900kg/m³。干燥的煤粉流动性好，可以通过很小的间隙，给锅炉运行中的调整和操作造成困难，因此，制粉系统的严密性是设计和运行制粉系统都必须考虑的。

(3) 吸湿性。干燥的煤粉也有很强的从周围的环境中吸收水分的能力，称为吸湿性。煤粉吸收水分后会影响其自身的导电性、自黏性，尤其是流动性，而流动性直接影响煤粉的正常气力输送。

(4) 磨蚀性。煤粉在管道中进行输送及在制粉系统内部流动时，在惯性力的作用下对管道及各种部件的金属表面进行冲撞和摩擦，以致壁面磨蚀，这就是煤粉的磨蚀性。在制粉系统中，分离器内筒、导向叶片，以及旋风分离器进口气流第一次拐弯处的筒壁、锥体部分的磨损情况特别严重。其中，对分离器锥体部分的磨损主要是大颗粒煤粉冲击的结果，这些大颗粒从器壁上反弹而做跳跃运动，在很多情况下，大颗粒的煤粉未返回磨煤机，而在分离器的锥体部分继续旋转，使锥体部分受到更为严重的磨损。

(5) 自黏性。自黏性是由于静电作用力、分子引力及毛细作用力所引起的，这是描述煤粉颗粒之间相互作用的力。除此之外，黏附性则描述煤粉颗粒与器壁表面的相互吸引的作用力。

(6) 自燃性。煤粉长期堆放在某一死区内，与空气中的氧气长期接触而氧化时，自身热分解释放出挥发分和热量，使温度升高，而温度升高又会加剧煤粉的氧化。若散热不良，会使氧化过程不断加剧，最后使温度达到煤粉的着火点而引起煤粉的自燃。在制粉系统中，煤粉是由风来输送的，风和粉混合成云雾状的混合物，一遇到火花就会爆炸。在封闭系统中，煤粉爆炸时所产生的压力可达 0.35MPa。影响煤粉爆炸的因素很多，如挥发分的含量、煤粉的细度、风粉混合物的浓度、流速温度、湿度和输送煤粉的气体中氧的比例等。一般来说，挥发分的含量 $V_{daf}<10\%$ 的煤粉（无烟煤）是几乎没有爆炸危险的，而 $V_{daf}>20\%$ 的煤粉（烟煤等）很容易自燃，爆炸的可能性很大。煤粉越细越易爆炸，煤粉越粗，爆炸的可能性越小。例如：煤粉的细度为 0.1mm 时，几乎不会爆炸。对于挥发分过高的煤，不宜磨得过细。煤粉浓度是影响煤粉爆炸性的重要因素，实践表明：最危险的浓度在 1.2～2.0kg/m³，大于或小于该浓度，爆炸的可能性都会减小。风粉混合物的温度要低于煤粉的着火温度，否则可能会自燃而引起爆炸。

四、煤粉的细度

把一定量的煤粉放在筛孔尺寸为 $x\mu m$ 的标准筛上进行筛分、称重，煤粉在筛上的剩余量占总量的百分数即为煤粉的细度 R_x。煤粉细度是用来反映煤粉颗粒粗细程度的指标，其表达式为

$$B_x = \frac{a}{a+b} \times 100\% \tag{3-9}$$

式中 a——筛孔尺寸为 $x\mu m$ 的筛上剩余量；

b——通过筛孔尺寸为 $x\mu m$ 的煤粉量。

对于一定的筛孔尺寸，筛上的剩余煤粉量越小，说明煤粉磨得越细，也就是 R_x 越小。用于衡量煤粉细度的标准筛具有特定的筛号与标准的筛孔尺寸。筛号用目数来表达，目数即筛网单位长度上的孔眼数，各国有不同的惯用标准。在我国，如 70 目筛，表明的是一种在每厘米长度上有 70 个筛孔眼，即在每平方厘米网面积上有 4900 个筛孔眼的筛子。不同筛号

的筛网由不同直径的金属丝编织而成，筛网的孔眼尺寸与筛网丝的直径比近似为 3：2。所以，70 目的筛孔边长为 90μm，金属筛网丝直径为 55μm。

从燃烧角度看，煤粉越细越好，这样可适当减少炉内的送风量，使排烟热损失降低，同时也可降低机械不完全燃烧热损失；从降低制粉系统电耗和磨煤机磨损的角度看，则希望煤粉磨得粗些。因此，锅炉实际采用的煤粉细度，应根据不同煤种的燃烧特性和磨煤机运行费用两个方面进行综合的技术经济比较后确定。通常把 $q_2+q_4+q_m+q_n$ 为最小时所对应的煤粉细度称为经济细度（q_2 为排烟热损失，q_4 为机械不完全燃烧损失，q_m 为磨煤机电耗，q_n 为制粉系统金属消耗），如图 3-1 所示。

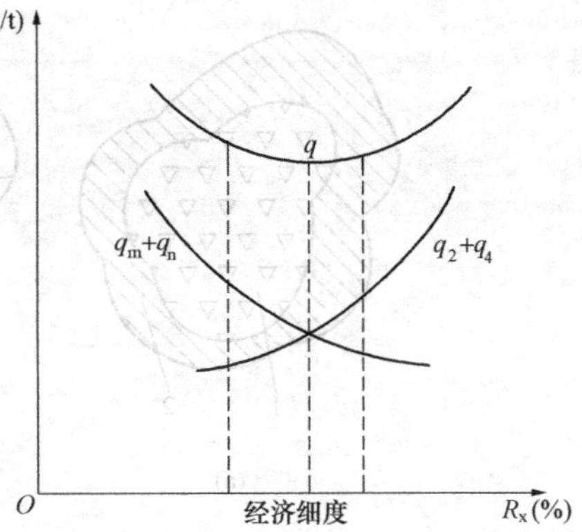

图 3-1 经济细度

五、煤炭燃烧特性指标

几乎所有的煤炭特性指标都与煤炭的燃烧特性相关；反之，也没有一个能完全、全面表征煤炭燃烧特性的指标。与此同时，不同的煤炭特性指标对于煤炭燃烧特性的重要性，也随着煤炭燃烧方式的不同而异，并具有相当大的差别。作为影响煤炭燃烧特性或者说过程最明显的指标是煤炭的挥发分和黏结性或膨胀系数。前者表征着煤炭在燃烧过程中的以气相完成的份额和其对后续固相燃烧过程的影响；后者则关系到煤炭颗粒因形态、尺寸和反应表面积的变化而使其自身的燃烧特性受到的影响。前者和后者有时又是具有密切联系的。与煤炭燃烧特性有关的还有挥发分的释出特性、焦炭的反应性、煤炭的热稳定值和重度，以及煤炭在堆放过程中的风化、自燃特性和可磨度等。

1. 煤炭颗粒在受热过程中的熔融软化、胶质体和半焦的形式

几乎所有的烟煤在受热升温的过程中与挥发分释出的同时都会出现胶质体，呈现出塑性和颗粒的软化现象。煤炭颗粒间的黏结就是因颗粒胶体间的相互黏结而产生的，因此煤炭的黏结性也就与其所呈现胶体的条件相关。当对一个按一定升温速度，经历着受热过程的煤炭颗粒进行观察时，由于此受热过程中热量总是从表面传向颗粒核心的，因此在同一时间内表面温度也总高于核心。不同的烟煤，在表面温度达到 320～350℃以前，颗粒的形态变化一般觉察不到，只有煤化程度低的气煤才可观察到表面开始有挥发分气体释出。当温度达到 350～420℃时，可以观察到在颗粒表面出现了一层带有气泡的液相膜，表面上也逐渐失去原来的棱角，这层膜就是胶质体。当温度为 500～550℃时，一方面因颗粒内部温度升高，使胶质体层向内层发展，以及外部的胶质体层因挥发分释出而被蒸干转化为半焦，即从表面到中心由半焦壳、胶质体和原有的煤三层所构成，但这种形态所保持的时间是短暂的。随着受热的继续、胶质体的发展和体积的膨胀，半焦外壳出现裂口，胶质体流出。其后是胶质体向颗粒中心区域的发展，流出的胶质体被蒸干后转变为半焦，直到整个颗粒都经历胶质体和半焦的形成。整个过程如图 3-2 所示。

试验证明，软化温度越低的煤种，挥发分开始释出的时间越早。因此，软化温度 ST（对于不同的烟煤表面开始出现液相膜的温度）和再固化温度 TK（呈现最大塑性的温度

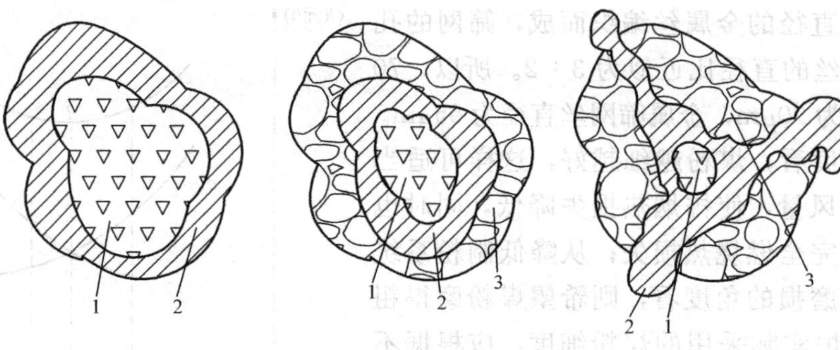

图 3-2　在结焦过程的不同阶段单独煤粒的转化示意

(a) 软化开始阶段；(b) 开始形成半焦的阶段；(c) 煤粒强烈软化和半焦破裂阶段

1—煤；2—含有气泡的液态胶质体；3—半焦

T_{max}以及被蒸干再次呈固体形状的温度）都是表明煤炭流变特性的指标，同样也间接表明了与煤炭燃烧特性密切相关的问题。

2. 黏结性和结焦性

黏结性是指煤炭在缺氧的条件下黏结其自身或外来惰性物成团的能力；而结焦性首先是应炼焦的目的而提出的，除前述的黏结能力之外，也包含被黏结成团的焦炭的结构机械强度之类的性质。对大型电站煤粉锅炉来说，煤粉颗粒在炉内是相互分离的，虽不会产生相互黏结，但将通过在塑化过程中的形态变化影响到表面结构和实际的反应面积，从而影响燃烧速度。

3. 煤（焦炭）的反应性

煤炭颗粒的燃尽时间因挥发分的释出和燃尽相对迅速而基本上等同于生成焦炭的燃尽时间。焦炭颗粒的反应性是决定燃烧速度的重要因素。反应性也称活性，是指在一定的温度下，煤炭与二氧化碳、水蒸气等介质的反应能力，是对不同煤炭的其他相同条件下的反应速度的相对比较。

4. 煤炭的可选性

煤炭的可选性原是应煤炭工业中的洗选精煤而提出的，但实质上也与煤炭的燃烧利用特性有关。煤炭中的灰分是以不同的状态、不同的偏析程度存在于煤炭之中。这种灰分在煤炭中的偏析程度，意味着能使灰分从煤炭中分离出来的可能程度。在煤炭工业中，使煤炭中灰分高的石煤、矿石、黄铁矿得以排出，成为低灰、低硫精煤的过程叫做选煤或者洗选。洗选就是将煤炭置于不同的液体中，借助煤炭颗粒间的灰分大小、密度的差别以及沉与浮来进行选择的。

5. 煤炭的风化和自燃性

煤炭在空气中堆存时，或在离地表很近的煤层中，受环境的影响（包括空气中的氧、地下水和地面上的温度变化等化学和物理作用的综合影响），其物理、化学和工艺性质会发生一系列的变化，这就是所谓的风化。风化的作用主要是煤种的有机物被氧化所引起的，风化的过程基本上也就是氧化过程。氧化过程是放热的，如果氧化过程所释放出的热量不能及时散失，煤堆和煤层中的温度会升高，反应也随之加速，反应释放出的热量将进一步增加，以致煤堆温度进一步升高；当温度达到煤的着火点时，煤堆将因煤自身的放热而自燃。煤炭在低温时的氧化趋向与煤种相关，一般认为，煤的氧化程度越高，在低温条件下的氧化趋向越小；煤炭的自燃也与煤炭的岩相相关，各岩相成分的氧化趋向以镜煤最大，其次是亮煤、暗煤，丝碳最小；煤炭的氧化能力还与其筛分组成、黄铁矿含量、水分、比热容，以及吸附一定的氧时所放出的热量等相关，黄铁矿含量大、粒度偏细和较为松散的煤堆较容易产生自燃。

六、可磨度系数

煤的可磨度系数也称可磨度。可磨度是煤炭的一项特性指标，表征了煤炭被磨制成粉的难易程度。将煤炭磨制成粉时，需克服原块状煤炭结构的结合力，取得新的表面，因此，可磨度系数也就表征了为取得这一新的表面积的耗功大小，是只决定于煤炭的。可磨度不同于煤炭的硬度，同一类别的煤炭可因所存在的某些组分的不同而表现出相当大的可磨度差别；反之，硬度差别很大的无烟煤与某些褐煤也可以具有相近的可磨度。同一煤种所含水分（或灰分）不同时，可磨度也会存在较大的差别。

还应说明的是，虽然煤炭的可磨度系数是通过比较的方式得出的，意味着磨煤机的出力应与入磨煤机的煤的可磨度系数成正比，但由于试验用的磨煤机和实际的磨煤机的工作过程不同，亦即前者是在静止状态下，而后者是始终处于运动和分离状态下进行的，加之影响磨煤机出力的因素众多，使得磨煤机的出力并不与入磨煤的可磨度系数呈简单的正比关系。一般而言，在其他条件相同的情况下，入磨煤种的可磨度系数每改变1%，磨煤机出力相应地改变1.33%；同样，在出口的煤粉细度从磨煤机的设计基准点每改变1%，磨煤机的出力也相应地改变1.5%。所以，磨煤机的出力是随着煤炭可磨度的改变而改变的。

第二节　制粉系统设备

一、原煤斗

在直吹式制粉系统中，磨煤机需要连续的煤炭供应，制粉系统的出力必须随时与锅炉的负荷相平衡。发电厂的输煤系统则通常不是连续运行的，原煤斗就是在煤炭耗用和输送环节之间设置的缓冲装置。考虑输煤系统有出现故障的原因，一般原煤斗容量按相应于10h以上的锅炉最大连续出力的耗煤量来考虑。

某电厂二期660MW工程每台锅炉布置有6只原煤斗，每只原煤斗的有效容积均为1000m^3。6只原煤斗的总储煤量可满足单台锅炉BMCR工况12.28h（设计煤种）或10.8h（校核煤种1）的出力要求。

煤斗虽看似简单，但在锅炉运行中因原煤斗的影响而使整台锅炉的生产运行受到影响的事例并不少见。随着原煤斗容量和高度的增加，下部煤炭所受到的压力不断增大，流动性差，滞流或堵煤的情况时有发生，尤其是在煤炭含水分高时。煤斗中的煤会在下落到煤堆面时产生偏析，块煤相对集中于落煤点的周围，使落入给煤机的粒度随着煤斗的煤位而变，煤斗的容积越大，其程度越严重。煤斗的棚煤、黏煤、积煤都会导致出口落煤不畅，造成煤斗的有效容积减小、给煤机和磨煤机断煤等不利影响，这些因素对于制粉系统的安全、稳定运行都是很不利的。90%给煤管堵煤主要发生在煤仓闸门上方1.5m处。目前有些电厂为了适应掺烧煤种的需要，防止出现频繁堵煤，特在给煤管堵煤位置安装偏心轮振打装置。

针对上述问题，可采取多种方法予以避免，如七台河发电厂采用了电动煤斗振动疏松机；其他电厂也有采用煤斗外悬挂重锤的，即用人工敲击原煤斗的方法使煤疏松而被振落；还有的电厂在煤斗的内层加装了一层极为光滑而耐磨的特种树脂板材，从而减少了煤斗黏煤的可能；更常规的方法是在原煤斗上安装压缩空气储罐（空气炮），在煤斗堵煤时，通过电磁阀来控制放炮，从而使“搭桥”的煤被振落，但这种方法的弊端是有时煤斗内的原煤会越轰黏结得越紧。原煤斗的外形及空气炮如图 3-3 所示。

二、电子称重式给煤机

（一）给煤机外形及结构

某电厂 660MW 超超临界锅炉制粉系统所配给煤机为 CS2024HP 型电子称重式给煤机。每台磨煤机配一台给煤机，每台锅炉的制粉系统共配 6 台给煤机。这种给煤机是一种带有电子称量及调速装置的皮带式给煤机，具有自动调节和控制功能，可根据磨煤机筒体内煤位的要求，将原煤精确地从煤斗仓输送到磨煤机。

电子称重式给煤机外形如图 3-4 所示。

图 3-3 原煤斗的外形及空气炮

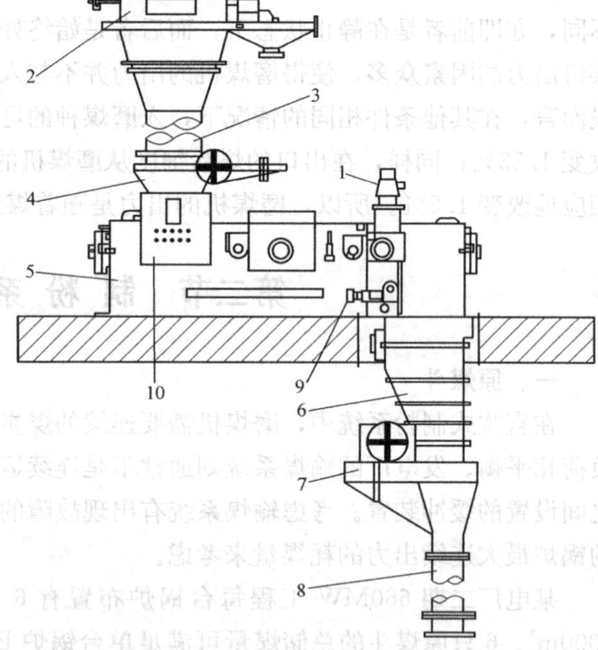

图 3-4 电子称重式给煤机外形示意图

1—给煤皮带电动机；2—原煤斗出口落煤挡板；3—落煤管；4—给煤机进口端手动进煤挡板；5—给煤机本体；6—给煤机出口料斗；7—给煤机出口电动落煤挡板；8—落煤管；9—清扫刮板链电动机；10—就地电控箱

电子称重式给煤机结构如图 3-5 所示。

（二）给煤机给煤过程与称重原理

正常运行时，给煤机皮带机构的驱动滚筒及刮板清理机构的驱动链轮是在各自的驱动电

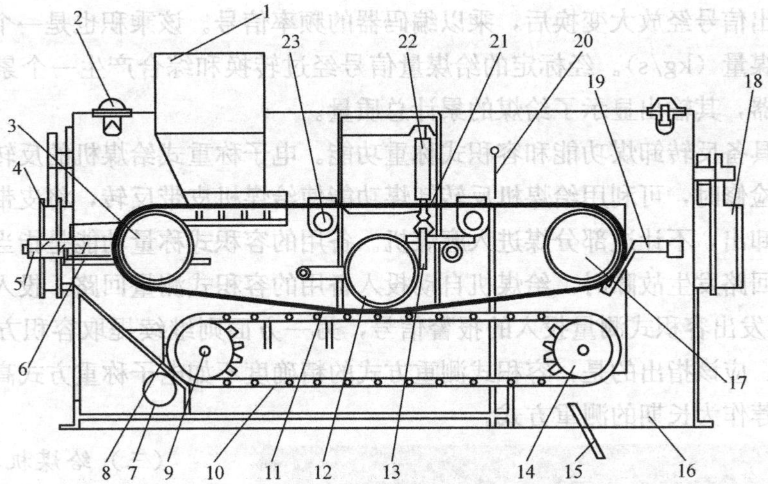

图 3-5 电子称重式给煤机结构示意图

1—进料口；2—机内照明灯；3—张紧滚筒；4—进料端门；5—皮带张紧螺杆；6—张紧滚筒座滑轨；7—密封风进口；8—刮板链张紧螺栓；9—张紧链轮；10—清洁刮板链；11—给料皮带；12—张力滚筒；13—称重重量校块；14—驱动链轮；15—堵煤信号挡板；16—出料口；17—驱动滚筒；18—排出端门；19—皮带清洁刮板；20—断煤信号挡板；21—称重托辊；22—负荷传感器；23—支承跨托辊

动机的带动下沿相反的方向转动的。从原煤仓下来的煤经过进煤口落在其下方的给煤皮带上，随着皮带的移动逐渐向前输送；当皮带翻转时，皮带上的煤即被卸至给煤机出煤口，经落煤管落入磨煤机中，黏结在皮带上的少量煤通过清理刮板被刮落。皮带内侧如有黏煤，则通过自洁式张紧滚筒后由滚筒端面落下。落在机壳底部的积煤，被连续运转的链式清理刮板刮至出煤口，随同皮带上落下的煤一起进入磨煤机。给煤量是通过调节给煤机驱动电动机的转速来进行调节的。给煤机电动机的电源设有变频器，由变频器实现电动机电源频率的变化，进而调节给煤机的给煤量。

电子称重式给煤机的给煤量称重是通过负荷传感器测量出单位长度皮带上煤的质量 m，再乘以由编码器测量出的皮带转速 v，得到给煤机此时的给煤量 B，即 $B=mv$，其原理如图 3-6 所示。

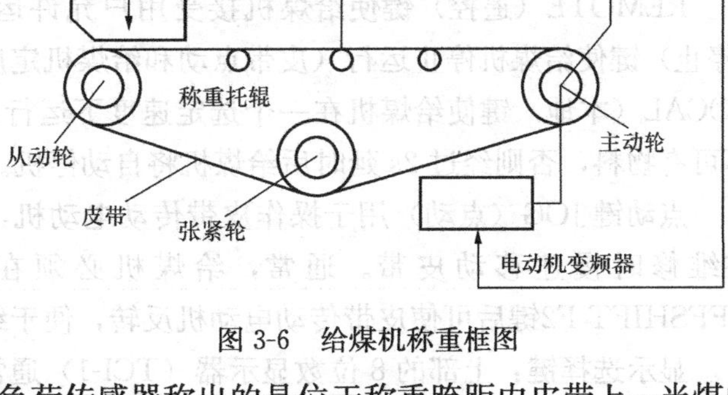

图 3-6 给煤机称重框图

给煤机由两个固定于机壳上的称重托辊形成一个确定的称重跨距，在称重跨距的中间则有一个称重托辊，此托辊悬挂在一对负荷传感器上，每个负荷传感器称出的是位于称重跨距内皮带上一半煤的质量，经标定的负荷传感器的输出信号表示 1in（或 1cm）长度的皮带上煤的质量（lb 或 kg）；连接在皮带驱动滚筒上的编码器输出的频率信号表示皮带的转速（标定为 cm/s）。负荷传感器的输出信号经放大变换后，乘以编码器的频率信号。该乘积也是一个频率信号，它表示此时的给煤量（kg/s）。经标定的给煤量信号经过转换和综合产生一个累计量信号，送入总煤量显示器，其输出显示了给煤的累计总质量。

该给煤机具备反转卸煤功能和容积式称重功能。电子称重式给煤机的反转卸煤功能是指在给煤机停机检修时，可利用给煤机反转卸煤功能使给煤机皮带反转，将皮带上的煤从打开的进料侧端盖卸出，不让这部分煤进入磨煤机。备用的容积式称量功能是指当给煤机正常的电子重力称量回路发生故障时，给煤机自动投入备用的容积式测量回路。投入该回路的同时一方面向DCS发出容积式测量投入的报警信号，另一方面则继续提取容积方式测得的煤量信号进行累计。应该指出的是，容积式测重方式的精确度不如电子称重方式高，所以容积式测量方式不推荐作为长期的测重方式。

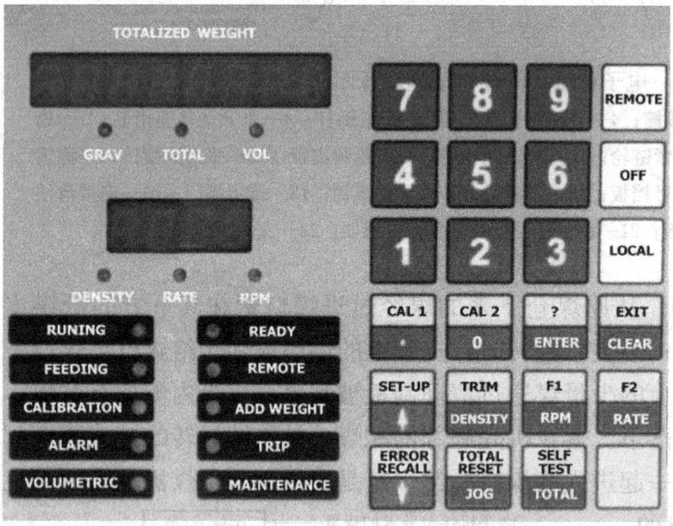

图3-7　给煤机控制显示器和键盘

（三）给煤机控制显示器和键盘

给煤机控制显示器和键盘如图3-7所示。

操作命令是通过微机控制柜上的键盘输入的，操作键盘时必须拧开小门上的锁键将其打开。为了确保控制柜的密封性，在不使用键盘时必须将小门关紧。小门装有透明的窗子，能使操作者不必打开小门即可检查给煤机运行情况。

键盘上有白、蓝、黄三种颜色的键。白色键是给煤机操作模式REMOTE-OFE-LOCALL（遥控—停止—本地）的选择键，使用得最为频繁；蓝色键是功能键和数字键；黄色键是附加功能键，该键按动之前，必须先按键盘右下角的全黄SHIFT键才能被接受。

REMOTE（遥控）键使给煤机接受用户允许运行触点信号和设定信号的控制。OFF（停止）键使给煤机停止运行（皮带点动和给煤机定度只有在给煤机停止运行后才能进行）。LOCAL（本地）键使给煤机在一个选定速度下运行，当给煤机在LOCAL模式时，皮带上不可有物料，否则经过2s延时后给煤机将自动停机。

点动键JOG（点动）用于操作皮带传动电动机，这条命令用于检查电动机运行情况或在维修时慢速移动皮带。通常，给煤机必须在OFF模式时才能使用点动键，按OFFSHIFT F2键后可使皮带传动电动机反转，便于维修工作。

显示选择键：上部的8位数显示器（TCI-1）通常显示传送物料的总量，单位为kg，具有数字输入显示，还可以显示一些特殊功能。当显示器不作他用时，它将恢复显示总量，有3个总量显示供选择，即称重式总量、容积式总量及两者之和。

三、磨煤机

（一）磨煤机简介

从 20 世纪 80 年代辽宁清河发电厂 100MW 机组引进双进双出钢球磨煤机以来，湖南岳阳电厂 300MW 机组相继也应用了双进双出钢球磨煤机，至今国内已有山东邹县、山西阳城、黑龙江七台河、甘肃靖远、江苏常熟等多家电厂在应用双进双出钢球磨煤机。双进双出钢球磨煤机的连续作业率高、维修方便、煤粉出力和细度稳定、储存能力强、响应迅速、运行灵活性大、风煤比较低、适用煤种范围广、不受异物影响、无需备用磨煤机等优点已在电力生产中逐渐显现优势。双进双出钢球磨煤机是相对于传统的单进单出钢球磨煤机而得名的。顾名思义，双进双出钢球磨煤机有对称的两个原煤入口和两个煤粉出口。这两对进、出口形成了对称的两个研磨回路。磨煤机的两端为中空轴（亦称耳轴），分别支撑在两个主轴承上，中间为磨煤机的筒体。邹县电厂四期工程制粉系统运用的是 BBD-4360 型双进双出钢球磨煤机。每台锅炉配 6 台磨煤机，对应 12 台 CS2024 型电子称重式给煤机。

（二）磨煤机的工作原理

钢球磨煤机（简称球磨机）是一种低速磨煤机，其转速一般为 15～25r/min。邹县电厂四期工程磨煤机的额定转速为 16r/min，它利用低速旋转的滚筒带动筒内的钢球运动，通过钢球对原煤的撞击、挤压和研磨将煤块破碎和磨制成粉。筒内用锰钢做护甲内衬，护甲与筒壁间有一层石棉衬垫，起隔音作用，如图 3-8 所示。20％～25％筒体有效容积的空间装有直径为 30～60mm 的钢球。磨煤机采用的钢球是直径分别为 30、40、50mm 的三种钢球，按照一定的比例装球。大功率的电动机经减速机带动滚筒运动，筒内的钢球被内表面凹凸不平的护甲带到一定的高度后落下，通过钢球对煤块的撞击及钢球之间、钢球与护甲之间的碾压将煤磨碎。原煤从两端耳轴内部的螺旋输送器的下部空间进入磨煤机，热一次风从耳轴中间的空心圆管进入磨煤机。煤粉耳轴内部螺旋输送器的上部空间被一次风携带走，热风的风速决定了被带走的煤粉的粗细。被热风带走的煤粉进入双锥体形式的分离器。细度合格的煤粉经分离器出口的 4 根一次风煤粉管道去燃烧器，细度不合格的煤粉则经回粉管送回磨煤机筒体内重新磨制。

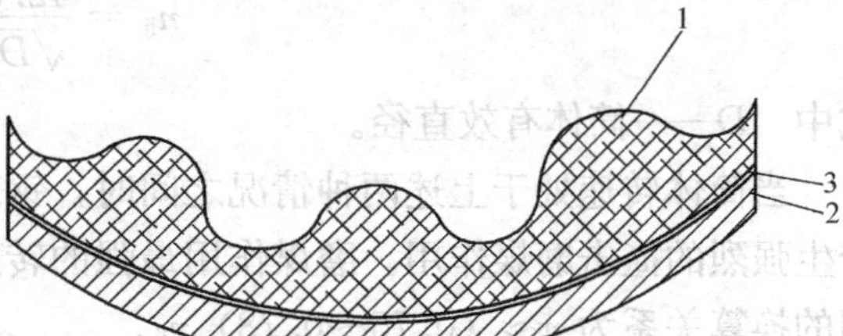

图 3-8 磨煤机护甲内衬

1—护甲；2—筒体；3—石棉垫

影响钢球磨煤机工作的因素很多，主要有以下几个方面：

1. 钢球磨煤机的工作转速和临界转速

钢球磨煤机筒体的转速发生变化时，其中的钢球和煤的运动特性也发生相应的变化，如图 3-9 所示。

当筒体的转速很低时，随着筒体的转动，钢球被带到一定的高度，在筒内形成向筒体下部倾斜的状态；当这堆钢球的倾角等于或大于钢球的自然倾角时，球就沿斜面滑落下来，如图 3-9（a）所示。这时磨煤的作用是微不足道的，而且很难把磨好的煤粉从钢球堆中分离出来，煤将被重复研磨。当筒体的转速超过一定值后，作用在钢球上的离心力很大，以致钢球和煤附着于筒壁与其一起运动，如图 3-9（c）所示。产生这种状态的最低转速称为临界转速 n_{lj}，这时煤

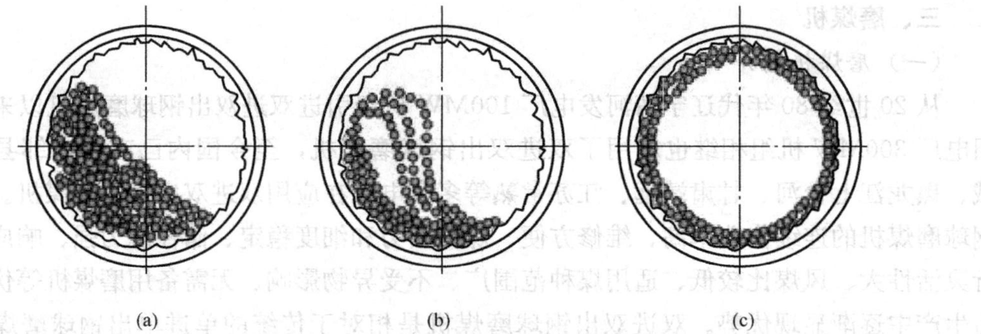

图 3-9 转速对钢球在筒内运动的影响
(a) 转速过低；(b) 转速适当；(c) 转速过高

不再是被打碎而是被研碎，但其磨煤作用仍然很小。临界转速可由下式计算得出：

$$n_{lj}=\frac{42.3}{\sqrt{D}}(r/min) \quad (3-10)$$

式中 D——筒体有效直径。

当筒体转速处于上述两种情况之间时，钢球被筒体带到一定高度后沿抛物线轨迹落下，产生强烈的撞击磨煤作用。磨煤作用最强的转速称为最佳转速 n。研究经验表明，n 与 n_{lj} 之间的换算关系为 $n\approx(0.75\sim0.78)n_{lj}$。

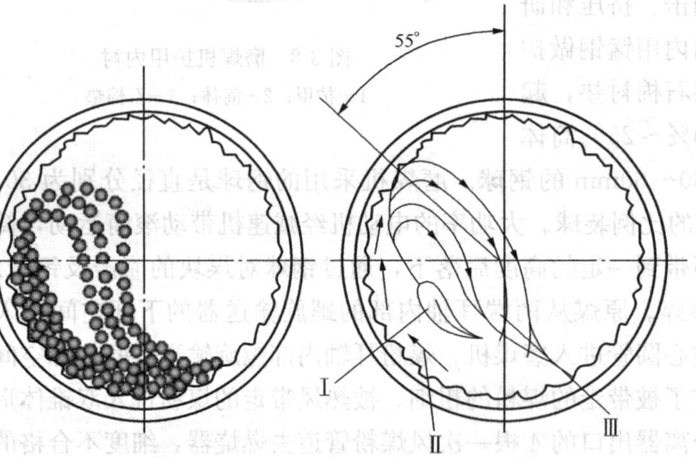

图 3-10 磨煤机最佳转速工作原理
Ⅰ—摩擦研磨；Ⅱ—压力研磨；Ⅲ—冲击磨碎

如图 3-10 所示，钢球下落形成的抛物线顶点所在的半径与筒体垂直半径的夹角为 55°。此时在磨煤机筒体断面上形成了三个研磨原理不同的工作区，即摩擦研磨工作区、压力研磨工作区和冲击磨碎工作区，从而形成了磨碎原煤的最佳工作状态。

2. 护甲

运行中很明显的现象是，更换护甲后，磨煤机的出力显著增加，电耗下降。随着护甲的磨损，磨煤机的出力显著下降。这说明护甲的形状对磨煤机的工作影响很大。在钢球磨煤机的筒体内，钢球的旋转速度永远小于筒体的旋转速度，两者之差取决于钢球和护甲之间的摩擦系数。摩擦系数越小，筒体和钢球的速度差越大，意味着护甲和钢球之间有较大的相对滑动，于是将有较多的能量消耗于钢球和护甲之间的摩擦上，而未能用来提升钢球；如果护甲的摩擦系数高，就可以在相对较低的筒体转速下造成钢球的最佳工作条件，也就意味着可以在较小的能量消耗下达到最佳的工作条件。因此，决定钢球磨煤机最佳工作条件的因素除了筒体的转速外，护甲的结构、形状和磨损程度也很重要。

3. 钢球工况

钢球工况是指钢球的数量、尺寸及磨损情况。

（1）装球量。通常引入装球系数（ϕ）的概念来表征磨煤机装球量。所谓装球系数，是用磨煤机内钢球的总体积占磨煤机有效体积的百分比来表示的。我国的标准是将钢球在筒体内的装载面低于磨煤机进出料口下边缘 50mm 时的装球量定义为磨煤机的最大装球量。相同的出力和运行条件下磨煤电耗最小的工况所对应的装球量称为磨煤机的最佳装球量。要计算磨煤机的最佳装球量，先应引入最佳装球系数（ϕ_{zj}）。试验得出，最佳装球系数的计算公式如下

$$\phi_{zj} = 0.12\,(n/n_{lj})^{-1.75} \tag{3-11}$$

式中 n——磨煤机筒体的工作转速（最佳转速）；

n_{lj}——磨煤机筒体的临界转速。

由此可以得出，双式钢球磨煤机的最佳装球量的计算公式为

$$G_{zj} = \rho_{gq} V \phi_{zj} \tag{3-12}$$

式中 G_{zj}——磨煤机的最佳装球量；

ρ_{gq}——钢球的堆积密度，一般取 4.9t/m³；

V——磨煤机的筒体有效容积。

（2）钢球的尺寸。磨煤机所装的钢球的尺寸以及不同尺寸钢球数量上的配比，对磨煤机的出力、电耗和钢球的磨损都有一定的影响。当钢球直径为 20～60mm 时，钢球的单位磨耗量（g/kg）与钢球的直径成反比。对于同一台磨煤机而言，磨煤机的出力与钢球直径的平方根成反比，即钢球的直径越大，磨煤机的出力越小，用公式表达为

$$\frac{B_{m1}}{B_{m2}} = \sqrt{\frac{d_2}{d_1}} \tag{3-13}$$

式中 B_{m1}——钢球直径为 d_1 时的磨煤机出力，t/h；

B_{m2}——钢球直径为 d_2 时的磨煤机出力，t/h。

选择钢球直径时，还应考虑磨煤机筒体的直径。当筒体的直径小时，由于钢球下落的高度减小，因此钢球的直径应大些。随着磨煤机的工作，筒体内逐渐积累了一定数量的被磨损和被碾碎的小钢球，有时煤中还混有一些小的金属件。所有这些几乎都没有磨煤效应，但在筒体内为了提升它们却耗费了一定的功率。随着筒内这样的碎块不断增多，磨煤机的出力将要下降，制粉电流随之增大。为了克服这一问题，必须定期把钢球倒出、称重、筛分，适时补充新的钢球。

（3）钢球的磨损。钢球的单位磨损量取决于钢球金属的质量、钢球的尺寸、磨煤机的规格、筒体的转速、磨制的煤种以及运行工况等多种因素。当钢球直径为 20～60mm 时，钢球单位磨损量的大小与钢球的直径成反比，而且磨损还随着煤的硬度和磨损性的增高、黄铁矿数量的增多而加剧。在磨煤的非正常工况下，钢球的磨损会显著增大。如磨煤机在少煤或无煤状态下运行时，钢球不是落在煤上，而是落在裸露的钢球或护甲上，此时磨损会剧增。运行中应避免此种情况的发生。影响钢球磨损程度的因素，还包括钢球本身的抗磨性、钢球的材质、冲击韧性等，制造过程中形成的制造缺陷也是重要影响因素之一。制粉系统磨煤机钢球的材质应为中铬铸铁。在钢球磨煤机的工作过程中，钢球和护甲组成了一套磨料磨损系统，提高钢球材料的硬度，能增加其抗磨损的能力，减少钢球的磨损。但是，如果护甲材料

的硬度与钢球材料的硬度不匹配，而只是过分地提高钢球的硬度来增加其抗磨性，则会加剧护甲的磨损，加速其失效，缩短其使用寿命，增加护甲的更换次数。运行实践表明，硬度过高的钢球会对护甲造成严重的磨损。因此，选用护甲的硬度应高于钢球的硬度才合理。护甲（衬板）的材质应为高铬铸铁。

4. 磨煤机的通风工况

钢球磨煤机筒体内的通风工况直接影响燃料沿筒体长度方向上的分布和磨煤机的出力。当筒体的通风量很小时，燃料大部分集中在筒体两端的进料口附近。由于钢球沿筒体的长度方向几乎是均匀分布的，因而在筒体内的中间部分钢球的能量没有被充分利用，很大一部分能量消耗在金属的磨损和发热上。同时，因为筒内风速不变，由筒体带出的仅仅是少量的细煤粉，因而磨煤机出力也会降低。随着通风量的增加，燃料沿筒体方向的推进速度增加，改善了沿筒体长度方向燃料对钢球的充满情况，使磨煤机的出力增加、磨煤机的电耗降低。然而，通风电耗是随通风量的增加而增加的；同时，当过分地增加筒体的通风时，分离器的回粉量增加，将在系统内造成无益的循环，使输粉消耗的能量也随着提高。综上可知，在一定的筒体通风量下，可以达到磨煤和通风总电耗量最小，该风量即称为最佳通风量 V_{tf}^{zj}，它与煤种、分离器后的煤粉细度及钢球的充满系数有关。应该指出，筒体的通风和转速之间是有一定联系的，这两个因素对于燃料在筒体长度方向上分布的影响是相同的。综合大量的试验得出的钢球磨煤机的最佳通风量经验计算公式如下

$$V_{tf}^{zj}=\frac{38V}{n\sqrt{D}}(1000\sqrt[3]{K_{km}}+36R''_{90}\sqrt{K_{km}}\sqrt[3]{\phi}) \tag{3-14}$$

式中 V_{tf}^{zj}——磨煤机的最佳通风量；

n——磨煤机筒体的转速；

D——磨煤机筒体的有效直径；

R''_{90}——分离器后煤粉的细度；

V——磨煤机筒体的有效容积；

K_{km}——原煤的可磨度系数；

ϕ——磨煤机的钢球充满系数。

最佳通风量对应于磨煤机制粉系统的最经济工况。钢球磨煤机应在最佳通风量下运行，干燥风量也应依此来确定。

5. 载煤量

钢球磨煤机筒体内的载煤量直接影响磨煤机的出力。当载煤量减小时，钢球下落的动能只有一部分用于磨煤，另一部分则消耗于钢球的空撞磨损；随着载煤量的增加，钢球用于磨煤的能量增大，磨煤机的出力增大。但若载煤量过大，由于钢球下落高度减小，钢球间的煤层加厚，使部分能量消耗于煤层变形，钢球磨煤能量减小，磨煤出力反而下降，严重时将造成圆筒入口阻塞，磨煤机无法工作。磨煤机出力与载煤量的对应关系可通过试验来确定。对应最大磨煤机出力的载煤量称为最佳载煤量。

（三）磨煤机的结构部件及其技术特点

磨煤机由筒体、防磨衬套、绞龙、分离器、分配器、主轴承、转动部、传动部、隔离罩、顶轴油及润滑油系统、冷却水系统组成，如图 3-11 所示。

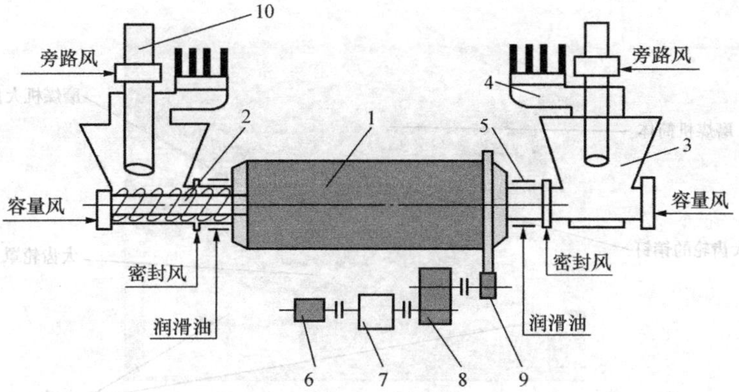

图 3-11 磨煤机的结构示意

1—筒体；2—绞龙；3—分离器；4—分配器；5—主轴承；6—慢减装置；7—主电动机；8—减速机；9—小牙轮；10—落煤管

1. 筒体

双进双出钢球磨煤机的筒体是由一个钢板卷制的壳体和连接两端中空轴的铸钢端盖构成的。壳体和端盖内部装有高铬铸铁的衬板——护甲。壳体的厚度为 28mm。筒体的有效长度为 6140mm，直径为 4250mm。中空轴（又称耳轴）是一个空心体，随着筒体一起转动，用于送风、进煤及排出风粉混合物。筒体的一端外部以销钉固定的方式固定有大齿轮，大齿轮用来接电动机带动的减速机小齿轮，以传递转动力矩，使磨煤机的筒体转动。

磨煤机的驱动端称为 DE 侧，非驱动端称为 NDE 侧。

磨煤机筒体具有以下结构特点：

(1) 端盖和筒体采用对接焊，受力状态良好。

(2) 筒体采用整体加工，保证了同心度，使主轴承运行状态良好。

(3) 筒体整体退火，消除了焊接应力。

(4) 焊缝探伤，保证焊缝的质量。

(5) 衬板材料采用高铬铸铁、高锰钢及合金铸铁等。

(6) 衬板采用特殊密封，螺母为高强度锁紧螺母，具有使用寿命长、密封性好等特点。

(7) 在磨煤机的筒体上开有检修用的人孔，磨煤机停机时，人孔所在处可能被停到不适合或不方便检修的位置。这时一般使用点动磨煤机慢速驱动电动机（盘车）使处于停止状态的磨煤机筒体转到一个合适检修的位置，以利于打开人孔进行维修。

(8) 磨机出厂时附带有一套磨煤机顶起装置，在磨煤机需要检修时，可将这套液压顶起装置放置在磨煤机筒体下部的钢筋混凝土结构的 4 个阶梯形支墩上，用液压的顶起装置通过磨煤机筒体的顶起支架将磨煤机筒体整体顶起。这套装置一般在磨煤机需要更换主轴承等类似的检修工作时使用。磨煤机筒体下方用来放置液压顶起装置的支墩如图 3-12 所示。

2. 煤粉分离器及一次风煤粉管道

煤粉分离器是制粉系统中必不可少的分离设备，其任务是分离一次风从磨煤机中带出的煤粉，把粗大的煤粉颗粒分离下来返回磨煤机再磨，合格的煤粉则通过煤粉分离器出口的煤粉一次风煤粉管道送到锅炉的燃烧器供锅炉燃用。此外，煤粉分离器的另一作用是调节煤粉

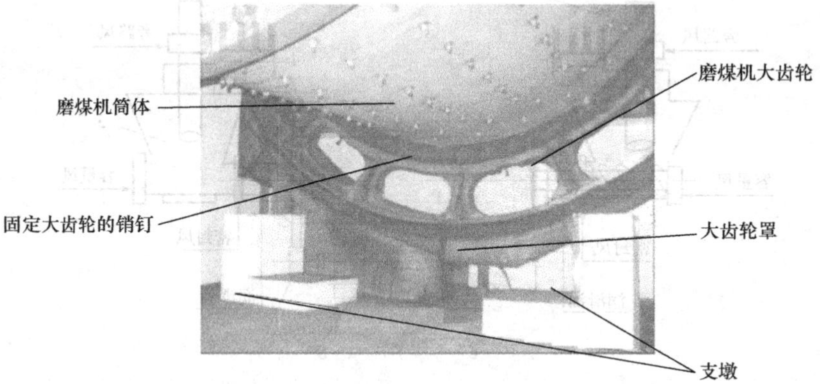

图 3-12 磨煤机筒体下方用来放置液压顶起装置的支墩

的细度，以便在运行中当煤种改变或磨煤机出力（或干燥剂量）改变时，能保证所要求的煤粉细度。

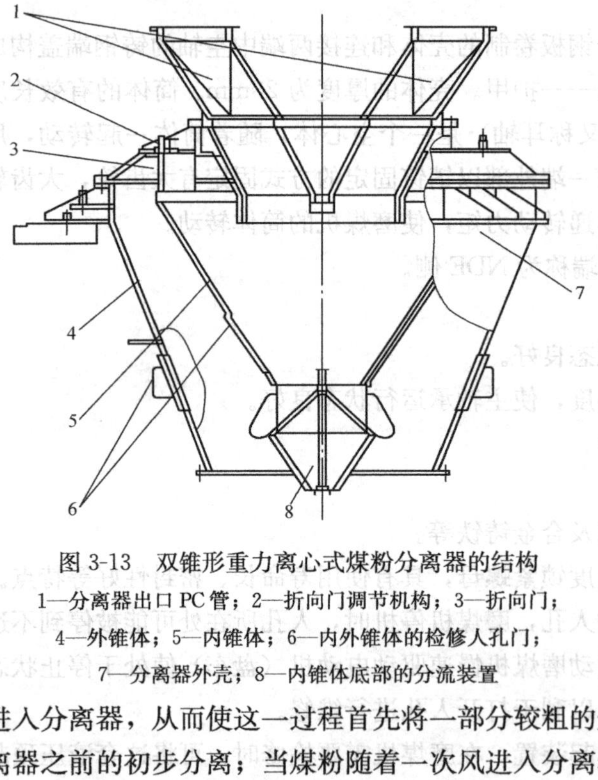

图 3-13 双锥形重力离心式煤粉分离器的结构
1—分离器出口 PC 管；2—折向门调节机构；3—折向门；
4—外锥体；5—内锥体；6—内外锥体的检修人孔门；
7—分离器外壳；8—内锥体底部的分流装置

煤粉分离器的种类繁多，各类分离器的结构和工作原理有较大的差异。双锥形重力离心式煤粉分离器的结构如图 3-13 所示。这种分离器的优点在于，圆环形的缝隙结构能使锥体全周向均匀、连续地排粉，但其结构较为复杂，故阻力也较大。该分离器出粉较细、调节幅度宽广，适用于烟煤、贫煤和褐煤，可配用各种磨煤机，适应能力较强、应用面广。重力离心式分离器的工作过程如图 3-14 所示。磨煤机的出粉被一次风携带到分离器的过程本身也是一次风对煤粉的做功过程，一次风在这一过程中将消耗的动能的一部分用于将煤粉的高度提升到分离器的高度。这时有一部分细度不合格的煤粉由于自身质量大而无法进入分离器，从而使这一过程首先将一部分较粗的煤粉初步淘汰掉，此过程称为煤粉进入分离器之前的初步分离；当煤粉随着一次风进入分离器内部时，煤粉被分离器内锥体下部的分流装置分流，进入内外锥体之间的空间继续向上运动。在这一过程中又有一部分细度不够的煤粉被淘汰，从分离器下部的回粉管返回磨煤机内部重新磨制，此过程称为煤粉进入分离器的一次分离。

折向门是处于分离器内锥上部、外锥内部的一圈开度可调的挡板，如图 3-14 中 4 所示，其作用有两个：一是使煤粉通过后形成旋流，二是调节煤粉细度。当经一次分离后的煤粉经过折向门进入内锥体后，由于旋流的作用，煤粉在内锥体中又经历了一次离心原理的分离。分离后细度合格的煤粉被一次风携带通过分离器上部的一次风煤粉管道送往燃烧器，细度不合格的煤粉经分离器内锥体下部的分流装置与内锥体之间的缝隙流出内锥，经回粉管返回磨煤机内重新磨制。煤粉在内锥体内的旋流式分离称为煤粉在分离器中的二次分离。分离器内锥中的煤粉气流是旋流形的，大颗粒的煤粉在分离器内锥内壁上作快速的旋流运动，对分离器的内锥内壁造成了强烈的磨损。为了减轻这种磨损对内锥内壁的影响，在内锥的内壁加装了耐磨陶瓷衬片，如图 3-14 中 7 所示。一次风煤粉管道是分离器出口的风粉混合物被一次风吹往燃烧器的通道。在一次风煤粉管道的根部装有气动煤粉隔离闸门，称为燃烧器关断挡板。每台煤粉分离器出口装有 4 根一次风煤粉管道，分别去往同一层的 4 个燃烧器。燃烧器关断挡板受控于磨煤机启停功能组中的程序。应该指出的是：在锅炉周围，一次风煤粉管道的部分管段是水平布置的，这样将使其产生内部积粉的可能。内部一旦发生积粉，不仅影响磨煤机的出力，还会带来自燃、爆炸等事故隐患。在一次风煤粉管道上，除了燃烧器关断挡板外，还有一个较为关键的部件，即均粉孔板。均粉孔板安装在燃烧器关断挡板之后。由于每根一次风煤粉管道所对应的燃烧器布置位置与分离器的距离不尽相同，因此每台分离器出口的 4 根一次风煤粉管道是长度不同的，与之对应的是每根一次风煤粉管道对于风粉混合物的阻力也不相同。安装均粉孔板的目的就在于，在调试时将同一分离器出口的 4 个均粉挡板置于不同的开度，以使同一分离器出口的 4 根一次风煤粉管道对煤粉产生的阻力一致，从而使分离器排出的煤粉在 4 根一次风煤粉管道之间得到均匀的分配。

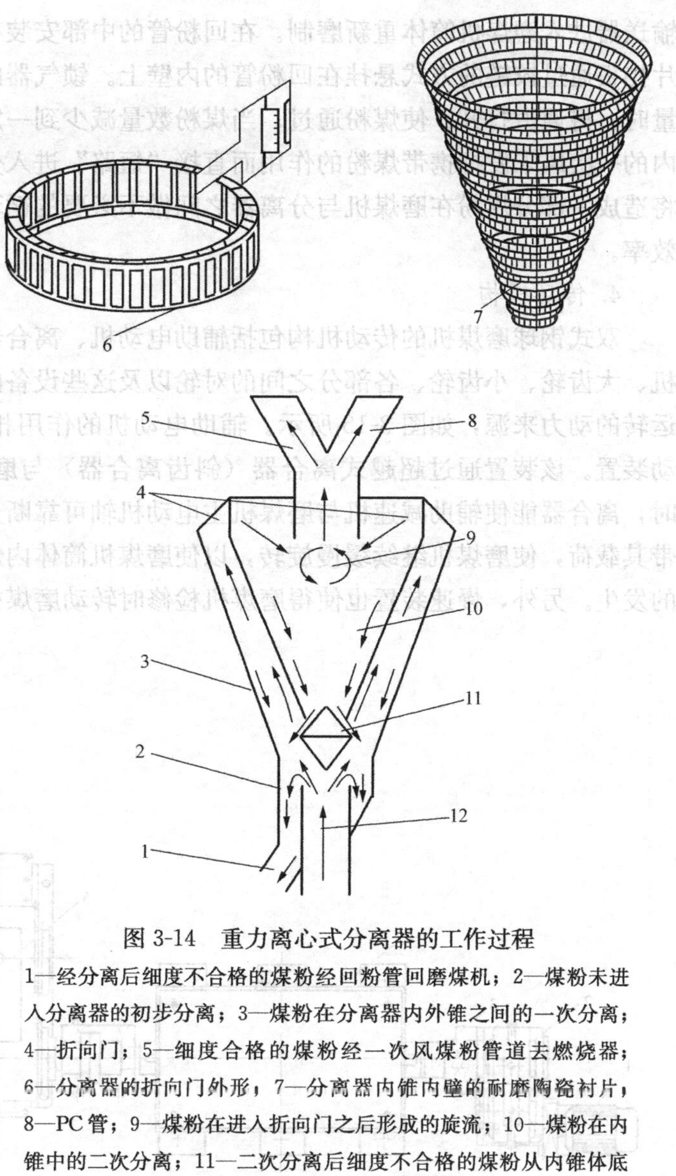

图 3-14 重力离心式分离器的工作过程

1—经分离后细度不合格的煤粉经回粉管回磨煤机；2—煤粉未进入分离器的初步分离；3—煤粉在分离器内外锥之间的一次分离；4—折向门；5—细度合格的煤粉经一次风煤粉管道去燃烧器；6—分离器的折向门外形；7—分离器内锥内壁的耐磨陶瓷衬片；8—PC 管；9—煤粉在进入折向门之后形成的旋流；10—煤粉在内锥中的二次分离；11—二次分离后细度不合格的煤粉从内锥体底部的分流装置处流出；12—磨煤机出粉

3. 回粉管

回粉管是分离器中分离出的细度不合格的煤粉返回磨煤机的通道。回粉管较细，为保证回粉的畅通，回粉管的坡度要符合要求。回粉管的上端接于分离器之下，下端连接到中空轴端部的原煤下落管。细度不合格的煤粉由回粉管的下端与从给煤机下落的原煤混合，经螺旋输送器进入磨煤机筒体重新磨制。在回粉管的中部安装有逆止锁气器。该逆止锁气器是由一片挡板通过铰链的方式悬挂在回粉管的内壁上。锁气器的作用是，当返回的煤粉达到一定数量时，将通道打开，使煤粉通过；当煤粉数量减少到一定程度时，锁气器关闭，防止磨煤机内的一次风未发挥携带煤粉的作用而直接“短路”进入分离器；同时，一次风的“短路”也将造成一部分煤粉在磨煤机与分离器之间做不必要的循环，增加磨煤机的电耗，降低系统的效率。

4. 传动机构

双式钢球磨煤机的传动机构包括辅助电动机、离合器、主电动机、主减速机、辅助减速机、大齿轮、小齿轮、各部分之间的对轮以及这些设备的相关组件。传动机构是磨煤机筒体运转的动力来源，如图 3-15 所示。辅助电动机的作用相当于盘车，也称为磨煤机的慢速驱动装置。该装置通过超越式离合器（斜齿离合器）与磨煤机主轴相连。当磨煤机正常运转时，离合器能使辅助减速机与磨煤机主电动机轴可靠断开。但在停机时，这套慢动装置可以带其载荷，使磨煤机继续缓慢旋转，以使磨煤机筒体内煤的温度保持均衡，避免火灾等事故的发生。另外，慢速装置也使得磨煤机检修时转动磨煤机更为方便。

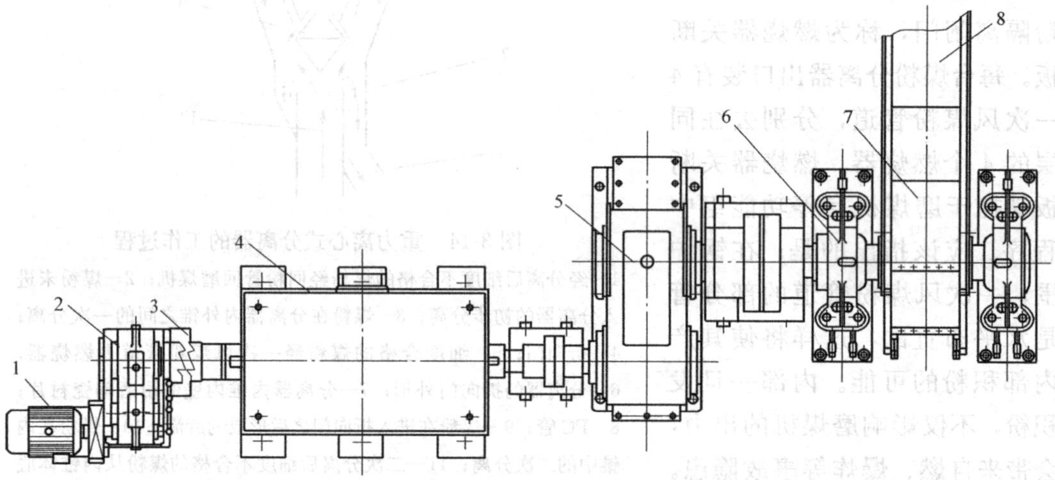

图 3-15 双式钢球磨煤机的传动机构

1—辅助电动机；2—辅助减速机；3—斜齿型离合器；4—主电动机；5—主减速机；6—小齿轮轴承；7—小齿轮罩（内有小齿轮）；8—大齿轮罩（内有大齿轮）

5. 中空轴及螺旋输送器

如图 3-16 所示，中空轴（亦称耳轴）是磨煤机筒体、钢球护甲等本体部件重量的主要承载部件，中空轴及螺旋输送器等部件又是磨煤机入口一次风、出口排粉、入口落煤的枢纽部件。中空轴与磨煤机本体采用焊接的方式连接成为一个整体，内部的中心圆管是通过磨煤机筒体端盖上的辐条与筒体之间连接的；同时，筒体也通过辐条将转动力矩传递给中空圆管，使其与筒体以同样的角速度转动；耳轴由磨煤机的主轴承支撑，为保证耳轴与主轴承之间的良好润滑和冷却，每套制粉系统专门配装一套高、低压润滑油系统。中空圆管是一次风

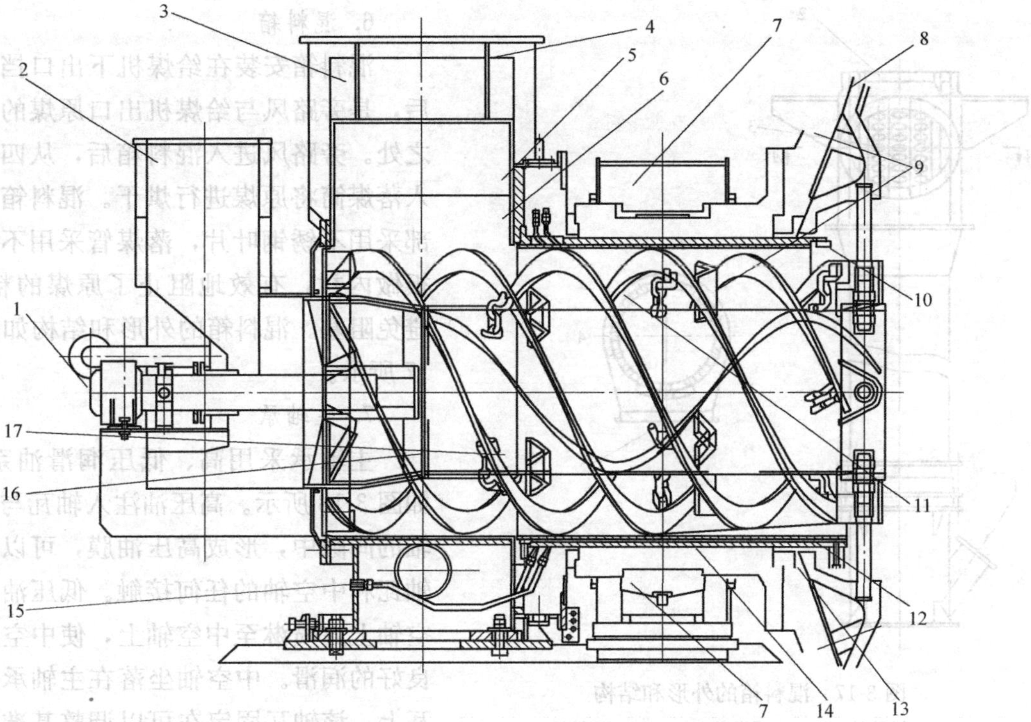

图 3-16 中空轴及螺旋输送器

1—中空圆管的端部支撑轴承；2—一次风入口；3—原煤落入料口；4—风粉排出口；5—密封风小室；6—筒体压力和磨煤机基准料位管；7—主轴承；8—磨煤机筒体；9—螺旋输送器；10—筒体与中空圆管相连接的辐条；11—螺旋输送器的固定铰链；12—筒体高料位测点喷气口；13—筒体低料位口测点喷气口；14—中空轴；15—筒体的高低料位差压管接口；16—中空圆管；17—铰链的保护挡片

进入磨煤机的通道，中空圆管通过筒体侧的辐条跟随着磨煤机筒体转动，中空圆管的另一端通过一个小轴被中空圆管端部支撑轴承支撑，支撑轴承安装在机座的一次风构件上。原煤入料口和磨煤机排粉口嵌套在一起成为内部分开表面结合的一个整体。原煤落入中空轴内后，通过螺旋输送器的推动进入磨煤机筒体。在这一过程中，原煤经过的是螺旋输送器与中空圆管之间的下部空间，而磨煤机筒体内细度初步合格的煤粉是在一次风的带动下，经由螺旋输送器和中空圆管之间的上部空间，逆着螺旋输送器的推进方向从磨煤机中空轴端部的排粉口去煤粉分离器。这里需指出的是，当磨煤机筒体内的料位过高时，会阻碍螺旋输送器下部空间原煤的进入；当煤位更高时，会使整个螺旋输送器与中空圆管之间的所有空间被煤充满，从而使原煤无法再进入磨煤机筒体。所以，磨煤机的料位调节是磨煤机运行中至关重要的问题。螺旋输送器亦称绞龙，螺旋输送器与中空圆管用短链连接，使螺旋输送器的叶片有较好的挠度。链条前方设有尖角形的挡板，用于保护链条，同时对煤块和大块的异物起到助推的作用，使输送器对大块物料的适应性好，防止堵煤。输送器与中空轴的密封盖采用进口密封部件。推进器的轴承部位引入密封风，确保煤粉不泄漏，保证良好的密封。螺旋叶片采用进口耐磨钢板制作，抗磨蚀性好、强度高、柔性好、截面大、结实耐用、寿命长。

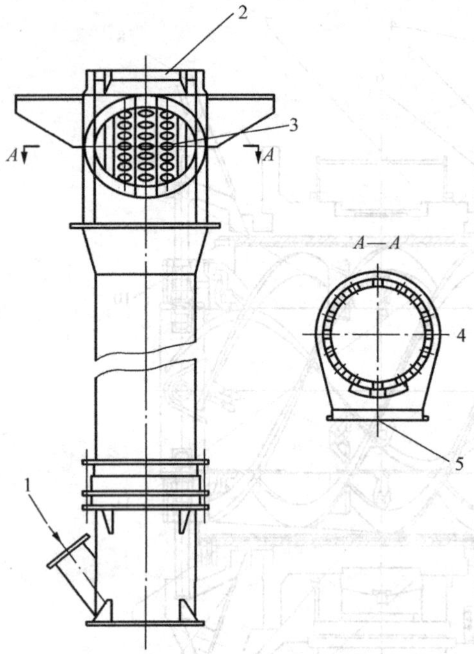

图 3-17 混料箱的外形和结构

1—回粉管接口；2—原煤落入口；3—混料箱；4—不锈钢叶片；5—旁路风入口

6. 混料箱

混料箱安装在给煤机下出口挡板之后，是旁路风与给煤机出口原煤的混合之处。旁路风进入混料箱后，从四周吹入落煤筒将原煤进行烘干。混料箱的内部采用不锈钢叶片，落煤管采用不锈钢板做内衬，有效地阻止了原煤的粘连，避免阻塞。混料箱的外形和结构如图 3-17 所示。

7. 主轴承

主轴承采用高、低压润滑油系统，如图 3-18 所示。高压油注入轴瓦与中空轴的间隙中，形成高压油膜，可以避免轴瓦和中空轴的任何接触。低压油从中空轴上方喷淋至中空轴上，使中空轴有良好的润滑。中空轴坐落在主轴承的轴瓦上，该轴瓦固定在可以调整基准线误差的球面轴承座上，使轴承具有良好的调心功能。球面瓦采用闭式水冷却，保证轴瓦的正常运行温度。在主轴承中装有测温度的热电偶，可时刻检测主轴承的温度，防止温度过高，避免出现抱轴、拉伤等事故。主轴承中还设有盛油槽，可以在断油的情况下确保主轴承与巴氏合金衬瓦短时间内形成油膜，保证磨煤机安全停机。

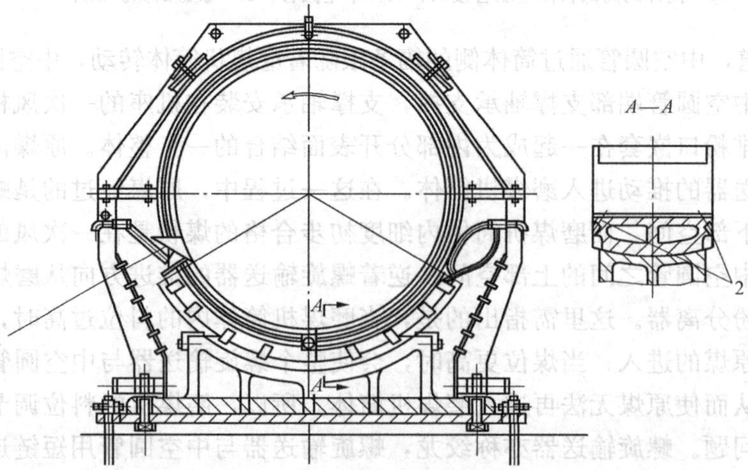

图 3-18 磨煤机主轴承

1—盛油槽；2—热电阻

8. 大齿轮及大齿轮罩

磨煤机筒体的驱动端有固定大齿轮的凸肩，这一凸肩镶嵌在大齿轮轮毂根部的凹槽内，两者之间通过销钉连接的方式铆合在一起。传动机构的小齿轮与大齿轮啮合在一起，小齿轮将传动机构的转动力矩传给大齿轮，大齿轮再带动磨煤机筒体转动。磨煤机的大、小齿轮专门配设一套喷射周期可变的润滑油喷射系统，该系统有专门的油站提供油源。

由于制粉系统属于正压式制粉系统，因此运行中由于密封风压不足会造成磨煤机漏粉，悬浮状态的煤粉将会污染大、小齿轮的润滑油；另外，转动部件的直接裸露也会给安全生产带来诸多的不利因素。为防止以上情况的发生，在大齿轮和小齿轮的外面封有齿轮罩来保护大、小齿轮，如图 3-19 所示，齿轮罩通入密封风，使齿轮处于微正压和相对封闭的工作环境之中。

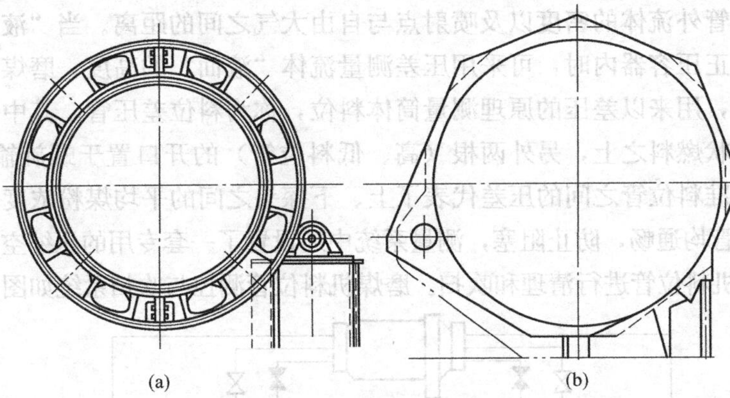

图 3-19 磨煤机大齿轮与大齿轮罩外形图

(a) 磨煤机大齿轮轮毂；(b) 磨煤机大齿轮罩

9. 料位测量装置

磨煤机在运行中的装煤量通常可以采用三种方法进行测量，即通过磨煤机电动机电耗(观察磨煤机主电动机电流)、磨煤机的噪声以及压差间接或直接测量。其中，其前两种方法为间接测量法，只有第三种方法属于直接测量法。目前国内外最常用的方法是后两种。

(1) 噪声煤位的测量。采用这个方法来评估磨煤机是否达到了最佳的装煤量，主要是利用磨煤机运行中发出的噪声来判断磨煤机中的装煤量。该测量系统虽具有器具简单、维护方便、系统与磨煤机研磨回路相对独立等优点，但运行中装置的输出会随着磨煤机出力的改变而产生非线性误差，仪表中需采用线性化电路加以解决。当原煤的颗粒增大时，噪声会减小，特别是在磨煤机负荷较低时，原煤颗粒的大小对噪声的影响可达 10%左右，此时应通过负荷对噪声进行补偿。

图 3-20 所示为电耳料位测量原理。

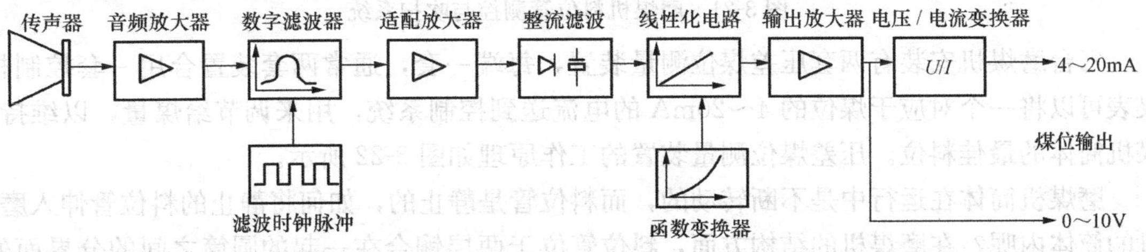

图 3-20 电耳料位测量原理示意图

电耳装置安装在磨煤机就地隔音罩内。该回路将磨煤机运行发出的噪声转变成可供控制给煤机转速的磨煤机筒体料位信号，只能在磨煤机初启动时作为建立初始料位的一个粗调信号。

（2）压差煤位的测量系统。为保证磨煤机的一次风流量与磨煤机的出煤量之间保持线性关系。磨煤机输出的风煤比必须保持恒定，而风煤比在很大程度上取决于磨煤机内的装煤量。为了更加精确地测量磨煤机的筒体料位，以便调节给煤机转速，使磨煤机筒体料位保持在基本稳定的水平，进而保证磨煤机出口风煤比的恒定，在磨煤机已建立初始料位后，料位测量系统可自动切换为压差测量的方式。该方式的工作元件是3根伸入磨煤机筒体的压缩空气探管。探管系统利用的是低速喷射气流的原理，流量控制器维持测量管内有一低速气流，管中的压力取决于管外流体的密度以及喷射点与自由大气之间的距离。当“液面”不是处于大气压下，而是在正压容器内时，可采用压差测量流体“液面”的高度。磨煤机的两侧端部有3根压缩空气管，用来以差压的原理测量筒体料位，称为料位差压管，其中一根探管（基准料位管）置于粉状燃料之上，另外两根（高、低料位管）的开口置于螺旋输送器的内侧，高、低料位管与基准料位管之间的压差代表了上、下探头之间的平均煤粉浓度（即料位）。

为保证每根探管均通畅，防止阻塞，测量系统中还设置了一套专用的压缩空气料位管吹扫系统，定时对磨煤机料位管进行清理和吹扫。磨煤机料位管测控与吹扫系统如图3-22所示。

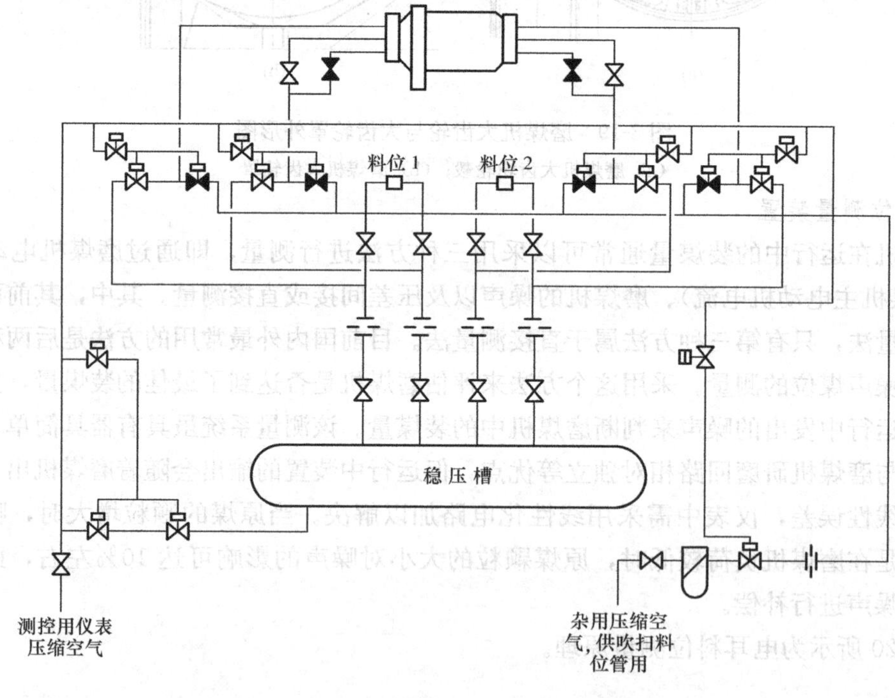

图3-21 磨煤机料位管测控与吹扫系统

每台磨煤机安装有两套压差煤位测量装置，每端一套，通常两套装置合用一套控制柜。仪表可以将一个对应于煤位的4～20mA的电流送到控制系统，用来调节给煤量，以维持磨煤机筒体的最佳料位。压差煤位测量装置的工作原理如图3-22所示。

磨煤机筒体在运行中是不断转动的，而料位管是静止的，如何将静止的料位管伸入磨煤机的筒体内呢？在磨煤机的结构方面，料位管位于两层铆合在一起的圆筒之间的分界面处。该双层圆筒的一端固定在磨煤机中空轴端部的静止不动的出粉进煤组件上，另一端则沿着中空轴内侧伸入到磨煤机筒体内。该圆筒与中空轴之间有一定的间隙，保证静止的圆筒和转动的中空轴之间不发生摩擦。为防止该间隙向外漏粉，中空轴端部的密封风小室中通以一定压力的密封风，而密封风小室与该间隙是相通的。

嵌套料位管的双层圆管截面如图 3-23 所示。

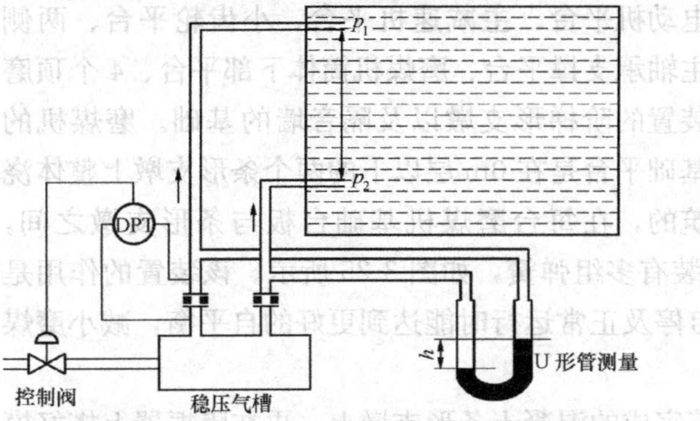

图 3-22 压差煤位测量装置工作原理示意图

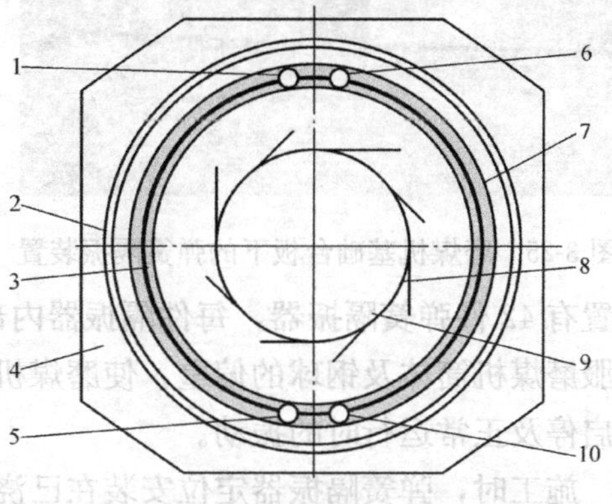

图 3-23 嵌套料位管的双层圆管截面示意图

1—磨煤机筒体压力探管；2—中空轴；3—嵌套料位管的双层圆管；4—主轴承；5—高料位压力探管；6—基准料位压力探管；7—中空轴与双层管之间的间隙；8—螺旋输送器；9—通一次风的中空圆管；10—低料位压力探管

10. 加球装置

磨煤机运行过程中，钢球是主要的损耗件。为了保证磨煤机的正常运行，双式钢球磨煤机设有加球装置，可实现不停磨煤机加球。为保证磨煤机的密封，加球装置设有上、下两个闸板阀，加球时通过两道闸板阀的配合保证不损失磨煤机内的压力及不漏粉。

磨煤机加球装置的外形及结构如图 3-24 所示。

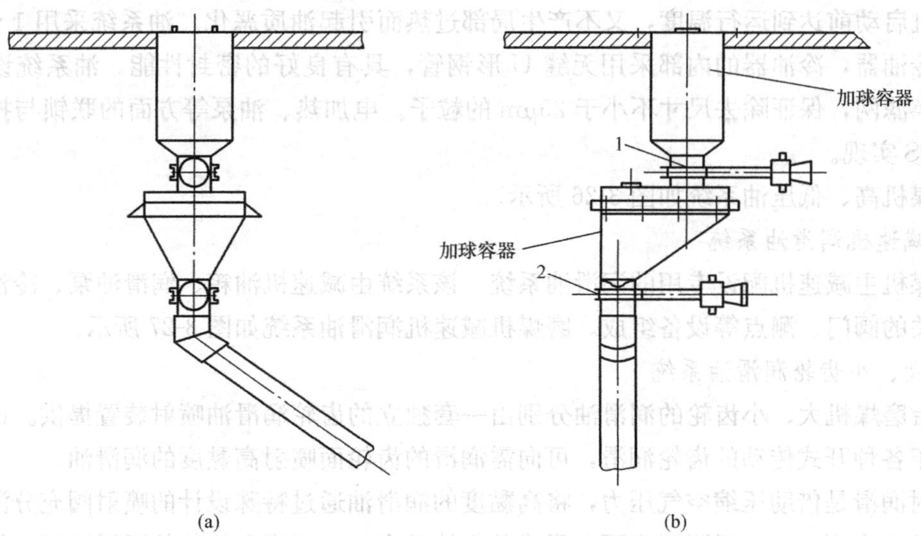

图 3-24 磨煤机加球装置的外形及结构

(a) 外形图；(b) 结构图

1—第一道闸板阀；2—第二道闸板阀

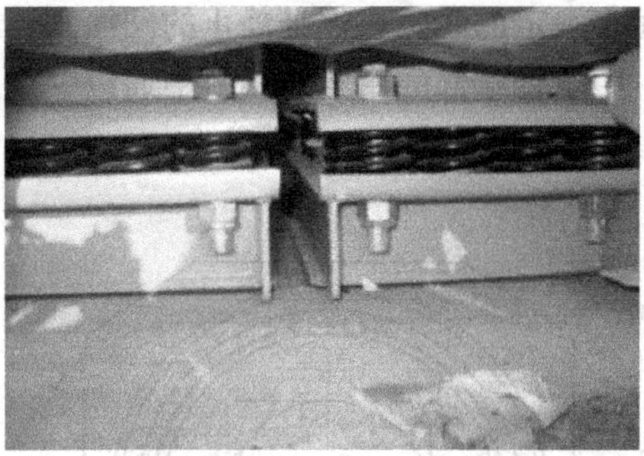
图 3-25 磨煤机基础台板下的弹簧隔振装置

11. 磨煤机基础台板

制粉系统的磨煤机安装在基础台板上方，基础台板是由钢筋混凝土整体浇筑而成。基础台板浇筑成形后，台面上可分为辅助电动机平台、主电动机平台、主减速机平台、小齿轮平台、两侧主轴承支撑平台、磨煤机筒体下部平台、4个顶磨装置的阶梯形支墩以及隔音墙的基础。磨煤机的基础平台是在0m层以下的两个条形支墩上整体浇筑的，在每台磨煤机基础台板与条形支墩之间，布置有42件弹簧隔振器，每件隔振器内部装有多组弹簧，如图3-25所示。该装置的作用是克服磨煤机筒体及钢球的偏重，使磨煤机启停及正常运行时能达到更好的自平衡，减小磨煤机启停及正常运行时的振动。

施工时，弹簧隔振器定位安装在已浇筑完成的混凝土条形支墩上，再在隔振器上搭好模板、配筋，然后开始混凝土浇筑。混凝土台板施工完毕并固化后，才可安装台板上的设备。在这一过程中，隔振器的弹簧是被预紧的；设备安装完毕之后，才可用液压千金顶将隔振器释放，以达到调平磨煤机基础台板的目的。至此，隔振器进入工作状态。

（四）磨煤机的辅助系统

1. 高、低压油系统（主轴承润滑油系统）

每台磨煤机均设有高、低压润滑油系统。该系统采用整体集装式，油站具有良好的密封。供油装置包括系统管路、阀门油位指示计、流量控制仪表、供回油温度计、油箱、油泵、滤油器、冷油器及相关的辅助组件。为保证磨煤机的长期连续运行，低压油由两台100%容量的交流油泵提供。运行中，两台油泵一台工作，一台备用。油箱内配有电加热器，使磨煤机启动前达到运行温度，又不产生局部过热而引起油质恶化。油系统采用1台100%容量的冷油器，冷油器的内部采用无缝U形钢管，具有良好的密封性能。油系统设有双筒式可切换滤网，保证除去尺寸不小于25μm的粒子。电加热、油泵等方面的联锁与控制由机组的DCS实现。

磨煤机高、低压油系统如图3-26所示。

2. 减速机润滑油系统

磨煤机主减速机配设专用的润滑油系统。该系统由减速机油箱、润滑油泵、冷油器、滤网及相关的阀门、测点等设备组成。磨煤机减速机润滑油系统如图3-27所示。

3. 大、小齿轮润滑油系统

每台磨煤机大、小齿轮的润滑油分别由一套独立的齿轮润滑油喷射装置提供。该喷射装置适用于各种开式传动的齿轮润滑，可向需润滑的齿轮面喷射高黏度的润滑油。

喷射润滑是借助压缩空气压力，将高黏度的润滑油通过特殊设计的喷射阀充分混合后喷到齿轮的工作面上，并吸附于齿面上形成并保持具有一定韧度和均匀的润滑油膜，将两齿面隔离，从而起到避免齿轮摩擦的作用，达到润滑的目的。

齿轮润滑油喷射装置由液压系统、气压系统、电气系统和喷射板等部件组成。其中，液压、气压和电气系统均集装在机柜中，喷射板安装在主机的齿轮罩上，中间通过管路与机柜

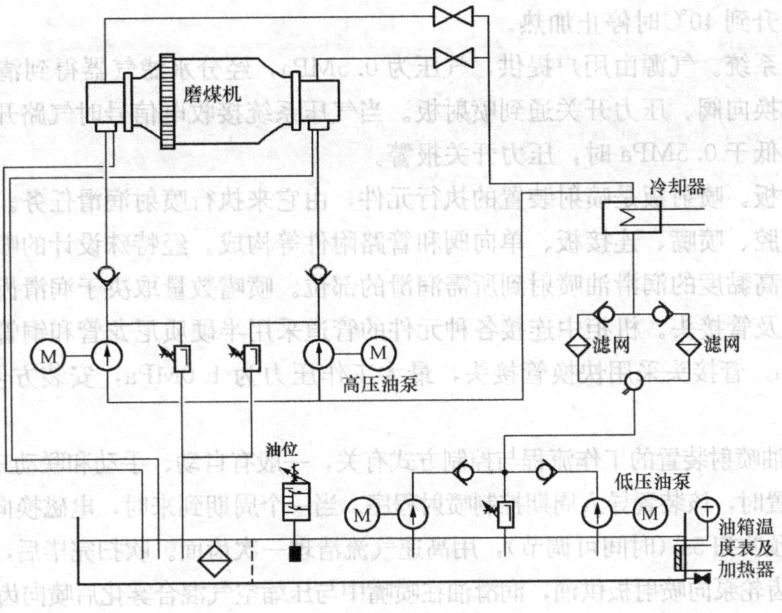

图 3-26 磨煤机高、低压油系统

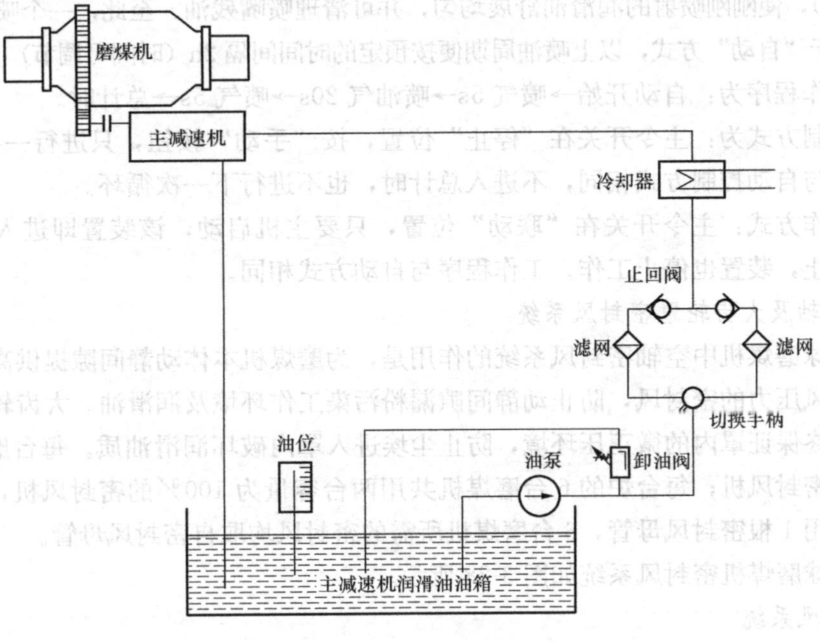

图 3-27 磨煤机减速机润滑油系统

上的油气出口连接，无须配备回油管路。随着装置的工作，大齿轮罩内下部将积聚油质不合格的残油，残油的黏度依然很高，一般在运行一段时间后定期清理。各系统组成部件的结构与功能如下：

(1) 液压系统。液压系统的齿轮泵垂直安装在泵架上，由电动机直接驱动，向系统提供润滑油，经单向阀直接进入喷射板。系统中设有溢流阀，用于调节系统的工作压力。油箱设有空气滤清器、网式过滤器，供注油用。箱体底部设有放油口，正面设有油位计。油箱上设有温度计、温度开关、电加热器、热电阻，用于测量控制油温，且一般在油温低于 20℃时开始加热，温升到40℃时停止加热。

（2）气压系统。气源由用户提供，气压为0.5MPa，经分水滤气器得到清洁、干燥的气体，再经电磁换向阀、压力开关通到喷射板。当气压系统接收电信号时气路开启，断电气路关闭。当压力低于0.5MPa时，压力开关报警。

（3）喷射板。喷射板是喷射装置的执行元件，由它来执行喷射润滑任务。喷射板一般由集油腔、集气腔、喷嘴、连接板、单向阀和管路附件等构成。经特殊设计的喷嘴，借助压缩空气的压力将高黏度的润滑油喷射到所需润滑的部位。喷嘴数量取决于润滑齿宽。

（4）管道及管接头。机柜中连接各种元件的管道采用半硬质尼龙管和铜管，使用压力范围为0～2MPa。管接头采用快换管接头，最大工作压力为1.0MPa，安装方便、密封可靠、接管牢固。

齿轮润滑油喷射装置的工作流程与控制方式有关，一般有自动、手动和联动三种。主令开关在“自动”位置时，该装置导入周期控制喷射程序。当一个周期到来时，电磁换向阀开启，压缩空气进入喷嘴预吹扫5s（时间可调节），用高速气流清理一次齿面。吹扫完毕后，油泵电动机自行启动，带动齿轮泵向喷射板供油，润滑油在喷嘴中与压缩空气混合雾化后喷向齿面。

当达到规定的时间20s后（时间可调节），油泵电动机自动停止，而压缩空气继续喷射5s（时间可调节），使刚刚喷射的润滑油舒展均匀，并可清理喷嘴残油。至此，一个喷射周期结束。只要装置处于“自动”方式，以上喷油周期便按预定的时间间隔2h（时间可调节）重复进行。

自动工作程序为：自动开始→喷气5s→喷油气20s→喷气5s→总计时。

手动控制方式为：主令开关在“停止”位置，按“手动”按钮，只进行一次工作循环，其喷射过程与自动控制方式相同，不进入总计时，也不进行下一次循环。

联动工作方式：主令开关在“联动”位置，只要主机启动，该装置即进入自动工作状态；主机停止，装置也停止工作。工作程序与自动方式相同。

4. 中空轴及大齿轮罩密封风系统

双式钢球磨煤机中空轴密封风系统的作用是，为磨煤机本体动静间隙提供高于磨煤机筒体内部一次风压力的密封风，防止动静间隙漏粉污染工作环境及润滑油。大齿轮罩密封风的作用是，始终保证罩内的微正压环境，防止尘埃进入罩内破坏润滑油质。每台磨煤机装有1台大齿轮罩密封风机；每台炉的6台磨煤机共用两台容量为100%的密封风机，2台密封风机的出口共用1根密封风母管，6台磨煤机所需的密封风均取自密封风母管。

双式钢球磨煤机密封风系统如图3-28所示。

5. 一次风系统

一次风的作用是输送和干燥磨煤机筒体内的煤粉。

一次风系统的流程是：一次风机出口的风分两路，一路经空气预热器预热后汇集于6台磨煤机共用的热风母管，另一路不经空气预热器加热的风汇集于6台磨煤机共用的冷风母管。

每台磨煤机分别从冷风和热风母管引出一路风，经冷风和热风调节挡板后到混合器混合为磨煤机的入口总一次风。总一次风分成两路，从磨煤机的两端进入磨煤机的筒体内。运行中，磨煤机分离器出口的温度是通过冷风和热风门之间的开度变化来调节的。

旁路风被引入给煤机落煤挡板下部的混料箱来干燥原煤，其温度与磨煤机入口一次风的

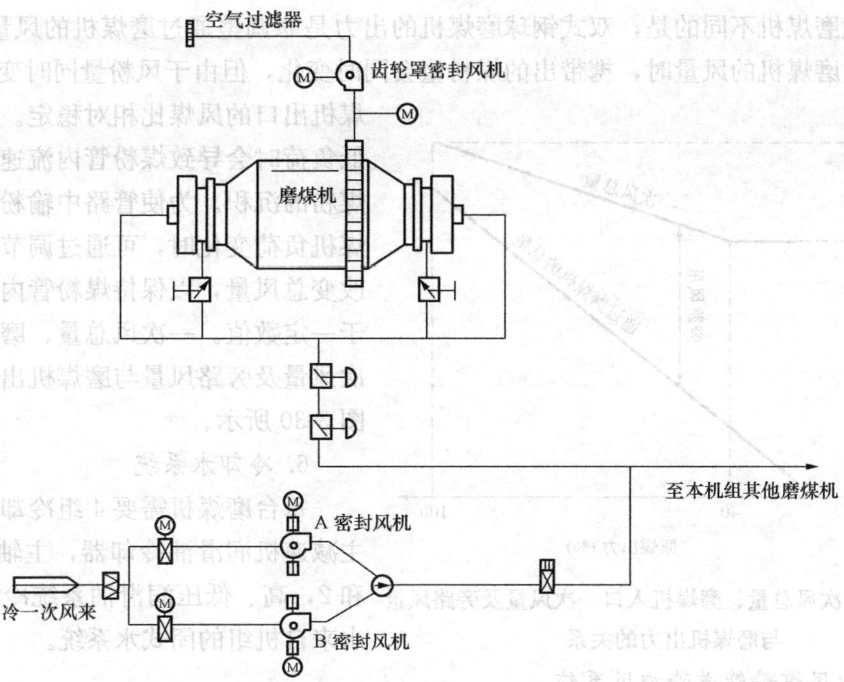

图 3-28 双式钢球磨煤机密封风系统

温度相同。总一次风量的控制是通过调节旁路风和负荷风之和来调节的；负荷风量用来调节磨煤机的出力，旁路风还用来在磨煤机低负荷时协助负荷风输送煤粉。

磨煤机一次风系统如图 3-29 所示。

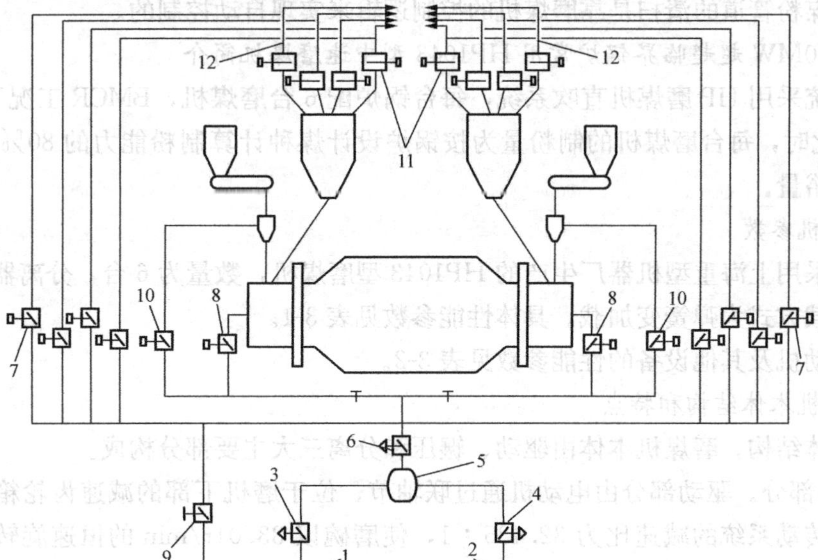

图 3-29 磨煤机一次风系统

1—引自冷风母管的冷风；2—引自热风母管的热风；3—冷风门；4—热风门；5—混合器；6—一次风截止门；7—清扫风门；8—驱动端（非驱动端）负荷风门；9—清扫风总门；10—旁路风门；11—分离器出口燃烧器关断挡板；12—分离器出口一次风煤粉管道

与其他磨煤机不同的是，双式钢球磨煤机的出力是靠调整通过磨煤机的风量来改变的。而改变通过磨煤机的风量时，携带出的煤粉量会同时变化，但由于风粉量同时变化，因而磨煤机出口的风煤比相对稳定。这一情况在低负荷时会导致煤粉管内流速降低，出现煤粉的沉积。为使管路中输粉畅通，在磨煤机负荷变化时，可通过调节旁路风量来改变总风量，以保持煤粉管内的流速不低于一定数值。一次风总量、磨煤机入口一次风量及旁路风量与磨煤机出力的关系如图3-30所示。

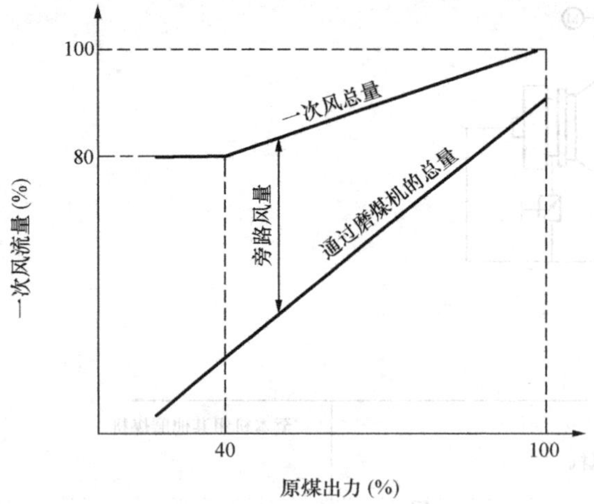

图3-30　一次风总量、磨煤机入口一次风量及旁路风量与磨煤机出力的关系

6. 冷却水系统

每台磨煤机需要4组冷却器，分别是主减速机润滑油冷却器，主轴承冷却器1和2，高、低压润滑油系统冷却器及冷却水来自机组的闭式水系统。

7. 一次风煤粉管道清扫风系统

磨煤机分离器出口每根一次风煤粉管道的燃烧器关断挡板后均设有管路清扫风，用来在磨煤机启动和停止后清扫一次风煤粉管道中残留的煤粉，防止一次风煤粉管道内的煤粉阻塞及自燃等事故的发生。该清扫风取自制粉系统冷风母管，清扫风总风门的入口接在磨煤机冷风门前的冷风管道上。

一次风煤粉管道的清扫是靠磨煤机的控制逻辑来实现自动控制的。

（五）660MW超超临界锅炉常用HP1043型中速磨煤机简介

制粉系统采用HP磨煤机直吹系统，每台锅炉配6台磨煤机，BMCR工况下5台运行、1台备用。此时，每台磨煤机的制粉量为按锅炉设计煤种计算制粉能力的80%，尚有20%的制粉能力裕量。

1. 磨煤机参数

磨煤机采用上海重型机器厂生产的HP1043型磨煤机，数量为6台，分离器形式为离心式，磨辊加载方式为弹簧变加载。具体性能参数见表3-1。

配套电动机及其他设备的性能参数见表3-2。

2. 磨煤机本体结构和特点

（1）本体结构。磨煤机本体由驱动、辗压和分离三大主要部分构成。

1）驱动部分。驱动部分由电动机通过联轴节、位于磨机下部的减速齿轮箱与磨碗下方相互连接。传动系统的减速比为32.435∶1，使磨碗以33.01r/min的恒速旋转。电动机额定功率为650kW，转速为977r/min。驱动部分有自身的润滑油强制循环和冷却系统，分别由油箱、油泵和冷却器组成。因磨煤机处于正压工作，为防止煤粉随同气体通过转动的磨碗与静止部件间的间隙漏入驱动部分，在驱动部分设有密封空气入口，使这一部分空气的压力高于上方辗磨区。

表 3-1　　660MW 超超临界锅炉常用 HP1043 型中速磨煤机的性能参数

参数名称	单位	设计煤种	校核煤种	参数名称	单位	设计煤种	校核煤种
最大出力	t/h	67	80	最大通风阻力	kPa	45	45
保证出力	t/h	60.3	72	通风阻力（保证出力）	kPa	41.48	41.48
最小出力	t/h	16.75	20				
最大通风量	t/h	113.6	113.6	计算通风阻力	Pa	3767	3413
计算通风量	t/h	103.929	98.92	最小通风阻力	Pa	2205	2205
保证出力下的通风量	t/h	109.056	109.056	磨煤机的密封风量	m^3/min	70.75	70.75
最小通风量	t/h	79.52	79.52				
磨煤机入口干燥介质的温度（计算出力下）	℃	201（煤粉）	231	磨煤机的密封风压（或与一次风压的差值）	Pa	2000	2000
磨煤机入口干燥介质的温度（最小出力下）	℃	126	143	磨煤机单位功耗	kWh/t	8.4	8.7
磨煤机转速	r/min	33.01	33.01	保证出力下的单位功耗	kWh/t	9.2	7.8

表 3-2　　配套电动机及其他设备的性能参数

参数名称	单位	数值	参数名称	单位	数值
型号		YHP560-6	冷却水压力	MPa	0.2～0.4
电动机类别		交流笼型异步电动机	油箱电加热器/数量	套/台	6
额定功率	kW	650	额定电压	V	380
额定电压	V	6000	额定功率	kW	1.7/个
额定电流	A	82	回油管电加热带/数量	根/台	1
额定频率	Hz	50	额定电压	V	220
额定转速	r/min	977	额定功率	kW	0.177 5（35.5W/m）
冷却方式		空—空冷却			
轴承冷却方式		自冷	密封风机		
减速机型号		JLX-61S	额定风量	m^3/min	703.7
传动方式		螺旋伞齿轮加行星齿轮二级立式传动	额定提升压头	Pa	6382
油泵流量	L/min	228	密封风机电动机型号		Y315M1-4
传动比	kW	11	额定功率	kW	132
正常供油压力	MPa	0.15～0.35	额定转速	r/min	1450
冷却水流量	m^3/h	19.5	额定电压	V	380

2）辗压部分。辗压部分由磨碗、磨辊及其加力部分组成。磨盘上设有 3 组磨辊，磨辊本身由辊轴、上下轴承、枢轴和辊体组成。在磨辊组件的端部的枢轴上设有密封空气进入口，密封空气通过枢轴上的中心孔进入磨辊区域，以防止煤粉沾污轴承。辊轴端部设有润滑油加入口，供轴承的润滑。

3）分离部分。分离部分由设置于磨碗外缘的风环及位于磨碗上方的可调叶片分离器构成，风环是一组呈环形的导向叶片。进入磨煤杨的热一次风以约大于 50m/s 的风速流经导向叶片环，均匀地沿磨碗外缘作切向状态的向上流动，与出辗磨区的被粉碎到不同程度的煤炭相接触，携带的这些煤炭经历不同的分离过程。其中，粒度甚大的颗粒，因无法被气流吹起而落到石子煤斗中，作为石子煤排出，这部分约0.5%。较粗的则在流经分离器的过程中被分离下来，返回到磨碗上；细的则通过分离器流出磨煤机，流出的这部分为15%～20%。

分离器由一切向可调叶片式分离器与文丘里管构成。煤粉气流先经切向叶片分离器分离，再经文丘里管分离后进入煤粉管道，流出磨煤机。可调叶片分离器通过由切向叶片所构成的气流方向突变，使气流中较粗、惯性力较大、无法通过叶片的粗颗粒分离下来。叶片分两组，由两个操作手柄分别调节，最大的可调角为54°，分10个调节挡。煤粉气流能通过切向叶片后，在其从切向运动突变为垂直向上流动进入文丘里管的过程中再一次受到惯性分离。被分离下来的颗粒则沿锥形分离器的内壁，在底部与来自分离轴线上的原煤落煤管中的原煤混合在一起，下落到磨碗上。

煤在磨煤机的分离过程中，进入磨煤机的一次风量既会影响到石子煤排量的多少，也会影响到煤经历磨制的循环次数、进入辗磨区的煤水分、分离器的进口风速，从而影响磨煤机的出力和出口煤粉细度。鉴于一次风是通过由叶片组成的风环进入磨煤机上部空间的，因此风环前后，亦即磨碗上下的压差表明了风量的大小。

(2) 磨煤机的特点。

1) 煤粉分配器的结构特点。

为了达到磨煤机各个出粉口的风量和粉量偏差不大于5%，煤粉分配器采用了文丘里管结构，其工作原理是当风粉混合物经过文丘里管时，先被浓缩，然后再扩大，使得每根煤粉管道中的风粉均匀分配。

2) HP磨煤机磨辊弹簧变加载技术简介。HP磨煤机是在RP磨煤机的基础上改进、发展起来的一种新型磨煤机。同RP磨煤机相比，HP磨煤机的重大改进之一就是将磨辊加载方式由液压变加载改为弹簧变加载。从理论上来说，磨辊采用液压变加载具有下列优点：①加载力随给煤率自动变化；②加载力的大小同给煤量呈线性变化，能省电。然而，在实际运行中，由于磨煤机运行工况较恶劣，液压变加载装置中的油缸、电磁阀等液压元件随着使用时间的增加，故障率不断增大。某厂制造的RP磨煤机运行经验以及美国ABB-CE公司统计数据表明，磨辊采用液压变加载的中速磨煤机，其故障的60%是由液压变加载系统引起的。

HP磨煤机磨辊加载方式采用弹簧变加载后，不但使磨辊加载装置的故障率大大减小，磨煤机的可靠性大大提高，维护、检修工作量大大减少，而且仍然保留上述液压变加载的两个优点，同时磨煤机的振动要比液压变加载的小。

采用弹簧变加载，其加载力也是随给煤率自动变化的，即给煤量多，加载力大；给煤量少，加载力小。其工作原理同液压变加载完全一样，只不过液压变加载是通过给煤率信号(4～20mA)使液压力增大或减小。弹簧变加载是通过磨碗上煤层的厚度（即给煤率的大小）反作用于弹簧，使弹簧的压缩量发生变化，从而使弹簧力增大或减小。由于不用液压变加载，因此不存在压力油黏度引起的调压反应速度滞后现象。

采用弹簧变加载后，磨煤机的振动比采用液压变加载小。上海吴泾热电厂RP863磨煤机原采用液压变加载，故障率很高；改为弹簧变加载后，故障彻底消除，而且煤粉细度、磨煤电耗等性能参数均不变，磨煤机振动也比改前小。

3. 磨煤机的辅助系统和安全系统

(1) 石子煤系统。夹杂在进入磨煤机的煤中的矸石、黄铁矿之类的硬物，最终会因粒度或密度大而不能被通过磨煤机磨碗外缘风环的一次风气流吹起而下落到石子煤室中，随后被清扫刮板送入石子煤室排出口。矸石和黄铁矿被分离排出对于缓解磨煤机辗磨面的磨蚀、锅炉排放 SO_x 以及黏尘浓度都是有利的，虽然石子煤中不可避免地存在一定量的可燃物损失。石子煤室位于干燥剂进口的高温区域，存在着火的危险，因此清扫刮板必须连续工作，使石子煤连续排出。磨煤机内处于正压状态，为防止气体随同石子煤排出，在石子煤排出通道上都设有两道串联出渣，起锁气作用。石子煤斗中的石子煤则是通过石子煤箱出口关断阀下部的移动式石子煤箱（每炉 8 个）清理至场地后装车运走。

（2）密封风系统。为防止辗磨区域上部带粉气流通过间隙侵入下部的驱动装置空间，也为防止煤粉沾污辗辊轴承，需通过辗辊的中心孔向驱动装置空间送入密封空气。密封空气来自于两台密封风机作为风源的密封空气管路。

（3）压缩空气系统。磨煤机的进口风门和出口摆阀都是气动的；此外，取样时煤粉取样口也需要压缩空气供吹扫和密封用。压缩空气来自锅炉共用的压缩气源。

（4）灭火系统。磨煤机内多处于正压状态，进口热风温度也多在 300℃以上，内部充满煤粉和空气的混合物，也存在颗粒之间、颗粒与壁面间的强烈碰撞，以及产生火花的可能性和大颗粒的沉积。矸石铁件等也易在辗磨与碰撞中产生火花。如果进口风湿度过大、出口煤粉气流温度超限，更易引起磨煤机内着火。因此，磨煤机都配有灭火系统。着火的必备条件是有可燃物、有氧气的供应和一定的温度条件，灭火也从这三方面着手。磨煤机采用隔离以及注入惰性气体的方法，使着火部位局限于一定区域内，阻止空气进入，并造成惰性气氛；此外，也可采用喷水清扫的方法，以清除可燃物，同时降低区域温度和氧浓度，从而完成灭火。

第三节 制粉系统工作流程

正压直吹式制粉系统的工作流程如下：原煤由输煤系统进入原煤斗，再落入给煤机，经给煤机调节给出的煤量后进入磨煤机，磨煤机将原煤研磨成细度初步合格的煤粉，这部分煤粉再进入煤粉分离器，煤粉分离器将煤粉分成粗细两部分，粗粉返回磨煤机重新磨制，细粉经一次风煤粉管道被一次风吹往燃烧器，如图 3-31 所示。

由于制粉系统采用正压工作方式，为防止热风及煤粉从磨煤机中空轴动静部件之间的间隙处逸向大气或污染磨煤机润滑油，制粉系统装设有专门的密封风系统。每台锅炉制粉系统的密封风系统由两台 100%容量的离心式风机（正常运行时，一台运行，一台备用）、管道及相关组件构成。为防止磨煤机大齿轮润滑油被泄漏的煤粉污染，保证齿轮罩

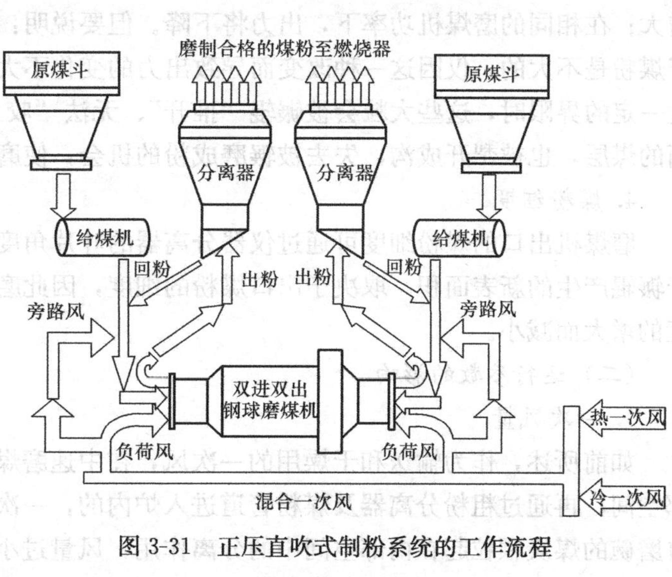

图 3-31 正压直吹式制粉系统的工作流程

内的微正压，每台磨煤机还设有一台齿轮罩密封风机，为齿轮罩提供密封风。此外，从防止给煤机皮带高温老化、防止给煤机着火等角度考虑，系统还取冷一次风的一部分作为给煤机的密封风。

由于分离器出口一次风粉管道较长，为防止磨煤机一次风粉管内存粉造成制粉系统出力下降及煤粉自燃或爆炸，系统还设有一次风粉管清扫风系统。清扫风取自磨煤机冷一次风。

第四节 制粉系统的控制与调节

一、影响磨煤机出力的因素

（一）与入磨煤相关的影响因素

1. 入磨煤的水分

水分对于磨煤机的影响主要表现在煤的表面水分。表面水分高，无论煤粉的对磨制、输送还是入炉后的着火都是不利的。表面水分含量增大，提高了对磨煤机干燥出力的要求，进入辗磨区域的煤水分增大。当超过一定限度时，会使煤粒在受辗磨后难以脱离辗磨区域，即使能脱离辗磨区域，也呈片状，即出现通常所说的“粘板”。粘板会使新煤不易进入辗磨区域并在辗磨时产生颗粒之间的滑动，也减少了与干燥剂接触的表面，其结果是使磨煤机出力下降。

2. 入磨煤的可磨系数

煤的可磨系数表征了煤炭磨制成煤粉的难易程度。显然，磨煤机的制粉能力将随着可磨系数的下降而下降。因实验测定方法的辗磨机构与实际磨煤机的差别，磨煤机的制粉能力并不与可磨系数成正比。这是由于实际用于生产的磨煤机是连续进煤、排粉，而实验室测定装置是一次进煤、一次出粉，两者施加于煤炭的辗磨压力也较悬殊。

3. 入磨煤的颗粒度

如前所述，使煤炭辗磨成粉所耗的功率是与由辗磨产生的新的表面积成正比的。显然，为磨制成相同细度的煤粉，在入磨煤的粒度增大时，所需产生的新表面积增大，所需的功率增大；在相同的磨煤机功率下，出力将下降。但要说明：一般情况下，入炉煤和表面积相对于煤粉是不大的，仅因这一种改变而导致出力的变化不大。主要的影响发生于入磨煤粒度超过一定的界限时，这些大粒会被辗辊“推开”、无法“咬入”辗磨成粉，以及被大粒推开后面的煤层，也被犁开成沟，失去被辗磨成粉的机会，使磨煤机的出力下降。

4. 煤粉细度

磨煤机出口的煤粉细度可通过仪器分离器的叶片角度来调节。由于磨制煤粉的耗功取决于辗辊产生的新表面积，取决于出口煤粉的细度，因此磨煤机的制粉能力将随着出口煤粉细度的增大而减小。

（二）运行参数的影响

1. 一次风量

如前所述，作为输送和干燥用的一次风，在中速磨煤机中是通过风室风环进入磨煤机内部空间，再通过粗粉分离器及煤粉管道进入炉内的，一次风量，或者说风环出口的风速对出自磨碗的煤炭颗粒起在内部空间中的分离作用，风量过小则石子煤量增加。在流经内部空间的过程中，风量与温度共同向入磨煤提供干燥出力，过小则磨煤机出力减小。在流经粗粉分离器的过程中，使粗粉分离下来，分离量大则煤粒在磨煤机内的循环次数增大，磨碗上的入磨层高度增厚，在一定范围内使磨煤机出力增大。在流经煤粉管道时，一次风是煤粉的输送介质，风量小则流速低，容易产生煤粉在管道内的沉积；输送煤粉气流的浓度高，而浓度是需要避开易爆范围的。在燃烧器之后，又成为燃烧空气的一部分，需要与挥发分燃烧空气量相对应。一次风量的多少，受制于上述多项需要。

2. 磨料层厚度和循环次数

应该说明：磨料层厚度和循环次数并不受运行的控制，两者随着入磨煤量和一次风量的增大而增大。在此，是为说明一次风量对磨煤机出力的影响，最终是通过磨料层厚度的变化而完成的，以及为什么在一定范围内出力会随磨料厚度的增加而增大。前面提出：在磨煤机内，从粗粉分离器返回到磨碗上的粗粉量随着一次风量和入磨煤量的增加而增加。前者与入磨新煤一起，下到磨碗中心部位混合，借磨碗旋转作径向运动通过辗磨区，受到辗辊的粉碎。显然，磨料层厚度与物料的流量成正比。入磨煤量和物料循环次数大，辗辊下的磨料层厚度就大。

循环次数是磨碎率的倒数。煤每多经历一次辗压，无疑会增加一些磨碎量。但是，循环次数与磨碎量之间并不呈正比关系。试验表明，辗磨总人数、总的磨碎量与每次辗磨的磨碎量之间具有如下关系：总的磨碎量会随次数的增多而增大，但每次辗磨的磨碎量都是随着辗磨次数的增多而减少的，并在经历最初的几次辗磨之后，所能增加的磨碎量已经很小。这说明，在磨煤机内的存煤量（亦即循环次数）或磨料层高度增大到一定程度后，对增大制粉量的影响已经很小。

3. 辗辊压力

辗辊对磨料层的压力通过弹簧或液压机构施加。调节这一压力，也就改变了磨煤机的制粉能力；压力增大，磨碎量增加，并且具有近似线性的关系。压力与磨碎量增减间的关系是随煤炭特性而变化的。应该说明的是，不能用过大地增加辗辊压力的方法来增大磨煤机的出力，因为这将加速辗辊的磨蚀。

4. 功率

磨煤机所配电动机的功率是磨煤机的特性参数。磨煤机的运行功率消耗于辗磨以及磨煤机的机械传动等项。磨煤机的制粉能力受到所配电动机功率的限制。就功率而言，是消耗于磨碗及随同转动的辗辊与磨料层间阻力的，在入磨煤都能被咬入的粒度条件下，与辗辊的压力相关，与磨料层的高度无关。拉力（即辗磨功率）随着辗磨压力的增大而增大，关系是线性的。磨碎量（即磨煤机的出力）也是与阻力或者说辗磨功率呈线性关系的。辗磨功率随着辗磨压力的增大呈线性增加。

5. 辗辊与磨碗之间的间隙

磨煤机的功率主要消耗于煤炭的辗磨功率。在磨煤机启动过程中，需要较大的扭矩使磨碗加速，因此这时磨碗上是不应有煤炭的，磨碗与辗辊表面之间也应保持一定的间隙，以减小磨煤机的启动扭矩，同时避免此时因磨碗与辗辊两个硬表面间的摩擦而产生磨蚀。该间隙靠位于加载机构下端的砥块和俗称为顶丝的限位螺钉来调节和维持。间隙的大小影响到一定磨料层厚度下的辗磨压力。在相同的磨料层厚度下，这一间隙越大，弹簧的应变越小，辗磨压力也越小。磨煤机的出力会因此减小，石子煤量或者说石子煤中的可燃物含量会因此而增大。另一方面，磨碗衬板的表面总不是完全平整的，间隙越小，在启动过程中与辗辊表面之间也越容易发生强烈的冲击。因此，调整的原则是，启动过程中磨碗与辗辊间不产生强烈的摩擦声的前提下间隙最小。磨煤机运转一段时间后，磨碗衬板和磨辊都会受到磨蚀，此项间隙会由此增大，间隙的调整应及时地在启动过程中进行。到通过调节无法保证此项间隙时，通常都表明磨碗衬板和辗辊都已经严重磨蚀，需要换新。

6. 磨蚀

辗磨最终将使辗辊和磨碗都受到磨蚀，必要时需更换部件。磨碗上的衬板、辗辊上的辊套就是为减少换新的范围而设计的。通常，辗磨部件的使用寿命，除受到自身材质、加载压力的影响之外，还与入磨煤的特性密切相关。一般说来，“纯煤”是不磨蚀的。磨蚀产生于夹杂在入磨煤中的灰分、石英和黄铁矿等具有高硬度和很强磨蚀性的物质。在入磨煤中，清除此类夹杂物是缓解磨蚀的主要措施，中速磨煤机中的石子煤系统在很大程度上就是为此而设置的。石子煤系统即利用了这类物料表观密度大的特性。磨蚀速度与这些物料在煤炭中的分离程度有关，处于分离状态的，其颗粒尺寸一般也大。磨蚀速度取决于被磨料与辗磨件表面的硬度差别。

煤炭的硬度和构成煤炭主要灰分的高岭土硬度均不高，造成辗磨件表面磨蚀的主要是黄铁矿和石英。处于分离状态的石英在煤炭中的多少，可通过煤炭的淘洗作出定性分析。

(三) 磨煤机运行中应注意的几点

(1) 磨煤机出口温度低于定值。出口温度低，煤和煤粉将不能获得充分的干燥，以致吸附在磨煤机内部和煤粉管路中，使煤粉管堵塞，导致磨煤机、煤粉管着火。

(2) 磨煤机出口温度高于定值。出口温度高，会驱使挥发分从煤中逸出，从而增大了燃料着火的潜在可能性，如果磨煤机出口温度高于规定值，控制系统应自动关闭热风截止门。磨煤机出口温度规定值是根据各个不同煤种而定。

(3) 磨煤机通风量低。通风量低、煤粉管中输送速度过低会使煤粉沉积，这种情况会导致煤粉管道堵塞着火。

(4) 磨煤机通风量高。这是一种较差的工况。因为通风量较高会使煤粉管道和磨煤机内部磨损加速，同时可能降低煤粉细度。

(5) 石子煤量过多。这是一种危险工况。因为煤会堵塞石子煤排出口，并在机体内堆积起来，造成磨煤机着火的隐患。

(6) 停磨煤机时冷却不当。停磨煤机时不充分冷却，磨煤机内的温度可能超过煤粉的安全极限温度，从而增加磨煤机或煤管着火的可能性。

(7) 煤粉细度不当。煤粉过细，会使磨煤机出力下降，同时制粉电耗增大；煤粉太粗，会影响煤粉的着火，增加煤粉在炉内的燃尽，从而增大不完全燃烧损失。

二、磨煤机出力的调节

双进双出磨煤机的出力不是靠给煤机的运行速度调节，而是通过进入磨煤机的一次风量调节。无论锅炉的负荷如何变化，磨煤机内的煤位始终保持恒定。这就意味着，只需调节位于一次风系统中的挡板位置，就可以获得磨煤机出口的煤粉流量。锅炉总的负荷要求被分配到每台磨煤机，对每台磨煤机而言，将设定的负荷指令通过函数变换转换为一次风量信号，同实际的一次风量进行比较，其差值通过 PI 控制单元就可调节磨煤机的负荷风挡板开度，使设定到每台磨煤机的负荷同进入磨煤机的一次风流量保持一致。磨煤机运行过程中通常希望磨煤机出力同输入到磨煤机的原煤量保持平衡，因此系统中还引入了输入到磨煤机的总的一次风量同给煤机总的给煤量之间的修正控制，以确保磨煤机内的煤位维持在最佳状态，使风煤比保持恒定。当磨煤机处于加煤或者预热模式工作时，其负荷指令可以通过预设定控制。磨煤机分离器出口的一次风与煤粉之间的质量之比称为磨煤机的风煤比，该量表征了对于该型号的双进双出球形磨煤机在额定转速下携带单位质量的煤粉需要的一次风的总质量。风煤比对于双进双出球形磨煤机来讲是负荷调节中的重要参考数据。磨煤机出厂时，厂家均给出了磨煤机出口风煤比与出力相对应的风煤比曲线。该曲线表明，风煤比的值与磨煤机的出力是一一对应的。也就是说，磨煤机出口风煤比的“恒定”并不是绝对的，它是指在磨煤机的某一出力值时的恒定；出力变化时，风煤比会按曲线发生变化。所以，风煤比曲线可以看做是磨煤机的一条工作特性曲线。有了该曲线，就可以整定磨煤机各出力状态下的总风量值。

磨煤机的总一次风量是指进入磨煤机的负荷风流量与进入混料箱的旁路风流量的总和。由于磨煤机的出力是由负荷风的流量决定的，而在低负荷的工况下仅仅靠负荷风不能提供足够携带煤粉的风速，增加了旁路风后，保证了在任何出力情况下都能保持煤粉管道中有足够的输送煤粉的风速及风量。通常，总一次风量的最低值限定在额定总一次风量的 80%左右，可在 80%～120%额定总一次风量范围内调节。当总一次风量的比例小于 80%时，系统会发出报警。

三、磨煤机给煤量的调节

进入磨煤机的给煤量是靠磨煤机中的煤位来进行控制的，因此在磨煤机上装有脉冲插口，可随时测试与煤位有关的压差 Δp。如果磨煤机的煤位呈下降趋势，磨煤机内的压差 Δp 降低，给煤机的调速器就会收到信号，提高给煤机的运行速度，这即为锅炉增加负荷的情况；而当锅炉负荷下降时，磨煤机内的压差 Δp 增加，给煤机就会减少给煤量。

煤位控制系统内，除压差探测外，还可设有磨煤机噪声分析装置（电耳），根据磨煤机发出的噪声，通过探测声音信号，调节一次风量和给煤机速度来控制煤位。磨煤机的装煤量直接决定磨煤机的出口风煤比和研磨效果。通过电耳或压差测得的煤位信号分别同噪声设定值和 Δp 设定值进行比较，并通过 PI 控制器输出一个给煤机的速度设定值。该设定值通过 PI 控制器同给煤机的实际转速进行比较，并调节给煤机的输煤转速，使磨煤机内的煤位保持在设定值。通过对煤位的调节，磨煤机内的装煤量始终保持在最佳状态，使磨煤机保证良好的研磨效果和恒定的风煤比。

电耳和压差两种煤位的测量方式在磨煤机的料位测量中，可通过切换的方式投入。磨煤机内的原煤很少或者在加煤阶段，只能使用电耳系统；当磨煤机达到一定煤位，磨煤机处于稳定运行阶段时，可切换到压差测量系统。当系统处于电耳测量运行方式时，由于磨煤机出力的大小会影响其噪声量，因此必须引入磨煤机的一次风量修正量的函数曲线，以补偿由于出力的改变对煤位测量带来的误差。当系统处于压差料位测量方式时，考虑吹扫探管时会对正常的测量结果造成扰动或误差而影响给煤机的正常运行，因此必须将吹扫前煤位输出值锁定，待吹扫完毕后再恢复料位测量系统的正常输出。

四、磨煤机分离器出口风/煤粉温度的调节

磨煤机分离器的出口风/煤粉温度应满足在工艺所定的要求，根据原煤品种的不同，通常应控制在一定温度范围内。一旦温度设定值确定后，其出口风/煤粉温度应稳定在设定值。一般情况下，温度的调节是通过调整一次风的冷风和热风的混合比例实现的。当原煤湿度过高时，若热风挡板开度已最大，而磨煤机出口风/煤粉温度还是偏低，则除了增加旁路风量外，还需降低该制粉系统出力，以使磨煤机分离器出口温度保持在正常范围内。

五、一次风压力的调节

制粉系统对一次风的要求除了满足磨煤机出力的流量外，还包括任意出力下一定的一次风压，以保证磨煤机在任何负荷下，一次风压力始终维持在所需范围内，从而保证煤粉的正常输出。一次风压力的调节是通过调节一次风机入口动叶开度来实现的。通常，将设定的一次风压力值同实际的一次风压力值通过PI控制器比较后，最终作用于对一次风机入口动叶，从而实现对一次风系统压力的调节。

六、煤粉细度的调节

在磨煤机的两端，各设有一台旋风分离器。由钢板焊接制成的双锥分离器中，装有挡板调节装置，以控制分离器出口的煤粉细度。

第五节 660MW锅炉制粉系统运行及故障

一、制粉系统运行方式

制粉系统运行时一般不安排隔磨运行。遇特殊情况，违反以下原则规定时，应参照《制粉系统运行方式的助燃油枪使用规定》执行：

（1）当锅炉总煤量在250t/h以上时，采用五磨运行方式。

（2）当锅炉总煤量在250t/h及以下时，采用四磨运行方式。

（3）当锅炉总煤量在180t/h及以下时，采用三磨运行方式。优先考虑制粉系统C、D、E或B、C、D运行。

（4）当锅炉总煤量在320t/h及以上时，采用六磨运行方式。

（5）制粉系统正常运行方式为上五磨（B、C、D、E、F）运行为主，停用时以中四磨（B、C、D、E）为主。

（6）当锅炉总煤量达到上述条件时，机组单元长应主动向值长提出增开或调停制粉系统的申请。值长应根据当班机组负荷曲线等情况对制粉系统运行方式作出合理的安排，只要符合制粉系统启停条件且能运行0.5h以上，必须进行制粉系统启停操作。

（7）备用制粉系统应严格执行定期维护试验的规定，条件具备时应进行切换操作，保证备用制粉系统的煤仓内原煤不长期堆结，防止搭桥、断煤。

（8）锅炉正常运行时，条件具备的情况下，优先投运停用时间较长的制粉系统（不限于一台磨煤机），每台磨煤机连续运行2h后及时切换至制粉系统正常运行方式。

二、制粉系统运行方式的助燃油枪使用规定

（1）锅炉不投油枪的最低稳燃负荷为40%BMCR（280MW），相邻两磨运行。当负荷小于40%BMCR（<280MW）时，应投用运行磨煤机相应层油枪稳燃。

(2) 负荷≥40%BMCR(≥280MW),运行磨煤机台数≥3台,有两磨相邻且间隔一台磨煤机运行方式时,断油全烧煤运行。

(3) 负荷≥40%BMCR(≥280MW),运行磨煤机台数≥3台,有两磨相邻且间隔两台及以上磨煤机运行方式时,应投用运行磨煤机相应层油枪稳燃。

(4) 在将磨煤机运行方式切换成间隔两磨运行前,应试投运行磨煤机相邻层油枪和隔磨层油枪正常,确保可靠备用。

(5) 有四磨,其中两两相邻的磨煤机运行时,应断油全烧煤。有三磨,其中单台磨煤机运行时,投用相应油枪两支稳燃。

(6) 负荷为(30%~40%)BMCR(210~280MW)时:

1) 尽量安排相邻三磨运行,断油全烧煤。

2) 若采用隔磨运行时无相邻磨煤机,则投用相应油枪两支稳燃。

(7) 锅炉正常运行时,运行磨煤机若出现一只角火检失去(开关量)或出现两只角火检强度(模拟量)小于或等于65%,则必须立即投入对应油枪稳燃,并迅速查明原因,进行处理。

(8) 锅炉燃烧工况出现较大异常波动(如炉膛压力大幅波动、锅炉坍灰等)时,应迅速投用相应油枪稳燃。

(9) 锅炉投用油枪稳燃后,及时进行燃烧调整,并根据当时燃烧工况,及时停用油枪。

三、锅炉燃用劣质煤投用助燃油枪的规定

当燃煤发热量低,达到下列条件时,应及时采取相应的措施投用油枪:

(1) 当发热量由高变低,达到3800kcal/kg(1cal=4.1868J,下同),或煤量与负荷的比值由小变大,达到5.2时,应试投1层(4支)油枪正常。

(2) 当发热量为3800~3500kcal/kg或煤量与负荷的比值为5.2~5.7时,视燃烧工况投运1支油枪稳燃。

(3) 当发热量≤3500kcal/kg或煤量与负荷的比值≥5.7时,必须投运1对(2支)油枪稳燃。

(4) 当发热量≤3300kcal/kg或煤量与负荷的比值≥6.0时,必须投运1层(4支)油枪稳燃。

(5) 当燃煤挥发分低,达到下列条件时,应及时采取相应的措施投用油枪:

1) 当收到基挥发分≤16.0%时,应试投1层油枪正常。

2) 当收到基挥发分≤15.0%时,视燃烧工况,投运1支油枪稳燃。

3) 当收到基挥发分≤14.0%时,必须投运1对(2支)油枪稳燃。

4) 当收到基挥发分≤12.0%时,必须投运1层(4支)油枪稳燃。

四、稳燃油枪投运原则

(1) 保证运行最底相邻两层和无相邻磨煤机制粉系统运行安全。试投油枪时也应遵守此原则。

(2) 试投前或投运油枪稳燃后,应及时与油泵房值班员及相邻机组的单元长、值班员取得联系,并尽量控制每支稳燃油枪的油量≤1.0t/h。

(3) 若磨煤机A运行,则投油助燃应以微油点火为优先考虑。

（4）当燃用劣质煤时，值班员应根据情况及时进行燃烧调整。一旦达到需投运油枪稳燃条件时，必须投运稳燃油枪；煤质好转后达停运稳燃油枪条件时，应根据当时的燃烧工况逐支停运稳燃油枪，并随时进行燃烧调整。助燃油应投必投、应停必停，投、停均应有据。

五、助燃油枪停用原则

（1）投用稳燃油枪时，燃煤的发热量及煤量与负荷的比值应根据燃油量及当时的即时值作适当的修正（取燃油的低位发热量为 10 000kcal/kg）。

（2）当发热量由低变高，大于或等于 3800kcal/kg 或煤量与负荷的比值由大变小，小于或等于 5.2 时，视燃烧工况，逐支停运稳燃油枪。

（3）当挥发分≥15.0%时，视燃烧工况，停运 1 支稳燃油枪。

六、其他

（1）单元长应全面了解锅炉燃烧情况，及时督促、分析、判断油枪使用的安全性和合理性。

（2）当班的用油情况应详细交班，内容包括用油原因、当时工况及用油量等。

七、制粉系统的故障处理原则

（1）制粉系统发生故障时，值班员应根据计算机液晶显示屏的显示和设备外部的象征，对运行工况进行全面的分析，并判断设备故障性质和影响范围，采取一切可行的办法，尽快消除故障根源，解除对人身和设备的威胁，维持制粉系统设备的正常运行，防止事故的扩大。只有在制粉系统设备确已不具备运行条件，或继续运行会对人身、设备的安全构成威胁时，方可停止制粉系统设备的运行。

（2）制粉系统发生故障时，值班员应在单元长的领导下，果断地按规程的规定进行处理。当发生相关规程没有列举的故障情况时，值班员应根据计算机 CRT 的显示和设备外部的象征等设备具体情况，对运行工况进行全面分析，并判断设备故障性质和影响范围，采取主动的对策、措施，迅速进行处理。单元长的命令，除对人身、设备有直接危害的外，均应坚决执行。

（3）制粉系统运行时，凡发生运行工况或参数达停用制粉系统运行设备保护条件或动作值而联锁、保护拒动时，应立即手动停止该设备的运行，并进行相应的处理。

（4）机组发生 MFT 时，应检查两台一次风机跳闸、运行密封风机跳闸、所有运行制粉系统跳闸，且磨煤机出口门关闭；发生 RB 动作时，在断油全烧煤的情况下，应维持三台制粉系统设备运行；在油煤混烧的情况下，应维持两台制粉系统设备运行，并维持机组负荷满足于 RB 的需要。运行中一台一次风机跳闸，磨煤机的风量不能满足时，应及时投入油枪，然后再停运一台制粉系统设备。

（5）值班员在故障处理结束后，应将故障发生的时间、现象及采取的措施，详细记录交班。

第四章 锅炉燃烧设备及控制

煤粉锅炉的燃烧设备由燃烧室（炉膛）和燃烧器两部分组成。其中，燃烧器包括作为主燃烧器的煤粉燃烧器，以及作为辅助燃烧器的油燃烧器和点火装置。

第一节 炉 膛

炉膛是燃料燃烧的场所，其四周布满了蒸发受热面（水冷壁），有时也敷设墙式过热器和再热器。因此，炉膛也是热交换的场所。

一、炉膛的作用和要求

炉膛的作用是保证燃料的完全燃烧，合理组织炉内的热交换、布置合适的受热面，以满足锅炉容量的要求，并使烟气到达炉膛出口时被冷却到使其后的对流受热面不结渣和安全工作所允许的温度。

燃烧煤粉时，对炉膛的要求是：

（1）创造良好的着火、稳燃条件，并使燃料在炉内完全燃尽。

（2）炉膛受热面不结渣。

（3）布置足够的蒸发受热面，并不发生传热恶化。

（4）尽可能减少污染物的生成量。

（5）对煤质和负荷复合有较宽的适应性能，以及连续运行的可靠性。

二、炉膛负压

煤粉锅炉通常采用负压燃烧。负压燃烧是指炉内压力比外界大气压力低 2～6mm 水柱。维持正常的炉膛负压，不仅对锅炉经济运行作用很大，而且对运行调节十分有益。

正常的炉膛负压值是依靠调节送风机和引风机的挡板开度实现的，但主要是靠调节引风机的挡板开度来控制的。如果引风机出力不足，或挡板调节失灵，炉内就可能出现正压状态。此时，烟气或火焰向外泄漏，不仅污染工作环境，而且会对设备及人身构成危险。当然，负压太大也是不允许的。

炉膛负压太大的危害有：

（1）炉膛负压太大，说明引风机抽吸力过大。此时，炉内气流明显向上翘，火焰中心上移，炉膛出口烟温升高，引起汽温升高或过热器结渣。同时，气流上翘，还会使火焰行程缩短，导致不完全燃烧。

（2）对于四角燃烧炉，由于气流上翘，使四股气流的相互作用变差，甚至切圆形成不好，煤粉气流相互点燃的作用变弱，燃烧变得不稳定。如果煤质着火性能变差，还可能引起灭火；漏风增大，使烟气体积增加，烟气流速相应升高。这时排烟损失增加；受热面磨损加剧；汽温升高；炉膛温度降低，影响燃烧稳定性；火焰向上运动的速度增大，一部分燃料未来得及完全燃烧就被排出炉外，因而造成不完全损失增大等一系列不良影响。

(3) 炉膛负压急剧升高时，还可能发生炉膛内爆事故。内爆会造成水冷壁损坏或人身事故。内爆产生的原因，一是引风机运行不正常，静压头过高或挡板运行不良；二是因灭火而切断燃料供应时，炉膛负压急剧升高。因此，在切断燃料的同时，应适当关小引风机挡板，以免负压剧增。此外，大型机组应设置炉内压力报警和安全保护装置。

(4) 炉膛负压由极低突变正压，此过程发生的时间极短，只有1～2s，正压值极高。这种情况下，极可能发生炉膛爆炸或“打炮”。对于自动化程度较高的锅炉，炉膛负压超限时，控制系统会自动发出报警或保护动作。但当控制系统处于手动状态时，则必须作出准确、迅速的判断和处理。

炉膛爆炸的原因主要是燃料数量过多，以及空气在炉膛内未能及时着火燃烧，而以极高的速度进行化学反应，当具有足够的着火热源时，在瞬间形成可燃性气体，气体容积急剧增加，炉内压力和温度急剧升高。

需要注意的是，在锅炉点火阶段或燃烧不稳定时，如果炉内积聚了大量的未燃燃料，则此时点火就很有可能造成爆炸。因此，运行人员必须严格、准确地按照运行规程的操作顺序控制燃料和空气的投入，并熟练掌握点火程序并具有快速、准确的判断能力。事实上，在破坏性炉膛爆炸发生之前，总要发生一些先导性事件。例如，燃料的着火性能变差或点火装置的能量不足，以及未及时投入点火装置。由于这些条件的变化，使送入炉内的燃料与空气未能及时转变为不易反应的氧化物或惰性产物，因而积累了大量活性可燃易爆产物。这种积累过程需要持续相当长的时间。

第二节 燃 烧 器

锅炉燃烧过程要组织得好，除从燃烧机理和热力条件方面加以保证，使煤粉气流能迅速着火和稳定燃烧外，还要使煤粉与空气均匀混合，才能使燃烧过程迅速完成，并能以最小的过量空气系数达到完全燃烧。在煤粉锅炉中，这些均与燃烧器的结构、布置及其流体动力特性有关。

一、燃烧器的结构

燃烧器主要由一次风弯头、文丘里管、煤粉浓缩器、燃烧器喷嘴、稳焰环、内二次风装置、外二次风装置（含调风器、执行器）及燃烧器壳体等零部件组成。

二、燃烧器的作用和基本要求

1. 燃烧器的作用

燃烧器是燃煤锅炉燃烧设备的主要部件，其作用是：

(1) 向炉内输送燃料和空气。

(2) 组织燃料和空气及时、充分地混合。

(3) 保证燃料进入炉膛后尽快、稳定地着火，迅速、完全地燃尽。

煤粉燃烧时，为了减少着火所需的热量，迅速加热煤粉，使煤粉尽快达到着火温度，以实现尽快着火，特将煤粉燃烧所需的空气量分为一次风和二次风。一次风的作用是将煤粉送进炉膛，并供给煤粉初始着火阶段中挥发分燃烧所需的氧量；二次风在煤粉气流着火后混入，供给煤中焦炭和残留挥发分燃尽所需的氧量，以保证煤粉完全燃烧。

2. 燃烧器的基本要求

(1) 保证送入炉内的煤粉气流能迅速、稳定地着火燃烧。

(2) 供应合理的二次风，使其与一次风能及时、良好地混合。

(3) 火焰在炉膛的充满程度较好，且不会冲墙贴壁，避免结渣。

(4) 有较好的燃料适应性和负荷调节范围。

(5) 流动阻力较小，污染物生成量小。

(6) 能减少 NO_x 的生成，减少对环境的污染。

三、燃烧器的分类

燃烧器的形式很多，按出口气流的流动特性可以分为直流燃烧器和旋流燃烧器。

(一) 直流燃烧器

直流燃烧器通常由一列矩形喷口组成，煤粉气流和热空气从喷口射出后，形成直流射流。直流燃烧器的一、二次风喷口的布置方式大致有两种类型。

(1) 一、二次风喷口交替布置的直流燃烧器（见图 4-1）。这类燃烧器适用于燃烧容易着火的煤，如烟煤、挥发分较高的贫煤及褐煤。燃烧器的一、二次风喷口通常交替间隔排列，相邻两个喷口的中心间距较小。

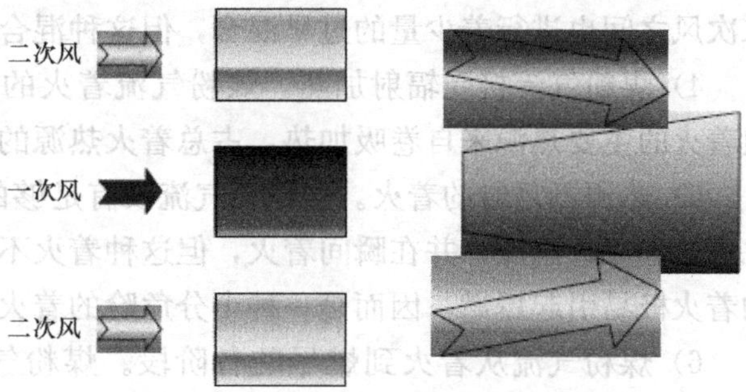

图 4-1 直流燃烧器配风图

因一次风携带的煤粉比较容易着火，故希望在一次风中煤粉着火后及时、迅速地与相邻二次风喷口射出的热空气混合。这样，在火焰根部不会因为缺乏空气而燃烧不完全，或导致燃烧速度降低。因此，沿高度相间排列的二次风喷口的风量分配就接近均匀。

1) 一次风集中布置的特点。使着火区保持较高的煤粉浓度，以减少着火热；燃烧放热比较集中，使着火区保持高温燃烧状态，适用于难燃煤；煤粉气流刚性增强，不易偏斜贴墙，同时卷吸高温烟气的能力加强。

2) 一次风集中布置的问题。着火区煤粉高度集中，可能造成着火区供氧不足，延缓燃烧进程；一次风喷嘴附近为高温区，喷嘴易变形，使喷嘴出口附近气流速度分布不均，容易出现空气、煤粉分层现象。为了消除这种现象，有时将一次风分割成多股小射流，使气流扰动增强，提高着火的稳定性。

一次风喷口附近处于高温，且一次风速较低，喷口易烧坏。为了冷却一次风喷口，可在一次风喷口上加装夹心风或周界风。当然，夹心风或周界风也可增强一次风气流卷吸高温烟气的能力。

(2) 四角布置直流燃烧器。直流燃烧器一般布置在炉膛四角上。煤粉气流在射出喷口时，虽然是直流射流，但当四股气流到达炉膛中心部位时，以切圆形式汇合，形成旋转燃烧火焰，同时在炉膛内形成一个自下而上的旋涡状气流。

1）四角布置直流燃烧器的工作过程。具体工作过程包括煤粉气流卷吸高温烟气而被加热的过程、射流两侧的补气及压力平衡过程、煤粉气流的着火过程、煤粉与二次风空气的混合过程、气流的切圆旋转过程、焦炭的燃尽过程。

上述几个过程虽然有先后顺序或某几个过程同时进行，但各过程之间的相互影响是十显著的。

2）直流射流的“卷吸”。从燃烧器喷口射出的气流仍然保持着高速流动。由于气流的紊流扩散，带动周围的热烟气一道向前流动，这种现象叫做“卷吸”。由于“卷吸”，射流不断扩大，不断向四周扩张。同时，主气流的速度由于衰减而不断减小。正是由于射流的这种“卷吸”作用，将高温烟气的热量源源不断地运输给进入炉内的新煤粉气流，煤粉气流才得到不断加热而升温，当煤粉气流吸收足够的热量并达到着火温度后，便首先从气流的外边缘开始着火，然后火焰迅速向气流深层传播，最终达到稳定着火状态。

3）邻角气流的撞击点燃作用。在切圆燃烧炉中，四股气流具有“自点燃”作用，即煤粉气流向火的一侧受到上游邻角高温火焰的直接撞击而被点燃。这是煤粉气流着火的主要条件。背火的一侧也卷吸炉墙附近的热烟气，但这部分卷吸获得的热量较少；此外，一次风与二次风之间也进行着少量的过早混合，但这种混合对着火的影响不大。

4）煤粉气流接受辐射加热。煤粉气流着火的热源部分来自炉内高温火焰的辐射加热，但着火的主要热源来自卷吸加热，占总着火热源的60%～70%。

5）热源不足时的着火。当煤粉气流没有足够的着火热源时，虽然局部的煤粉通过加热也可达到着火温度，并在瞬间着火，但这种着火不能稳定进行，即着火后还容易灭火。这样的着火极易引起爆燃，因而是一种十分危险的着火工况。

6）煤粉气流从着火到燃尽的各阶段。煤粉气流正常燃烧时，一般在距离喷口0.5～1.0m处开始着火，在离开喷口1～2m的范围内，煤粉中大部分挥发分析出并烧完，此后是焦炭和剩余挥发分的燃烧，需要延续10～20m甚至更长的距离。当燃料到达炉膛出口处时，燃料中98%以上的可燃物可以完全燃尽。

（二）旋流燃烧器

1. 旋流燃烧器的工作原理

旋流燃烧器由圆形喷口组成，燃烧器中装有各种形式的旋流发生器（简称旋流器）。煤粉气流或热空气通过旋流器时会发生旋转，从喷口射出后即形成旋转射流。利用旋转射流，能形成有利于着火的高温烟气回流区，并使气流强烈混合。

射出喷口后在气流中心形成回流区，这个回流区叫做内回流区。内回流区卷吸炉内的高温烟气来加热煤粉气流，当煤粉气流拥有一定热量并达到着火温度后就开始着火，火焰从内回流区的内边缘向外传播。与此同时，在旋转气流的外围也形成回流区，这个回流区叫做外回流区。外回流区也卷吸高温烟气来加热空气和煤粉气流。由于二次风也形成旋转气流，二次风与一次风的混合比较强烈，因此可使燃烧过程连续进行，不断发展，直至燃尽。

2. 旋流燃烧器的类型

按照旋流器的结构，旋流燃烧器可分为蜗壳式、轴向叶片式、切向叶片式三大类，如图

4-2 所示。

3. 旋流燃烧器的布置与供风方式

大容量锅炉布置有几十只旋流式燃烧器，虽然单个的燃烧器形成的火焰可独立燃烧，但各个旋转气流之间仍有相互作用，对燃烧有一定的影响作用。当两个燃烧器旋转方向相反时，烧器之间时切向速度减小，火焰向下。这样就影响火焰中心位置和燃烧效率，进而影响到过热器的汽温特性及汽温调节。大容量锅炉上，旋流式燃烧器通常布置在炉膛的前、后墙上，有的采用大风箱供风，有的采用分隔风箱供风。采用大风箱供风时，风道系统简单，但单个燃烧器的调节性能比较差。

- 旋流燃烧器
  - 蜗壳式
    - 单蜗壳式
    - 双蜗壳式
    - 三蜗壳式
  - 轴向叶轮式
  - 切向叶片式
    - 单调风
    - 双调风

图 4-2 旋流燃烧器的分类

近年来，为了提高锅炉的安全性和经济性，趋向于采用小功率燃烧器。因为单只燃烧器功率过大，会带来以下问题：

(1) 炉膛受热面局部热负荷过高，易于结渣。

(2) 炉膛受热面局部热负荷过高，易引起水冷壁的传热恶化和直流锅炉的水动力多值性。

(3) 切换或启停燃烧器对炉内火焰燃烧的稳定性影响较大。

(4) 切换或启停燃烧器对炉膛出口烟温的影响较大，影响过热器的安全性和汽温调节。

(5) 一、二次风的气流太厚，不利风粉混合。

(6) 燃烧调节不太灵活。

这样，单只燃烧器的功率不能太大，因而燃烧器的数量不能太少。当采用大风箱送风时，不能准确调节各个燃烧器的风煤比，也不利于控制 NO_x。因此趋向于采用分隔风箱配风。即风箱被分隔成很多小风室，每个小风室又有独立的风量调节挡板，给燃烧调节带来灵活、便利的条件。

第三节 新型煤粉燃烧技术

一、两级燃烧和 MACT 燃烧技术

两级燃烧是把燃烧所需要的空气量两段送入炉膛，第一级的空气量大约为 80%，从燃烧器的下部送入；第二级的空气量大约为 20%，从燃烧器的上部送入，两级喷口之间的距离为 1.5～2m。采用两级燃烧方式，主要用于降低 NO_x 的生成量。我国电站中已采用这种技术。

采用两级燃烧法，在燃烧中心区（第一段燃烧区）过量空气系数小于 1，为缺氧燃烧。于燃料不能完全燃烧，火焰温度比较低，因而温度型 NO_x 的生成量减少；同时，由于缺氧，燃料型 NO_x 的生成量也减少。当第二级空气送入后，因炉膛的冷却作用，火焰温度已降低。因此，在第二段燃烧区域中，虽然过量空气系数大于 1，火焰中有剩余氧存在，但因温度低，燃料型和温度型 NO_x 的生成量都大幅度降低。

采用两组级燃烧法，应保证第二级空气与燃尽区火焰的混合良好，否则将造成不完全燃烧；一次燃烧区内由于缺氧，形成还原性气氛，这将使灰熔点降低，不仅容易引起结渣，还会产生腐蚀；由于燃烧分段进行，火焰拉长，如果组织不好，焦炭难以燃尽，还会引起炉膛出口处的受热面结渣。这些问题运行中应引起注意。

日本三菱公司在PM型燃烧器的基础上，进一步发展了炉内三级燃烧的低NO_x燃烧技术（MACT），即在主燃烧器的上二次风OFA喷口上部设置一层附加空气AA，在主燃烧区生成的NO_x到达OFA区时，由于缺氧又被还原成N_2。据资料介绍，MACT燃烧技术可将NO_x控制在（6～15）$\times 10^{-5}$内。

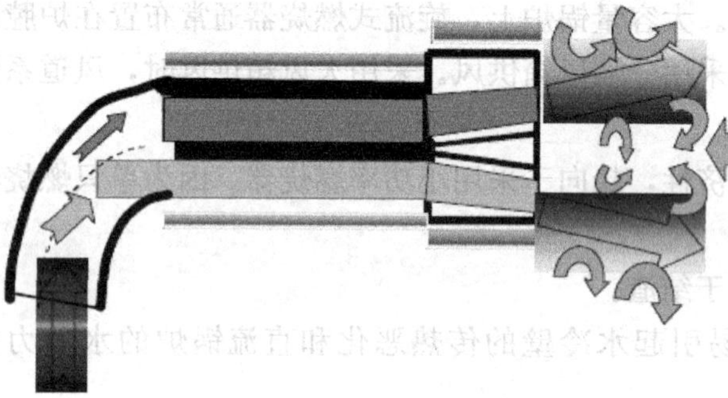

图4-3 宽调节比燃烧器

二、宽调节比燃烧器

宽调节比燃烧器实际上也是一种浓淡型煤粉燃烧器（见图4-3）。这种燃烧器的主要性能是在低负荷下不投油仍然能稳定燃烧，故其对锅炉负荷变化时的燃烧调节范围较宽。

在一次风入口部位连接一个弯头，作为煤粉浓缩器。一次风管内设置一块隔板，把一次风管分为上、下两部分。一次风喷口分为上、下两个可调角度的喷口。当煤粉气流通过弯头时，一次风管隔板上部的通道中形成浓煤粉气流，而在隔板下部的通道中形成淡煤粉气流，这两股煤粉气流径上、下两个喷口射入炉膛。宽调节比燃烧器喷口的结构特点是在喷口出口处装有扩流锥。扩流锥可以增加一次风气流和回流烟气的接触面；三角形扩流锥出口的翻边对增加高温烟气的回流作用很大。试验表明，这种燃烧器可在20%负荷下不投油稳定燃烧。

第四节 锅炉燃烧系统的控制

锅炉制造厂对炉膛安全监控系统（FSSS）的原则要求和最低要求，炉膛安全监控系统的完整功能可以包括但不限于下述内容。本节中推荐的数据、曲线等仅供炉膛安全监控系统设计及电厂初期运行参考，应在相关试验及运行经验的基础上通过不断修改、优化和完善来最终确定。

一、炉膛吹扫

锅炉点火前必须对炉膛进行吹扫。吹扫开始时和吹扫过程中必须满足以下条件，若以下吹扫条件中任意一条失去，则不得开始吹扫，若已在吹扫过程中则认为吹扫失败，吹扫计时中断，排除故障后重新开始吹扫并重新计时。吹扫条件如下：

（1）引起主燃料跳闸的条件不存在（不包括条件“全炉膛火焰丧失”和“临界火焰出现”）。

（2）炉膛安全监控系统电源正常。

（3）至少有一台送风机在运行，且相应送风挡板打开。

(4) 至少有一台引风机在运行，且相应引风挡板打开。

(5) 两台空气预热器都在运行。

(6) 炉膛通风量在（30%～40%）BMCR 风量范围内。

(7) 炉前燃油母管上快关阀和所有油枪前快关阀关闭。

(8) 全部一次风机、给煤机、磨煤机跳闸。

(9) 所有煤粉管道上一次风门全关。

(10) 炉膛中无“火焰存在”信号。

(11) 所有风箱入口二次风门挡板处于可调节状态并在吹扫位置。

以上条件全部满足后发出“吹扫条件准备好”信号，然后可启动“吹扫”手动指令。

炉膛吹扫时间应不小于 5min 或相当于炉膛（包括烟道）换气 5 次的时间，一般取其中较大值。吹扫计时完成后发出“吹扫完成”信号。“吹扫完成”信号发出后可使主燃料跳闸复归，并发出复归信号。

吹扫完成后，应始终维持炉膛通风量在（30%～40%）BMCR 风量范围内，直至锅炉负荷达到相应水平为止。

二、主燃料跳闸（MFT）

主燃料跳闸是指锅炉的安全运行条件得不到满足，需要紧急停炉而发出相应指令快速切断所有通往炉膛的燃料，并引发必要的联锁动作，以保护锅炉炉膛、其他设备和人员的安全。

1. 引起主燃料跳闸的部分条件

引起主燃料跳闸的部分条件如下，只要其中任意一条成立即应立即引起主燃料跳闸：

(1) 全炉膛火焰丧失（指所有燃烧器丧失火焰）。

(2) 炉膛压力过高：达到+3000Pa（不延时）。

(3) 炉膛压力过低：达到－3000Pa（不延时）。

(4) 主给水流量过低。

(5) 全部送风机跳闸。

(6) 全部引风机跳闸。

(7) 全部一次风机跳闸。

(8) 手动紧急停炉指令。

(9) 全部磨煤机或给煤机跳闸，且此时燃油总出力小于 20%BMCR。

(10) 一台磨煤机对应的燃烧器中有 4 只燃烧器丧失火焰，则切停该磨煤机。

(11) 临界火焰出现（指所有投运的燃烧器中有 25%在 9s 内丧失火焰）。

(12) 炉膛总风量小于 30%BMCR 风量。

(13) 炉前燃油母管中油系统燃油压力（调节阀后）过低，达到 0.64MPa（表压力，延时 2s）。

(14) 全部空气预热器停运。

(15) 炉膛安全监控系统（FSSS）电源丧失。

(16) 火检冷却风丧失。

(17) 单元机组汽轮机主汽门关。

2. 主燃料跳闸时引发的部分联锁动作

(1) 关闭所有煤粉管道上的一次风门。

(2) 关闭炉前燃油母管上快关阀和所有油枪前快关阀。

(3) 跳闸全部给煤机、磨煤机。

(4) 跳闸全部一次风机。

(5) 停所有高能点火器打火。

(6) 将风箱入口二次风门挡板置于吹扫位置。

(7) 关闭主汽门。

(8) 送风调节和引风调节切换至“手动”状态。

3. 锅炉主燃料跳闸后的炉膛吹扫

(1) 不是由送风机和引风机跳闸引起锅炉主燃料跳闸时，不能跳闸送风机和引风机。若此时炉膛总风量大于30%BMCR风量，则立即将所有燃烧器风门调至吹扫位置，即全开位置，并将炉膛总风量逐渐调至（30%～40%）BMCR的吹扫风量；若此时炉膛总风量小于30%BMCR风量，则5min后将所有燃烧器风门调至吹扫位置，即全开位置，并将炉膛总风量逐渐调至（30%～40%）BMCR的吹扫风量。炉膛吹扫时间不得少于5min。

(2) 送风机和引风机跳闸引起锅炉主燃料跳闸时，应延时一定时间再缓慢打开跳闸风机的挡板，并保持打开状态不少于15min。锅炉主燃料跳闸1min后将所有燃烧器风门调至全开的吹扫位置。待风机恢复正常后，应按正常的炉膛吹扫程序对炉膛进行吹扫。

三、煤粉燃烧器控制

1. 锅炉燃煤及煤粉点火许可的部分条件

制粉系统投运前至少应满足以下部分条件，否则不得投运：

(1) 制粉系统所需热风温度高于180℃。

(2) 炉膛风量在（30%～40%）BMCR范围内。

(3) 煤粉管道上的一次风门处在关位。

(4) 磨煤机、给煤机等无跳闸条件存在。

(5) 锅炉负荷不小于20%BMCR（推荐值）。

2. 煤粉喷嘴点火

当“煤粉点火许可”条件满足后，可投运煤粉喷嘴。开相应煤粉管道上的一次风门，待一次风压达到要求值（保证管道系统中任何地方的一次风速不低于17m/s）后启动给煤机等设备。若对应的煤粉喷嘴任何一只的火焰检测器未能检测到火焰存在信号，则该层煤粉喷嘴点火失败。此时应立即停运相应的给煤机，关闭热风门，开启冷风门，维持足够的风量，吹扫足够的时间（通过试验确定），至少1min后才能再次投煤粉喷嘴。

3. 燃烧器运行控制

(1) 当锅炉负荷达到（30%～40%）BMCR范围后，应注意使风量与燃料量相匹配。继续升负荷时，应先增风量后增燃料量；降负荷时先减燃料量，后减风量。

(2) 当锅炉负荷处在最低不投油稳燃负荷以下时，应有油枪助燃；当锅炉负荷处在最低不投油稳燃负荷以上时，可逐步停运油枪。

(3) 同层煤粉喷嘴的出力相差不应超过5%；当投运的煤粉喷嘴层数超过一层时，原则上还应使各层煤粉喷嘴的出力一致。

(4) 停某一煤粉喷嘴时，应以一定的风量对该煤粉喷嘴及其管道系统进行吹扫，吹扫风量及时间应通过试验加以确定。

(5) 不同工况、负荷下，锅炉煤粉喷嘴的投运数量应使各运行喷嘴的风速与设计工况尽可能地接近。

(6) 当全炉膛有两层及以上煤粉喷嘴在投运时，不允许一侧有超过另一侧两层及以上的燃烧器运行。

4. 燃烧设备风门挡板的控制

(1) 风门挡板的控制。炉膛吹扫时，由炉膛吹扫发出的信号使二次风门置于吹扫位；实际的吹扫位在现场确定（推荐为100%的开度），原则上是当所有的二次风门、燃尽风门及送风机在吹扫位时锅炉总风量为（30%～40%）BMCR所需风量。当某台磨煤机切除且需投运此磨煤机组对应的油枪时，应将二次风挡板置吹扫位。

当仅燃油时，风箱入口二次风门置于“手动控制”，其开度以保证油枪能稳定着火、高效燃烧为原则。在油枪投运时，应调整风门挡板开度，使投运油枪风量的过量空气系数保持在1.2～1.8的范围内。仅当一层煤粉燃烧器全部投入正常运行后，才能将该层风门挡板置于“自动控制”。

当一台磨煤机对应的一层煤粉燃烧器全部投入运行后，可将该层燃烧器的二次风门置于“自动控制”。此时，该层燃烧器所需的理论二次风量与磨煤机出力、磨煤机出口一次风量及未投运燃烧器的冷却风量有关。

当某层风箱的测风装置测得的实际风量与控制系统的理论风量存在差别时，应自动发出信号调节风门开度，直至实际风量与理论风量一致。

当某层煤粉燃烧器停运且全炉至少还有两层煤粉燃烧器在运行时，可关该层二次风门挡板。锅炉制造厂推荐的风门挡板控制过程见图4-4。具体位置在燃烧调整和运行中根据经验确定。

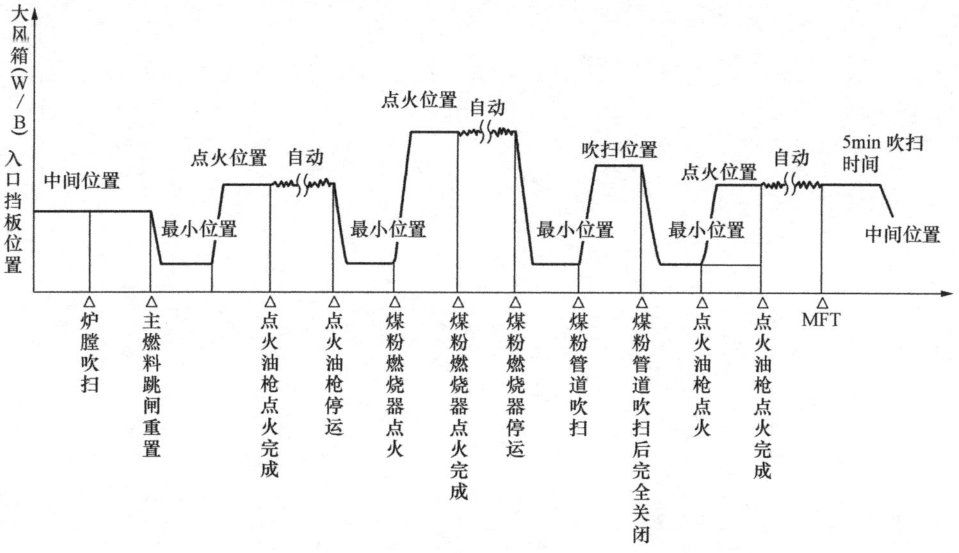

图4-4 锅炉制造厂推荐的风门挡板控制过程

（2）总风量的控制。燃烧设备各层风箱入口均设有风门挡板，每个风箱的风门挡板均可通过各自的执行器进行调节。风室挡板的作用是分配燃烧器各层风箱之间的风量，不能用于调节炉膛总风量。风箱压力变化主要由燃烧器区域、燃尽风区域的过量空气系数决定。燃烧器区域的过量空气系数的变化范围为0.75～0.9。

四、煤粉燃烧器的点火

煤粉燃烧器的点火依靠油枪进行。当锅炉达到点火条件时，可进行煤粉燃烧器的点火。

五、锅炉主燃料跳闸后风门挡板的控制

锅炉主燃料跳闸后，应将大风箱入口风门、燃烧器外二次风风门置于吹扫位置（即全开位置）但：

（1）主燃料跳闸时，若炉膛总风量小于30％BMCR风量，则5min后才允许风门动作。

（2）主燃料跳闸时，若送风机全跳或引风机全跳，则1min后才允许风门动作。

第五章 燃 油 系 统

第一节 燃油系统及设备

一、概述

火力发电厂中配置燃油系统的主要作用是：

(1) 燃煤锅炉在启动阶段采用助燃油进行点火。

(2) 在锅炉低负荷及燃用劣质煤种时用燃油稳定燃烧，改善炉内燃烧工况，防止发生锅炉非正常灭火。

某电厂660MW超超临界改建工程燃油系统包括油库区系统和炉前油系统两部分。其中，油库区包括两个500m^{3}的储油罐，三台燃油泵A、B（流量为45t/h）、C（流量为25t/h），为两台300MW、两台660MW机组公用。炉前油系统包括各油燃烧器油阀、吹扫阀及相应的管道阀门等，主要作用是为油燃烧器提供参数合格的燃油以及安全保证。

二、油燃烧器雾化工作原理

锅炉油燃烧器雾化方式一般可分为机械雾化和介质雾化。机械雾化又有简单压力式雾化和回油式雾化两种，介质雾化则有气泡雾化和Y形喷嘴雾化两类。

1. 简单压力式雾化

如图5-1所示，一个简单压力式雾化油喷嘴主要包括雾化片、旋流片、分流片三部分。具有一定压力的油首先流经分流片上的若干个小孔汇集到一个环形槽中，然后经过旋流片上的切向槽进入中心旋涡室。分流片起均布进入各切向槽油流量的作用，

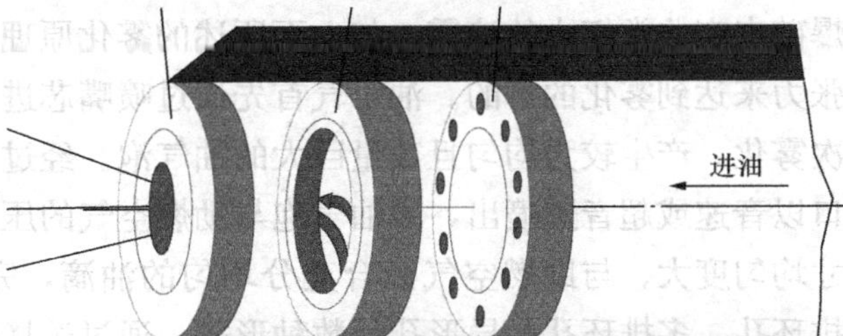

图5-1 简单压力式雾化喷嘴结构示意图

切向槽与涡旋室使油压转变为旋转动量，获得相应的旋转强度。强烈旋转着的油流经雾化片中心孔出口处时，在离心力作用下克服油的表面张力，被撕裂成油雾状液滴，并形成具有一定扩散角的圆锥状雾化炬。在机械雾化喷嘴中，雾化油滴的粒径决定于当时的油黏度、油压，或者说是它能在油喷嘴中所获得的旋转强度。一般来说，油压越高，雾化的质量越佳。

简单压力式喷嘴的优点是供油系统结构简单，运行成本低，雾化后油滴分布均匀，有利于混合和燃烧；缺点是用油压来调节流量的幅度不大，因油压如降得过低将使雾化品质恶

化，增加了不完全燃烧损失。所以，简单压力式喷嘴用油压调节流量一般只能有10%～20%的变化范围。对于较大的油量变动，只能用减少油枪数量和调换小孔径雾化片的办法来调节。同时，在设计小流量燃烧器时，由于出口孔径太小，因此易堵塞、结焦。

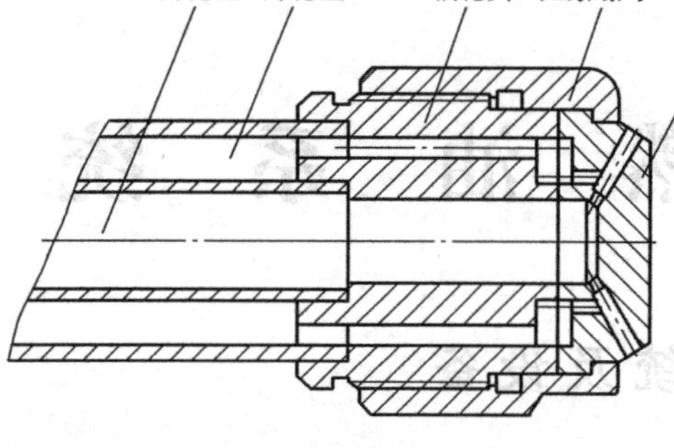

图 5-2　Y形蒸汽雾化喷嘴

2. Y形喷嘴雾化

图5-2所示为Y形蒸汽雾化喷嘴。

Y形蒸汽雾化喷嘴是利用高速蒸汽流的喷射，使油粒破碎和雾化。喷嘴头由油孔、汽孔和混合孔三者相交构成一个Y形排列，故得名Y形喷嘴。Y形蒸汽雾化喷嘴的工作原理是：燃油和蒸汽通过枪体内不同管路进入混合孔相互旋转、剪切、碰撞，形成乳化状态的油、汽混合物，然后由混合孔喷入炉内雾化成油滴。由于喷头上有多个喷油孔，因此很容易和空气混合。

Y形蒸汽雾化喷嘴的优点有：

(1) 出力大，目前单只喷嘴的容量可达10t/h或更高。

(2) 调节比大。最大喷油量与最小喷油量之比成为调节比，其调节比值为7～10，而机械雾化喷嘴只有1/2左右。

(3) 油、汽通过分散细孔道混合，油雾化质量较其他喷嘴好，且雾化角和粒度特性不受负荷变化的影响。

Y形蒸汽雾化喷嘴的缺点：运行管理复杂，点火前雾化蒸汽若疏水不充分，则点火较困难，这样既增加了机组启动成本，又污染了环境；同时，可靠性较差，严重影响了机组运行的经济性和安全性。

3. 气泡雾化

气泡雾化喷嘴技术是用压缩空气气泡作为雾化的动力，利用气泡的产生、运动、变形直到出口爆破来产非常细小的液雾。与上面所述的雾化原理不同，气泡雾化不是通过克服液体的表面张力来达到雾化的目的。油、气首先通过喷嘴芯进行第一次喷射掺混，在混合腔中形成第一次雾化，产生较为均匀且数量巨大的油气泡。经过第一次雾化后的油气混合物由燃烧器的喷口以音速或超音速喷出，薄油气泡与助燃空气的压差作用而破裂，从而形成液滴非常小、尺寸均匀度大、与助燃空气混合充分均匀的油滴，完成第二次雾化。混合腔出口有单孔、单排环孔、多排环孔和异形孔等数种形式。通过选择混合腔出口的形式，可以有效地控制火焰的长度、刚性、形状和喷射扇角。由于燃油在燃烧器中经过两次雾化，因此出口的油雾雾滴极细，特别适合于燃烧。气泡雾化喷嘴（见图5-3）对黏度变化不敏感，其优点有：

(1) 液雾颗粒粒度小。

(2) 雾化效果基本不受燃油黏度大小的影响，黏度使用范围宽（即燃油需具有流动性）。

(3) 燃烧完全，不冒黑烟，燃烧效率达99.5%以上，燃烧产物中污染物低于国家环保总局规定的各项指标。

(4) 火焰长度、火焰锥角、火焰形状及喷油量可按用户要求设计。

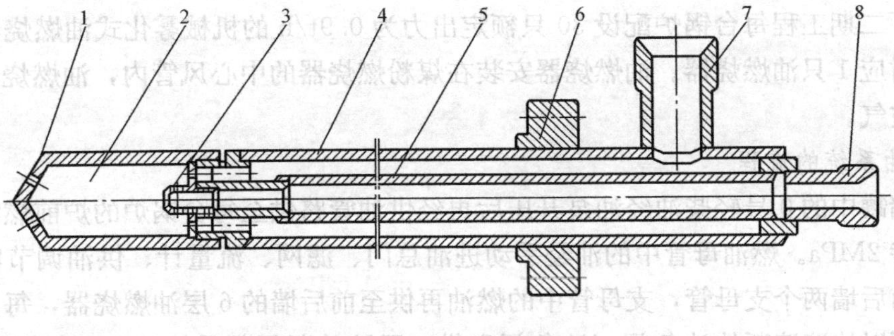

图 5-3 气泡雾化喷嘴

1—喷口；2—混合腔；3—油气喷嘴芯；4—气管；5—油管；6—安装法兰；7—气接嘴；8—油接嘴

(5) 燃烧器不结焦、不堵塞。

(6) 火焰刚性强，喷射速度高。

(7) 雾化效果不受流量大小的影响，流量调节比大，可达 1∶5。

三、高能点火器

高能点火器（点火能量发生器）输入交流工频工作电源，经升压、整流获得高压直流，向储能电容充电，储能电容达到额定电压后，电能即通过放电管、扼流圈、高压屏蔽电缆及耐高压导电杆（点火枪），将电能集中传输在半导体电嘴上，击穿半导体，同时产生高温脉冲电弧火花，引燃燃气、轻油、重油或渣油等。

导电杆（点火枪）及高压电缆将电能转输到半导体电嘴上，工作时能承受数千伏电压及数千安脉动电流。点火枪及电嘴在 1000℃以上的高温中能正常工作。半导体电嘴由耐高温、抗电腐蚀的材料制成，熔点及抗氧化性远远高于普通 1Cr18Ni9Ti，半导体电嘴两极间镶有特制的半导体陶瓷，使电嘴在正负几百伏电压下即可击穿放电，以保证点火可靠性。根据雾化状况改变点火频率大小，可大大延长电嘴及整个装置的使用寿命。

高能点火装置由高能点火器（点火能量发生器）、高压高温电缆、高压导电杆（点火枪）、半导体高能电嘴和电源电缆、伸缩机构等组成，工作电压为 220V AC，输出电压为 2500（1+5%）V DC，火花频率为 7～10 次/s 可调，释放的能量为 20～100J。

油燃烧器和点火装置的启动顺序为：

(1) 油燃烧器和点火棒已进入炉内点火位置。

(2) 在确认位置以后，打开油燃烧器进油快关阀到点火位置，使油进入油燃烧器。

(3) 使激励器通电，产生高压，火花棒上的火花头产生火花。

(4) 在所规定的 15s 周期内，火花头以每秒 4 个火花的频率点燃油气流。

(5) 在 30s 的周期结束后，激励器电路断开，点火棒亦自动退出。

(6) 每个油燃烧器配置火焰检测器，当点火成功时将有信号显示。

(7) 若点火未成功，无信号显示，则油燃烧器与进油快关阀立即自动跳闸，切断供油。此时应立即查明原因，并重复上述程序。

四、燃油系统的基本配置和流程

1. 基本配置

包括燃油流量测量装置、进油调节阀、进油跳闸阀、油泄漏试验阀、油角阀、回油跳闸阀、安全阀、手动阀、管路、滤网、温度及压力测点等。

某电厂二期工程每台锅炉配设30只额定出力为0.9t/h的机械雾化式油燃烧器，每台煤粉燃烧器对应1只油燃烧器。油燃烧器安装在煤粉燃烧器的中心风管内，油燃烧器的驱动介质为压缩空气。

2. 燃油系统的流程

油库储罐中的0号轻柴油经油泵升压后再经供油管路供至每台锅炉的炉前燃油母管，母管压力保持2MPa。燃油母管中的油经手动进油总门、滤网、流量计、供油调节阀、供油跳闸阀进入前后墙两个支母管，支母管中的燃油再供至前后墙的6层油燃烧器，每只油燃烧器入口设有可以快速遮断的油角阀（油角阀和供、回油关断阀都受控于BMS逻辑）。两根供油支母管在最下层燃烧器的下部经手动阀汇入同一根回油母管，再经回油流量计、回油关断阀回流至燃油泵房储油罐。

燃油吹扫系统的流程为：厂用压缩空气经过压力控制站后分两根母管分别供至锅炉的前后墙，每只油燃烧器设有一只电磁吹扫阀，吹扫压缩空气主要用于油燃烧器点火前及退出运行后清扫管路及油燃烧器用。

第二节　燃油系统的运行与维护

一、炉前油系统投入前检查

(1) 炉前消防设备齐全、完好，消防水系统投入。

(2) 燃油调节阀、跳闸阀、油燃烧器进油电磁阀已经校验合格，动作正常。各油燃烧器角阀关闭。

(3) 吹扫空气系统投入，压力正常。

(4) 检查压缩空气至各油燃烧器的控制气源压力正常，各气源阀均已打开。

(5) 检查各个油角阀的位置反馈显示正常。

(6) 确认各个油燃烧器二次风挡板开度正常。

二、炉前燃油系统投入

(1) 确认燃油泵运行正常，炉前燃油压力正常。

(2) 开启炉前进油总管手动门，开启回油电磁阀前后手动门。

(3) 开启进回油流量计前后手动门。

(4) 开启各油层压力调节阀门前后手动门。

(5) 开启至各油燃烧器的进油手动门。

(6) 燃油母管泄漏试验完成后，进行炉膛点火前吹扫5min，开启燃油母管跳闸阀，MFT继电器复位。

(7) 检查各层油压设定值正常，燃油自动调节良好。

(8) 检查各层油燃烧器油压正常，燃油系统无泄漏。

(9) 炉前油系统在锅炉运行时应保持连续运行，以保证随时投入油燃烧器助燃。

三、炉前燃油系统解列

油燃烧器全部停运并经吹扫完毕后，关闭燃油跳闸阀及其前后截门，关闭回油跳闸阀前后截门，关闭各油燃烧器进油手动截门。

四、油燃烧器投运前检查

(1) 检查炉前燃油系统运行正常。

(2) 检查炉前燃油压力正常，压缩空气压力正常。

(3) 火检冷却风压力正常。

(4) 检查燃油温度合适。

(5) 检查燃油泄漏试验合格。

五、油燃烧器投运条件

(1) 允许层点火指示灯亮。

(2) 油燃烧器火检投入正常。

(3) 油燃烧器油角阀关闭。

(4) 燃油温度合适。

六、油燃烧器运行维护

(1) 油燃烧器处于良好的运行或备用状态。

(2) 停运油燃烧器应在完全退出位置，否则应联系检修人员处理。

(3) 检查油燃烧器和炉前油系统无漏油现象。外漏可以通过检查、巡视发现，内漏则可通过油泄漏试验检查。

油泄漏试验的基本操作步骤如下：

1) 将进油跳闸阀、回油跳闸阀、各个油燃烧器的油角电磁阀关闭。将油泄漏试验阀打开，向炉前油系统注油。当注油到炉前油母管压力达到一定值时，关闭油泄漏试验阀，监视油压的下降速度，以定值来确定第一步泄漏试验的成功与否。

2) 在1) 成功的基础上进行。如果1) 不成功，则不允许进行第二步试验。第一步试验成功指令发出后，打开回油关断阀，将炉前油卸掉，关闭进油关断阀，监视进油关断阀后的油母管压力，检查油压的上升速度和上升的最终值，从而确定进油关断阀是否有泄漏的现象。

油泄漏试验的主要目的是检验整个炉前油系统中的燃油管道、进出口跳闸阀和各油燃烧器阀的严密性，以保证油系统的正常运行。

七、油燃烧器停运条件

(1) 油燃烧器进油电磁阀打开10s后无火焰。

(2) 油燃烧器进油电磁阀打开10s后套筒挡板仍小于点火位置。

(3) 油燃烧器进油电磁阀打开指令输出10s后未全开。

(4) 油燃烧器进油电磁阀未关，且油燃烧器未伸出。

(5) 有停运指令。

(6) 存在MFT信号。

(7) 存在OFT信号。

当以上任一条件出现时，将关闭油燃烧器进油油角阀，若15s内油燃烧器进油油角阀未关，则在LCD上显示油燃烧器停运失败信号。

八、油燃烧器吹扫

1. 吹扫闭锁条件

(1) 控制电源故障。

(2) 吹扫指令发出10s后，油燃烧器未全部进到位。

(3) 吹扫方式下，油燃烧器进油油角阀未关到位，油燃烧器未进到位。

(4) 吹扫时，发生OFT或MFT工况。

2. 油燃烧器吹扫的操作步骤

(1) 只要油燃烧器进油油角阀关闭，则触发油燃烧器吹扫请求信号，进行油燃烧器吹扫。

(2) 检查MFT继电器未动作或无MFT条件存在。

(3) 检查油燃烧器进油油角阀关闭。

(4) 输入油燃烧器“停止”命令后，伸出高能点火器，打开吹扫阀，吹扫45s。吹扫阀打开指令20s后，若吹扫阀未到位，则发出吹扫无效失败信号。

(5) 吹扫结束，油燃烧器退出，发出吹扫完成信号。

第三节 燃油系统故障分析和处理

油角阀内漏主要是因为油角阀长期的开关和油角阀的生产工艺不合理，造成正常运行时，在非油燃烧器运行时，因为燃油母管带压，因此造成一部分燃油会渗漏到炉膛中去。这样一方面会造成燃油的浪费；另一方面，从安全的角度考虑，渗漏到炉膛中的燃油会长时间的集聚然后造成爆燃的现象，还有一部分燃油被飞灰携带到尾部烟道中沉积下来，时间一长，还会引起尾部烟道的二次燃烧。

针对上述问题，一般可采取以下预防措施：

(1) 在全粉燃烧的过程中定期监视燃油系统中进回油母管的流量监测装置，并对流量装置进行定期校验，以监测油角阀是否泄漏。

(2) 炉膛和烟道，尤其是尾部烟道要定期进行吹灰，以防止油角阀的泄漏而造成炉膛的爆燃和尾部烟道的二次燃烧。

(3) 炉膛附近的管道、阀门、焊缝的渗漏：主要是因为这些地方的温度较高，当管道、阀门、焊缝出现渗漏时，很容易造成管道、阀门的外包覆层的着火燃烧，甚至造成火灾的扩大，危及其他设备的正常运行。预防方法：油燃烧器投运后正常运行时，要检查和定期检查油燃烧器及管道的外观，看是否有油烟和明火冒出。

介质雾化油枪常见故障与处理见表5-1。

表5-1 介质雾化油枪常见故障与处理

常见故障	产生原因	处理办法
点火困难	燃油供应量不足	开大燃油调节阀
	雾化介质过量	关小雾化介质调节阀
	点火位置不当	重新调整点火位置
火焰断火	燃油压力不稳定	稳定燃油压力
	雾化介质压力不稳定	稳定雾化介质压力
	雾化介质过量	关小雾化介质调节阀
	碰头有异物堵塞	清理喷头

续表

常见故障	产生原因	处理办法
火焰发飘	燃油压力低	增大燃油压力
	雾化介质压力低	增大雾化介质压力
	助燃风小	调大助燃风
火焰根部发红或火焰暗红色	燃油量大	关小燃油调节阀
	助燃风小	调大助燃风
	雾化介质少	增大雾化介质流量
火焰呈白色	燃油量少	增加燃油供应量
	助燃风大	减小助燃风
火焰中有红火星	燃油中有杂质	管路中设置过滤器
漏油	接头密封不严	拧紧软管接头
	枪头密封不严	拧紧压紧螺母
	喷嘴堵塞	清洗枪头

第四节　微油点火煤粉燃烧器系统及设备

一、概述

微油冷炉点火和超低负荷稳燃技术是用少量的油（单只煤粉燃烧器用油量为50～300kg/h），通过专门设计的燃烧器点燃大量的煤粉（16～20t/h），从而达到以煤代油启动锅炉及低负荷稳燃的目的。该技术可以大幅度减少火力发电厂点火启动和助燃用油，降低发电成本，为企业创造巨大的经济、社会效益。

微油冷炉点火技术是使用微油油燃烧器在特殊设计燃烧室内高强度燃烧，产生不低于1800℃的高温油火焰。高温油火焰将通过煤粉燃烧器的一次风粉加热到煤粉的燃烧温度，并将通过煤粉燃烧器的所有煤粉点燃后送入炉膛，达到点火启炉和低负荷稳燃的目的。该技术已在中国、美国、俄罗斯、德国、日本等国家获得专利，并已完成工业性试验和电厂鉴定，现已在潍坊电厂、榆社电厂300MW机组，珲春电厂330MW机组，霍林河电厂150MW机组，鹤壁电厂、龙山电厂600MW超临界机组、望亭电厂660MW超超临界机组等数台锅炉上推广使用，取得了令人满意的效果。

微油点火系统适用于容量为50～1000MW，燃用煤质为褐煤、烟煤、劣质烟煤、贫煤和无烟煤等的锅炉，燃烧方式为直流燃烧器切向燃烧、旋流燃烧器墙式燃烧以及“W”型燃烧的锅炉，制粉系统类型采用中速磨、风扇磨和双进双出钢球磨的直吹式制粉系统，以及采用单进单出钢球磨的中储式制粉系统。

微油点火燃烧器的技术性能指标有：

（1）油燃烧器火焰采用中心、单侧或对冲式布置为煤粉的湍流燃烧提供了有利条件。由于油燃烧器火焰温度高达1800℃，因此，在提高燃烧区温度的同时，也提高了燃料的热化学反应能力，强化了热质的交换过程，因而在点火初期煤粉的燃尽率就高达90%～95%。

（2）所设置的气膜风冷却了煤粉燃烧器的内外壁面，并在煤粉燃烧器内形成了一个完整的气膜保护层，避免了结渣和烧蚀，降低了磨损。

(3) 对风粉浓度无要求，风粉浓度完全根据锅炉升温升压需要进行调节。

(4) 单只油燃烧器容量为50～300kg/h，可点燃烟煤、褐煤、贫煤、无烟煤等，基本满足国内电站各种煤种的需要。根据某电厂锅炉燃烧器的实际情况，确定每台煤粉燃烧器配一台油燃烧器，油燃烧器出力为250kg/h。

(5) 油燃烧器的燃尽率高达99%以上，具备投运电除尘设备的工况条件，具有环保效益。

(6) 系统自身能耗小、结构简单、初期投资低、现场维护工作量小、运行费用低。

(7) 油枪和点火枪不在高温区工作，所以位置固定不变，不需要设推进装置。

微油冷炉点火技术具有下列突出优点：

(1) 新机组试运期间以及冷炉启动节油率（以煤代油）可达90%以上。一般冷态机组启动时总耗油量在5.0t/h左右。

(2) 由于采用多级气膜冷却和全自动控制，长期工业运行实践证明，燃烧室不会发生结渣和烧坏的现象。

(3) 采用油、煤火焰双重检测，并配有煤粉火焰图像监视系统，全自动PLC控制，系统运行非常安全、可靠。

(4) 由于微油燃烧器燃烧时，燃尽率达到99%以上，不会生成高分子链聚合物，因此，在锅炉启动和停炉阶段可投入电除尘，解决了电站锅炉在启停阶段的环保问题。

(5) 微油点火煤粉燃烧器在点火期间作为点火燃烧器使用，正常运行期间作为主燃烧器使用，不产生额外阻力，不影响锅炉正常燃烧及炉内动力场。

二、微油点火煤粉燃烧器的工作原理

如图5-4所示，单只油燃烧器从煤粉燃烧器的单侧插入或两只油燃烧器在煤粉燃烧器上对冲布置。点火时，经过强化燃烧的油火焰（其中心温度高达1800℃）将通过煤粉燃烧器的一次风粉瞬间加热到煤粉的着火温度，一次风粉混合物受到了高温火焰的冲击，挥发分迅速析出同时开始燃烧。挥发分的燃烧放出大量的热，补充了此间消耗的热量，并持续对一次风粉进行加热，将其加热至远高于该煤种的着火温度，从而使煤粉中的碳颗粒开始燃烧，形成高温火炬。由于煤粉在极短的时间内被迅速加热，挥发分析出量将大大高于实际挥发分含量，这样就进一步提高了煤粉的燃烧速度，因而煤粉的燃尽率极高。

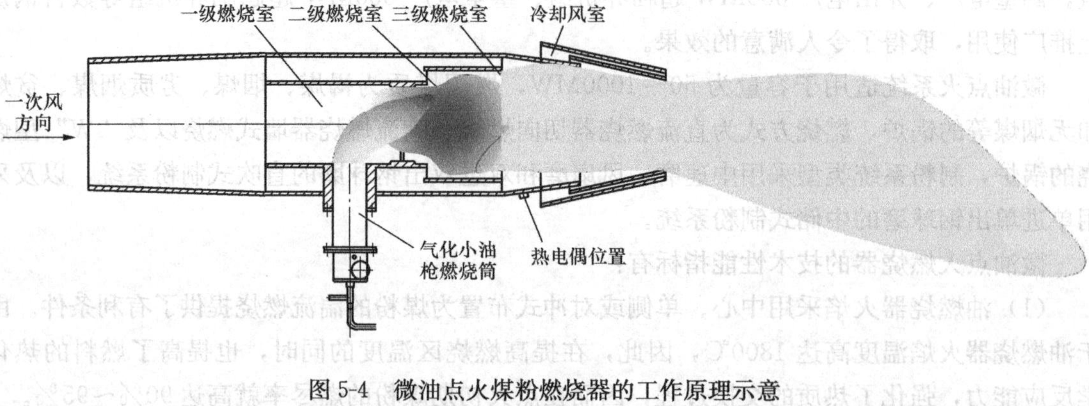

图5-4 微油点火煤粉燃烧器的工作原理示意

微油点火煤粉燃烧器的研究领域涉及一个低压强制配风的油燃烧器，如图5-5所示。该油燃烧器是由航空发动机的高压强制配风油燃烧器发展而来的。通过强制配风使其发出高温

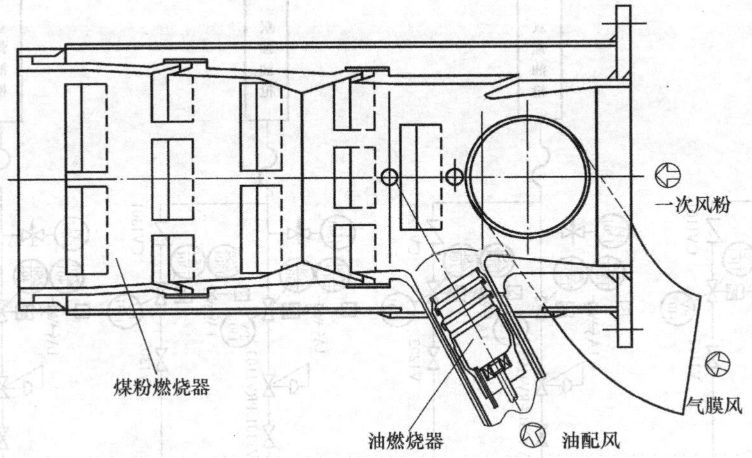

图 5-5 微油点火煤粉燃烧器配风冷却示意图

火焰，火焰表面温度测定为1520℃，中心温度不低于1800℃，油燃尽率高达99%以上。通过多年的研究，单只低压强制配风油燃烧器容量在50～300kg/h间的所有技术难题均已攻克，并建立了数据库。根据不同的煤质确定油燃烧器的容量，在规定的温度指标内，将通过高温火焰的煤粉瞬间引燃，满足煤粉内燃技术的点火要求。

三、微油点火煤粉燃烧器辅助系统

微油点火煤粉燃烧器的辅助系统包括微油燃烧器油系统、油配风系统、煤粉图像火检监测系统、一次风风速测量在线监测系统、燃烧器壁温测量在线监测系统五部分。

1. 微油燃烧器油系统

油系统由手动阀、减压阀、快关阀、油过滤器、油压表、金属软管等组成。从原每只大油枪前的油支管路上手动阀前引出到每个微油（双强）油枪的油管路，并在每条油管路上配置减压阀；从原每只大油枪前的吹扫支管路上手动阀前引出到每个微油（双强）油枪的吹扫管路，如图5-6所示。

2. 微油燃烧器油配风系统

油配风系统由风机、变频器、手动蝶阀、油配风风速测量装置和软连接等组成，其风源采用各自独立的风机供风。充足的风量和稳定的风压是保证油燃烧器正常工作的关键。采用各自独立的风机供风，既能获得充足的风量，更有利于保持风压稳定。

油配风风机采用9-26-4.5A型离心通风机，功率为11kW，转速为2900r/min，风机全压为4661Pa，流量为3963m^3/h。

3. 煤粉火焰图像监测系统

煤粉火焰图像监测系统（见图5-7）是用来监视双强煤粉燃烧器火焰的。在双强煤粉燃烧器侧边观火孔位置各安装一个带CCD摄像机的火检探头，其视频信号送至集控室内九画面分割器，经处理后一路送到视频切换器，再送到全炉膛火焰电视，在点火初期同时监视4个双强燃烧器的火焰并可以随时切换至全炉膛火焰。

火检探头所需的冷却风量（4×2m^3/h），风压—炉膛允许最高正压大于或等于1500Pa，由专设冷却风机供给，也可由锅炉火检风机供给。

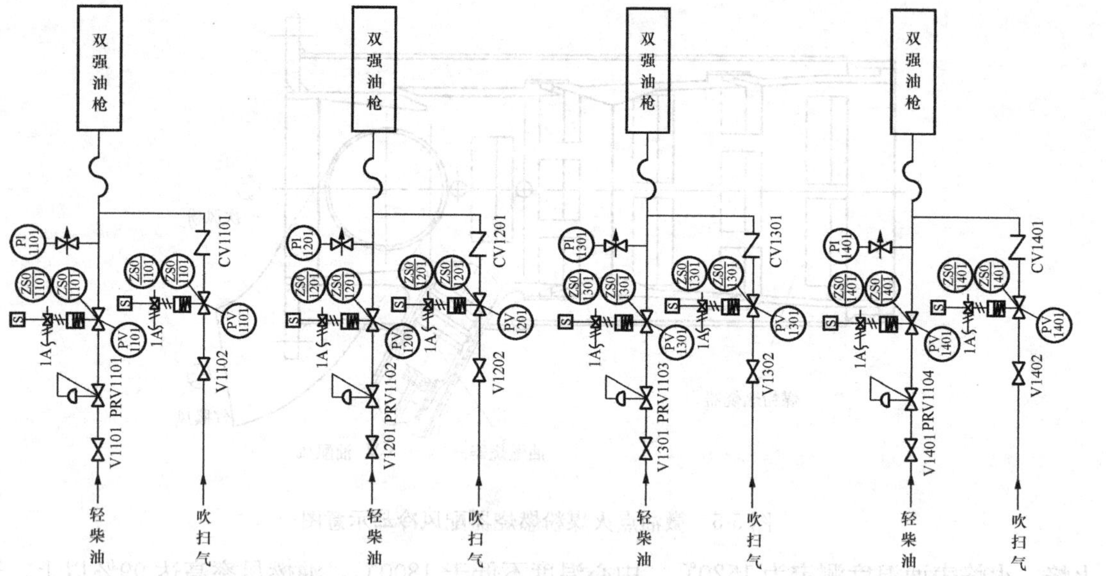

图 5-6 微油燃烧器油系统

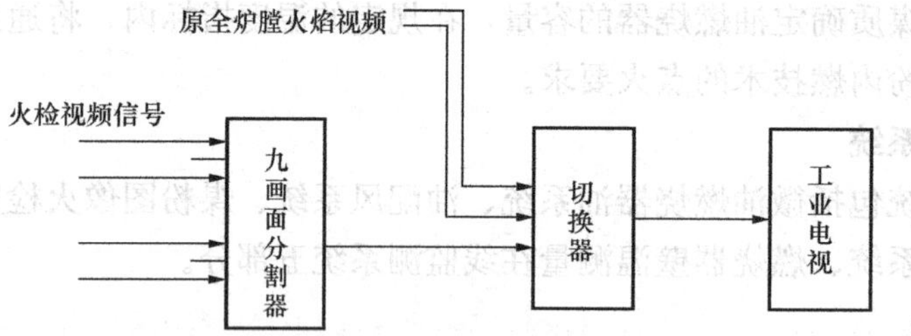

图 5-7 煤粉火焰图像监测系统图

4. 一次风风速测量在线监测系统

为便于双强点火煤粉燃烧器风速的控制，在用于双强点火的 4 根一次风管上各安装一套风速在线监测装置，用于在线监测一次风速，方便运行人员进行燃烧调整。

四、微油枪操作控制方式

1. 启动程序试验

在 DCS 上切换到微油点火模式，打开气膜风管路上电动调节阀到设定开度后，调节双强油燃烧器油配风机频率油配风差压满足（油压等其他点火条件具备）在 DCS 画面上自动启动双强油燃烧器，少油点火油燃烧器运行正常。在 4 套微油点火油燃烧器运行正常后允许投粉，模拟给煤机和磨煤机运行信号。微油点火油燃烧器在油阀打开后，在规定时间内，如果没有建立油火焰，微油点火油燃烧器自动进入停止逻辑。

2. 停止程序试验

在自动控制方式下，微油燃烧器运行过程中，按停止按钮，关闭油角阀；或者系统检测到相应油燃烧器火焰丧失信号，自动关闭对应的油角阀。

3. 启动前冷态调试程序

（1）锅炉设备及系统检修完毕，4 只微油燃烧器工作完成，锅炉本体、风烟系统经过检查，风机具备启动条件。

（2）所有静态试验结束，并良好。

（3）开气膜风门，同时开油配风门。

（4）标定油配风测速元件风量系数，测量油配风风量，确定油配风合理风量。

五、微油煤粉点火系统的投用

1. 点火前的准备工作

为保证点火的顺利进行，点火之前应做好以下准备工作：

(1) 确认对应大油枪油角阀前母管与微油点火系统燃油支管畅通。

(2) 打开微油点火系统燃油各支管路手动截止阀。

(3) 检查各就地点火控制柜电源是否正常。

(4) 检查设备是否完好，工作是否正常。

(5) 检查自立式稳压阀后油压，确认为 1.0～1.2MPa。

(6) 确认油配风主管路手动阀已打开。

(7) 打开吹扫压缩空气支管路手动截止阀。

2. 点火允许条件

(1) 锅炉已进行全炉膛吹扫。

(2) 无 MFT。

(3) DCS 点火允许。

(4) 微油燃烧器未运行。

当满足以上条件时，即可进行微油点火。

3. 启动顺序

(1) 切换到微油点火模式（逻辑来判断）。

(2) 设定油配风机频率，保证油配风速显示为 11～12m/s。

(3) 设定气膜风调节阀的初始开度（30%）。

(4) 控制磨煤机出口一次风速在 18m/s。

(5) 点火操作：任选一个角开始进行点火。

1) 自动点火操作：打开自动点火对话框，点击 ready 按钮，准备点火，然后点 start 按钮，进行自动点火。DCS 自动发出开点火器和开油阀指令，点火器工作指示灯亮，油阀打开。如果油火检有火，油阀开到位 8s 后发出点火成功信号；油阀开到位 15s 未检到火或者发出开油阀指令 15s 后，没有检测到阀门开到位信号，DCS 系统发出点火失败信号，点火失败自动关闭油阀。

2) 单步启动：打开启动点火器和油阀控制对话窗口，启动点火器；发火确认，点火器发火时间为 15s；开油阀，确认油阀开到位。此时火检应检测到有火，发出有火信号，延时 8s 后发出点火成功信号，如果油阀开到位后 15s 没检测到火焰，则 DCS 发出点火失败信号，同时自动发出关闭油角阀指令；发出开油阀 15s，没有检测到油阀开到位，同样发出点火失败信号，自动关闭油阀。

当 A 层四角油火焰建立后，即可根据运行需要随时投粉。

4. 停止顺序

(1) 关燃油角阀，确认油角阀关到位。

(2) 设定油配风管路手阀至 10%左右。

(3) 设定气膜风调节阀的开度（10%）。

如短时间内还要启动该角微油燃烧器，可以保持助燃风（油配风）调节阀开度不变，在画面上手动关闭油角阀。

如果微油点火系统长时间停运，运行人员需要在DCS画面上手动进行吹扫：吹扫时，首先开点火器，然后开吹扫阀，吹扫10～30s，关闭吹扫阀即可。

5. 紧急停止

当出现以下紧急情况时，系统自动关闭微油油角阀：

（1）锅炉一次风机皆跳闸。

（2）MFT。

（3）在微油点火模式下，A磨煤机跳闸。

六、热风加热系统

少油点火技术的应用，首先要解决的是煤粉的来源问题。磨煤机热风来源采用蒸汽换热系统加热。启动时先打开A磨煤机、B磨煤机连通管上的磨煤机3A/暖风器进风门、（磨煤机3B/热隔门、磨煤机3B/热风门），使冷风管路经由蒸汽换热器畅通，然后打开蒸汽换热系统各阀门（注意顺序），从而启动热风加热系统。若想调节热风风量和温度，可改变相应的调节阀。

七、HP1043型磨煤机的微油燃烧器冷炉启动控制程序

（1）锅炉具备整体启动条件，进行炉膛吹扫；吹扫完毕，MFT复位。

（2）A层上下二次风门开度维持在30%左右，调节其他层二次风在10%，锅炉总风量保持在30%～35%。

（3）启动一侧一次风机，建立一次风母管风压在5.0～6.0kPa。

（4）开启磨煤机入口及出口门，调整磨煤机风量为最低启磨风量（80t/h）。

（5）启动热风加热系统。

（6）打开热一次风到微油点火系统气膜风通道各阀门，建立气膜风通道，开气膜风支管调节阀到初始开度；接到点火指令后，点火允许满足的情况下，可选择任一角微油燃烧器，按照微油点火操作程序，执行微油点火操作程序；然后依次点燃其余各角微油燃烧器。

（7）调节油配风机频率，保证油配风速显示为11～12m/s。

（8）点火后，若某角微油燃烧器火检无火，则该角点火失败，由运行人员重新启动微油燃烧器；若再次启动失败，应检查并排除故障。

（9）4个角微油燃烧器均点火成功且着火良好后，一旦温度满足要求，就可以启动给煤机进行给煤。

（10）在A磨煤机启动条件满足时，可以启动磨煤机进行暖磨，使磨煤机入口风温达到190℃，启动对应给煤机，初始给煤量为16～18t/h。

（11）空气预热器在微油点火过程中保持连续吹灰。

（12）在投粉过程中，现场应有专人确认燃烧器出口煤粉着火情况；若着火欠佳，可以通过以下手段调节着火情况：

1）适当减小气膜风量（调节气膜风调节阀开度），在壁温不超过报警值的情况下，尽量降低气膜风速度。

2）提高煤粉浓度（增大给煤量）。

3）在不堵粉的前提下，适当减小一次风速（不低于15m/s）。

4）调节A层上下二次风量；先减小上层二次风量，观察着火情况，再减小下层风量。

5）维持磨煤机出口风温在较高水平。

（13）根据锅炉升温升压的要求，继续增加磨煤机出力。在增加磨煤机出力同时，适当调整磨煤机一次风速，维持不堵粉最低风速。磨煤机出力增加速度为6～10t/h。调整过程中维持风粉比例为1：（0.35～0.6）。

（14）根据炉膛温度情况和负荷需要，投入其他磨煤机，缓慢增加出力，参照机组启动曲线增加负荷。

（15）当负荷加至280MW时，若炉内燃烧状况良好，则首先退出微油点火模式，然后逐角停4只微油燃烧器，并进行油枪吹扫。停微油燃烧器后，由于喷口阻力减小，适当关小A磨煤机入口风门，维持A磨煤机风管风速。

（16）此时锅炉进入正常的不投油稳燃运行状态。

八、微油系统投、停操作注意事项

（1）锅炉启动前应做的微油点火试验项目有：炉膛灭火保护、炉膛燃料丧失MFT、壁温超温、一次风机跳闸联锁。

（2）在微油点火模式下，当油燃烧器有1个出现故障熄火时，DCS系统自动停止A磨煤机。

（3）微油点火模式下，A磨煤机跳闸，DCS系统自动停止所有微油系统油燃烧器和启磨风道燃烧器。

（4）MFT时，DCS系统自动停止所有微油系统油燃烧器和蒸汽换热系统。

（5）锅炉微油燃烧器在连续运行100h后，应清理油燃烧器（油枪及火筒）一次。

（6）一次风携粉风速在18～22m/s时，煤粉浓度最好在0.35～0.6kg/kg之间，此时点火效果最好。

（7）锅炉正常运行后，微油点火的油系统退出运行时，需首先切换为正常模式，然后才能停止微油燃烧器。

（8）锅炉正常运行后，微油点火的油系统退出运行后，应将系统内的所有燃油管路中的手动截止门关闭。

（9）空气预热器在微油点火过程中保持连续吹灰。

（10）锅炉温升速度过快的处理：①在保证燃烧的情况下适当增加一次风速；②增大二次风流量；③适当降低给煤量。

（11）调整送风机、引风机，使锅炉负压维持在－50Pa之内。

第五节 等离子点火燃烧器系统及设备

目前，等离子点火及稳燃技术已成功应用于200多台电站煤粉锅炉，适用煤种为贫煤、劣质烟煤、烟煤和褐煤，适用的机组容量为50、100、125、200、300MW和600MW，适用于切向燃烧直流燃烧器、墙式燃烧旋流燃烧器，其制粉系统为钢球磨中储式、双进双出钢球磨直吹式、中速磨直吹式和风扇磨直吹式。与传统的燃油方式相比，采用等离子点火燃烧器点火和稳燃具有以下优点：

(1) 经济。采用等离子点火时的运行和技术维护费仅是使用重油点火时费用的15%～20%。对于新建电厂，可以节约上千万的初投资和试运行费用。

(2) 环保。由于点火时不燃用油品，电除尘装置可以在点火初期投入，因此减少了点火初期排放大量烟尘对环境的污染；另外，电厂采用单一燃料后，减少了油品的运输和储存环节，也改善了电厂的环境。

(3) 高效。等离子体内含有大量化学活性的粒子，如原子（C、H、O）、原子团（OH、H_2、O_2）、离子（O_2^-、H_2^-、OH^-、O^-、H^+）和电子等，可加速热化学转换，促进燃料完全燃烧。

(4) 简单。电厂可以单一燃料运行，简化了系统，也简化了运行方式。

(5) 安全。取消炉前燃油系统，避免了经常由于燃油系统造成的各种事故。

一、等离子点火原理

如图5-12所示，等离子点火燃烧器是利用直流电流（280～350A）在介质气压0.01～0.03MPa的条件下接触引弧，并在强磁场下获得稳定功率的直流空气等离子体。该等离子体在燃烧器的一次燃烧筒中形成温度高于5000K的梯度极大的局部高温区，煤粉颗粒通过该等离子"火核"受到高温作用，并在3～10s内迅速释放出挥发物，并使煤粉颗粒破裂粉碎，从而迅速燃烧。由于反应是在气相中进行，使混合物组分的粒级发生了变化，因而使煤粉的燃烧速度加快，也有助于加速煤粉的燃烧，这样就大大减小了促使煤粉燃烧所需要的引燃能量。

等离子体内含有大量化学活性的粒子，如原子、原子团、离子和电子等，可加速热化学转换，促进燃料完全燃烧。除此之外，等离子体对于煤粉的作用，可比通常情况下提高20%～80%的挥发分，即等离子体有再造挥发分的效应。这对于点燃低挥发分煤粉强化燃烧有特别的意义。

二、等离子发生器的工作原理及组成设备

（一）工作原理

等离子点火燃烧器是借助等离子发生器的电弧来点燃煤粉的煤粉燃烧器，如图5-8所示。与以往的煤粉燃烧器相比，等离子点火燃烧器在煤粉进入燃烧器的初始阶段就用等离子弧将煤粉点燃，并将火焰在燃烧器内逐级放大，属内燃型燃烧器，可在炉膛内无火焰状态下直接点燃煤粉，从而实现锅炉的无油启动和无油低负荷稳燃。

等离子发生器主要由线圈、阴极和阳极组成。其中，阴极材料采用高电导率的金属材料或非金属材料制成。阳极由高电导率、高热导率及抗氧化的金属材料制成，它们均采用水冷方式，以承受电弧高温冲击。线圈在高温250℃情况下具有抗2000V直流电压击穿的能力；电源采用全波整流，并具有恒流性能。其拉弧原理为：首先设定输出电流，当阴极前进并同阳极接触后，整个系统具有抗短路的能力且电流恒定不变；当阴极缓缓离开阳极时，电弧在线圈磁力的作用下拉出喷管外部。一定压力的空气（压缩空气）在电弧的作用下，被电离为高温等离子体，其能量密度高达105～106W/cm²，为点燃不同的煤种创造了良好的条件。

（二）组成设备

1. 阳极组件

阳极组件由阳极、冷却水道、压缩空气通道及壳体等构成。阳极导电面由具有高导电性

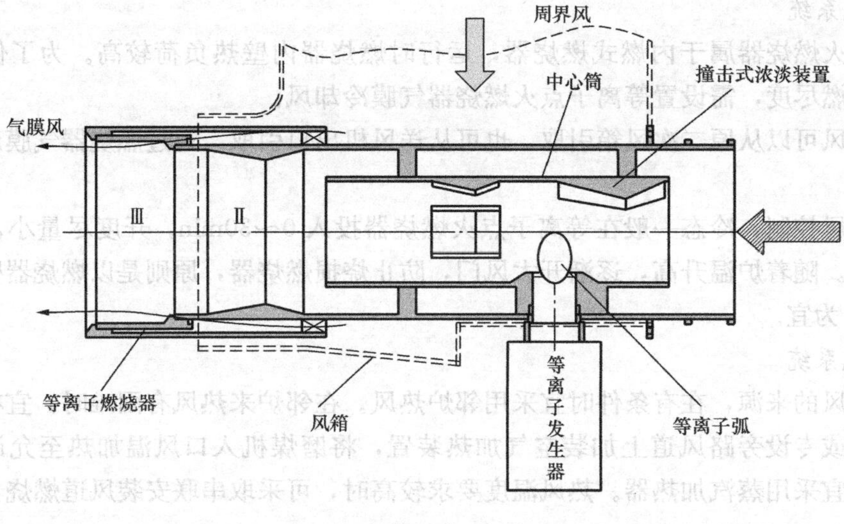

图 5-8　等离子点火燃烧器结构及原理示意

的金属材料铸成，采用水冷的方式冷却，连续工作时间大于 500h。为确保电弧能够尽可能多地拉出阳极以外，在阳极上加装压了弧套。

2. 阴极组件

阴极组件由阴极头、外套管、内套管、驱动机构、进出水口、导电接头等构成，阴极为旋转结构的等离子发生器还需要加装一套旋转驱动机构。阴极头导电面由具有高导电性的金属材料铸成，采用水冷的方式冷却，连续工作时间大于 50h。

3. 线圈组件

线圈组件由导电管绕成的线圈、绝缘材料、进出水接头、导电接头、壳体等构成。导电管内通水冷却，寿命为 5 年。

4. 等离子电气系统

等离子发生器电源系统是用来产生维持等离子电弧稳定的直流电源装置，其基本原理是通过三相全控桥式晶闸管整流电路将三相交流电源变为稳定的直流电源，其由隔离变压器和电源柜两大部分组成。电源柜内主要有由 6 组大功率晶闸管组成的三相全控整流桥、大功率直流调速器、直流电抗器、交流接触器、控制 PLC 等。

5. 等离子空气系统

压缩空气是等离子电弧的介质。等离子电弧形成后，通过线圈形成的强磁场的作用压缩成为压缩电弧，需要压缩空气以一定的流速吹出阳极才能形成可利用的电弧。因此，等离子点火系统需要配备压缩空气系统，而压缩空气必须洁净且压力稳定。

6. 等离子冷却水系统

等离子电弧形成后，弧柱温度一般在 5000～10 000K，因此，对于形成电弧的等离子发生器，其阴极和阳极必须通过水冷的方式来进行冷却，否则很快会被烧毁。通过大量实验总结出，为保证好的冷却效果，需要冷却水以高的流速冲刷阳极和阴极，因此需要保证冷却水不低于 0.3MPa 的压力。另外，冷却水温度不能高于 30℃，否则冷却效果会较差。为减少冷却水对阳极和阴极的腐蚀，要采用电厂的除盐化学水。

7. 气膜风系统

等离子点火燃烧器属于内燃式燃烧器，运行时燃烧器内壁热负荷较高。为了保护燃烧器，同时提高燃尽度，需设置等离子点火燃烧器气膜冷却风。

气膜冷却风可以从原二次风箱引取，也可从送风机出口引取，通过燃烧器气膜风入口引入燃烧器。

气膜冷却风控制，冷态一般在等离子点火燃烧器投入0～30min，开度尽量小，以提高初期燃烧效率。随着炉温升高，逐渐开大风门，防止烧损燃烧器，原则是以燃烧器壁温控制在500～600℃为宜。

8. 一次风系统

制粉用热风的来源，在有条件时宜采用邻炉热风。在邻炉来热风有困难时，宜在磨煤机入口热风道上或专设旁路风道上加装空气加热装置，将磨煤机入口风温加热至允许启磨温度。加热装置宜采用蒸汽加热器。热风温度要求较高时，可采取串联安装风道燃烧器加热等方式。

磨煤机对应的所有煤粉输送管道应设有进行冷态、热态输粉风（一次风）调平衡的阀门，宜加装煤粉分配器等，以尽可能保持各煤粉输送管道内风速一致、煤粉浓度一致、煤粉细度一致。

锅炉冷态启动初期，等离子点火燃烧器的一次风速保持在19～22m/s为宜。热态或低负荷稳燃时，一次风速保持在24～28m/s为宜。

三、燃烧机理

根据有限的点火功率不可能直接点燃无限的煤粉量的问题，等离子点火燃烧器采用了多级燃烧结构。煤粉首先在中心筒内点燃，进入中心筒的粉量根据燃烧器的不同，在500～800kg/h之间。这部分煤粉在中心筒中稳定燃烧，并在中心筒的出口处形成稳定的二级煤粉的点火源，并以次逐级放大，最大可点燃12t/h的粉量。

为了扩大燃烧器对一次风速的适应范围，等离子点火燃烧器的最后一级煤粉可不在燃烧室内燃烧而直接进入炉膛，因为煤粉燃烧后的热量使得空气体积迅速膨胀，受燃烧器内空间的限制，燃烧室内的风速会成倍提高，造成火焰扩散的速度小于煤粉的传播速度而使燃烧不稳，当采取前面所述措施后，有利于减小燃烧室内的风速，使燃烧稳定。实际的运行实践证明：采用最后一级煤粉进入炉膛内燃烧的结构（见图5-9），燃烧的稳定度大大提高，对风速的要求降低了30%，煤粉的燃尽度也大大提高。

煤粉的浓度影响煤粉的着火温度，在点火区适当提高煤粉浓度有利于点火。等离子点火燃烧器内通过采用撞击式浓缩块获得点火区的相对较高浓度。对于现场燃烧器前有弯头的锅炉，因弯头的离心浓淡作用及现场安装位置的限制，有可能会造成中心筒点火区的浓度降低。为了解决这个问题，同时减小改造工作量，可在弯头内加入弯板或扭转板，改变进入点火区的能浓度分布（见图5-9）。

由于等离子点火燃烧器采用内燃方式，燃烧器的壁面要承受高温，因此加入了气膜冷却风（见图5-8），避免了火焰和壁面的直接接触，同时也避免了煤粉的贴壁流动及挂焦。为了减小燃烧器的尺寸，也可采取用一次风直接冷却的办法，但必须在燃烧器壁面上增加壁温测点，以防止燃烧器因超温而被烧蚀。对温度的测量采用K分度铠装热电偶，热电偶的外

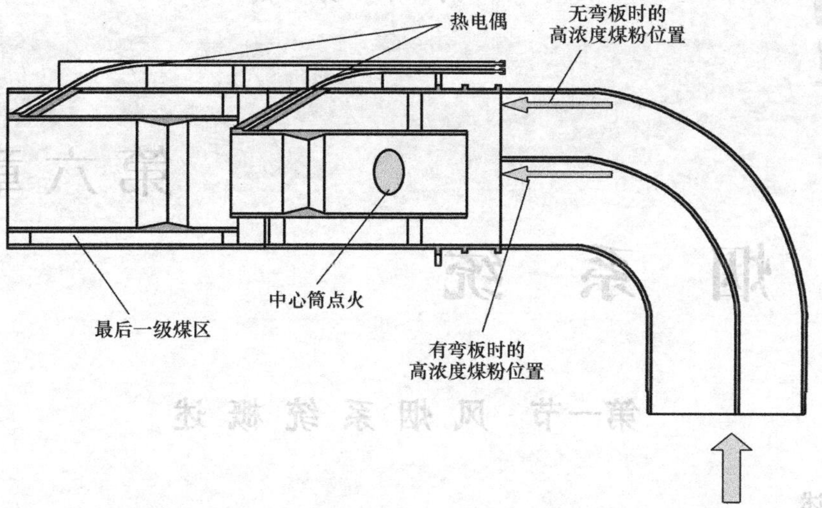

图 5-9 最后一级煤粉进入炉膛内燃烧示意图

径为 3mm，具有很好的挠性，可直接从伸到炉外热电偶导管插入到测点，再用螺母固定到导管上，具有良好的可更换性。热电偶的测温范围为 0～800℃，燃烧器的长期壁温应控制在 600℃以内，如果超温，可采取提高一次风速和降低一次风浓度的手段进行降温。

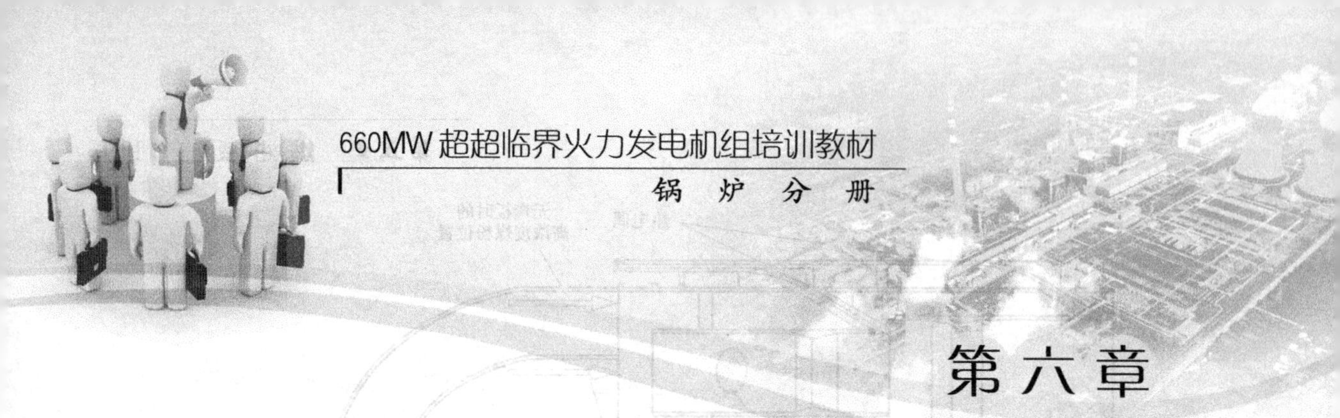

第六章

风 烟 系 统

第一节 风烟系统概述

一、概述

锅炉风烟系统是锅炉重要的辅助系统，其作用是连续不断地给锅炉燃烧提供空气，并按燃烧的要求分配风量，同时使燃烧生成的含尘烟气流经各受热面和烟气净化装置后，最终由烟囱及时地排至大气。

锅炉风烟系统按平衡通风设计，系统的平衡点发生在炉膛中。因此，所有燃烧空气侧的系统部件设计正压运行，烟气侧所有部件设计负压运行。平衡通风方式使炉膛和风道的漏风量不会太大，保证了锅炉较高的经济性，能防止炉内高温烟气外冒，对运行人员的安全和锅炉房的环境均有一定的好处。

二次风系统供给燃烧所需的空气，设有2台设计50%容量（实际为60%容量）的动叶可调轴流式送风机，在风机出口挡板后设有联络风管，以平衡送风机出口风压。在送风机的入口风道上设有热风再循环装置，当环境温度较低时，可以投入热风再循环，以提高进入空气预热器的空气温度，防止空气预热器冷端积灰和腐蚀。

烟气系统是将炉膛中的烟气抽出，经尾部受热面、空气预热器、除尘器、引风机、增压风机及脱硫装置和烟囱排向大气。在除尘器后设有2台50%容量（实际为60%容量）的静叶可调的轴流式引风机。为使除尘器前后的烟气压力平衡，使进入除尘器的烟气分配均匀，在两台除尘器进口烟道处设有联络管。为防止烟气倒流入引风机，在引风机出口处装有严密的烟气挡板。

风烟系统主要由下列设备和装置组成：

（1）两台动叶可调轴流式送风机。

（2）两台动叶可调轴流式一次风机。

（3）两台静叶可调轴流式引风机。

（4）两台三分仓转子回转式空气预热器。

（5）烟气再循环管。

（6）两台四电场静电除尘器。

（7）两台火检冷却风机。

（8）两台密封风机。

（9）一套烟气脱硝装置。

(10) 六组四角布置的燃烧器及二次风箱。

(11) 连接管道、挡板或闸门。

风烟系统其实是两个平行的供风系统，由共同的炉膛、受热面烟道和两台引风机构成。

输送至炉膛的空气，其作用是：

(1) 提供燃料燃烧所需要的二次风，由送风机提供。

(2) 提供输送和干燥煤粉的一次风，由一次风机提供。

(3) 提供火检探测器的冷却风，由火检冷却风机提供，直接取自大气。

(4) 给煤机、磨煤机和磨煤机出口门密封风，由一次风机出口经密封风机升压后提供。

无论是密封风还是冷却空气，最终均进入炉膛，是燃烧所需空气的组成部分。

二、一次风系统

一次风的作用是用来输送和干燥煤粉，并供给燃料燃烧初期所需的空气。

大气经滤网、消声器垂直进入两台轴流式一次风机，经一次风机提压后分成两路：一路进入磨煤机前的冷一次风管；另一路经空气预热器的一次风分仓，加热后进入磨煤机前的热一次风管，热风和冷风在磨煤机前混合。在冷一次风和热一次风管出口处都设有调节挡板和电动挡板来控制冷、热风的风量，保证磨煤机总的风量要求和合适的出口温度。合格的煤粉经煤粉管道由一次风送至炉膛燃烧。

一次风机的流量主要取决于燃烧系统所需的一次风量和空气预热器的漏风量。密封风机风源来自一次风，最终进入磨煤机。一次风的压头主要取决于煤粉流的阻力及风道、空气预热器、挡板、磨煤机的流动阻力，其压头随锅炉需粉量的变化而变化，可以通过调节动叶的大小来改变风量，维持风道一次风的压力，适应不同负荷的变化。

三、二次风系统

为了使燃料在炉内的燃烧正常进行，必须向炉膛内送入燃料燃烧所需要的空气，用送风机克服烟气侧的空气预热器、风道和燃烧器的流动阻力，并提供燃料燃烧所需的氧气。

二次风的流程：电厂环境空气经滤网、消声器与热风再循环汇合后垂直进入两台轴流式送风机，由送风机提压后，经冷二次风道进入两台三分仓空气预热器的二次风分仓中预热，热二次风经热二次风道送至二次风箱和燃烧器进入炉膛。

每台空气预热器对应一组送风机和引风机。两台空气预热器的进出口风道横向交叉连接在总风道上，用来平衡两侧二次风压，在锅炉低负荷期间，可以只投入一组风机（送风机、引风机各一台）运行。

用于锅炉点火和低负荷稳燃的油燃烧器布置在二次风喷嘴内，故没有设计独立的供风通路。

在燃烧器风箱内流向各个喷嘴的通道上设有调节挡板，用于完成各股风量的分配。

四、烟气系统

烟气系统的作用是将燃料生成的烟气经各受热面传热后连续并及时地排至大气，以维持锅炉正常运行。

锅炉烟气系统主要由两台静叶可调轴流式引风机、两台容克式空气预热器和两台电除尘器构成。锅炉采用平衡通风，炉膛保持一定的负压。负压是通过调节引风机静叶的角度，改变风机的流量实现的。

引风机的进口压力与锅炉负荷、烟道通流阻力有关，其进口流量决定于炉内燃烧产物的容积及炉膛出口后所有漏入的空气量。

烟气系统流程：炉膛中的烟气经过尾部受热面、脱硝装置（预留）、空气预热器、静电除尘器、引风机、脱硫装置和烟囱排向大气。在除尘器后设有两台50%容量的静叶可调轴流式引风机。为使单台引风机故障时除尘器不退出运行，在两台除尘器出口烟道上设有联络管和电动隔离门。正常运行时，联络管也起平衡烟气压力的作用；在引风机出口装有严密的挡板风门，作隔离用。

五、火焰检测冷却风系统

火焰检测冷却风系统设两台火焰检测冷却风机，为火焰检测探头提供冷却风。

第二节　送风机和一次风机

一、概述

风机是把机械能转化为空气的势能和动能的设备。在发电厂中，风机担负着连续不断地供给燃料所需要的空气，并把燃烧产生的烟气及飞灰排出炉外的任务，同时还可克服空气流经各个部件和烟气流经各个受热面的流动阻力。

电厂锅炉中应用最广泛的通风方式为平衡通风，即利用送风机正压头克服空气流通过程中的阻力，而用引风机的负压头克服烟气流通过程中的阻力，使炉膛出口为微负压。这样，炉膛和烟道负压不高，漏风较小，锅炉房卫生条件较好。大容量机组的锅炉一般采用平衡通风方式。

随着单机发电容量的增大，为保证机组的安全可靠和经济合理的运行，对风机的结构、性能和运行调节也提出了更高、更新的要求。电站中采用的风机一般有离心式和轴流式两种。离心式风机具有较悠久的发展历史，以及结构简单、运行可靠、效率较高、制造成本较低、噪声小等优点。但随着锅炉电动机容量的增大，离心式风机的容量已经受到叶轮材料强度的限制，不能随着锅炉容量的增加而相应增大，而轴流式风机可以做得很大，且具有结构紧凑、体积小、质量轻、耗电低、低负荷时效率高等优点。送风机和一次风机为典型的轴流式风机。

二、送风机和一次风机的工作原理

流体沿轴向流入叶片通道，当叶轮在电动机的驱动下旋转时，旋转的叶片给绕流流体一个沿轴向的推力（叶片中的流体绕流叶片时，根据流体力学原理，流体对叶片作用有一个升力，同时由作用力和反作用力相等的原理，叶片也作用给流体一个与升力大小相等方向相反的力，即推力），此叶片的推力对流体做功，使流体的能量增加并沿轴向排出。叶片连续旋转即形成轴流式风机的连续工作。

三、风机类型和设计参数

1. 类型

（1）送风机：动叶可调轴流式，型号为ASN-2730/1400。单级动叶可调轴流送风机的结构如图6-1所示。

（2）一次风机：动叶可调轴流式，型号为AST-1875/1250。双级动叶可调轴流一次风机的结构如图6-2所示。

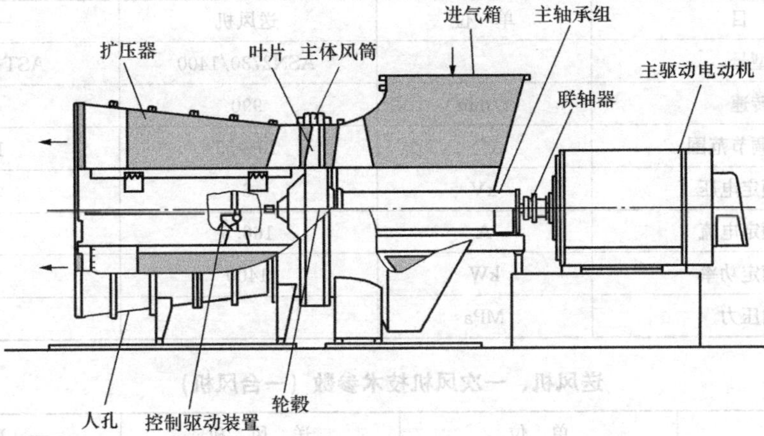

图 6-1 单级动叶可调轴流送风机结构示意图

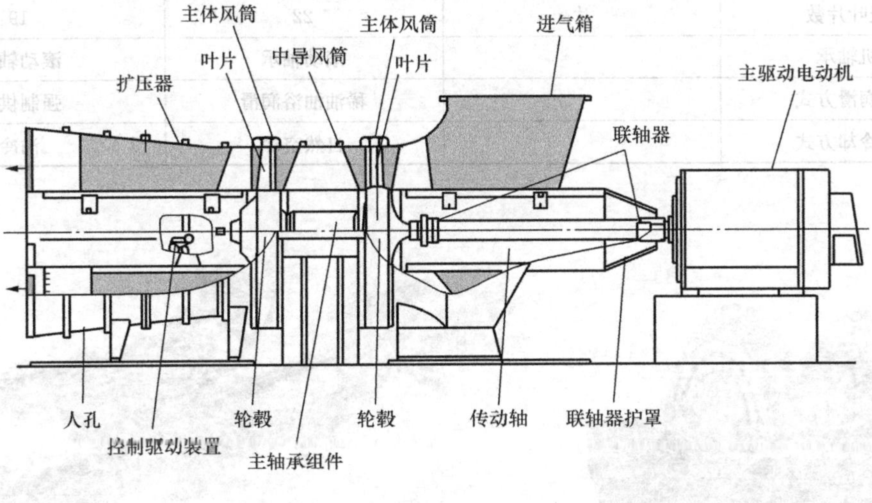

图 6-2 双级动叶可调轴流一次风机结构示意图

2. 设计参数

送风机、一次风机的主要设计参数及技术参数分别见表 6-1 和表 6-2。

四、风机的结构

1. 叶轮

叶轮是轴流式风机的主要部件之一。气流通过旋转的叶轮得到能量，并沿轴做螺旋的轴向流动。风机叶轮由动叶、轮毂、叶柄、叶柄轴承、平衡重等组成，如图 6-3 所示。叶轮为焊接结构，质量小，惯性矩小。叶片和叶柄等组装件的离心力通过推力球轴承传递至承载环上。送风机结构如图 6-4 所示。

2. 中间轴和联轴器

风机的转子通过风机侧的半联轴器、电动机侧的半联轴器和中间轴与电动机相连。

表 6-1 送风机、一次风机主要设计参数

项　目	单　位	送风机	一次风机
风机型号		ASN2730/1400	AST-1875/1250
额定转速	r/min	990	1490
动叶角度调节范围	(°)	10～55	10～55
电动机额定电压	kV	6	6
电动机额定电流	A	166.5	246.3
电动机额定功率	kW	1400	2000
润滑油压力	MPa		1

表 6-2 送风机、一次风机技术参数（一台风机）

项　目	单　位	送　风　机	一　次　风　机
风机型号		ASN2730/1400	AST-1875/1250
叶轮直径	mm	2730	1875
叶轮级数	级	1	2
每级叶片数	片	22	19
风机轴承		滚动轴承	滚动轴承
轴承润滑方式		稀油油浴润滑	强制供油
轴承冷却方式		自然空冷	油冷

图 6-3　一次风机叶轮

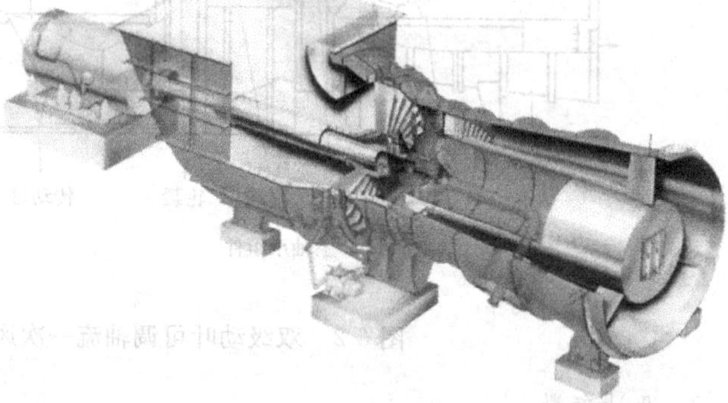

图 6-4　送风机结构

五、液压润滑油站

风机液压润滑油站由油箱、油泵装置、滤油器、冷却器、仪表、管道和阀门等组成，其结构为整体式。工作时，油由齿轮泵从油箱中吸出，一路经单向阀、双筒过滤器送给叶片调节装置，由于其压力较高，故称为压力油；另一路油经压力调节阀、单向阀、冷却器、节流阀、流量继电器等供轴承润滑。

为了确保风机运行可靠，油站中大部分器件均为两套。设两台齿轮油泵，一用一备。正常时，工作油泵运行；遇有意外时，压力开关发信启动备用泵，保证继续供油。油泵的出口

压力由安全阀来调定，一般为1.7MPa。滤油器为双套结构，一只工作，一只备用。当工作滤芯需要清洗或更换时，只要扳动三通阀即可实现；当冷油器发生意外需清洗或调换时，可以切换三通阀来进行旁路。电加热器用于加热油液，使油保持一定的黏度。

六、风机的运行和维护

1. 风机的启动

（1）启动前的检查。检查与风机启动有关的润滑油系统、冷却水系统、液压油系统、一些保护和联锁装置、监测装置投入运行。

（2）风机启动可以采用就地、遥控和程控的方式启动。但是，在风机检修后试转时，一般采用就地近控启动。现场有专人检查风机的转向是否符合要求，检查风机的升速和运转情况，以便在异常工况下及时分析处理；同时监测风机的电流和启动时间，并进行风量的调节。一次风机试转时应确认系统内无积粉，以避免大量的可燃物进入炉膛，防止炉膛爆炸或烟道内可燃物再燃烧。

（3）为保证送风机、一次风机的安全，风机应在最小负载下启动，即风机的动叶角度为0，出口挡板关闭，因为轴流风机的轴功率随着风量的增加而减小。

（4）风机启动后逐渐开启动叶，同时注意避开喘振区。启动正常后，应全面检查风机的运行工况，包括电动机及机械部分的振动、轴承温度、电流、风量风压、电动机绕组和铁芯温度、转动部件有无卡涩和金属摩擦声，以及各附属设备及系统（润滑油系统、冷却水系统等）的运行情况。

2. 风机的停运

（1）风机的停运应考虑风机联锁的动作范围，并应将机组的负荷减小，开启有关的连通风门。

（2）逐渐关闭需停运送风机的动叶，将需停运风机的负荷逐步转移至另一台风机。

（3）关闭送风机出口挡板。

（4）打开二次风联络门。

（5）停止送风机。

（6）根据情况停止风机油系统。

3. 风机正常运行时的注意事项

（1）调节送风机负荷时，两台风机的负荷偏差不应过大，防止风机进入不稳定工况运行。

（2）定期将冷油器切换运行。切换时先对备用冷油器充油放气，结束后开启备用冷油器出油门和冷却水进、出口门，正常后再停运原运行的冷油器。

（3）当油系统滤网差压过大时，及时切换至备用滤网运行，并通知维护人员清理。

（4）发现风机各处油位低时，及时联系加油。

（5）风机正常运行的监视。风机的电流是风机负荷的标志，同时也是一些异常事故的预报。风机的进、出口风压反映了风机的运行工况，还反映了锅炉及所属系统的漏风或受热面的积灰和积渣情况，需要经常分析。运行时，需检查风机及电动机的轴承温度、振动、润滑油流量、情况及各系统和转动部分的声音是否正常等。

4. 轴流式风机的调节

轴流式风机的运行调节方式有动叶调节、节流调节、变速调节三种。

（1）动叶调节。动叶调节是通过改变风机叶片的角度，使风机的曲线发生改变来实现改变风机的运行工作点和调节风量。这种调节的经济性和安全性较好，每一个叶片角度对应一条曲线，且叶片角度的变化几乎和风量呈线性关系。

（2）节流调节。节流调节的经济性很差，所以轴流式风机一般不采用这种调节方式。

（3）变速调节。变速调节是最经济的调节方式，但需要配置电动机变频装置或液力耦合器，且电气谐波问题很突出，综合造价和运行维护费用也较高，故现在运行业绩并不多。

第三节 引 风 机

一、引风机的形式和参数

1. 形式

引风机调节方式采用静叶调节，为轴流式风机。

2. 技术参数

引风机的主要技术参数见表6-3。

表6-3 引风机的主要技术参数

项目	单位	数值	项目	单位	数值
风机型号		AN33e6（V19+4°）	轴承冷却方式		冷却风机强制冷却
风机调节装置型号		静叶可调	风机旋转方向（从电机侧看）		逆时针
叶轮直径	mm	3350	额定功率	kW	4200
叶轮级数	级	1	额定电压	V	6000
每级叶片数	片	19	额定电流	A	481
叶片调节范围	(°)	−75～+30	额定转速	r/min	745
风机轴承		滚动轴承			

二、引风机的结构和技术特点

1. 结构

AN静叶调节引风机是一种子午加速风机，主要由进气室、前导叶、集流器、叶轮、后叶轮和扩压器组成（见图6-5）。工作时，烟气进入风机进气室，经过前导叶的导向在集流器中加速，再通过叶轮的做功产生静压能和动压能；后导叶将烟气的螺旋运动转化为轴向运动进入扩压器，并在扩压器中将烟气的大部分动能转化为静压能。

2. 技术特点

引风机的结构简单，转子质量很小，叶轮的转动惯性也较小，相应降低了电动机的拖动负荷，延长了轴承和电动机的寿命。由于风机独特的结构特点，检修时叶轮无须与轴承座整体吊装。

引风机采用滚动轴承、油渍润滑，冷却风机强制冷却，故无须设置油站、液压系统、冷却水系统及其他附属设施，减少了投资，事故点少，维护量小，运行安全可靠，同时也降低了噪声。

引风机的技术特点有：

（1）风机的叶片为三维扭曲等强度叶片；轮毂为锅底形，迎着气流方向是多圆弧面并沿

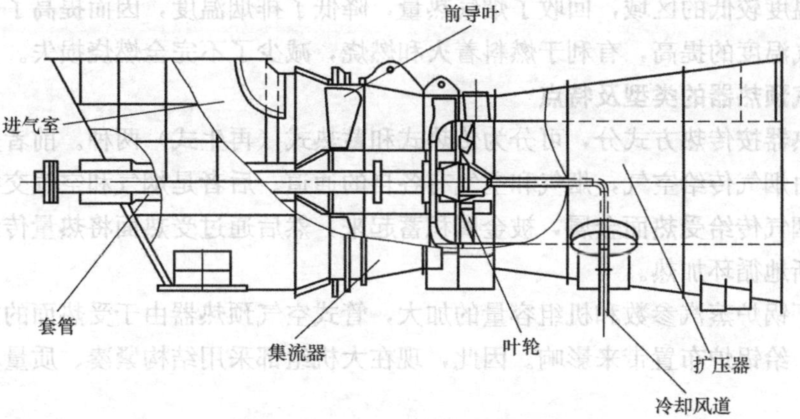

图 6-5 AN 静叶调节引风机的结构

流向收敛，从而使叶轮的气流损失少、效率高、做功能力强，如图 6-6 所示。

(2) 引风机的工作介质是温度较高、粉尘含量高的烟气，所以要求其有良好的耐磨损性。在相同风机的选型下，静调轴流式风机转速比动调轴流式风机低，而叶轮的直径相差不大，因叶轮的耐磨寿命与速度的平方成反比，因此转速低，耐磨性就较好。另外，在结构上采取在轴承上加装套管的方式，可防止烟气对轴承的冲刷。

图 6-6 引风机叶轮外形

(3) 由于前导叶的调节由电动执行器来实现，可以在很短的时间由最小开度到最大开度，同时烟气在前导叶流速低、磨损小，因此维护量降低。

三、引负机的运行和维护

(1) 引风机启动前应确认有一台冷却风机正常运行，前导叶关闭并保持在−75°的位置；进口隔绝门在关闭位置，出口隔绝门在全开位；滚动轴承及其内部空间已充满油脂，油脂无硬化现象，否则需更换。

(2) 运行时需监视主轴承的温度低于 70℃。温度高于 90℃时发出报警，同时联锁启动另一台冷却风机，使其温度降至 70℃以下。

(3) 由于每个月加油脂约 150g，而叶片的寿命在 40 000h 以上，一个轮毂可以更换叶片 3～4 次，而后导叶可在运行状态下更换，没有润滑油站和冷却水系统维护，从而降低了引风机维护的费用。

(4) 引风机的转速低，气流较平稳，噪声小，无油站，无冷却水冷却，避免了跑、冒、滴、漏现象，有利于维护电厂的运行环境。

第四节 空 气 预 热 器

空气预热器是利用锅炉尾部烟气热量来加热燃烧所需要空气的一种热交换装置，由于它工作在烟气温度较低的区域，回收了烟气热量，降低了排烟温度，因而提高了锅炉效率。同时，燃烧空气温度的提高，有利于燃料着火和燃烧，减少了不完全燃烧损失。

一、空气预热器的类型及特点

空气预热器按传热方式分，可分为传热式和蓄热式（再生式）两种。前者是将热量连续通过传热面由烟气传给空气，烟气和空气有各自的通道。后者是烟气和空气交替地通过受热面，热量由烟气传给受热面金属，被金属积蓄起来，然后通过受热面将热量传给空气，依靠这样连续不断地循环加热。

随着电厂锅炉蒸汽参数和机组容量的加大，管式空气预热器由于受热面的加大而使体积和高度增加，给锅炉布置带来影响。因此，现在大机组都采用结构紧凑、质量小的回转式空气预热器。

回转式空气预热器有垂直轴和水平轴两种布置形式。垂直轴布置的空气预热器又可分为受热面转动和风罩转动。通常使用的受热面转动的是容克式回转空气预热器，而风罩转动的是罗特缪勒（Rothemuhle）式回转预热器。这两种预热器均被采用，但采用较多的是受热面转动的回转式空气预热器。

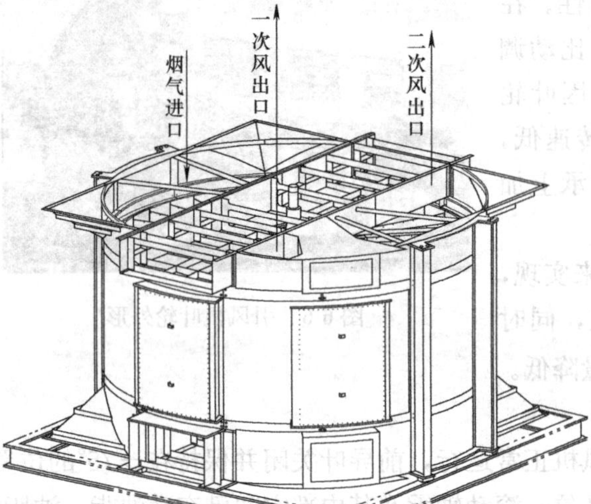

图 6-7 三分仓容克式空气预热器外形

按进风仓的数量分类，容克式空气预热器可分为二分仓和三分仓两种，由圆筒形的转子和固定的圆筒形外壳、烟风道以及传动装置组成。受热面装在可转动的转子上，转子被分成若干扇形仓格，每个仓格装满了由波浪形金属薄板制成的蓄热板。圆筒形外壳的顶部和底部上下对应分隔成烟气流通区、空气流通区和密封区（过渡区）三部分（见图6-7）。烟气流通区与烟道相连，空气流通区与风道相连，密封区中既不流通烟气，又不流通空气，所以烟气和空气不相混合。装有受热面的转子由电动机通过传动装置带动旋转，因此受热面不断地交替通过烟气和空气流通区，从而完成热交换。每转动一周，就完成一次热交换过程。另外，由于烟气的流通量较大，故烟气的流通面积大约占转子总截面的50%，空气流通面积占30%～40%，其余部分为密封区（见图6-8）。

二、回转式空气预热器的结构

回转式空气预热器的结构部件如图6-9所示。

1. 外壳

回转式空气预热器壳体呈圆柱形，由两块主壳体板、一块侧座架体护板、两块转子外壳组件和一块一次风座架组成。

主壳体板分别与下梁及上梁连接，通过主壳体板的四个立柱，将预热器的绝大部分重量传给锅炉构架。主壳体板内侧设有弧形的轴向密封装置，外侧有调节装置对轴向密封装置进

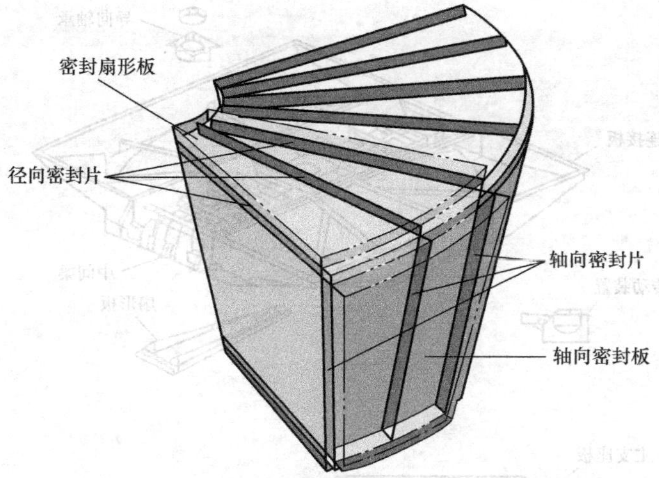

(a)

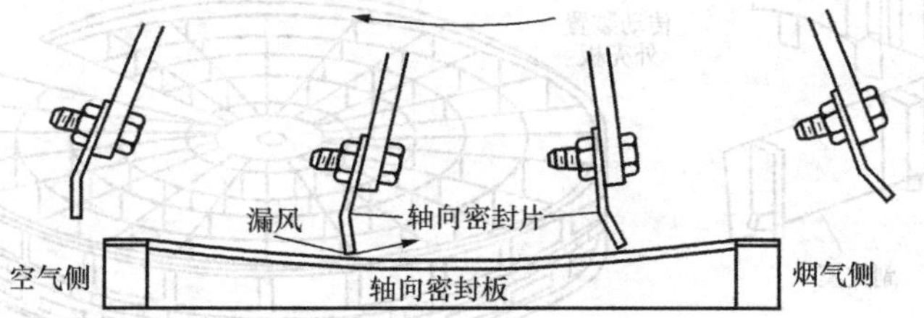

(b)

图 6-8 空气预热器密封区

(a) 密封系统；(b) 密封挡板

行调整。侧座架体护板与上量连接，并有两个立柱承受空气预热器的部分重量。

转子外壳组件沿圆周方向分成两部分。

2. 转子

转子是装载传热元件（波纹板）并可旋转的圆筒形部件。为减轻重量，便于运输及有利于提高制造、安装的工艺质量，采用转子组合式结构，主要由转轴、扇形模块框架及传热元件等组成。

3. 轴承

空气预热器轴承有导向轴承和支撑轴承两种（见图 6-10）。导向轴承采用双列向心滚子球面轴承，导向轴承固定在热端中心桁架上。导向轴承装置可随转子热胀和冷缩而上下滑动，并能带动扇形板内侧上下移动，从而保证扇形板内侧的密封间隙保持恒定。导向轴承结构简单，更换、检修方便，配有润滑油冷却水系统，并有温度传感器接口。空气预热器的支承轴承采用向心球面滚子推力轴承，支承轴承装在冷端中心桁架上，使用可靠，维护简单，更换容易，配有润滑油冷却水系统。支承轴承和导向轴承均采用油浴润滑。

锅炉空气预热器采用的是三分仓容克式回转空气预热器，其传热元件按烟气流动方向可分为热端、中层、和冷端层。传热元件盒均制成较小的组件，检修时热端传热元件盒、中间层传热元件盒、冷端传热元件盒全部抽屉式从侧面检修门孔处抽出，安装、更换十分方便。

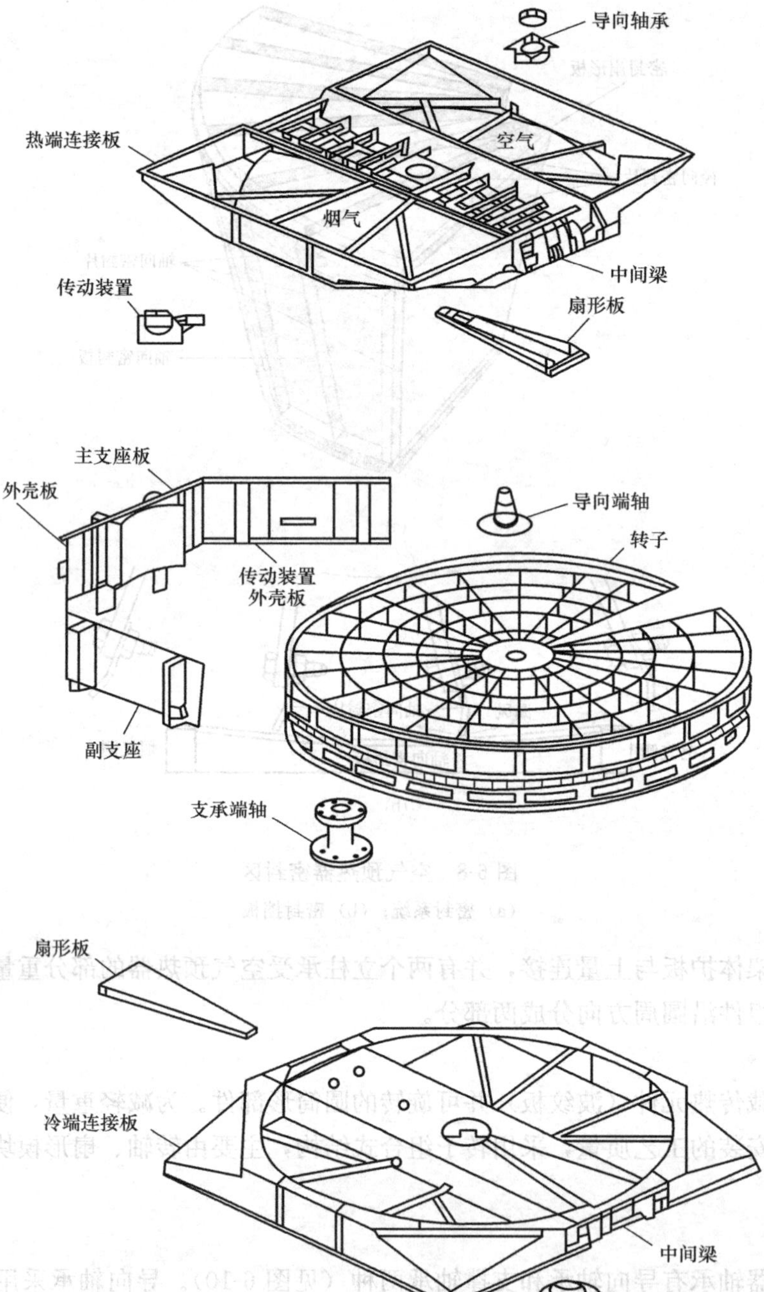

图 6-9 回转式空气预热器的结构部件

传动装置是驱动转子转动的部件，由电动机、液力耦合器、减速器、传动齿轮、传动装置支承。空气预热器的传动采用中心传动。中心传动装置包括主电动机和备用电动机各一台，主电动机通过联轴器及换向器同减速机相连。备用电动机通过联轴器及超越离合器以及换向器同减速机相连。电动机分为高速、低速及检修三挡，其中高速挡为正常工作挡，低速挡在清洗空预器时使用。高速挡时，减速机正常输出轴转速为 1.0r/min；转子正常转速为 1.0r/min；采用变频调速慢速挡转子转速为 0.23r/min。启动系统之前应先确定高、低速挡

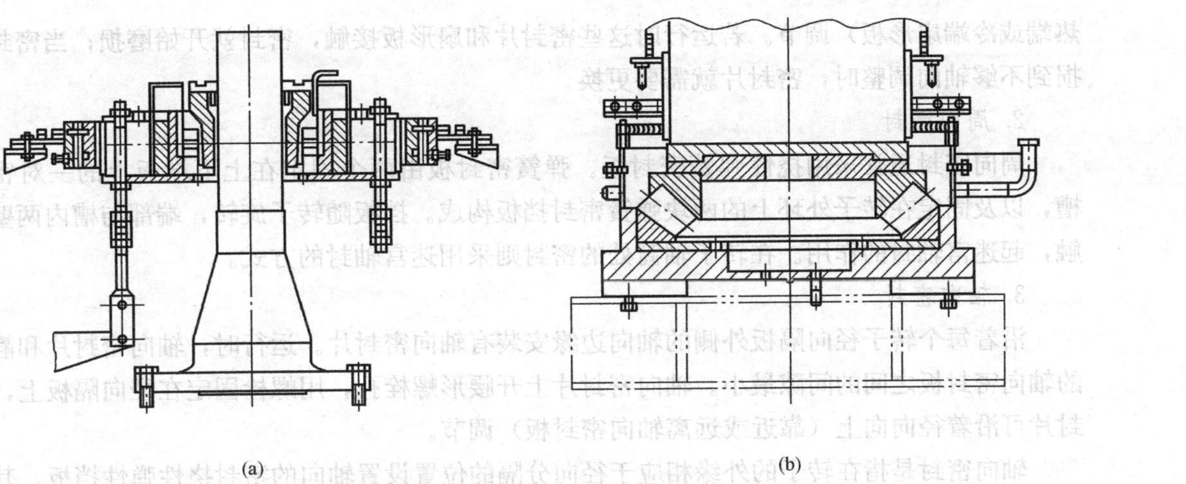

(a)

(b)

图 6-10 空气预热器支持与导向轴承

(a) 导向轴承；(b) 支撑轴承

(速度切换主令开关)，按启动按钮，电动机将慢速启动，约需 60s 系统达到设定频率，电动机达到额定转速。当主电动机出现故障时，系统可以自动启动另一台电动机。

在任何情况下，当主传动故障时，辅助电动机能自动提供驱动力。整个传动装置具有电气联锁、自动切换功能。三个传动系统在减速前各自独立，在减速箱中合为一体。在减速器高速输入轴上装有超速离合器，可保证各系统之间互不干扰。减速器结构较复杂，共有三个相互垂直的轴，一个向下输出的轴，保证任何情况下只有一套系统工作。

660MW 锅炉预热器布置两台三分仓容克式预热器，型号为 31.5-VI（T）-1700-SMR，转子直径为 12 935mm，传热元件总高度为 2000mm，主驱动电动机功率为 11kW。

三、空气预热器的密封

三分仓容克式空气预热器比较突出的问题在于漏风。漏风可分为携带漏风和密封漏风两种方式。前者是由于受热面的转动将留存在受热元件流通截面的空气带入烟气中，或将留存的烟气带入空气中；后者是由于空气预热器动静部分之间的空隙，通过空气和烟气的压差产生漏风。漏风量的增加将使送风机、引风机的电耗增大，增加排烟热损失，降低锅炉效率；如果漏风过大，还会使炉膛的风量不足，影响出力，甚至引起锅炉结渣。为减小漏风，需加装密封装置。

容克式空气预热器是一种空气和烟气逆向流动的回转式的热交换装置。在热交换过程中，有丢失能量的内在趋势，能量的丢失是因为空气和烟气之间的压差引起的空气向烟气的泄漏。密封系统能控制并减少漏风，从而减少能量的流失。

空气预热器的密封主要有径向密封、周向密封、轴向密封三种。

1. 径向密封

在各项漏风中，尤以径向漏风最为严重，原因是转子外缘具有一定的挠度，在工作状态下冷、热端温差呈蘑菇形，从而使转子外缘的漏风间隙增大。因此，沿着每个转子径向隔板的热端和冷端径向边缘安装有径向密封片，运行时径向密封片和扇形板之间的间隙最小。径向密封片上开腰形螺栓孔，用螺栓固定径向隔板上，密封片可沿着轴向方向上（靠近或远离热端或冷端扇形板）调节。若运行时这些密封片和扇形板接触，密封就开始磨损；当密封磨损到不够轴向调整时，密封片就需要更换。

2. 周向密封

周向密封通常采用挠性弹簧密封板。弹簧密封板由两个固定在上下端板上的一对密封槽，以及固定在转子外环上的两块弹簧密封挡板构成。挡板随转子旋转，端部与槽内两壁接触，起迷宫轴封的作用。在转子轴筒处的密封则采用迷宫轴封的方式。

3. 轴向密封

沿着每个转子径向隔板外侧的轴向边缘安装有轴向密封片。运行时，轴向密封片和静止的轴向密封板之间的间隙最小。轴向密封片上开腰形螺栓孔，用螺栓固定在径向隔板上，密封片可沿着径向向上（靠近或远离轴向密封板）调节。

轴向密封是指在转子的外缘相应于径向分隔的位置设置轴向的密封挠性弹性挡板，其作用是抑制已通过周向密封的空气沿着转子与壳体直筒部分间的环形间隙流向烟气侧。

除密封装置的正确设计制造外，空气预热器漏风在很大程度上取决于密封间隙的调整状况。一般制造商也提供了有关间隙的推荐值，由于转子是呈蘑菇状变形的，因此在不同的位置上具有不同的推荐间隙值。

空气预热器的传热元件布置紧凑，气流通道狭小，飞灰易集聚在传热元件中而造成堵塞，同时使气流阻力加大、引风机电耗增加、受热面腐蚀加剧、传热效果降低、排烟温度升高，严重时会使气流通道堵死，影响安全运行。保证空气预热器传热元件的清洁，定期除灰是最有效的手段。此外，利用机组停运时对预热器受热面进行清洗，也是保持其传热元件清洁的有效方式。空气预热器配置有水冲洗装置，该装置也兼有消防功能。

空气预热器启动前，应检查支撑轴承和导向轴承的润滑油是否正常。对于电气部分检修后的启动，应校验电动机转动方向是否符合要求，其他附属设施是否符合启动要求。每台空气预热器的上下轴承设有各自独立的轴承润滑油系统，上下轴承位于油箱中，轴承浸在油中。合适的油温对空气预热器的运行是非常重要的。

四、空气预热器的运行和维护

空气预热器运行监视内容主要有：转子运转情况有无异常振动、噪声；传动装置有无漏油现象，电动机电流是否正常；油泵出力是否正常，油压是否稳定，有无漏油，油温和油位是否正常；空气预热器进出口烟气和空气温度是否在正常范围内，如发现异常，应及时查明原因；烟气侧及空气侧进出口差压反应空气预热器通流部件的清洁情况，必须予以重视。

空气预热器的排烟温度降至一定值时方可停运。停运前，需将电动盘车退出自启动状态，将漏风控制装置回复后停漏风控制装置，然后停用预热器。发生故障需立即停运时，应检查盘车是否自动投入；如未投入，应立即采用手动盘车装置盘动转子，将空气预热器进口烟温降至200℃以下后再停盘车。

空气预热器运行中的问题主要有漏风过大和机械故障两类。前者主要是预热器变形，间隙过大，密封滑块卡涩。后者主要是卡死，减速箱故障，传动围带销、大齿轮磨损及轴承损坏。

空气预热器常见的故障有：

(1) 驱动电动机电流异常升高，可能原因是转子卡涩或导向轴承损坏。

(2) 预热器突然停转，如此时驱动电动机电流正常，电动机仍在转动，说明是减速机故障；如电动机电流趋于最大，说明预热器负荷极大，可能是外来物卡住密封间隙或是导向轴承损坏。

(3) 预热器着火（二次燃烧），可能是由于在锅炉点火及低负荷时油燃烧不良（雾化不好）导致油蒸汽和未燃尽的炭沉积在波纹板上，并在条件满足时产生燃烧。

空气预热器着火时应采取的措施有：

(1) 切断锅炉燃料供应，紧急停炉。

(2) 风机解列，投入消防水灭火，关烟气进口和空气出口挡板，严禁开人孔门。

(3) 维持预热器转动，保证受热面得到消防水冲洗，至二次燃烧彻底熄灭。

五、空气预热器的低温腐蚀

1. 低温腐蚀产生的原因

燃煤在燃烧过程中会生成SO_2和SO_3，当烟气温度低于200℃时，硫化物会与水蒸气结合生成硫酸蒸汽。由于硫酸蒸汽的凝结温度比水蒸气高得多（可能达到140～160℃，甚至更高），因此烟气中只要含有很少量的硫酸蒸汽，烟气露点温度就会明显升高。

当烟气进入低温受热面时，只要温度低于露点温度，水蒸气就会和硫酸蒸汽凝结。水蒸气在受热面上的凝结，会造成金属的氧腐蚀；而硫酸蒸汽在受热面上的凝结，将会使金属产生严重的酸腐蚀。

2. 空气预热器低温腐蚀的危害

强烈的低温腐蚀会造成空气预热器受热面金属的破裂，大量空气漏入烟气中，使得送风燃烧恶化、锅炉效率降低，影响回转式空气预热器传热效率；同时，腐蚀也会加重积灰，使烟风道阻力加大，影响锅炉安全、经济运行。

3. 影响空气预热器低温腐蚀的因素

影响空气预热器低温腐蚀的因素有：

(1) 硫酸蒸汽的凝结量。凝结量越大，腐蚀越严重。

(2) 凝结液中硫酸的浓度。烟气中的水蒸气与硫酸蒸汽遇到低温受热面开始凝结时，硫酸的浓度很大。随烟气的流动，硫酸蒸汽会继续凝结，但此时凝结液中硫酸的浓度却逐渐降低。开始凝结时产生的硫酸对受热面的腐蚀作用很小，而当硫酸浓度为56%时，腐蚀速度最大。随着浓度继续增大，腐蚀速度也逐渐降低。

(3) 受热面的壁温。受热面的低温腐蚀速度与金属壁温具有一定的关系。实践表明：腐蚀最严重的区域有两个，一个发生在壁温在水露点附近，另一个发生在烟气露点以下20～45℃区。在两个严重腐蚀区之间有一个腐蚀较轻的区域。空气预热器低温段较少低于水露点，为防止产生严重的低温腐蚀，必须避开烟气露点以下的第二个严重区域。

4. 空气预热器低温腐蚀的减轻和防止

(1) 燃料脱硫。燃料中的黄铁硫可以在燃料进入制粉系统前利用其重力与煤粉不同而分离出来，但不能完全分离出，而且有机硫很难除去。

(2) 低氧燃烧。在燃烧过程中用降低过量空气系数的方法来减少烟气中的剩余氧气，以使SO_2转化为SO_3的量减少；但是，低氧燃烧必须保证燃烧的安全，否则会降低燃烧效率，影响经济性。另外，减少锅炉漏风也是减少烟气中剩余氧气的措施。

（3）采用降低酸露点和抑制腐蚀的添加剂。将添加剂——粉末状的白云石混入燃料中，或直接吹入炉膛，或吹入过热器后的烟道中，它会与烟气中的 SO_2 和 H_2SO_4 发生作用而生成 $CaSO_4$ 或 $MgSO_4$，从而能降低烟气中的或 H_2SO_4 的分压力，降低酸露点，减轻腐蚀。

（4）提高空气预热器受热面的壁温。这是防止低温腐蚀的最有效的措施，通常可以采用热风再循环或暖风器两种方法。

（5）回转式空气预热器结构的抗腐蚀作用。采用回转式空气预热器本身就是一个减轻腐蚀的措施。在相同的烟温和空气温度下，回转式空气预热器的烟气侧受热面壁温较管式空气预热器高，这对减轻低温腐蚀有好处。同时，回转式空气预热器的传热元件沿高度方向都分为三段，即热段、中间段和冷段，冷段最易受低温腐蚀；从结构上将冷端和不易受腐蚀的热段和中间段分开的目的在于简化传热元件的检修工作，降低维修费用，当冷端的波形板被腐蚀后，只需更换冷端的蓄热板。通常，为了增加冷端蓄热板的抗腐蚀性，常采用耐腐蚀的低合金钢制造，而且较厚，一般为1.2mm。另外，在回转式空气预热器中，烟气和空气交替冲刷受热面。当烟气流过受热面时，若壁面温度低于烟气露点，受热面上将有硫酸凝结，引起低温腐蚀；但当空气流过受热面时，因空气中没有硫酸蒸汽，且空气中水蒸气的分压力低，则凝结在受热面上的硫酸将蒸发。因此，当空气流经受热面时，硫酸的凝结量不增加反而减少，从而腐蚀。

（6）控制炉膛燃烧温度水平，减少 SO_3 的生成量。

（7）定期吹灰。定期吹灰利于清除积灰，又利于防止低温腐蚀。

（8）定期冲洗。如空气预热器冷段积灰，可以用碱性水冲洗受热面清除积灰。冲洗后一般可以恢复至原先的排烟温度，而且腐蚀减轻。

（9）避免和减少尾部受热面漏风。因漏风，受热面温度降低，腐蚀加速。特别是空气预热器漏风，漏风处温度大量下降，导致严重的低温腐蚀。

第七章

超超临界锅炉蒸发受热面的热偏差及传热恶化

第一节 直流锅炉蒸发受热面的热偏差及其防止措施

一、热偏差及其影响因素

并列管组中，因各管子的结构尺寸、内部阻力系数和热负荷各不相同，每根管子中蒸汽的焓增也就不同，这种现象叫做热偏差。

热偏差来源于三个方面：热力不均匀、水力不均匀和受热面大小不同。热偏差在锅炉各受热面中均存在，由于省煤器工质温度低，管内对流换热系数大，使省煤器管壁温度低，即使偏差管壁温度也不高，热偏差对省煤器的安全也不会构成威胁。对于循环锅炉水冷壁而言，工质的温度一直为饱和温度，只要不出现传热恶化，偏差管只是出口工质含汽率变化，管壁温度变化也很小，不会构成安全威胁，所以一般只对过热器、再热器热偏差加以预防。直流锅炉工质在水冷壁中全部蒸发，热偏差会对传热恶化造成很大的影响，且水冷壁出口工质温度已过热，所以水冷壁热偏差对水冷壁管子的安全有很大的影响，不可忽视。超临界压力时，工质不存在恒定的饱和温度，偏差管工质温度差别更高，所以超临界压力直流锅炉的水冷壁热偏差问题需给予充分的重视。

通常，影响热偏差的主要因素有工作压力、管组焓增、管圈布置方式，以及炉膛中热负荷的分布热偏差与工质进口焓。直流锅炉水冷壁中，因蒸汽含量高，在亚临界压力（或超临界压力）及高热负荷的条件下，就容易发生膜态沸腾（或类膜态沸腾），因此必须限制热偏差。为了减少热偏差，设计时各并联管的长度、管径应尽可能相同。燃烧器的配置及燃烧调整要尽量使炉内热负荷分布均匀。但实际上，要做到上述要求是相当困难的甚至是不可能的。为此，还必须采取其他一些措施，才能使热偏差控制在允许的范围内。例如，利用节流圈（阀）来减少无论是水力、热力或者是结构原因引起的热偏差都是有效的。在具体设计和调整试验时，节流度应同时考虑到水动力稳定性、脉动防止和热偏差的减少要求。此外，设计时还可以采取把管屏宽度减小、增加中间混合集箱等方法。但如果中间混合集箱处在汽水混合的区段，还需考虑使汽水分配均匀的措施。

对于蒸发受热面，可不考虑结构不均对热偏差的影响。因此，可认为蒸发受热面的热偏差主要是由于热力不均和水力不均两者的共同作用造成的。

二、660MW 锅炉防止热偏差的措施

锅炉水冷壁系统中，螺旋管圈出口和垂直管圈出口壁温在各工况下，各面墙螺旋管圈出口

最高和最低壁温偏差均较低，为 4～12℃。不同工况下，相同墙面的最高和最低壁温的管排位置基本相同，其中前墙最高壁温点位置为 1 号排，后墙最高壁温点位置为 60 号和 84 号排，左、右侧墙最高壁温点位置分别为 25 号排和 65 号排。试验结果表明，螺旋管圈水冷壁对热负荷变化的适应性强，这主要是由于水冷壁管螺旋结构的形式平衡了各面墙热负荷的偏差。

随着 CCOFA 风投入层数的增加，NO_x 排放降低，飞灰含碳量基本不变，排烟温度与基准温度之差减小，修正煤水比先下降后上升，高温再热器进出口烟温基本不变，分离器出口汽温变化不大，但其偏差在投入一层 CCOFA 风时最大，分隔屏出口汽温增加，高温再热器壁温基本不变，末过壁温偏差下降。

安排 5 层 SOFA 风水平摆角组合，分析不同的 SOFA 风水平摆角对高温再热器进出口烟温及其偏差、分离器出口汽温及其偏差、分隔屏出口汽温及其偏差、高温再热器壁温偏差及高温过热器壁温偏差的影响。

SOFA 风水平摆角由－15 向＋15 方向摆动时，炉膛出口烟气的旋转残余趋于强烈，烟温偏差随之增加，高温再热器入口烟温偏差为最小和最大，两者之差达 55℃。SOFA 风水平摆动具有改变烟气旋转残余、调节烟温偏差的作用。SOFA 风反向偏置最大，但烟温偏差并不一定最低，使炉膛出口烟温偏差为最低的 SOFA 风水平摆角组合必须通过试验得到。SOFA 风水平摆角对高温再热器进出口烟温偏差影响最大；对分离器、分隔屏出口汽温偏差及高温再热器、高温过热器壁温偏差的影响相对小一些。

随着 SOFA 投入层数的增加，总 SOFA 风量几乎成正比例增加；NO_x 排放先增加后降低；飞灰含碳量略有下降，排烟温度与基准温度之差基本不变，修正煤水比有一定程度的下降，高温再热器入口烟温先下降后上升，偏差基本不变；高温再热器出口烟温下降；分隔屏出口汽温及其偏差下降；高温再热器、高温过热器壁温偏差下降。综合考虑上述因素，建议 SOFA 投 3～4 层。通过上述燃烧调整，当再热蒸汽减温水流量为“0”时，两侧再热蒸汽温度偏差小于 10℃。

一次风管风速的调平使得炉内切圆更规整，具体体现在分离器左右两侧的中间点温度偏差更小，以及左右侧尾部氧量更平，从除尘器左右两侧所取飞灰样含碳量偏差更小。

第二节　超超临界锅炉蒸发受热面的传热恶化

一、蒸发受热面的沸腾传热恶化

一般情况下，锅炉沸腾管中管壁对工质的放热系数高达 10^4 W/（m^2 · s）。只要管内工质流动正常，管壁温度仍远低于钢材的极限允许温度。

近几十年来，由于大容量机组的迅速发展，锅炉设计工作压力已提高到超临界压力。锅炉炉膛受热面热负荷也增大很多。实践证明，即使未发生水动力多值性、汽水流量脉动以及过大的热偏差等情况，也会发生沸腾管管壁超温烧损的问题。究其原因，是沸腾管内侧的放热过程在一定条件下发生了沸腾传热恶化现象。此时，工质对管子的冷却能力急剧减弱，致使管壁温度升高到不被允许的数值。此问题无论是在汽包锅炉还是在直流锅炉中都可能发生。但是，由于直流锅炉的工作压力高、循环倍率低，沸腾传热恶化问题就更为突出。在直流锅炉蒸发受热面中，工质状态经过泡状、环状和雾状流动而到单相蒸汽，而工质含汽率由

0 到 1.0 逐渐上升。

直流锅炉蒸发受热面的沸腾传热恶化现象主要与工质的质量流速、工作压力、含汽率和管外热负荷等因素有关，并常以临界含汽率作为判断沸腾传热恶化现象出现的界限。随工作压力的升高，饱和温度升高，饱和水的表面张力减小，受热面管子内壁上的水膜容易被撕破，导致壁温升高。热负荷增大则汽化核心增多，容易形成沸腾传热恶化的蒸汽膜。而工质质量流速的影响具有两重性：当流速减小时，一方面水膜扰动减弱，水膜的稳定性增强；另一方面传热能力下降，管壁温度升高。

对于超临界压力直流锅炉，不存在水的沸腾现象，但在工质的高比热容区，可认为发生了两个单相的相变。在正常工况下，超临界压力锅炉的水冷壁壁温随工质温度的上升而均匀上升，即管壁与工质之间的温度差基本保持在某一常数值。

然而，近几十年来锅炉的运行和实验研究表明，超临界压力锅炉的水冷壁在一定条件下也会发生传热恶化现象，导致爆管事故发生。

二、沸腾传热恶化的防止措施

沸腾传热恶化的防止措施一般有两种方法：①彻底防止沸腾传热恶化的发生；②允许沸腾传热恶化发生，但把其发生位置推移到热负荷较低的地方，使管壁温度不至于超限。在直流锅炉中，蒸发受热面内必然会出现蒸干现象。因此，问题的关键是如何降低沸腾传热恶化时受热面的管壁温度。

目前所采取的防止沸腾传热恶化的措施如下：

(1) 保证一定的质量流速。

(2) 提高沸腾管中工质的质量流速。该措施是改善传热工况，降低沸腾传热时出现壁温峰值的有效措施，此外还可以提高临界含汽率，使传热恶化的位置向低热负荷区移动或移出水冷壁工作范围而使传热恶化现象消失。

应该注意的是，提高质量流速固然可以使管壁温度工况得到改善，但过高的质量流速势必增加锅炉中工质的流动阻力和给水泵功率的消耗，因此，质量流速也不宜过高。

(3) 采用内螺纹管。直流锅炉蒸发受热面上容易出现传热恶化区域的管子采用内螺纹管，以降低管壁温度。由于内螺纹管增加了管内流体的扰动，传热恶化现象大大推迟。如果推迟到沸腾区出口，由于该处的热负荷也相对降低，管内汽水混合物的流速又较高，因而管壁温度已不致因传热恶化而升高。

采用内螺纹管来推迟传热恶化、降低管壁温度是有效的，其主要缺点是管子的加工工艺复杂，管内工质的流动阻力比光管大；此外，工艺不良的内螺纹管还容易产生应力或结垢腐蚀。

(4) 加装扰流子。在沸腾管内加装扰流子也是推迟传热恶化的有效方法。扰流子是插入沸腾管内的扭成螺纹状的金属片。为了避免结垢引起腐蚀以及保证扰动流体的效果，扰流子两端固定在管壁上，并且每隔一段长度留有顶住管壁的定位小凸缘。加装扰流子后，流动阻力有所增加，但截面中心及沿管壁上的流体则因受扰动而充分混合，致使传热恶化得以推迟。扰流子与内螺纹管相比工艺上要简单一些，技术含量较低，因此具有一定的优越性。

(5) 降低受热面的热负荷。传热恶化区管壁温度的峰值同该处受热面的热负荷有直接关系：热负荷越高，壁温峰值越大。为了降低传热恶化时的壁温峰值，可将炉膛燃烧器沿高度方向拉开，采用多个功率较小的燃烧器，设法减小炉内的热偏差方式，以减小炉内局部热负荷。

第八章 超超临界锅炉的积盐及腐蚀

在现代化大型电厂的建设中，往往采用大容量、超超临界参数的机组，而超超临界锅炉均为直流锅炉。直流锅炉由于没有带汽水分离功能的汽包，并且无锅炉的排污，使给水中的杂质随同蒸汽直接进入汽轮机或沉淀在锅炉的受热面上，因此，直流锅炉的给水品质要求高。

直流锅炉的汽水品质是影响锅炉、汽轮机等热力设备安全及经济运行的重要因素之一。锅炉产生的蒸汽不仅要符合设计规定的压力和温度，而且还要达到规定的品质指标。蒸汽的品质是指蒸汽中杂质含量的多少，也就是指蒸汽的清洁程度。蒸汽中的杂质包括气体杂质和非气体杂质。蒸汽中常见的气体杂质有 O_2、N_2、CO_2、NH_3 等。气体杂质若处理不当，则可能引起金属腐蚀，且 CO_2 还可参与沉淀过程。蒸汽中的非气体杂质主要有钠盐、硅酸等，因此非气体杂质又称蒸汽含盐。含有杂质的蒸汽通过过热器时，一部分杂质将沉积在过热器管内，影响蒸汽的流动和传热，使管壁温度升高，加速钢材蠕变甚至超温爆管。过热蒸汽中的含盐还可能沉积在管道、阀门、汽轮机叶片上。如果沉积在蒸汽管道的阀门处，则会使阀门动作失灵；如果沉积在汽轮机的叶片上，将使得叶片表面粗糙、叶型改变和通流截面减小，导致汽轮机效率和出力降低、轴向推力增大，严重时还会影响转子的平衡而造成更大的事故。为了预防热力设备金属的结垢、积盐和腐蚀，必须确保直流锅炉的给水品质。直流锅炉的给水主要由汽轮机的凝结水加少量的补给水组成。为了确保给水品质，除补给水须高度精制外，凝结水也须进行除盐处理，并除去其中铜和铁的悬浮物。对凝汽器，除选用合适的管材外，还必须对冷却水管和凝汽器采取适当的防腐措施。对于新建或运行中的锅炉，还必须进行酸洗（加十八胺）或定期冲洗，以保持锅炉管系内部的清洁，并做好停炉保养工作。

第一节 锅炉的腐蚀

一、锅炉腐蚀的概念

锅炉的主要结构材料成分是铁，铁被精炼成为元素状的金属状态后具有较高的能量，在空气或水等含有氧化剂的环境中，不可避免地会再次氧化腐蚀。

二、锅炉腐蚀的分类

锅炉腐蚀过程由于金属环境运行等的各种条件而呈现出多种多样的形态，因此锅炉腐蚀的类别也各不相同：

(1) 按腐蚀环境分，发生在水溶液中的腐蚀叫做湿腐蚀，发生在空气中的腐蚀叫做干腐蚀。

（2）按其腐蚀断面形态分，大致可分为全面（均匀）腐蚀和局部腐蚀。全面腐蚀是金属腐蚀在宏观上比较均匀的腐蚀。局部腐蚀的腐蚀断面深度比宽度大数倍，其定义极为任意。

1. 全面腐蚀

在水溶液中的腐蚀，金属离子在规定的溶解度下溶解。这时，腐蚀随着金属和水溶液的界面上的反应而受到控制。全面腐蚀是与锅炉水相接触的碳钢、低合金钢和不锈钢的腐蚀基础。在气体中的腐蚀，腐蚀生成物不溶于气体中，常在金属表面上形成腐蚀生成物保护膜。因为金属和腐蚀介质通过这个保护膜相互作用，所以腐蚀速度由反应物质在保护膜中的扩散受到控制。虽然水蒸气环境也是水环境，但还有气相，故也属于全面腐蚀的范畴。

2. 局部腐蚀

局部腐蚀常发展为：①没有裂纹的局部腐蚀；②有裂纹的局部腐蚀；③由于流动而被加速的激化局部腐蚀等。在气体中的腐蚀，由于燃烧气体中的杂质成分或燃烧灰的附着，尤其是由于微小的石灰粉、灰尘、燃料等常伴有传热、流动、应力及材料的各种条件的复合作用，可看到激化的局部腐蚀，即使是同样的材料，由于环境条件的变化，也可呈现出各种形态的腐蚀。实际的腐蚀形态多是各种腐蚀现象复合的结果。

第二节　锅炉的锅内腐蚀

锅炉采用的金属不是纯铁，它含有其他化学成分或夹带各种杂质，并且金属表面氧化膜层不均匀、不完整或腐蚀产物在表面上的沉积情况不同，及金属接触的溶液所含的成分不同等因素，使金属表面存在无数个电极电位有差异的微电池。

微电池的阴阳两极间电位差越小，金属的腐蚀作用越小。能够将两电极间的电位差减小的过程称为电极的极化。能促使阳极电位增加的物质称为阳极极化剂，它能阻止阳极的正离子进入溶液中；能促使阴极电位降低的物质为阴极极化剂，它能阻止阴极过剩的电子放电。

当锅炉炉水中含有极化剂时，可减缓金属的腐蚀速度。能够将两电极间的电位差增加的过程称为电极的去极化。能促使阳极去极化的物质为阳极去极化剂，它能促进阳极的正离子进入溶液中；能促使阴极去极化的物质为阴极去极化剂，它能促进阴极过剩的电子放电。当锅炉水中含有去极化剂时，会加速金属的腐蚀速度。

第三节　超超临界锅炉盐类溶解和沉积机理

一、电厂锅炉对给水品质的要求及规范

1. 给水品质

对锅炉给水有一定的水质标准和指标的要求，其主要指标如下：

（1）硬度。表示水中钙盐和镁盐的含量。

（2）碱度。表示水中 OH、HCO_3^-、CO_3^{2-} 及其他弱酸盐类的含量。

（3）pH 值。表示水中的酸碱性，pH＝7 时水为中性，pH＞7 时水呈碱性，pH＜7 时水呈酸性。

（4）磷酸根（PO_4^{3-}）含量。表示水中 PO_4^{3-} 的含量，天然水中不含 PO_4^{3-}，向锅炉给水

中加药时才会出现 PO_4^{3-}。

（5）含氧量。

（6）含油量。

水质的其他指标还有铁、铜、二氧化硅、联氨的含量等。

2. 超临界锅炉给水质量标准

DL/T 912—2005《超临界火力发电机组水汽质量标准》中锅炉给水质量的标准值见表8-1。

表 8-1　锅炉给水质量标准

项　目	标准值	项　目	标准值
总硬度（μmol/L）	约为 0	二氧化硅含量（μg/L）	≤10
溶解氧量（化水处理后）（μg/L）	30～300	pH 值	8.0～9.0
铁含量（μg/L）	≤10（力争 5）	电导率（25℃，μS/cm）	<0.15
铜含量（μg/L）	<5	钠含量（μg/L）	<5

给水品质不良会造成发电设备和系统结垢、积盐，金属腐蚀等一系列故障，还会造成蒸汽品质恶化。锅炉运行中的腐蚀特点时给水和蒸汽的温度、压力都很高，加之工况变动时给水中的杂质就在锅内发生浓缩和析出，使锅内积结沉积物而促进腐蚀。对锅炉受热面的腐蚀大多是氧腐蚀、沉积物的垢下腐蚀及水蒸气的腐蚀。当给水带入结垢物质时，这些物质很容易沉吸在管壁的向火侧而形成垢下腐蚀，引起爆管；当受热面内发生循环倒流、膜态沸腾时，管壁被蒸干的部位就有某些盐类在管壁上析出而受到腐蚀，因而给水的品质好坏直接影响着锅炉运行的安全性。

二、电厂锅炉对蒸汽品质的要求和标准

蒸汽品质是指蒸汽中的杂质含量。保持合格的蒸汽品质，是保证锅炉、汽轮机及其他应用蒸汽设备安全和经济运行的重要条件。

锅炉的饱和蒸汽中含有杂质。这些杂质有的溶解在饱和蒸汽夹带的微小水滴中，有的直接溶解在蒸汽中。当饱和蒸汽进入过热器后，蒸汽中的部分杂质会沉积在管内壁上形成盐垢，减弱传热，使管壁温度升高，严重时可导致过热器爆管。剩余的杂质则随蒸汽进入汽轮机，蒸汽在汽轮机各级中膨胀做功，蒸汽压力逐步降低时，杂质即析出并沉积在汽轮机的通流部分，使汽轮机叶片表面粗糙、线型改变、通流截面积缩小而导致汽轮机效率和出力降低，严重时可使调节机构卡涩，破坏转子平衡。此外，杂质沉积还会引起阀门开关失灵和泄漏。为保证热力设备的安全、经济运行，蒸汽品质必须符合以下要求。

锅炉给水及炉水品质符合要求：DL/T 912—2005《超临界火力发电机组水汽质量标准》中关于锅炉出口过热蒸汽品质的要求见表 8-2。

表 8-2　锅炉出口过热蒸汽品质的要求

序号	项　目	品质参数	序号	项　目	品质参数
1	钠含量（μg/kg）	≤5	4	铜含量（μg/kg）	<5
2	二氧化硅含量（μg/kg）	≤10			
3	铁含量（μg/kg）	≤10（力争 5）	5	氢电导率（25℃，μS/cm）	<0.15

三、影响蒸汽品质的因素

影响蒸汽品质的因素主要包括以下两个方面。

1. 蒸汽的机械性携带影响因素

汽包的下半部为水容积，上半部为蒸汽空间，两者之间的分界面称为蒸发面。受热面的汽水混合物，在引入汽包的水容积或蒸汽空间时具有一定的动能。当蒸汽穿过蒸发面或当汽水混合物引入汽包的蒸汽空间时，可能在蒸汽空间形成飞溅的水滴；汽流撞击到蒸发面上也会生成大量水滴。形成的水滴向不同的方向飞溅，质量大的水滴具有较大的动能，升起的高度也较大，如蒸汽的空间高度不够，就有可能随蒸汽带出，使蒸汽大量带水；微小的水滴动能小，飞溅的高度不够，但因质量小可能被汽流卷吸带走。所以，蒸汽的机械性携带影响因素主要有锅炉负荷、蒸汽压力、蒸汽空间高度和锅水含盐量。

2. 蒸汽的溶解性携带影响因素

蒸汽的溶盐能力与压力有关，压力越高，溶解能力增加。随着压力的提高，饱和水和饱和蒸汽的密度差减小，汽与水的性质越来越接近，因而蒸汽的溶盐能力与水接近；当压力达到临界及以上时，其溶解能力基本相同。

四、常见物质在超临界条件下蒸汽中的溶解与沉积特性

在超临界条件下，蒸汽已具备和水一样的溶解特性。各种盐、酸、碱和金属腐蚀产物等物质，在蒸汽中的溶解度随蒸汽压力不同，可以从微克变化到毫克。这些常见物质在过热蒸汽中的溶解度随压力降低或比体积增加而迅速降低。随着蒸汽做功膨胀，蒸汽的溶解能力下降，在高参数下蒸汽溶解携带的物质就会随着蒸汽的转移而不断析出，沉积在后续设备的不同部位，由此会加剧机组蒸汽通流部分潜在的金属腐蚀问题。

五、超超临界条件下蒸汽的高温氧化特性

超超临界机组的温度参数提高到580～600℃，甚至提高到650℃，这对金属材料提出了更高的要求，除了高温强度指标外，还应充分考虑材料的抗水蒸气氧化能力和抗氧化层剥落能力。高温水汽氧化是金属腐蚀的一种特殊形式。在高温条件下，因为氢质子的影响，水蒸气对不锈钢材料表现为一种强氧化剂。在450～570℃条件下，水蒸气与纯铁反应生成四氧化三铁并释放出氢气。在575℃以上，水蒸气与纯铁反应除了生成四氧化三铁以外，还会在四氧化三铁层下生成氧化亚铁相。氧化亚铁相的增长速度比四氧化三铁相快得多。在温度超过570℃的条件下，不锈钢氧化的速度逐渐加快；在600～620℃之间，金属的氧化速度有一个突变点。这个突变点表明，不锈钢在氧化过程中随着温度的升高很可能产生了新相，此时不锈钢的氧化层会迅速增厚。氧化层达到一定的厚度，就会在运行条件变化（如温度）时剥落，成为氧化皮。

根据国内外机组运行的经验，奥氏体不锈钢材料虽然具有良好的抗氧化能力，但粗晶粒钢在一定的运行条件下会发生氧化皮很薄时就剥落的情况，造成堵塞管短期过热甚至爆管事故。为了及时发现过热器和再热器高温氧化的变化情况，可以通过监测蒸汽中的氢含量监测高温氧化的变化和发展。

六、超超临界压力下盐类的溶解与沉积

超超临界压力高参数锅炉为直流锅炉，均不考虑排污，所以给水带入的盐分或沉积在受热面上，或是被蒸汽带入汽轮机。

给水所带入的盐分沉积在受热面和被蒸汽带出的数量关系，取决于过热蒸汽对盐分的溶解度。所谓溶解度，是指一定的温度和压力下，某种物质在100g溶剂里达到饱和时所溶解的克数。

在超临界参数下，溶解度也与温度和压力有关。这是因为，当压力提高后，各类盐分在过热蒸汽中的溶解度都增大。在超超临界压力直流锅炉中，给水所带入的易溶盐类和中等溶解的盐类被过热蒸汽带入汽轮机，而只是难溶盐类，有可能沉积在受热面上。

但是，在超临界压力下工质在相变区密度急剧下降，因此盐类在过热蒸汽中的溶解度减小，而在相变前水中的溶解度则远大于在过热蒸汽中的溶解度。

第四节　超超临界机组水汽品质控制

根据超超临界机组的特点，尽量纯化水质，减少水中盐类杂质，降低给水中的含铁量，控制腐蚀产物的沉积量，是超超临界机组水处理和水质控制的主要目标。

一、超超临界机组凝结水系统配置及水质控制指标的建议

1. 凝结水精处理系统出水水质控制指标

在超超临界工况条件下，锅炉受热面的温度较高，容易发生化学物质的沉积。其中，最常见的是Na_2SO_4和NaOH。这类物质溶解在蒸汽中后，会对后续的过热器、再热器及汽轮机产生腐蚀影响。必须控制蒸汽中的Na含量小于1μg/kg，才有可能控制二级再热器中形成的氢氧化钠浓缩液对奥氏体钢的腐蚀和锅炉停用时存在干状态的Na_2SO_4引起再热器的腐蚀。控制蒸汽中的钠含量小于1μg/kg，必须控制凝结水精处理出水水质的钠含量小于1μg/kg。另外，如何确保凝汽器微泄漏的情况下系统仍能达到相应的水质是考虑主要的因素。超超临界凝结水精处理出水控制指标见表8-3。

表8-3　超超临界凝结水精处理出水控制指标

主要控制项目	标　准	主要控制项目	标　准
氢电导率（25℃，μS/cm）	<0.08	SiO_2（μg/L）	<2
Na（μg/L）	<0.5	Fe（μg/L）	<1
Cl（μg/L）	<0.5	Cu（μg/L）	<1
SO_4^{2-}（μg/L）	<0.5	悬浮物（μg/L）	<5

2. 凝结水精处理系统配置

凝结水精处理设备的设计，要充分考虑尽量减少硫酸盐和钠的漏出。为了满足以上出水指标，凝结水精处理系统必须采用设置有前置过滤的深层混床处理系统。

前置过滤的配置重点除了应考虑机组在启动阶段去除固体腐蚀产物、杂质和长期运行后的氧化皮颗粒，更主要的是要考虑去除Na、非晶型腐蚀产物以及凝汽器泄漏引入的各种盐类杂质。对于非晶型腐蚀产物和盐类杂质，则必须用离子交换加以去除。

超超临界机组在启停时锅炉给水采用全发挥处理（AVT）方式，热力系统的腐蚀产物为颗粒状悬浮物。正常运行后，锅炉给水应采用加氧处理，给水的pH值一般控制在8.0～8.5，运行中大多产生非晶型腐蚀产物。同时，任何材料的凝汽器均可能发生泄漏或渗漏，

循环水中的盐类杂质会漏入热力系统。根据这一特点，前置过滤的配置有如下几点建议：

（1）由于粉末树脂凝结水精处理系统的机组所发生的汽轮机腐蚀积盐问题较多，而且粉末树脂凝结水精处理系统对降低出水的含钠量效果不高，故不推荐使用该系统。

（2）尽管滤芯式过滤器的除铁效率较高，但由于国内尚无可靠的业绩，而且滤芯式过滤器对进一步降低出水的含钠量和除去非晶型腐蚀产物没有效果，因此也未列入最佳选择范畴。

（3）根据国内外的运行经验，尽管前置阳床的除铁效率不如滤芯式过滤器和粉末树脂过滤器，但它可降低水中含钠量，改善精处理系统混床的运行工况，并能除去离子态铁，综合除铁效率可满足要求，同时国内已经有成功的配置和运行经验，所以采用前置阳床，是超超临界机组凝结水精处理前置过滤配置的较佳选择。

二、腐蚀产物的控制

1. 炉前系统腐蚀产物的控制

对于炉前系统腐蚀产物的控制方法，首推给水加氧处理（OT）技术。加氧处理是利用纯水中的溶解氧对金属的钝化作用，使给水系统金属表面形成致密的保护性氧化膜，达到热力系统防腐防垢的最佳效果。目前，国外已经投运的超超临界机组的给水处理均采用加氧处理，可以使省煤器入口的铁含量小于 1μg/L。国内超临界机组几乎全部采用给水加氧处理工艺，均取得了良好的效果。因此，加氧处理是超超临界机组正常运行工况下唯一的给水处理工艺。

2. 停用腐蚀产物的控制

停用腐蚀的控制对减少沉积物是非常必要的，不能将其作为临时措施，而应作为必备的配套设备，在设计时就应考虑进去，如完整的充氮保护系统、干风系统和保护液加药系统等，以满足机组不同的停备用周期的保护。超超临界机组启动时的水质控制非常重要，按照国家标准，在进行锅炉点火之前，锅炉给水的参数应达到下列极限要求：溶解氧小于 50μg/L，铁小于 50μg/L。只有严格按照有关机组启停的标准进行控制，才有可能最大限度地阻止停用期间产生的腐蚀产物进入热力系统。

3. 热力系统沉积物的清除

沉积在热力系统各个设备的沉积物应采用不同的方法加以清除。

例如，可以将返回除氧器水箱的疏水通过一个与除氧器水箱并联的管式过滤器连续处理，以除去疏水中带入的腐蚀产物。对于过热器和再热器中的沉积物，可定期在汽轮机旁路运行时，用饱和蒸汽清洗过热器和再热器。同时规定，在任何较长时间停用前应清洗再热器，直到蒸汽氢电导率降至正常标准为止。对于高压加热器，其疏水超标时，沉积物在负荷波动时会通过紧急排水管排至凝汽器。在计划停用前需要额外的清洗时，方法是在从尖峰负荷下来时切断加热器的蒸汽供应，待冷却 15min 后再重新送入蒸汽，最初的蒸汽会在正常运行时形成降温区的整个表面凝结，从而达到将离子态沉积物洗掉，并洗出系统的效果。

第五节 锅炉的低温腐蚀

对电站锅炉，低温对流受热面的烟气侧腐蚀主要发生在空气预热器的冷端（即冷风进口处的低温段）。对回转式空气预热器而言，腐蚀会加重堵灰，使烟道阻力增大，严重影响锅炉的经济运行。低温腐蚀会对锅炉造成很大危害，因此必须预防发生低温腐蚀，为此必先了解产生低温腐蚀的原因。

一、低温腐蚀的机理

烟气进入低温受热面后，随着受热面不断吸热，烟温逐渐降低，其中的水蒸气可能由于烟温降低或在接触温度较低的受热面时发生凝结。烟气中水蒸气开始凝结的温度称为水露点，纯净水蒸气的露点取决于它在烟气中的分压力。常压下燃用固体燃料的烟气中，水蒸气的分压力为0.01～0.015MPa，水蒸气的露点低达45～54℃，一般情况下不易在受热面上发生结露，而当锅炉燃用含硫燃料时，硫燃烧后全部或大部分生成SO_2，其中一部分SO_2（占总含量的1%左右）又在一定条件下进一步氧化生成SO_3，SO_3与烟气中的水蒸气化合后生成硫酸蒸汽。硫酸蒸汽的凝结温度称为酸露点，酸露点比水露点要高得多，而且烟气中SO_3含量越高，酸露点越高，可达110～160℃。当受热面的壁温低于酸露点时，这些酸就会凝结下来，对受热面金属产生严重的腐蚀作用，这种腐蚀就称为低温腐蚀。烟气露点的高低，表明了受热面低温腐蚀的范围大小及腐蚀程度高低，露点越高，更多受热面要遭受腐蚀，而且腐蚀越严重。因此，烟气中的酸露点是表征低温腐蚀是否会发生的指标之一。烟气的酸露点与燃料含硫量和单位时间送入炉内的总硫量有关，而后者随燃料发热量的降低而增大。

当燃用固体燃料时，烟气中带有大量的飞灰粒子。灰粒子含有钙和其他碱金属化合物，它们可以部分吸收烟气中的硫酸蒸汽从而可以降低它在烟气中的浓度，使得烟气中的酸蒸汽分压力降低，酸露点也降低。烟气中飞灰粒子数量越多，影响越显著。

二、腐蚀速度和受热面壁温

硫酸对金属的腐蚀速度与受热面上凝结下来的硫酸量、硫酸浓度、壁温和材质等有关。受热面上凝结的酸量越多，腐蚀速度越快；但当酸量足够多时，对腐蚀速度的影响减弱。腐蚀处金属壁温越高，反应越快，腐蚀速度也越高。硫酸浓度与腐蚀之间关系较大。随着硫酸浓度增加，腐蚀速度增大；当浓度达到56%时，腐蚀速度最大，超过这一浓度后，腐蚀速度急剧下降；到浓度60%以上时，腐蚀作用则很轻微。单位时间在管壁上凝结的酸量增加，腐蚀加剧。

三、低温腐蚀的减轻和防止

减轻低温腐蚀可从以下几个方面着手：

1. 提高空气预热器受热面壁温

提高空气预热器受热面壁温是防止低温腐蚀最有效的办法。提高壁温就要提高排烟温度和入口空气温度，但提高排烟温度虽然可以使壁温升高、腐蚀减轻，但也会使排烟热损失增大，使锅炉热效率下降，因此排烟温度的提高是有限的。实践中常用的办法是提高空气入口温度，通常可用热风再循环或加装暖风器来实现。

热风再循环就是将空气预热器出口的热空气送一部分回到送风机入口来提高入口风温。但入口风温的提高也会使排烟温度升高、排烟热损失加大。所以，热风再循环只宜将进口风温提高到50～65℃，这样排烟损失增加不多，风机耗电亦不很大。

暖风器通常安装在送风机与预热器之间，是利用汽轮机低压抽汽来加热冷空气。这种方式仍然会使排烟温度有所增高，但由于利用了低压抽汽，提高了整个热力系统的经济性，因此使全厂的经济性基本不受影响，有时甚至有所提高。

2. 燃料脱硫

燃料脱硫是防止低温腐蚀的最彻底的措施。煤中黄铁矿硫可利用重度不同设法分离出一部分，但有机硫很难除去。至今，技术上可行、经济上合理的燃煤脱硫方案还在研究。

3. 低氧燃烧

燃料中的过剩氧会增大 SO_3 的生成份额，为此，必须在燃料完全燃烧的前提下设法减小过量空气系数及烟道漏风。因此，采用低氧燃烧必有配风十分理想的燃烧器、良好的炉内空气动力工况、性能优越的自动控制装置。

4. 冷端受热面采用耐腐蚀材料

为克服低温腐蚀，在易发生腐蚀的空气预热器冷端受热面采用耐腐蚀材料，如管式低温段采用玻璃管、铸铁管等；对回转式空气预热器，采用不锈钢波形板、搪瓷波形板、陶瓷砖等。

5. 烟气脱硫

烟气脱硫时使用最广的添加剂是石灰石或白云石。粉末状的白云石或石灰石混入燃料中或直接吹入炉膛，在吹入过热器后的烟道中，能吸收或中和掉一部分 SO_3 或硫酸蒸汽，使烟气中 SO_3 的分压力降低、露点降低，减轻低温腐蚀。这就是通常所说的燃烧中脱硫，其反应式为

$$CaO + H_2SO_4 \longrightarrow CaSO_4 \downarrow + H_2O$$

$$MgO + H_2SO_4 \longrightarrow MgSO_4 \downarrow + H_2O$$

反应生成的硫酸盐是一种分散的粉末，必须加强吹灰来予以消除。若长期使用，会使受热面积灰增多、污染严重，影响传热。

第六节　锅炉的高温腐蚀

在现代大型火力发电厂向超临界参数锅炉发展的过程中，存在严重的高温受热面的腐蚀问题，其腐蚀多发生于燃烧区域的水冷壁、高温过热器、高温再热器。研究结果发现，这种腐蚀都是因为壁面与积灰层间的一层液相物间的反应而产生的。

一、高温腐蚀的机理

超超临界参数锅炉的高温过热器、再热器，以及管束的固定件、支吊架，燃烧区的水冷壁，在金属壁温高于540℃的迎风面，烟气和飞灰中的有害成分会与受热面金属发生化学反应，使管壁变薄、强度降低，这种现象即称为高温腐蚀。

同一锅炉过热器管束在两个蒸汽温度不同部位上的积灰层断面状况：其一，在566℃的位置产生了严重的煤灰管壁腐蚀；其二，在482℃的位置未见明显的腐蚀现象。在两个位置，积灰层构成的明显差别出现于紧贴金属管壁的那一层。前者呈白色或淡黄色，为呈熔融状态的渣层，而后者则为疏松的黏结状态的固形物。取下这层物质进行化学分析和X衍射分析，结果表明，其主要构成是碱—三硫酸铁的络合物，它在538～704℃范围内呈熔融状态。

由此可以推理，产生这种腐蚀的机理是：因煤灰的选择性沉积，使碱与氧化铁在积灰层

中的浓度远比在煤灰中高。碱—三硫酸铁是这些选择性沉积物与烟气中的 SO_3 反应生成的。碱与氧化铁在沉积之初很可能是呈粉末状的物质，随着温度的升高而呈熔融或半熔融的状态。碱在管壁表面上的积聚也可能是出于外层熔融物的迁移。因此，煤灰在受热面上沉积并致腐蚀的步骤大致如下：

（1）煤灰中的黄铁矿及煤中的有机硫与氧反应生成 SO_2 及 SO_3。

（2）煤灰中的高岭土、页岩中的 Na 和 K，在燃烧过程中生成 Na_2O 及 K_2O。

（3）积灰层中的 Na_2O 及 K_2O 与烟气中的 SO_3 反应生成 Na_2SO_4 或 K_2SO_4。

（4）在积灰层中，硫酸碱、氧化铁与 SO_3 反应生成硫酸盐络合物。当管子壁面上的积灰层中含有一定的硫酸钾/硫酸钠时，可能形成液态的焦硫酸盐。

二、水冷壁的高温腐蚀

在实际运行过程中，由于燃烧器附近的火焰温度高达 1400～1600℃，因此，煤中的矿物成分挥发出的腐蚀性气体较多，若水冷壁附近的烟气处于还原性气氛，则灰的熔点将降低，灰分沉积过程加快，为受热面的腐蚀创造了条件；另一方面，燃烧区域附近的水冷壁管的热流密度很大，温度梯度也很大，管壁温度往往高达 400℃以上，这对管壁的高温腐蚀也起到了促进作用。

水冷壁产生高温腐蚀的机理简述为：锅炉水冷壁的金属管材在氧、硫等氧化剂的作用下，发生氧化反应。具体反应式为

$$Fe+\frac{1}{2}O^2 \longrightarrow FeO$$

$$2FeO+\frac{1}{2}O^2 \longrightarrow Fe_2O_3$$

在还原性气氛下，一部分分解出来的硫及黄铁矿与金属结合，氧化速度取决于所形成的氧化膜的保护特性。如果氧化膜能致密并牢固地附着在管壁上，则可阻止氧化剂与金属继续发生反应，降低氧化速度，否则将出现相反的结果。

当烟气和积灰层中含有腐蚀性成分时，水冷壁管将发生腐蚀，甚至造成爆管。在燃烧的过程中，燃料灰分中升华出来的 Na_2O 和 K_2O 会凝结在管壁上，与烟气中的 SO_3 反应生成硫酸盐或碱性硫酸盐，使金属表面的氧化保护膜被消耗；管壁上又进行氧化反应并形成新的 Fe_2O_3 保护层。但若保护膜从管壁上掉落下来，则又开始新的反应，而烟气对水冷壁冲刷会加速保护膜的脱落。

减轻水冷壁高温腐蚀的措施有：

（1）改进燃烧。控制合适的煤粉细度，组织合理的炉内空气动力工况，防止火焰中心贴壁冲墙，各燃烧器分配均匀。

（2）避免管壁局部温度过高。

（3）保持管壁附近为氧化性气氛。适当提高炉内过量空气系数，使有机硫尽可能与氧反应，而不与管壁金属发生反应。

（4）采用耐腐蚀材料。采用抗腐蚀的高温合金作为受热面的材料，对管壁高温喷涂防腐材料。

三、高温过热器、再热器的高温腐蚀

超超临界燃煤锅炉的高温过热器与高温再热器通常布置在烟温高于 700～800℃的烟道

内，其表面的内灰层含有较多的碱金属，它与飞灰中的铁、铝等成分，以及通过疏松的外灰层随烟气扩散进来的氧化硫气体，经过较长时间的化学反应，生成碱金属的硫酸盐复合物，对高温过热器和高温再热器金属产生强烈的腐蚀。这种腐蚀大约在540～620℃条件下开始发生，650～700℃时腐蚀速度最快。

第七节 660MW超超临界机组高温氧化皮防止措施

超超临界机组的温度参数提高到600℃以上时，应充分考虑材料的抗水蒸气氧化能力和抗氧化层剥落能力。600～620℃条件下，不锈钢的氧化层会迅速增厚。氧化层达到一定的厚度后，就会在运行条件变化（如温度）时剥落，成为氧化皮。为防止锅炉高温管道内氧化皮形成和剥落，对3、4号锅炉运行参数作如下技术规定：

(1) 考虑机组运行经济性，同时也应考虑过热器高温腐蚀问题，兼顾两者最佳运行参数，锅炉正常运行时主、热再蒸汽温度最高为600℃。

(2) 锅炉冷、热态启停应严格按照《3、4号集控运行规程》中规定的控制升（降）温、升压及加（减）负荷速率执行。

(3) 锅炉停炉冷却作下列规定：

1) 锅炉熄火后根据值长命令进行小流量冷却，控制给水流量不大于50～100t/h。使分离器下降管出水温度降温速率不大于1℃/min，且就地检查锅炉受热面无振动等异常情况。

2) 锅炉进行小流量冷却前应停用引风机、送风机。

3) 锅炉进行小流量冷却时保留炉水循环泵运行。

4) 凝汽器真空正常，锅炉停炉后采用高、低压旁路对主、再热蒸汽降压操作，降压速率不大于0.3MPa/min。若凝汽器真空低，凝汽器不允许排放，则联系热工人员将锅炉疏水开启条件强制后进行泄压。当主蒸汽压力降至1.5MPa以下时，可通过锅炉疏水进行降压操作，降压速率不大于0.3MPa/min（锅炉疏水一般采用包覆疏水泄压）。

5) 分离器下降管出水温度降至200℃时，停止小流量冷却，启动引风机、送风机进行通风冷却，调节通风量，控制主蒸汽温度降温速率1.5～2℃/min。如需提前启动风机进行强制冷却，需总工同意。

(4) 当分离器压力为1.0MPa、分离器出口蒸汽温度为200℃时，开启省煤器放水门、水冷壁放水门带压放水；主蒸汽压力为0.2MPa时，开启锅炉有关空气门（省煤器空气门、水冷壁空气门、启动分离器空气门、过热器及再热器空气门）。

(5) 热炉放水前，应停用引风机、送风机，待炉本体放水结束后，将预热器进口烟温冷却至80℃以下。根据需要，停用风机、预热器及冷却风机。

(6) 尽可能避免采用强制通风冷却，且采用前应征得总工同意，严格控制降温、降压速率。

第九章

火焰检测系统

第一节 火焰检测系统原理

火焰检测器是锅炉燃烧器中的重要部件之一，其可靠性和稳定性是锅炉安全稳定燃烧的必要保证，作用是对火焰进行检测和监视，并在锅炉点火、低负荷运行或有异常情况时，防止锅炉灭火和炉内爆炸事故，确保锅炉安全运行。火焰检测器出现问题可以造成锅炉保护误动作，导致机组跳闸。

一、火焰检测装置检测对象的描述

在大型锅炉的燃烧过程中，要判断锅炉的燃烧状况，实现燃烧的自动管理和控制，火焰检测装置是必不可少的。而先进的火焰检测装置不但能检测出火焰的燃烧和熄灭，还能检测出火焰的稳定性，有利于提高锅炉的安全水平，满足现代锅炉对环保和节能的更高要求。对于油燃烧器的火焰、煤粉燃烧器的火焰及具有较强发光率的火焰，一般都能发射几乎连续的发光光谱，其发射光谱主要分布于可见光和红外区。

煤粉锅炉中的燃烧大致分为四个阶段：第一阶段为预热区，煤风混合物在逐步加热过程中与炉膛中的明火开始接触；第二阶段为初始燃烧区，煤风混合物被点燃后开始燃烧，形成闪烁；第三阶段为安全燃烧区，也是燃烧释放大部分热量的区域，这时火焰的亮度最高；第四阶段为燃尽区，燃料燃烧完毕形成灰粉，炽热的灰粉继续发光，其亮度和频率的变化较低。

二、火焰检测装置的原理

燃料在炉膛内燃烧，快速流动的燃料燃烧能产生可见光范围内（300～1100nm）的脉动光（100～1000Hz）。火焰检测器探头检测主燃烧区内火焰，用一个光电半导体片去感应可见光强度。光电半导体片将闪烁的光信号转换成电脉动信号，电脉动信号同快速变化的火焰强度成比例。这样，通过相应的信号处理就可以表征火焰的强弱及存在与否。

火焰检测装置是依据火焰信号的特性来检测火焰的。首先，将火焰信号分成强度信号和频率信号两路。强度信号代表火焰的亮度，频率信号代表火焰的闪动。对强度信号的处理比较简单，只需将实时火焰强度与强度阈值进行比较，当火焰强度高于强度阈值时，判定火焰强度条件成立。频率的处理实际上是对火焰信号波动部分的处理。频率信号包含信号的频谱、带宽、峰—峰值等参数，要对这部分信号进行滤波、交换，从中提取火焰的燃烧特征。由于火焰的频率信号为 1～200Hz，而炉膛内炽热的焦渣及灰粉发光的频率不超过 2Hz，因此通过频率信号的频谱分析完全可以确定火焰的存在。对火焰频率信号不只是进行简单的分析，还要对火焰的波形进行数字滤波、傅里叶变换，提供火焰波形中最具火焰特征的信号。

这些参数处理最终得到的综合标量仍称为频率，可作为判定火焰“有”、“无”的依据。对于来自不同燃烧器火焰的识别是火焰检测的难点。由于相邻燃烧器火焰的频率有时和主火焰非常接近，因此要对频率信号进行频谱分析，从而提高识别能力。火焰检测器除提供增益调整方式外，还具有频段选择功能。共有 8 个频段，可以选择不同频率，以适应火焰识别的需要。频段选择与增益设定值配合，可获得最终的识别效果。频段选择还具有一个自动频段，由信号处理器根据频率信号的不同自动调整频段。当频率和强度均高于设定的阈值时，判定为“有火”；反之，判定为“无火”。这在多数情况下是十分可靠的。但也有时由于火焰燃烧过程中偶尔出现扰动或“黑龙”的影响，火焰的强度或频率会短时间低于阈值，这时如果发出“无火”信号，就将增加灭火保护系统误动的可能性。为了避免误发灭火信号，提高火焰检测器的可靠性，一般的火焰检测器都增加 1～5s 的延时。但延时长短很难确定，因为延时短了难免误动，延时太长又会降低保护动作的灵敏性，甚至引起拒动。智能型火焰检测装置专门设计了一种反时限特性的延时电路，使无火延时的长短取决于灭火前的强度和频率的变化速率。当火焰的强度、频率值以高速率降至阈值以下时，延时应长一些。因为这时炉内有足够的能量支持燃烧，不会达到真正灭火的状态。当火焰的强度、频率缓慢地降至阈值时，说明火焰的支持能量较小，延时时间就要短一些，以防止拒动。“无火”—“有火”延时与强度、频率的上升速率成反比；“有火”—“无火”延时与强度、频率的下降速率成反比，从而提高了火焰检测的可靠性和准确性。

智能型火焰检测装置凭借其先进的技术、优良的性能、适中的价格及快捷的工程服务普遍应用于全国各火力发电厂中。随着我国经济的高速发展，智能型火焰检测装置将越来越广泛地应用在电站锅炉保护中，并将得到不断完善和发展。

第二节 火焰检测系统的基本构成及功能

一、火焰检测系统的基本构成

智能型火焰检测系统由可见光放大器、火检探头、火检电源及标准 5U 工业机箱构成，可实现对锅炉燃烧火焰的实时检测。放大器响应由初始燃烧区火焰产生的可见光辐射转变成为电信号，反映火焰的燃烧状况。信号处理器将探头传送的电信号分成强度、频率进行处理，以判别火焰的有无，如图 9-1 所示。

火焰检测器探头由石英透镜、光导纤维、光电传感器、放大器、电压—电流转换器等构成。传感器及放大电路部分密封在探头内。传感器采用工作波长为 380～760nm 的可见光传感器。对于燃煤火焰和燃油火焰的辐射，这种传感器能够更有效地响应其波动特性，并根据初始燃烧区的火焰亮度和闪动，可靠地判定火焰的真实存在。

二、火焰检测系统的基本功能

火焰检测系统的核心配置是火焰检测器（即火焰检测开关）。常见的火焰检测器有火焰棒、红外线火焰检测器和紫外线火焰检测器。

（1）火焰棒。火焰棒是利用火焰使空气电离导电的原理工作，将能耐高温的硅碳棒电极伸到火焰的根部，检测该点空气的电导。在没有火焰时，空气的电导率很低。但有火焰时，由于火焰能使空气电离，电导率变高。用电极测得该电导率的变化值，就可以取得有无火焰

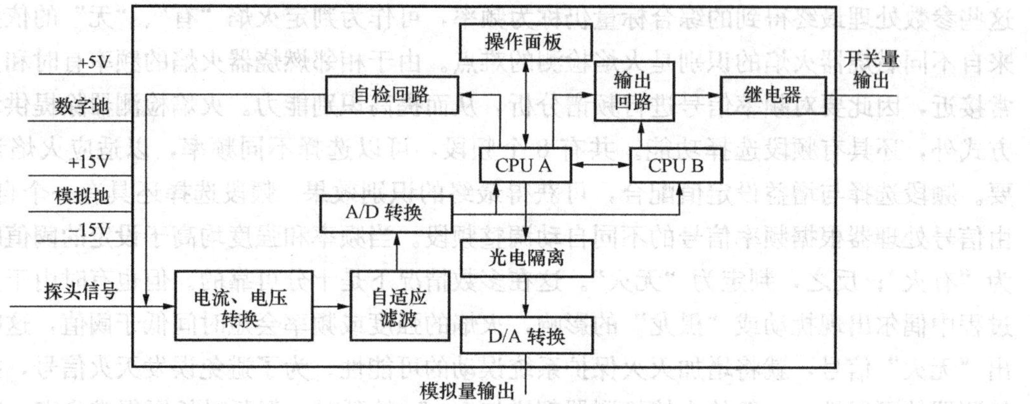

图 9-1 智能型火焰检测系统原理图

的开关量信息。由于火焰棒必须直接伸入火焰，而且煤种的变化和燃烧方式的变化都会影响火焰棒的工作，因此该种火焰检测方式目前仅用于点火器上，用于检测点火器的火焰。

（2）红外线火焰检测器。红外线火焰检测器的敏感元件通常是光敏电阻或光电池，它们都对可见光和红外线敏感。由于红外线火焰检测器会受到高温炉墙辐射的影响，不能直接利用火焰产生的红外线变化来区别火焰的有无，因此大多用检测火焰闪烁频率的方法来检测火焰。火焰燃烧时会发出不断闪烁的可见光，而且闪烁的频率在 150Hz 以上，用光电元件检测出火焰闪烁的频率，就可以根据转换后的电信息的频率变化得到火焰有无的开关量信息。

（3）紫外线火焰检测器。紫外线火焰检测器的敏感元件是一个充满气体的放电管，火焰根部的紫外线能使放电管内的气体电离而导通，根据放电管是否导通，就可以取得火焰有无的开关量信息。紫外线火焰检测器能准确检测到火焰根部的紫外线辐射量而不会受紫外线辐射的影响。然而，油雾和煤灰对紫外线都有强烈的吸收能力，因此紫外线火焰检测器在燃气锅炉上使用得较多。

火焰检测器应具有以下基本功能：

（1）单点闪烁频度选择和带宽选择。

（2）有火/无火阈值可调节，有火/无火响应时间可调。

（3）增益控制。

（4）显示火焰检测器所有参数、报警及状态。

（5）可远程通信、参数设置、调试及显示。

（6）提供至少 4 套适应不同燃料、燃烧工况的参数文件选择。不同参数的文件切换时不应引起误判，保证运行工况的平稳过渡。

（7）提供自检功能。

第三节 660MW 锅炉火焰检测系统

一、锅炉火焰检测系统配置

1. 设备简介

某发电厂 2×660MW 机组锅炉系统采用了 ABB 公司研制出的新一代可编程全数字型燃

烧监测系统 UVISOR。多功能火焰检测智能单元 UVISOR MFD 在原有 MFD. SA 的基础上增加了全新的功能，从而进一步提高了 UVISOR 火焰检测系统的性能。

UVISOR MFD 是一种用于大型电站锅炉上的先进的双放大器火焰信号检测智能单元。它表现为真正的“两个系统合一”，通过两个探头同时处理火焰信号，无论传感器光谱的范围（紫外线或红外线）或电气类型信号（振幅/调频信号或脉冲率信号）。它能准确地检测多燃烧器锅炉的各种燃料火焰，并且能将某一燃烧器的火焰与背景光源和其他燃烧器的火焰区分开，同时能够检测出稳定的着火状态信号。在各种不同锅炉负荷以及复杂的工况下，通过适当的运算，分析火焰闪烁光谱，调整放大器的参数，可获得最佳的检测效果。

UVISOR MFD 提供“单独通道停电维修”，为工厂提供了一个最经济的应用方案，可以对燃烧器及点火燃烧器或两个燃烧器火焰探头同时进行检测或各自独立检测。

UVISOR MFD 具有两个完全独立的放大器通道，能同时处理两个火焰检测探头发出的火焰信号，而且每个通道可以组态两种不同的方法检测火焰。基于检测器的类型，则包括闪烁频率接收器和脉冲计数接收器。两个通道能独立使用一个，另一个驱动联合的火焰继电器，它们通过内部逻辑“与/或”连接起来产生一个火焰状态信号。两个通道内部逻辑“与&或”连接，第二个通道继电器提供辅助的火焰信号有火状态。

MFD 的任一通道的参数都可以独立地调整，每一通道都可以设置多达 4 套的参数。可由 BMS（燃烧器管理系统）自动选择，在燃烧器/锅炉运行时，达到最佳的调整参数。所有设定的参数（包括 MFD 智能单元的参数和每一放大器通道的参数）都保存在永久性存储器中。微处理器是 UVISOR MFD 实现智能检测的核心，它能完成数据的采集、处理、显示和控制等所有功能，从而保证了锅炉燃烧控制的安全和可靠。

UVISOR MFD 提供了增强特性，以简化火焰检测器探头的调整和各通道参数的优化，并可以检测火焰质量，加速诊断：

（1）独立的模拟量输出，对每个火焰检测器。

（2）自动参数调整。

（3）通过 RS232 接口连接一个本地的监控站，提供更多功能。

（4）在线实时显示火焰信号趋势，并可以将其归档。浏览和上传 MFD 中设置的参数，或将备份的参数下载到 MFD 中。

（5）下载更新固件版本。

（6）火焰闪烁频谱分析（显示包括燃烧器投运/停运和两者之差的曲线）。将多个 MFD 通过 RS485 网络连接到远程 SCADA（监控和数据采集）上。它基于工业标准 MODBUS 协议。

（7）火焰原始信号符合 PC 标准的声波频谱。未经处理的火焰信号可以提供更进一步的火焰特性分析，为燃烧优化奠定基础。

（8）一个热电偶输入和相关报警输出、测量、保护，防止探头热端过热。

（9）多种语言液晶图像显示器。对用户更加友好的命令选择图标。

2. 火焰检测装置的基本配置

UR600 采用防爆结构，探头 UR600 IR 中安装了一个石英镜头、一个 PbS 红外线感应元件和一个信号调节/前置放大器印刷电路板。端子到控制单元采用螺钉紧固的方式。探头

UR600UV 中安装了一个石英镜头、一个 GaP 光电二极管感应元件和一个信号调节/前置放大器印刷电路板。端子到控制单元采用螺钉紧固的方式。探头 UR600 亦可用于由刚性或弹性探针在距燃烧室很近的地方采集信号的情况，它不仅可安装在对冲式锅炉上，而且适用于安装在四角切圆燃烧的锅炉上。

火检冷却风系统应配置两台交流火检冷却风机，每台容量均为 100%，互为备用，自动切换。一台锅炉的火检用风包括 36 个主燃烧器火检和 4 个微油点火枪火检（按照主燃烧器火检）的用风，能充分考虑炉膛压力在＋50Pa 的情况下长时间运行及管道和阀门的阻力。

当两台冷却风机都故障且机组 MFT 时，火焰检测介质（光纤等）在炉膛内不被损坏的时间大于 60min。

二、火检冷却风机的控制

两台火检冷却风机的控制，主要由冷风就地柜来完成。它接收 DCS 系统的控制信号（冷却风机启动/停止指令，风压低联锁指令），同时也反馈给 DCS 系统信号（冷却风机已启/已停，风压高报警）。冷风就地柜一般放置在离冷却风机不远的地方，由它完成对火检冷却风机的控制。

冷却风机控制方式分为系统控制和就地控制两种。系统控制即为 DCS 控制，运行人员通过操作员站对两台冷却风机分别进行远方启动/停止。

第四节　660MW 锅炉火焰检测装置存在的问题及改进措施

电站锅炉燃烧的稳定性直接影响电站的安全经济运行。随着电站单机容量不断增大，锅炉设备的结构及其辅机系统日趋复杂，尤其在机组启停过程中操作频繁，锅炉在运行中发生操作不当、判断失误、工况调整不及时等情况时就会造成燃烧不稳定、火焰脉动，并可能导致炉膛灭火，甚至发生爆炸。因此，电站锅炉必须配备功能齐全、设备可靠的锅炉安全监控系统。而炉膛安全监控系统投运成功与否，在很大程度上取决于所用火焰检测装置的功能是否可靠与完善。

但在实际生产过程中，因设计、安装质量、检修调整、燃烧工况（调整）等诸多问题，炉膛火焰检测信号长期不稳定，多次出现保护误动现象，严重影响了机组的安全稳定运行。一方面火焰检测装置本身存在不稳定因素，另一方面燃烧控制设备的可控性差；燃烧调整不当又反过来影响火焰检测装置的稳定。现场设备经常出现故障，特别是隔层燃烧或夏季环境温度升高时，火焰检测装置更不稳定。如发现不及时，则容易造成 MFT 误动作，致使机组跳闸，同时也严重影响电厂安全、经济目标的实现。

一、锅炉火焰检测装置存在的问题

1. 火焰检测器装置不稳定

锅炉在高负荷且不断层运行的情况下，煤层每层有一列两只火焰检测器闪烁。在断层或低负荷时，煤层每层有一只不见火，其他三只火焰检测器闪烁；而油层火焰检测器根本无法满足点火需要。为维持锅炉运行，油层火焰检测器全部短接，煤层每层短接一个，严重影响锅炉的安全。

2. 火焰检测器光纤的安装位置不合理

光纤末端导光管的安装位置、倾角和光纤头在导光管中的相对位置不合理。由于煤、油燃烧器扩散角、初燃区范围大小的差异，因此油火检光纤与油枪水平安装，煤火焰检测器则安装在煤火嘴的正下（上）方的辅助二次风口内，并以一定的倾角对准初燃区中部靠前处。如果导光管没对准初燃区或者因光纤插入困难而没有伸到位，都会严重影响检光效果。火焰检测器信号偏弱，不能正确反映燃烧的实际工况，锅炉负荷较低时，易误发无火信号。

3. 光纤通光性能变差或积灰

由于光纤冷却效果不好而造成光纤前端温度过高，使光纤过早老化，且探头、光纤头因密封维护不善易而积灰，都会严重影响通光性能（透光率），使红外光亮度信号在传输过程中大大减弱，从而使火焰检测器信号不稳定。

4. 火焰检测器参数调整不合理

处理好灵敏度和分辨能力两个方面的问题，既要有足够的灵敏度保证火焰检测器信号的稳定，又要将本身的火焰同与其相邻、相对的焰区分开来。火焰检测器参数调整不当主要表现在以下方面：

（1）在油、煤混烧的工况下调整火焰检测器，由于相邻火焰的混烧、串入，调整后火焰检测器参数与纯油、纯煤单烧实际工况不符。

（2）调整单台煤火焰检测器时没有减少给煤量就进行试验、调整。

（3）中心频率设定不准，由于初燃区火焰闪烁的频率不仅与煤质有关，而且与煤粉浓度有关，因此中心频率的设定宜在60%～70%额定负荷下进行试验、设定，满负荷和最低负荷下调整、设定中心频率都是不合理的。

（4）调整后的火焰检测器参数没有进行低负荷、变煤质（种）的试验和长时间的考验，一旦遇到比试验更差的工况，则可能出现大面积火焰检测器不稳而产生保护误动。

（5）没有处理好灵敏度和分辨能力之间的矛盾关系，存在一定的漏检、误检的隐患。

5. 煤质（种）的变化及一次风过量

煤质变差或煤挥发分降低会使煤粉着火距离后移，使初燃区中心偏离原来火焰检测器光纤对准的区域，亮度、频率会因此而发生变化，影响火焰检测器信号的稳定；同样，磨煤机一次风量过大，未燃区会因一次风速增高、煤粉细度增大而加长，也会使煤粉着火距离后移。典型的情况是锅炉低负荷（低于65%额定负荷）下磨一次风量过大，对火焰检测器有明显影响，这种运行工况应尽量避免。

6. 燃烧控制设备可靠性差及摆动异常

主要是燃烧器摆角和二次风挡板。燃烧器摆角控制异常，部分摆到最高、最低，特别是同一层摆角，因喷口烧损变形卡住等原因，使摆角出现有的上摆到顶、有的下摆到底的情况，锅炉正常切向燃烧遭到破坏。尽管光纤导向管跟随摆动，燃烧器初燃区火焰仍然偏离检测区，火焰回流效果差；同时，光纤头在导光管中的位置会因摆动相对后移，使火焰检测器信号偏弱而不稳，特别是底层煤更加明显，不但火焰检测信号不稳，还会出现煤粉下掉至捞渣池的现象。

二次风挡板开不到位也是严重影响燃烧的因素之一。它会使燃烧器燃烧配风不够，燃烧工况恶化而使火焰检测信号不稳。

7. 磨煤机出口挡板开不到位

如果磨煤机出口挡板执行器漏气、卡住或故障损坏，该角挡板开不到位或打不开，对应该出口阀的燃烧器则因一次风量小、煤粉浓度小而使燃烧局部不稳，火焰检测器信号自然不稳，而且易造成再热气温的严重偏差。长期过小的一次风会使一次风管因风速不够而发生堵管，严重影响制粉系统的安全运行。运行工况方面，磨煤机出口一次风温度、燃油压力、炉膛负压超限都会对火焰检测器信号的稳定有一定影响。

二、改进措施

1. 光导管和光纤头重新定位

煤火焰检测器光纤安装在喷口下方的二次风口内，油火焰检测器与油枪平行安装。根据燃烧器的尺寸、喷口扩散角、额定工况一次风速和燃油压力设计确定了煤火焰检测器导光管的上倾角为15°，油火焰检测器离油枪的水平距离为225mm，光纤头的视角为20°左右。

检修时，要利用大、小修计划检修工期，对所有光纤安装尺寸进行全面检查、测绘，调整与设计不符的导光管视角。光纤头过于靠前时视角大、灵敏度高，但分辨能力减弱、温度较高，易烧坏光纤头；若过于靠后，则视角小、灵敏度低，但分辨能力增强、温度较低，不易烧坏光纤头。根据投运经验，光纤头定位到离前端8～10cm比较适中。

2. 逐一检查光纤，清洁光纤头

停炉时对所有光纤进行通光性检查，并对探头接口进行有效的密封。对光纤冷却风系统进行检查。

3. 合理调整火焰检测器参数

可利用火检编程器对火检智能卡进行有关火检参数的编程。从设计原理上看，也就是靠火焰的闪烁频率、亮度、不同火焰的红外光谱特性来调整和区分。炉内的红外光谱复杂，频带很宽，探头光谱响应波长范围为700～3200Nm，对火焰的响应灵敏度最高。煤火焰的闪烁中心频率为60～70Hz，油火焰的闪烁中心频率为150～180Hz。

灵敏度的调整要保证“独立调整”的原则，即在锅炉纯烧油、烧煤的工况下调整油、煤火检参数。在变负荷、煤质（种）试验调整参数时，不必改变中心频率，只对灵敏度进行小范围调整；对于调整后难以稳定的火焰检测器，要配合运行查明有无燃烧不良的问题，同时也应检查火焰检测器的信号回路，排除故障，使火焰检测器信号恢复正常。完成以上调整程序后，若火焰检测器信号在各种工况下能基本保持稳定，在燃料、燃烧器没有大改变时一般不需再跟踪调整火焰检测器，可以保持火焰检测器参数的基本稳定，但对于运行中出现的个别不稳定火焰检测器，要及时排除故障，保证火焰检测器一直处于良好的工况。

4. 彻底整治燃烧器摆角、二次风挡板执行机构

利用大修机会由锅炉专业更换燃烧器喷口，用特种钢材质喷口更换原易烧损变形的喷口，彻底消除摆角卡塞问题；全面检查调整所有摆角执行机构，将摆角的机械零位、上摆、下摆角度和执行器严格对应，保证四角平衡摆动、可靠控制，大修后两台炉摆角执行器已全面调整好，四角定位偏差不超过3°，均能平衡，可靠调节。

5. 彻底治理磨出口阀执行机构

利用小修机会检修其控制回路及执行机构，更换损坏或者漏气的气缸，排除气管路泄漏，消除挡板卡塞，修理或更换损坏的位置开关等。

6. 开展火焰检测设备的定期维护工作

定期检查光纤的通光性能、火焰检测装置的运行状态，记录无火焰检测的通道，及时消除报警，做好探头和火焰检测防空插头的防水、防潮工作，将火焰检测冷却风压纳入运行巡检、抄表项目和检修每日的巡检项目；对燃烧控制设备，要求运行、检修部门每天就地检查记录，及时发现并处理设备故障，保证燃烧控制设备处于良好的工况。

第十章

锅炉吹灰系统及设备

为了保持锅炉受热面的传热效果，必须经常清除受热面管壁上的积灰或结渣，以提高锅炉运行的安全性和经济性。

第一节 锅炉受热面积灰和结渣的原因及危害

一、锅炉受热面积灰和结渣的原因

在炉膛中心高温区域内，粉煤灰的某些成分（如一些熔点较低的成分及一些共晶混合物）熔化成液态，另一些难熔的成分则在火焰中心也不熔化。但是，灰是由各种成分组成的，因而在高温处的灰粒一般为液态或软化状态，随着烟气的流动，温度逐渐降低，当接触到受热面时，如灰粒仍保持软化状态，则可能黏结在受热面上形成积灰。由于灰的导热性差使积灰的外表温度升高，又因为积灰壁面的粗糙度增大，使软化状态的灰更容易黏附，因而在积灰外面很容易又黏上一层软化的灰粒，形成第一层渣。如此发展下去，外表温度越来越高，结渣越来越厚，当渣的温度达到熔化温度时，溶渣会流到邻近的受热面上，扩大结渣的范围。因而，结渣的过程是一个自动加剧的过程。

影响锅炉积灰和结渣的因素很多，除了与燃煤中的灰分含量、灰熔点及锅炉受热面的布置方式有关外，还与锅炉的负荷、火焰中心位置（是否偏斜或偏上）、炉内空气量及燃料与空气的混合程度等因素有关。因为如果炉内空气量不足或燃料与空气混合不充分，均会使炉内生成较多的还原性气体，以致灰的熔点降低，使积灰和结渣加剧。此外，吹灰、除渣不及时也会加重结渣，因为粗糙的壁面容易结渣，而且开始时渣质较疏松，如不及时清除，由于壁温升高，结渣将加剧，而且越来越严重。

二、锅炉受热面积灰和结渣的危害

当水冷壁受热面上发生严重积灰或结渣时，会使并列管的吸热不均，造成管屏的热偏差增大，局部水冷壁管超温；同时，由于炉膛出口烟温升高，还将引起过热器、再热器壁温的升高。炉内结渣不均匀时，将会造成过热器、再热器的严重热偏差。大块焦渣落下时，可能砸坏管子或造成锅炉灭火，危及锅炉的安全运行。

锅炉受热面发生积灰或结渣时，将使排烟温度和排烟热损失增大。燃烧器出口结渣时，会造成气流偏斜，使不完全燃烧损失增加，最终导致锅炉热效率将降低。此外，受热面积灰或结渣时，会使烟气通道局部堵塞，增加锅炉的通风阻力，使锅炉辅机电耗增大，严重时甚至会由于锅炉通风不足而被迫降低锅炉出力运行。

第二节 锅炉吹灰器及其布置

一、吹灰器的种类和工作原理

吹灰器是利用吹灰介质在吹灰器喷嘴出口处所形成的高速射流，对受热面上的灰渣进行冲刷，使灰渣脱落的装置。吹灰器除下的较大焦渣落入灰斗或烟道中，较大的灰粒则随烟气被带走。

吹灰器的控制方式过去多采用单台独立控制方式。随着锅炉容量的增大，吹灰器的数量增加，现在已不太适用，对于大型煤粉锅炉，均装有几十台乃至100多台各种形式的吹灰器，一般都实行程序控制，这不但减轻了运行人员的工作负担，而且也提高了吹灰效果和减少了蒸汽消耗，从而改善了锅炉运行的安全性和经济性。吹灰器程控又分为全程控和部分程控。全程控即所有的吹灰器及其相关的阀门都按顺序全部投入程序，程控系统一旦启动，各吹灰器和电动阀均自动投入运行，这是一种大系统程控。部分程控则是按需要将部分吹灰器及其相关的电动阀投入程控，是一种小系统程控。有些高度自动的机组，其吹灰系统作为一个子系统与机组的计算机控制系统相连接，可按时、按规定或根据需要自动投入吹灰系统，无须工作人员发出指令。

吹灰器按吹灰介质的不同，通常有水力吹灰和蒸汽吹灰两种。水力吹灰主要是利用连续排污水或生水在吹灰喷头的射流下产生较高的冲刷力，当水珠碰在灰渣上蒸发时吸收大量潜热，使灰渣层因剧冷而碎裂脱落。水力吹灰如使用在烟温较高区域时，对吹灰部位的管材及布置应做一些特殊考虑。目前众多电厂广泛采用蒸汽吹灰，通常它是将过热蒸汽经减压至1～2MPa后作为吹灰介质的。常见的锅炉吹灰器有以下几种：

1. 短伸缩式吹灰器IR

炉膛水冷壁或其他壁面一般选用短伸缩式吹灰器IR。

短伸缩式吹灰器的特点是：吹灰器边前进边旋转，到位后行走停止，喷嘴作360°吹扫后吹灰管反向旋转后退，直至喷嘴头部退至炉膛内停用位置。吹扫器与炉墙通过安装法兰进行连接，其重量由水冷壁承受，热态时随水冷壁的膨胀一起同步位移。

2. 长伸缩式吹灰器IK

长伸缩式吹灰器主要用于吹扫锅炉对流受热面和屏式过热器，特别适用于烟气温度较高区域（>600℃）的受热面。

长伸缩式吹灰器的特点是：吹灰管很长，工作时边旋转，边前伸（或后缩），边喷射。伸缩的行程很长，一般在2.5m以上，甚至10m以上。吹灰管在工作时，前端的介质喷嘴（2只对称）做螺旋运动，对四周的受热面进行吹扫。过去的吹灰器，喷嘴在前进后退的轨迹是重合的，这样有些部位吹不干净，有些部位却发生重复吹扫现象，容易吹损受热面，现在大多数改为吹灰器前进和后退时其喷嘴轨迹错开1/4节距，以扩大吹扫面积，提高吹灰效果和安全性。

3. 固定旋转式吹灰器

固定旋转式吹灰器主要作用于吹扫锅炉对流受热面或空气预热器，一般安装在烟温较低的区段，根据需要以一定的角度，针对积灰部位进行有效的吹扫。

固定旋转式吹灰器的特点是：无论是否工作，吹灰管始终置于烟道内。工作时，吹灰管只旋转而不作伸缩运动，因而具有结构简单、紧凑、安装使用与维护方便等优点。为了防止吹灰管在较长时间内由于受力和重力作用而产生弯曲，可将吹灰管每次停止的方位改变180°，以使各次停用时弯曲效应相互抵消。

4. 其他形式的吹灰器

吹灰器的形式除上述之外，还有往复式、摆动式等多种，可根据现场需要设计制造适宜的吹灰器。但是，根据吹灰器的动作原理，仅有旋转和伸缩两种基本动作（摆动式也可纳入旋转式中），任何吹灰器可以是其中一种，也可是两种动作的组合，再辅之以启闭阀门的动作，就可完成各种吹灰功能。

吹灰器除机身有各种不同的形式外，也可根据需要设计成各种形式，如单管式、多管式、爬式（T形）、矩形等。吹灰喷嘴的布置也可以是单喷嘴、对称双喷嘴、对称均布多喷嘴等多种形式。

二、吹灰器的布置

按照锅炉受热面的布置，燃煤锅炉一般在炉膛水冷壁的四周布置有数量较多的短伸缩式炉膛吹灰器，用于清除水冷壁受热面的灰渣。在烟道内的各受热面部位布置有长伸缩式烟道和预热器吹灰器，用来清除折焰角、过热器、再热器、省煤器及空气预热器等部位的灰渣。

三、吹灰汽源

锅炉本体吹灰汽源取自过热器分割屏出口集箱蒸汽；空气预热器吹灰汽源来自后屏过热器出口集箱的蒸汽及辅助蒸汽。在启动阶段，空气预热器的吹灰汽源来自辅助蒸汽。

第三节 锅炉受热面的吹灰

一、吹灰前检查

锅炉的吹灰操作应在锅炉运行工况正常，引风机有足够的余量，燃烧及各参数稳定且无其他重大操作时方可进行。

吹灰前应对所有系统进行全面的检查，检查内容主要包括：

（1）与吹灰有关的调节控制系统各设备均已校验正常，并置于投运前状态。

（2）有关的热工仪表、信号及报警装置已投入运行。

（3）各吹灰器在退出位置，吹灰安全门完整、良好且在回座位置。

（4）吹灰总门、吹灰调节门在关闭位置。

（5）吹灰管道和疏水管道等均无异常情况。

吹灰前，应对吹灰蒸汽母管进行预暖，待疏水放尽后（20～30min），减压站后蒸汽压力调至2～3MPa方可吹灰。吹灰时应严格控制汽温气压。吹灰结束后，关闭进汽主阀，开启疏水阀进行疏水5min。

在进行锅炉吹灰操作前，应先通知有关岗位值班员，做好相应的安全措施和参数调整工作。吹灰前应先适当增大炉膛负压。吹灰过程中，应注意各段汽温的变化和加强参数调整，以免吹灰过程中由于灰渣脱落而造成局部吸热量发生较大变化而导致汽温的波动。吹灰过程中应禁止观察炉内燃烧情况，除灰岗位值班员应关闭所有门、孔，停止人工除焦工作，并做好防止大块焦渣落下的预想。

二、吹灰过程控制

吹灰操作一般采用程控方式进行，在打开吹灰总门后应检查自动的调压装置工作正常，并对所属系统进行充分暖管。暖管结束后，程控系统即开始进行吹灰操作。

吹灰过程中，应保持炉膛负压及吹灰蒸汽压力符合要求。蒸汽压力过低或无蒸汽时严禁进行吹灰操作，以防烧坏吹灰器。进行手操吹灰时，每次投入吹灰器的数量应严格规定（一般同时吹灰的台数应不超过 2 台），以防对锅炉燃烧工况及运行参数产生较大的扰动。

三、吹灰

无论程控或手操吹式，顺序一般均应为空气预热器→炉室→烟道→空气预热器。吹灰应按照烟气流向逐对进行，以防吹落的灰粒再次黏附在清洁的受热面上。空气预热器吹灰，一般可两台同时进行。

吹灰期间应严格监视下列各项参数：

（1）高温过热器管壁温度和最终过热汽温度。

（2）减温器喷水流量的变化。

（3）省煤器及空气预热器出口烟气温度其前后差压变化。

吹灰周期一般应按照锅炉燃用煤种及受热面的积灰程度而定，目前各厂大多采用每班一次的方式（炉室、烟道吹灰 24h 一次），以便于操作与管理。现优化吹灰采用 48h 吹灰一次或按需进行吹灰，锅炉更安全、经济。

下列情况下应立即停止吹灰：

（1）锅炉运行不正常或发生事故时。

（2）吹灰系统故障或有关设备损坏时。

（3）锅炉负荷降至 50%BMCR 以下时。

停炉后不得吹灰，因为在飞灰沉积面上的红热的灰渣和飞扬的烟气可能导致爆炸。

锅炉负荷低于 50%时不得吹灰，因为飞扬的易燃物会引起爆炸。利用炉内流动的烟气带走飞灰，防止飞灰沉积于管壁或死角。

炉底冷灰斗出现严重积渣时，应及时处理，在未处理前，应停止炉膛吹灰。

停炉后，检查吹灰的效果及管壁是否有侵蚀现象，根据检查结果可以确定或更改吹灰压力及吹灰时间。

手动吹灰时，若吹灰器前进未达到限制位置，严禁进行后退操作。

四、吹灰时的注意事项

（1）吹灰器只能吹扫管子上的松散沉积物，而不能去除长期沉积形成的坚硬堆积物，故吹灰器需要及时地、有计划地经常吹扫。在新锅炉经调试投入正常运行前，应先确定每班一次的制度，待经过一段时间的试用，对照结灰速度、汽温、烟温的变化及管壁冲蚀程度来选定适宜的吹扫周期，但绝不允许吹灰器长期不用。

（2）吹灰器配套的管路、减压阀、疏水阀、测量仪器等附件，须经调试合格后方可投入使用；使用后也要经常检查和维修，以保证都处在良好的工作状态中。

（3）吹灰时最好是在锅炉全负荷与 70%MCR 负荷之间进行，若吹扫时负荷过低，不仅易降低炉膛温度，同时易对锅炉造成危害。

（4）无吹扫介质时绝对不允许投运吹灰器；若在吹灰过程中遇到失电，电动机故障或其他意外事故，应马上就地手动退回吹灰器，以免烧坏设备。

（5）吹灰器使用一年后应大修一次，在平常维修吹灰器时，也要维修吹灰器电动机。

（6）吹扫时最低压力不得低于1.0MPa，以保证有足够的能力冷却吹灰管路。

（7）吹灰器的日常维护要求按吹灰器制造厂提供的说明书进行。

第四节 660MW超超临界直流锅炉吹灰系统

锅炉本体部分有96只炉室吹灰器布置在炉膛部分，54只长伸缩式吹灰器布置在炉膛上部和对流烟道区域，16只声波吹灰器布置在后烟井下部前后对流烟道省煤器区域。每台预热器的烟气进出口端均布置1只伸缩式双介质吹灰器。锅炉本体和预热器吹灰蒸汽均由后屏进口集箱接出，蒸汽温度在BMCR工况下为519℃，压力为27MPa（表压）。吹灰蒸汽经过减压后分别进入各吹灰器，管路中设有自动疏水点。锅炉整套吹灰实现程序控制，系统设计通常按2台长伸缩式、2台炉膛吹灰器、2台空气预热器同时投运考虑，长伸缩式和炉膛吹灰器相对两侧墙上（或前后墙）各1台吹灰器同时投运。

一、锅炉本体

吹灰蒸汽自后屏出口集箱接出经过气缸式减压阀减压，其整定值为29.4MPa（30kgf/cm^2），温度约390℃，最佳使用值取决于吹灰器投运后的各种情况，再由用户按需要调整这一压力值。减压阀前的管路上布置有一只手动截止阀和一只电动截止阀作关闭汽源用。减压阀后管路上设有一只安全阀，以防吹灰蒸汽超压。管路上还设有压力测点，以监视减压阀出口压力。各路吹灰管路均设有流量开关，并与程控相接，流量开关触点的设定值为保持吹灰器所需的最小冷却流量。为保证吹灰介质干度适当，吹灰管路中设有疏水系统，本体吹灰部分有4个疏水点，其中炉膛吹灰器及长伸缩式吹灰器、半伸缩式吹灰器各2点，每一疏水点的疏水管路上布置有一只电动截止阀，温控疏水，其阀门启闭设定值为235℃；为保证彻底疏水，水平管道应至少保持0.025m/m的坡度。

二、预热器吹灰系统

预热器吹灰蒸汽来自后屏过热器出口集箱，和锅炉本体吹灰系统共用同一减压系统，然后有一路减压后的蒸汽进入空气预热器吹灰器。该管路中设有一个疏水点，温控疏水，疏水阀为电动截止阀，其启闭设定值为250℃，温度控制器设定温度时按尽可能高的过热度定。

在进入空气预热器的吹灰器总管上还设有吹灰器辅助蒸汽管路，辅助蒸汽来自设计院布置的辅助蒸汽母管，蒸汽压力为0.8～1.0MPa（表压），温度为250～300℃，经过截止阀和止回阀后进入吹灰管路。辅助蒸汽与正常汽源阀门切换条件如下：

（1）当锅炉负荷大于30%MCR时，空气预热器吹灰汽源减压站打开，供应吹灰蒸汽。

（2）当锅炉负荷小于30%MCR时或启动阶段，辅助汽源阀门打开，供应辅助蒸汽。

第十一章

锅炉干除灰、除渣系统

第一节　电除尘器的类型及结构

我国电力生产以火电为主。目前，在全国发电量中，火电占80%左右，而火电机组中90%为燃煤机组。煤炭燃烧产生的烟尘不仅污染环境，影响人类健康，同时也给生产带来很大损失，为此必须安装除尘器对烟尘加以捕集。在众多类型的除尘器（旋风除尘器、水膜除尘器、布袋除尘器、电除尘器等）中，电除尘器是一种较理想的除尘设备。

一、电除尘器的类型

（1）按清灰方式分，可分为干式、半湿式、湿式电除尘器及雾状粒子捕集器。干式电除尘器易产生粉尘二次飞扬。湿式电除尘器需进行二次处理。

（2）按烟气在电除尘器内的运动方向分，可分为立式和卧式电除尘器。烟气在电除尘器内自下而上作垂直运动的称为立式电除尘器。烟气在电除尘器内沿水平方向运动的称为卧式电除尘器。

（3）按电除尘器的形式分，可分为管式和板式电除尘器。管式电除尘器主要用于处理烟气量小的场合。板式电除尘器应用广泛。

（4）按收尘板和电晕极的配置分，可分为单区和双区电除尘器。收尘极与电晕极布置在同一区域内的为单区电除尘器，其应用最为广泛。收尘极与电晕极布置在两个不同区域内的为双区电除尘器。

（5）按振打方式分，可分为侧部振打和顶部振打电除尘器。振打清灰装置布置在阴极或阳极侧部的称为侧部振打电除尘器，现应用较多的为挠臂锤振打。振打清灰装置布置在阴极或阳极顶部的称为顶部振打电除尘器。

电除尘器主要有以下几个优点：

（1）除尘效率高。可达到99%以上。

（2）阻力小。一般为150～300Pa。

（3）能耗低。处理1000m^3烟气需要0.2～0.6kW。

（4）处理烟气量大。单台电除尘器的烟气处理量可达106m^3/h。

（5）耐高温。普通钢材制作的电除尘器可以在350℃下运行。

（6）能捕集腐蚀性强的物质。采用特殊结构的电除尘器可捕集腐蚀性强的物质。

（7）运行费用低。由于运动部件少、电耗低，正常情况下维护工作量小，相应的日常运行费用低。

(8) 可对不同粒径的粉尘进行分类捕集。

电除尘器也存在以下缺点：

(1) 一次投资大。一台电除尘器少则几十万，多则几百万，甚至上千万。

(2) 应用范围受粉尘比电阻的限制。电除尘器最适合的比电阻范围为 $10^4 \sim 5\times10^{10}$ $\Omega\cdot cm$。

(3) 不能捕集有害气体。

(4) 对制造、安装和操作水平要求较高。

(5) 钢材消耗大。

二、电除尘器的结构和功能

电除尘器由两大部分组成：一部分是产生高压直流电的高压电源装置和维持电除尘器正常运行必不可少的低压控制系统（称为电气部分）；另一部分是电除尘器本体，它是对烟气进行净化的装置。

电除尘器高压电源装置的主要功能是：根据烟气性质和所处理的粉尘特性，及时调整供给电除尘器的输出电压，使电除尘器能在接近于电场火花放电（或微火花放电）的电压下运行，电除尘器获得尽可能高的电晕功率，达到良好的除尘效果。

电除尘器低压控制系统主要功能是：阴、阳极振打控制，灰斗卸、输灰控制，安全联锁等。下面主要介绍两种常用电除尘器的结构和功能。

(一) BE 型电除尘器

BE 型电除尘器包括阳极系统、阴极系统、阴/阳极系统振打装置、保温箱、气体均布装置、壳体、灰斗及排输灰装置等。

BE 型电除尘器的结构如图 11-1 所示。

1. 阳极系统

阳极系统由极板排、振打砧及防摆装置构成。BE 型电除尘器采用的是 BE 型极板，宽度为 445mm，防风沟宽 44mm，中部为平板状，此种结构比较适合顶部振打时力的传递。

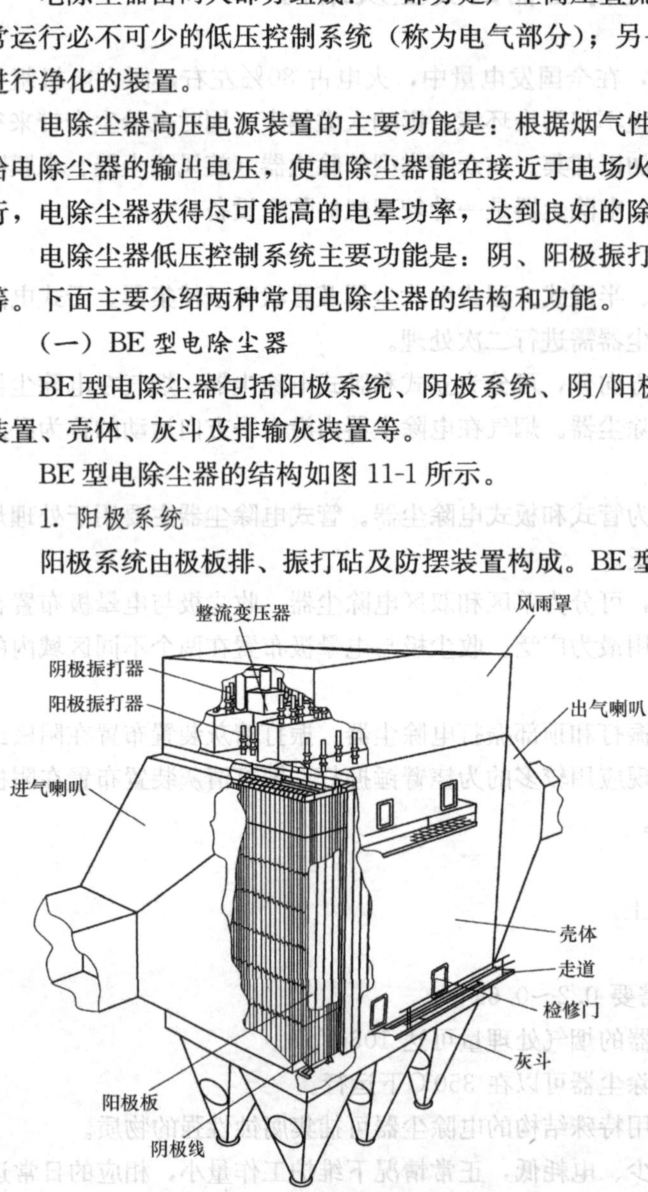

图 11-1 BE 型电除尘器的结构

极板排通过吊板上的两个孔自由悬挂在壳体顶梁底部的吊耳上，吊板上焊有振打砧，振打力通过振打砧传递到极板排上。阳极系统的振打清灰采用电磁锤振打器，一般 3 排或 5 排阳极板配一个振打器，这要根据工况条件、粉尘性质及收尘极板排的质量综合考虑确定。

2. 阴极系统

阴极系统由阴极框架、阴极砧梁、阴极悬挂系统及防摆装置构成，阴极系统通过砧梁悬挂在阴极吊梁上。

BE型电除尘器采用两种阴极线，即针刺线和星型螺旋线。针刺线起晕电压较低，电晕电流大，不易产生电晕封闭，适于粉尘浓度高的场合使用；星型螺旋线则相反，适于粉尘浓度低的场合使用。

3. 保温箱

阴极系统支承绝缘子或绝缘轴的周围若温度过低，其表面容易结露，当除尘器工作时，可能沿绝缘子或绝缘轴表面产生爬电或沿面放电，使工作电压无法上升，所以支承绝缘子附近装设电加热器，外加保温箱，设恒温控制器，以保持温度。

4. 高压进线装置

变压器顶置时，高压电直接通过高压隔离开关、阻尼电阻后进入阴极系统，高压进线装置都有护套管保护。

5. 灰斗及排输灰装置

电除尘器收集下的粉尘，通过灰斗和排输灰装置输送走，以保证电除尘器的稳定运行。输灰方式分为干输灰和水冲灰两类，干输灰又分为气力输灰和机械输灰两种。

（二）BEL型电除尘器

某电厂锅炉配有BEL型双室四电场电除尘器两台，除尘效率为99.75%以上，控制方式为IPC智能控制。

BEL型电除尘器的本体结构由壳体、灰斗、阳极系统、阴极系统、高压进线、进出口喇叭、楼梯走道等组成。

1. 阳极系统

阳极系统由ZT24型极板、极板悬吊梁、悬吊装置、振打机构等构成。ZT24型极板由冷轧板轧制而成，呈W形，安装时彼此相扣连接，上、下端均通过W形连接块分别与上部悬吊梁和下部振打杆进行紧密连接，这样可使振打力有效传递并达到显著的清灰效果。振打机构由传动装置、振打杆、振打锤等组成。

2. 阴极系统

阴极系统由阴极框架、阴极吊梁、阴极悬挂系统及防摆装置构成。阴极采用刚性小框架，配置V型镀铜芒刺线，具有起晕电压低、放电特性好的特点。阴极框架主桅杆上端与阴极吊（砧）梁连接，吊（砧）梁上焊有振打杆，振打力通过振打吊（砧）梁传递到阴极框架和阴极线上。阴极悬挂系统由悬吊杆、支承螺母、球面垫圈、球面封头、支承法兰和承压绝缘子构成。为了使系统在高压供电时稳定运行，在悬吊杆上增设大直径套管以加大其曲率半径，缩小套管与防尘罩之间的间距，可有效防止烟尘上窜至绝缘子内壁，解决该处的积灰爬电问题。

阴极系统采用顶部电磁锤振打清灰方式，振打装置由振打杆（上、下）、绝缘轴和电磁锤振打器构成。其中，绝缘轴两端采用竖向锥套连接，具有装卸方便可靠、传力效率高和使用寿命长的特点。BEL型电除尘器可采用披屋式保温箱结构，配置绝缘子电加热，以方便检修和维护。

3. 高压进线系统

高压进线系统分户内式和户外式两种，一般均配置有高压隔离开关、阻尼电阻、穿墙套管等。高压进线均配置护套管。

4. 进出口喇叭装置

BEL电除尘器进（出）口喇叭的结构形式主要分两种：一种是常规的水平进（出）风喇叭，另一种为垂直进（出）风喇叭。进口喇叭均设置2层或3层气流均布多孔板。出口喇叭可根据工况和设计要求配置槽形板，可对电场气流均布以及辅助收尘起一定的作用。

5. 壳体

BEL型电除尘器壳体由立柱、墙板、上下端板、顶梁、顶板、下部承压件、中部承压件、斜撑、内部走道等部件组成。它容纳阴极、阳极系统，是电除尘器的工作室，因此必须具有足够的强度和良好的密封性能。壳体上各电场前端位置还设有阻流板，以避免因气流短路而降低除尘效率。

6. 灰斗

电除尘器收集下来的粉尘通过灰斗和卸输灰装置送走，这是保证电除尘器稳定运行的重要环节之一。实践表明，由于排灰不畅造成灰斗满灰和电场短路影响设备正常运行的情况时有发生，因此，这一环节必须引起足够重视。灰斗设计应满足以下条件：

(1) 必须具有一定的容量，以备检修排输灰装置时，起过渡料仓的作用。

(2) 排灰通畅。斗壁应有足够的溜角，一般保证溜角不小于于60°，斗壁内交角处设过渡板，避免挂灰；为避免烟尘受潮结块或搭拱造成堵灰，灰斗壁板下部常设置加热装置；灰斗上设有捅灰孔和手动振打砧，以备堵灰时排除故障。

(3) 灰斗内设阻流板，以防烟气短路。

(4) 灰斗加热方式一般分为蒸汽加热和电加热两种。采用电加热时，一般不同时配置仓壁振动器，因为电加热器易受仓振破坏失去加热作用。

7. 辅助设备（IPC智能电除尘器控制系统）

IPC智能电除尘器控制系统是集计算机应用、通信、检测等新技术研制开发的高科技新产品。它适用于电除尘器配套电气的计算机在线监控和管理，监控和管理对象包括电除尘器的高压硅整流设备、低压振打、卸输灰及电加热器等控制设备，并可通过在出口烟道上配置浊度仪，根据其不透明度反馈值实现闭环控制。该系统适用于电除尘器扩展的各个领域，特别是电力行业，是提高电除尘器自动控制水平、达到保效节能运行目的的重要设备。

BEL型电除尘器的主要结构特点如下：

(1) 极板极线形式：阳极板采用ZT24型极板，阴极线采用V型镀铜芒刺线。

(2) 阴极振打方式：采用顶部电磁锤振打清灰方式，按小区域结构布置。

(3) 阳极振打方式：采用侧部整体仿形锤振打清灰方式。

(4) 控制方式：微机控制。

(5) 烟气进出方式：水平进出或垂直进出。

第二节 电除尘器的工作原理

电除尘器在两个曲率半径相差较大的金属阳极和阴极上，通过施加高压直流电，维持一个足以气体电离的电场。气体电离后产生的电子、阴离子和阳离子吸附在通过电场的粉尘上，使粉尘荷电。荷电粉尘在电场力的作用下，向电极性相反的电极运动而沉积在电极上，从而达到粉尘和气体分离的目的。当带有离子的颗粒到达极板时就释放离子，而颗粒依附在极板上，随着越来越多的烟尘颗粒的依附，极板上就形成了块状的尘埃，这时再通过振打机构，使块状尘埃掉落至灰斗，从而达到除尘的目的。电除尘分离烟气中的悬浮尘粒大体上包含以下五个物理过程：

(1) 施加高电压产生强电场，使气体电离，产生电晕放电。

(2) 悬浮尘粒荷电。

(3) 荷电尘粒在电场力的作用下向电极运动。

(4) 荷电尘粒在电场中被捕集。

(5) 振打清灰。

电除尘器的收尘过程如图 11-2 所示。

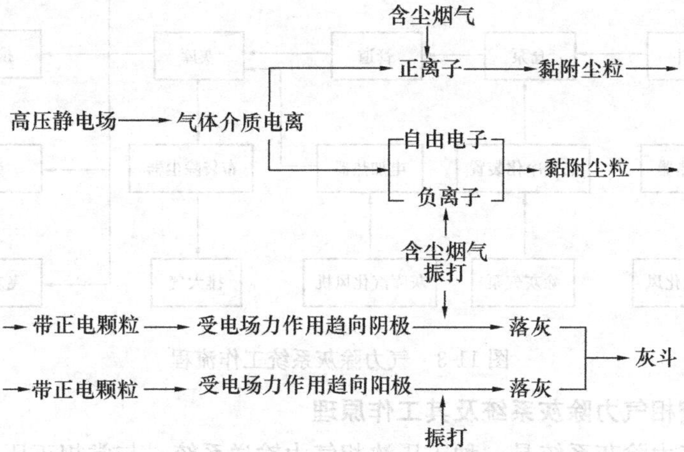

图 11-2 电除尘器的收尘过程

第三节 气力除灰系统设备与运行

一、概述

目前，火电厂的除灰方式大致可分为水力除灰、机械除灰和气力除灰三种。

(1) 水力除灰。水力除灰是用带有一定压力的水将电除尘灰斗、省煤器灰斗和空气预热器灰斗内的灰通过沟或管道冲入灰浆池，用灰浆泵将低浓度的灰浆打至浓缩机浓缩，浓缩后的灰浆通过前置泵（也称喂料泵）或者是高位自流的方式带一定的压力进入流体输送机械（如柱塞泵等）打至灰场堆放。

(2) 机械除灰。机械除灰是利用刮板机、输送皮带、埋刮板输送机械等将灰通过机械手段送到指定的地方堆放储存。

(3) 气力除灰。气力除灰是应用最广泛的一种除灰方式。它是以空气为载体，借助于某种压力设备（正压或负压）在管道中输送粉煤灰的方法。

根据不同的标准，气力除灰大致可分为：

1) 依据粉煤灰在管道中的流动状态分，可分为悬浮流（均匀流、管底流、疏密流）输送、集团流（停滞流）输送、部分流输送和栓塞流输送等。

2）根据输送压力种类，可分为动压输送和静压输送两大类。

3）根据压力的不同，气力除灰方式又可分为负压系统和正压系统两大类。同时，根据粉煤灰在输送过程中的物相浓度，大体上可分为稀相气力除灰系统和浓相气力除灰系统。

气力除灰能保持灰在输送过程中呈干燥状态，保持灰的性质不变，有利于灰的综合利用；其次，生产效率高，设备的构造简单，自动化程度高，有利于环境保护等。采用气力输送可大大提高劳动生产率和降低成本。

气力除灰系统工作流程如图 11-3 所示。

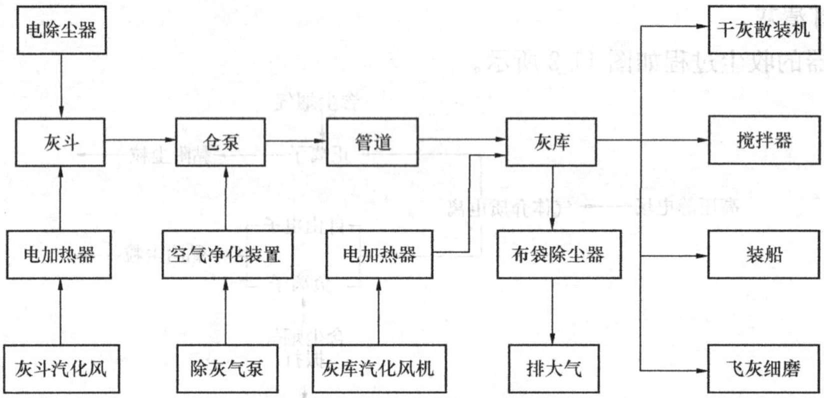

图 11-3　气力除灰系统工作流程

二、双套管密相气力除灰系统及其工作原理

双套管密相气力除灰系统是一种正压浓相气力输送系统，与常规正压气力除灰相比，其最主要的不同是该系统采用了特殊结构的输送管道——双套管。其工作原理是：在输灰管内上方增设一根辅助空气管，辅助空气管上每隔一定距离设置一个开口，开口中安装节流板，飞灰在输送气的作用下，以较低的速度向前运动。当管内飞灰出现沉积时，输送空气从辅助空气管中流过，并在开口处喷出，扰动沉积下的灰，将积灰扰动吹散，使飞灰继续向前输送。不断的挠动使飞灰输送实现密相、低速输送而不堵管，确保系统安全可靠运行。双套管气力除灰系统可实行多个输送罐串联运行。

双套管输灰系统的主要性能特点如下：

(1) 密相输送，灰气比高。

(2) 管道磨损轻，直管采用普通碳钢，寿命达10年。

(3) 可单仓、双仓或多仓成组运行，系统简单。

(4) 可连续输送电除尘器干灰或其他粉状干物料。

(5) 输送能耗低。

(6) 输送速度低（起始速度为 2～7m/s）。

(7) 系统运行安全性好，能随时启停而不堵管。

(8) 自动控制灵活方便，可自动、远操、就地控制。

(9) 进出料阀采用圆顶阀，使用寿命长。

三、仓泵

1. 仓泵的工作原理

仓泵是以压缩空气为输送介质的动力，利用仓体的密封能力，自动交替进、排料的容积压力输送装置，亦称仓式输送泵。当干灰装入仓内后将容器关闭，然后通入压缩空气，使仓内的灰与空气混合物经输送管道送至指定地点。

仓泵的性能与缸体的大小、缸体内装灰的充满度和管道的阻力有关。对于一定的空气流量，缸体尺寸越大，缸内装灰充满度越高，系统输送的浓度和出力也相应增加。在输送距离长、管线阻力大的条件下，系统输送出力和浓度则相应降低。

仓泵结构简单，运动部件少，维护工作量小，其进、排料周期交替进行，输送压力、出力和浓度均随仓泵作周期性变化。

2. 仓泵的分类

仓泵按其出料的形式可分为上引式、下引式和流态化三种，按其布置方式可分为单仓泵和双仓泵两种。上、下引式仓泵的区别是：出料管分别从仓泵的上部或底部引出。单仓泵系统进出料为间断运行；双仓泵装置的两个仓相互交替工作，使系统的进排料可以连续进行。

3. 仓泵的工作过程

仓泵的工作过程如图 11-4 所示。

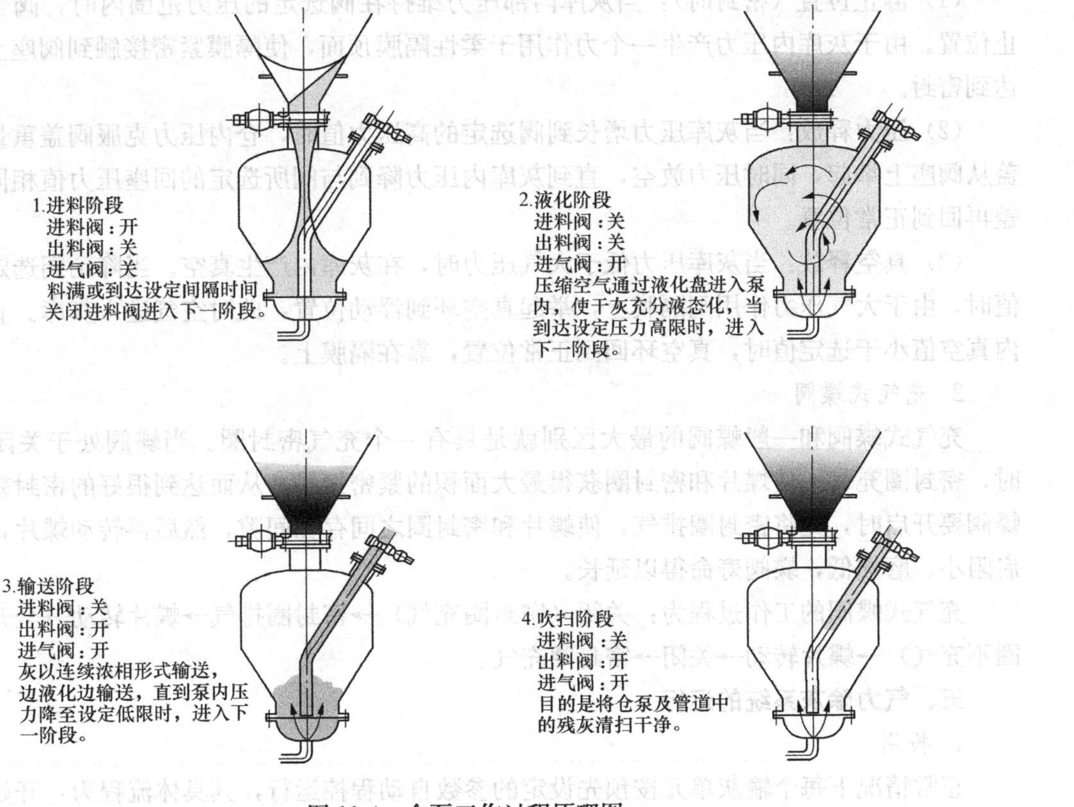

图 11-4　仓泵工作过程原理图

仓泵中物料的运动和阀门的工作，可分为以下四个阶段：

(1) 进料阶段。进料阀和排气阀打开，进气阀、出料阀关闭到仓泵内料位满或设定时间到发出信号，进料阀和排气阀关闭，停止进料，进入下一阶段。

（2）流化加压阶段。此时进料阀、出料阀关闭，进气阀打开，当泵内压力达到所设定上限值，则进入下一阶段。

（3）输送阶段。泵内压力达到上限值后，出料阀打开，脉冲喷嘴开始工作，此时进料阀仍关闭，进气阀仍然打开，物料从泵内输送到管道，直到泵内压力降到下限值，进入下一阶段。

（4）吹扫阶段，清扫仓泵和管道内残余物料，到达设定的吹扫时间后，进气阀关闭，出料阀关闭，进料阀打开，然后进入进料阶段，如此循环完成整个输送过程。

四、气力除灰系统的其他部件

1. 压力真空释放阀

压力真空释放阀安装在灰库顶部，其主要作用是，在充气、排气和温度不正常变化时，保护容器不受过量的正压和负压，其适用于：

（1）容器正常通气时，延迟气化物的逃逸，以降低有价值的蒸发气的损失。

（2）储存物料时，保持密封装置密封层。

（3）处理因外部热源引起内部压力过量时，作为优良的二次或备用保险。

压力真空释放阀的工作原理是：

（1）静止位置（密封时）：当灰库内部压力维持在阀选定的压力范围内时，阀盖保持静止位置。由于灰库内压力产生一个力作用于柔性隔膜顶面，使隔膜紧密接触到阀座上，从而达到密封。

（2）压力释放：当灰库压力增长到阀选定的高压力值时，仓内压力克服阀盖重量，将阀盖从阀座上举起，同时压力放空，直到灰库内压力降到与阀所选定的回座压力值相同时，阀盖再回到正常位置。

（3）真空释放：当灰库压力低于大气压力时，在灰库内产生真空。当降到阀选定的真空值时，由于大气压力作用到隔膜上，举起真空环到浮动位置，此时空气进入灰库。直到灰库内真空值小于选定值时，真空环回到正常位置，靠在隔膜上。

2. 充气式蝶阀

充气式蝶阀和一般蝶阀的最大区别就是具有一个充气密封圈。当蝶阀处于关闭状态下时，密封圈充气，使蝶片和密封圈获得最大面积的紧密接触，从而达到很好的密封效果。当蝶阀要开启时，先将密封圈排气，使蝶片和密封圈之间存在间隙，然后再转动蝶片，这样开启阻小、磨损低，蝶阀寿命得以延长。

充气式蝶阀的工作过程为：关闭（密封圈充气）→密封圈排气→蝶片转动→全开（密封圈不充气）→蝶片转动→关闭→密封圈充气。

五、气力除灰系统的运行

1. 投用

正常情况下每个输灰单元按预先设定的参数自动程控运行，其具体流程为：开始运行→排气阀开→进料阀开（开始进灰）→输送器高料位报警（或进灰时间到）→进料阀关→排气阀关→出料阀开→进气阀开（开始输灰）→输灰管道压力降至设定值→进气阀关→出料阀关（一个输送循环结束）。

2. 联锁

(1) 对于共用一根输灰母管的不同输送单元，互相之间不能同时输送。

(2) 输送气源压力或控制气源压力低时不能输送。

(3) 系统中有故障报警时不能输送。

(4) 输送压力超高时，补气自动开启，调节灰气比。

3. 停用

对于整个输送系统，任何一个输送单元故障时可单独解列，不影响其他单元运行。

4. 压缩空气压力及流量调节

每台锅炉设有1根压缩空气母管，在母管上设有调压阀，可随时调整输送压力；每个输送单元的进气管道上设有流量调节阀，可随时连续调整空气流量。通过对压缩空气流量和压力的调节，可实现输送系统的经济运行。

第四节 干式排渣系统及设备

目前，国内外大型火电机组大多采用机械式排渣设备。机械式排渣设备又分为湿式排渣机（即刮板捞渣机）和干式排渣机（也称为风冷式排渣机）两类。

一、660MW火电机组干式排渣系统简介

某电厂采用干式除渣系统，冷却空气利用锅炉炉膛的负压吸入干式排渣机，将渣冷却，冷却空气能最大限度地将底渣的热量带回炉膛；冷却风量能根据锅炉的排渣量调节，且不影响锅炉的燃烧，最大冷却空气量不超过锅炉燃烧空气量的1%。

底渣在干式排渣机输渣过程中冷却到一定温度后输送到碎渣机粉碎，再输送到链斗输送机，由链斗输送机将渣送至渣仓，通过卸渣机至干或湿排渣口，由汽车运走；也可通过事故排渣口，由汽车运走。

机械送至渣仓储存，干式排渣机在设计出力下运行时，其排渣口温度应低于100℃；最大出力时，排渣口温度应低于200℃。储渣仓出口炉渣的温度应保持在50℃以下。

每炉一套渣仓及卸渣设备，每套渣仓应能储存BMCR工况下8～10h的排渣量，渣仓直径为7.5m；每套渣仓下设干、湿两种卸渣设备，且有高、低料位报警；为保证渣仓卸渣时畅通，渣仓装设有防堵设施。每套渣仓安装1个测温热电偶。

(1) 干式排渣机正常出力为12～13.5t/h，最大出力为46t/h，要求连续或间歇运行。

(2) 干式排渣机与锅炉出渣口用渣斗相连，渣斗独立支撑，渣斗容积可满足锅炉MCR工况下4～6h的排量；渣斗底部设有炉底排渣装置，允许干式排渣机故障停运4～6h而不影响锅炉的安全运行。

(3) 锅炉正常运行时的排渣量为12.6t/h，炉渣温度为850℃。

(4) 干式排渣系统包括炉底排渣装置小、中挤压头各1对，大挤压头2对，钢带出渣机和碎渣机各1台，链斗输送机2台，渣仓1座等。

(5) 锅炉渣斗。锅炉渣斗是指从锅炉水冷壁下集箱挡板处至炉底排渣装置上槽体之间的钢结构部分。锅炉渣斗采用相对于锅炉排渣口中心线偏心500mm布置。过渡渣斗采用独立支撑方式，它与锅炉下集箱挡板之间设有机械密封装置，能满足锅炉4～6h的最大排渣量。

锅炉渣斗与炉底排渣装置间采用不锈钢波纹板连接，用于承受锅炉渣斗和干式排渣机受热膨胀引起的变形。

（6）炉底排渣装置，其工作流程如图 11-5 所示。

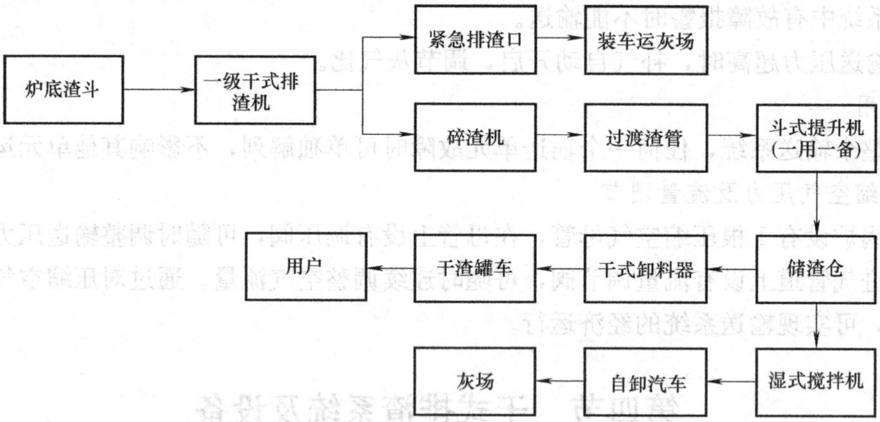

图 11-5 炉底排渣装置

二、干式除渣设备的结构

1. 密封装置

密封装置主要用于炉下干渣斗与锅炉连接处的密封，且能满足锅炉在各个方向的热膨胀量。

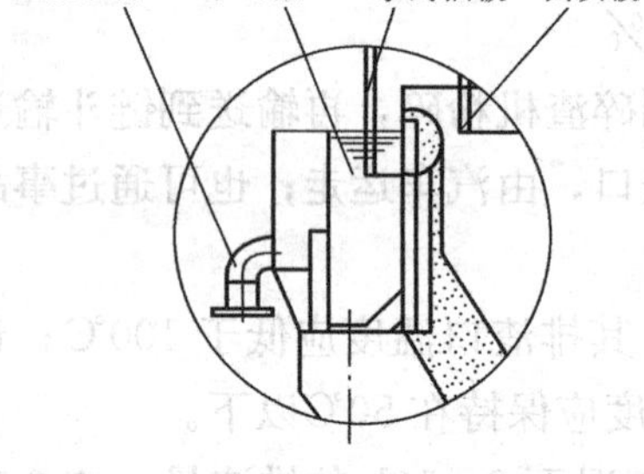

图 11-6 水封式密封装置

密封装置主要有水封式与机械式两种。传统的密封装置为水封式结构（见图 11-6），其利用水封插板插入水封槽液面以下形成水封。该装置结构简单、工作可靠、成本低、维护简便；因锅炉辐射热的作用，会消耗少量的水。机械式密封装置采用非金属膨胀节结构（见图 11-7 和图 11-8），近几年来在干式除渣系统中被较多采用，其框架及挡板需采用耐热不锈钢，蒙皮及填充料为非金属材料，无水量消耗。

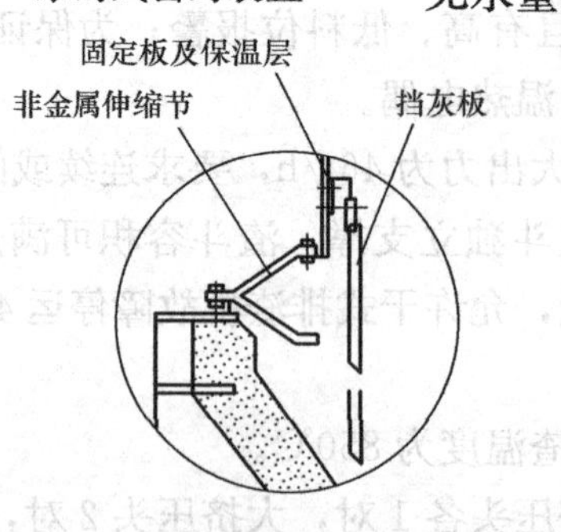

图 11-7 机械式密封装置（一）

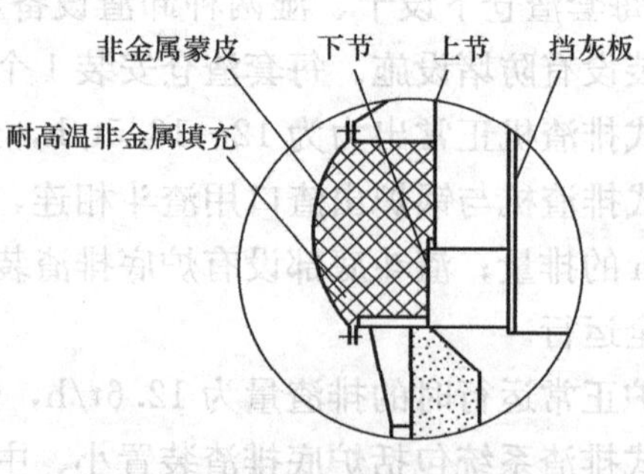

图 11-8 机械式密封装置（二）

2. 干渣斗

干渣斗主要用于锅炉与干渣机间的过渡连接，在干渣机正常运行时，其呈锥形漏斗状；在干渣机事故状态下，其底部的液压关断门或大渣破碎装置门板关闭，形成一锥形容器，可储存一定的渣量。渣井需内衬耐火混凝土。

对干式排渣系统，为减少锅炉落大焦时对干式除渣机网带及托辊造成较大冲击而损坏承托托辊，渣井布置为偏心结构，锅炉大焦落下时，首先接触渣井侧壁，从而起到缓冲作用，避免锅炉大焦对干式除渣机网带及托辊造成较大冲击，保护干渣机承托网带的托辊不受损坏。

3. 炉底排渣装置

渣斗与干式排渣机之间设有炉底排渣装置，由格栅、挤压头、箱体、驱动液压缸和摄像监视系统等部分组成。炉底排渣装置中的挤压头部件采用液压驱动，实现大渣块的预冷却、预破碎，也能起到关断门的作用。200mm 以上的渣块首先落到隔栅上，经水平移动的齿形挤压头将其破碎，由干式排渣机运出，允许炉底排渣机故障停运 4～6h 而不影响锅炉安全运行。

干排渣系统正常运行期间，一般情况下挤压头处于常开状态，不需要操作。当格栅上出现无法下落的大渣块（200mm 以上的渣块）时，首先落到格栅上得到冷却，需要启动液压泵，推动挤压头，由水平移动的齿形挤压头将其破碎，落到钢带输送机上。炉渣下落及破碎过程均由摄像系统监视，在控制室的液晶显示屏可以清楚地观看到。

4. 钢带输渣机

钢带输渣机安装在锅炉渣斗下部炉底排渣装置的正下方，是干式排渣系统的关键设备。它以钢带作为牵引部件，同时又作为承载部件，实现灰渣的收集和运输。工作时钢带驱动装置带动驱动滚筒转动，通过驱动滚筒和钢带之间的摩擦力带动钢带运行，输送钢带行走速度为 0.4～4m/s。从锅炉冷灰斗落到钢带上的灰渣与钢带一起运动，钢带的结构（双向自平衡钢网被覆承载钢板）可以吸收灰渣坠落产生的冲击力。

钢带输渣机由头部动力段、标准段（上升段和水平段）、过渡段、尾部张紧段和电气与控制系统组成。

头部动力段设置驱动装置由两台带减速机的电动机分别驱动上部的输送钢带输送灰渣和下部的刮板清扫链输送落在输渣机底部的细灰。

尾部张紧段由上、下各一对张紧液压缸分别张紧输送钢带和刮板清扫链。

钢带输渣机的上升段、过渡段和水平段均布置有托辊、托轮机构，支承输送钢带和刮板清扫链；在钢带的两侧安装有限位轮，实现输送钢带的强制纠偏。另外，在钢带机箱体侧板和头部顶板处还安装有进风口，用来冷却钢带和灰渣。过渡段增设了压辊、压轮机构，用于输送钢带和刮板清扫链改向运动。

干式排渣机设有超载保护、断链停车保护装置，将事故信号送至除灰控制室；此外还设有渣温检测装置和大渣检测装置。

5. 链斗输送机

链斗输送机要求连续或间歇工作，其出力为 50t/h。

6. 碎渣机

干式排渣机出口设有碎渣机，碎渣机的出力为 50t/h。碎渣机出口破碎后的渣颗粒小于 20mm。碎渣机各部轴承耐热温度能接受 350℃以上的高温工况连续工作。碎渣机通过电动机和减速机驱动，并通过联轴器将驱动力传递到轴上。电动机和减速机之间安装液力耦合器，同时在电动机支架和联轴器靠近碎渣机侧安装电感式接近开关，采用电、液二级保护的方式保证电动机的安全运行。碎渣机可以通过脚轮在支撑导轨上移动。碎渣机有自动反转等保护功能。

7. 渣仓

每座渣仓的有效容积为 200m^3，每台炉 1 座渣仓。660MW 机组燃用设计煤种可容纳 16h 的排渣量。渣仓直径为 7.5m，为双出口结构，一个出渣口接加湿双轴搅拌机，另一个出渣口接干式卸料机。干式卸料机和双轴搅拌机的出力为 100t/h。渣仓设有料位指示器，当高料位时能发出报警信号。渣仓顶部有事故真空压力释放阀和布袋除尘器。

干式排渣系统的控制由 DCS 实现，DCS 能进行干式排渣系统的自动程序控制、半自动控制和就地手动控制。

三、干式除渣系统工作流程

干式除渣系统工作流程如图 11-9 所示。

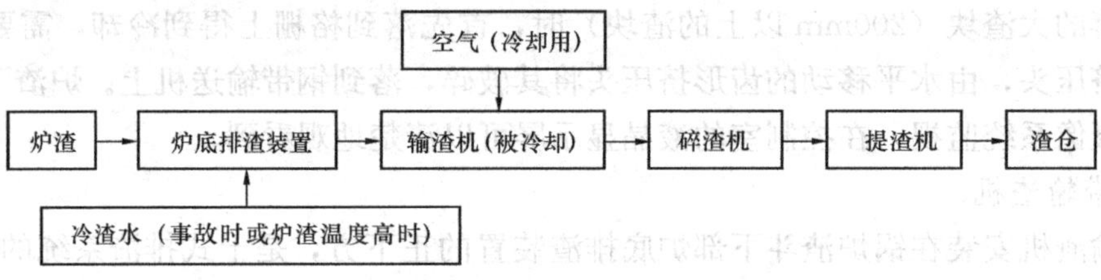

图 11-9 干式除渣系统工作流程

第五节 干式排渣系统的运行与维护

一、除渣系统设备的试转及启动

1. 提渣机的空载试转

（1）确认链条已张紧合适。

（2）汇报班长，要求送上电源。

（3）将选择开关置“就地”。

（4）就地点动启动提渣机，正常后空载连续试运转 4h。

（5）检查链条张紧适度，承载滚轮全部落在轨道上。

（6）检查链条与链轮啮合正常，无碰撞及卡煞现象。

（7）检查链条不歪斜、不跑偏。减速机无异常，无渗油。

（8）料斗无碰撞及卡煞现象，间隙均匀。

（9）各轴承及减速机温度、振动、声音正常（轴承温升不超过 30℃，减速机温升不超过 45℃），润滑密封良好，无渗漏现象。

（10）经空载试转正常后，应进行 4h 的负载试转。

（11）启动提渣机，向提渣机逐渐送料。

（12）检查提渣机下部不积塞现象，料斗无单面装载现象。链条张紧适度，输送量满足设计要求。

(13) 多次启停提渣机，检查逆止装置正常，突然停运时没有明显反向行程。

(14) 试转结束，根据需要保持运行或停运。

2. 碎渣机试转及启动

(1) 检查液力耦合器内油位正常（80%为最佳）。

(2) 转动机械完整，碎渣机内无铁件、大焦块及杂物等。

(3) 汇报班长，要求送上碎渣机电源。

(4) 启动碎渣机，检查电动机转向正确。

(5) 检查碎渣机运行正常，轴承温度、振动、声音正常，无卡碰声，无卡堵。

(6) 依次按碎渣机正转、反转按钮三次，碎渣机即正转或反转转向正常，无异物上堵。

(7) 碎渣机试转结束，根据需要保持运行或停运。

(8) 输渣机油站试转及启动。

(9) 所有液压管路全部连接完好，油系统管道无泄漏。

(10) 确认进油滤油器和回油滤油器不堵塞。

(11) 确认液压油站上的手动门全部开启。

(12) 确认输渣机尾部张紧系统手动门全部开启。

(13) 确认各电磁换向阀均处于断电状态。

(14) 确认各溢流阀处于正常的调定压力，或均调至最低值（调节手柄逆时针旋转至最松）。

(15) 将选择开关置“就地”。

(16) 要求送上液压油站设备及控制柜电源。

(17) 启动一台液压油泵。

(18) 按系统升压按钮，观察系统压力表读数。

(19) 调节运行泵调压门，使系统压力达到13.5MPa。

(20) 再次按下系统升压按钮，关闭系统升压，停止运行油泵。

(21) 按同样的方法进行另一台液压油泵的试转。

3. 清扫链张紧的试转及启动

(1) 检查清扫链张紧装置执行机构连接良好。

(2) 检查各液压缸完整，无泄漏。

(3) 确认液压油泵已试转正常，具备投运条件。

(4) 开启清扫链张紧蓄能器进口门及各压力表一次门。

(5) 将选择开关置“就地”。

(6) 要求送上就地柜电源。

(7) 启动一台液压油泵。

(8) 按下液压油系统升压按钮。

(9) 按下清扫链张紧按钮，观察清扫链张紧压力表读数压力达到1.0MPa。

(10) 按下清扫链张紧按钮，观察清扫链机尾轴是否随液压缸向尾部移动。

(11) 再次按下清扫链放松按钮，关闭清扫链放松。

(12) 再次按下系统升压按钮。

(13) 停用运行液压油泵。

4. 输渣机钢带张紧的试转及启动

(1) 检查钢带张紧装置执行机构连接良好。

(2) 检查各液压缸完整，无泄漏。

(3) 确认液压油系统已试转正常，具备投运条件。

(4) 开启钢带张紧蓄能器进口门，钢带张紧进油门。

(5) 将选择开关置“就地”。

(6) 要求送上就地柜电源。

(7) 启动一台液压油泵。

(8) 按下系统升压按钮，按下钢带张紧按钮，观察钢带张紧压力表计数压力达3.5MPa。

(9) 再次按下钢带张紧按钮，关闭钢带张紧。

(10) 按下钢带放松按钮，观察钢带放松。

(11) 再次按下系统升压按钮，关闭系统升压。

(12) 停用运行液压油泵。

5. 挤压头的试转及启动

(1) 确认输渣机运行正常。

(2) 检查挤压头液压油系统及执行机构良好。

(3) 检查各液压缸完整，无泄漏。

(4) 确认液压油系统试转正常，具备投运条件。

(5) 将选择开关置“就地”。

(6) 要求送上控制柜电源。

(7) 启动一台液压油泵。

(8) 按下系统升压按钮。

(9) 按下开“挤压头挤压”按钮，将需开挤压头的选择开关置“开”，开启该挤压头；观察挤压头实际动作是否打开，相应指示灯变红后立刻将选择开关置“关”，挤压头开启。

(10) 按下开“挤压头放松”按钮，将需关闭挤压头选择开关置“开”关闭挤压头；观察挤压头实际动作是否关闭，相应指示灯变绿后立刻将选择开关置“关”挤压头关闭。

(11) 再次按系统升压，关闭系统升压。

(12) 停用运行液压油泵。

(13) 清扫链的空载试转及启动。

(14) 检查清扫链运行方向上无杂物。

(15) 检查输渣机底板接缝处有无凹凸不平。

(16) 检查所有托链轮转动灵活。

(17) 检查减速机旋转方向正确。

(18) 检查张紧机构导向板有无卡碍、移动灵活。

(19) 检查链条竖环均入槽（含压轮和托轮），刮板间平行且与运行方向垂直。

(20) 安全开关和零速开关完好、可靠。

(21) 启动液压油站，油缸张紧压力为2.5MPa。

(22) 汇报班长，要求送上清扫链电源。

(23) 启动清扫链风扇。

(24) 启动清扫链。

(25) 检查驱动链轮与链条啮合正常（脱链迅速，无卡涩，无异常“铿铿”声、开口环螺栓部位与轮槽间无接触）。

(26) 检查链条运行轨迹无扭曲现象，链条在托链轮轮槽中运行。

(27) 检查链条在过渡段的啮合与运行正常（在压轮轮槽中运行，无异常声音）。

(28) 检查刮板在“相互平行且与运动方向垂直状态”运行，无窜动、无爬行。

(29) 检查刮板与底板摩擦正常，无异常声音。

(30) 清扫链空载试转48h，试转正常后，根据需要保持运行或停运。

(31) 输渣机钢带的空载试转。

(32) 检查所有托轮、托辊与输送带接触是否良好，是否转动灵活。

(33) 检查张紧机构导向板和尾部台车是否处于自由状态、移动灵活。

(34) 检查钢带的直线度、平面度以及与侧向导轮的间隙。

(35) 检查安全开关和零速开关是否完好。

(36) 检查过渡段输送带压轮受力状态是否良好。

(37) 检查减速机旋转方向是否正确。

(38) 启动液压油站，油缸张紧压力值为5.0MPa。

(39) 启动输渣机钢带，空载试转2h。

6. 输渣机空载的试转

(1) 输渣机运行前，确认挤压头处于关闭状态。

(2) 检查输渣机油站油箱内的油位正常（在油标的2/3刻度以上），液压油系统无泄漏。

(3) 确认输渣机钢带及清扫链运行方向正确。钢带位于承载托辊中间，钢带的各个钢片间距一致；钢片固定螺钉完好，无松动或脱落。清扫链的链条应安放在相应的托轮槽内。钢带及清扫链的张紧装置完好，钢带及清扫链的张紧装置完好。各张紧装置移动灵活，输送钢带启动和运行时滚筒均不应打滑。

(4) 各张紧装置在最大张紧状态，已利用的行程不应大于全行程的50%（钢带≤250mm、清扫链≤125mm）。

(5) 开启输渣机液压油系统所有截止阀。

(6) 所有配套设备、控制系统、热工仪表、开关都处于备用状态，阀门位置正常，符合启动要求。

(7) 将控制系统选择开关置“程控”。

(8) 要求送上输渣机电源。

(9) 启动输渣机在空载状态下运行48h。

(10) 检查输渣机电流、电压、转速、带速、台车位移、温升等正常。

(11) 检查网带、钢带的运行，以及钢带位置的变化正常。检查过渡段、头部、尾部、侧向限位轮的运行正常。

（12）试转正常后，根据需要保持运行或停运。

二、除渣系统的运行与维护

（1）正常运行时，输渣系统及除渣液压油系统均应投入程控运行，远方操作只有调试和设备试转时使用。当输渣系统投入程控运行时，设备联锁保护条件才成立，远方操作时，联锁保护将不存在。

（2）除渣系统正常运行时，挤压头处于常开状态，不需要操作。当格栅上出现无法下落的大渣块时，需要启动除渣液压油系统，关闭挤压头，进行大渣破碎操作；大渣块破碎后，开启所关闭的挤压头。

（3）检查炉底排渣装置侧板上的观察孔，积灰较多时，及时打开箱体下部的小灰斗门，清理小灰斗积灰。清理完毕后，立即关闭小灰斗门。注意：清理积灰时，操作人员要避开风口，以免飞灰伤害操作人员。

（4）经常检查行程开关动作是否灵敏，连接螺栓是否松动；如不灵敏，则联系检修及时调整行程开关位置。如果调整位置后行程开关动作仍不灵敏，则联系检修检查电气线路或更换行程开关。

（5）碎渣机的运行与维护：

1）运行中随时监视碎渣机电流正常，无报警。

2）每2h对碎渣机进行一次检查，无大焦块堆积，无灰渣外溢。转动机械运转良好，齿轮箱油位正常。当碎渣机被大焦块或其他物体卡煞时，应先停用对应的输渣机，再使用碎渣机的反转功能，进行3次正反转运行。碎渣机已停转，电动机未停运时，禁止反转，立即停运碎渣机电动机，防止易熔塞熔化导致液力耦合器漏油，待处理完毕再恢复正常运行；如碎渣机故障短时间内无法消除，应汇报班长，联系检修处理并联系值长适当降低负荷，以减少渣量。

3）每2h检查碎渣机就地控制面板指示正常，无故障报警。检查碎渣机转向正确、振动良好，各转动部件无异声，各轴承温度正常。

4）锅炉运行时碎渣机故障，应立即联系检修处理，碎渣机停运时间不得超过3.5h。

5）每当碎渣机故障停运时，所有挤压头全部关闭，关断输渣机进渣口，系统报警，立即联系检修处理。

（6）输渣机的运行与维护：

1）每2h对输渣机进行一次全面检查，输渣机钢带完整，运行正常。运转速度与对应锅炉负荷下渣量匹配，传送带上无大焦块堆积，冷渣风量合适，保持输渣机出口炉渣的温度低于50℃。

2）每2h检查输渣机、碎渣机减速箱及传动装置运转良好，各轴承振动，温度正常，无异声。减速箱油位正常，油质良好，传动链润滑良好。检查减速机、电动机、各轴承座温度正常，温度低于70℃，温升不大于30℃。

3）每2h检查输渣机控制面板指示正常，无故障报警。当“油路阻塞”指示灯亮时，说明油路阻塞，这时应停输渣机检查。

4）根据灰渣量及时调整输渣机转速，调整转速以刮板上的灰渣刮到上底板斜坡段时无灰渣满溢落回槽里为原则。

5）每半月一次，输渣机轴承加钙基润滑脂一杯，输渣机主动轮、从动轮、导轮加钙基润滑脂 10g。

6）各张紧装置调整灵活，各张紧装置已利用的行程不应大于全行程的 70%。

7）输送钢带运行时，其边缘与限位轮的距离不小于 2mm。

8）输渣机运行平稳，应无不转动的托辊、托轮、压轮、压辊。

9）刮板清扫链行走应无跑偏现象，回程的清扫链链条应在所对应的托轮槽内，不允许脱落在托轮槽外。

10）运转中减速机体内储油量必须保持规定油面高度，以加到减速机油标位置为准。

11）当输渣机故障停运时，所有挤压头关闭，关断输渣机进渣口，同时系统报警，立即联系检修处理。

12）运行中挤压头关闭时间不得超过 3.5h，且挤压头单口承载不得超过 15t。

13）挤压头关闭后，门下严禁站人。

（7）下列情况下禁止进行输渣机抢修工作：

1）锅炉燃烧不稳时。

2）炉内结焦严重或正在清除炉内结焦时。

3）渣井内积灰渣严重无法清除时。

4）挤压头关不严时。

5）正常运行时，输渣机钢带和清扫链运行速度恒定；当除渣系统某个设备临时检修结束，逐对打开挤压头，或运行中渣井内的渣量较多，进入输渣机的渣量较大时，应重新设定钢带频率，提高钢带的运行速度。

6）运行中应随时监视钢带机及清扫链电流、各段温度、运行速度正常（钢带、清扫链设定频率为 20～50Hz，清扫链运行时间设定为 15min，停止时间设定为 1h)，无报警。监视输渣机钢带张紧压力正常，清扫链张紧压力正常。钢带张紧压力设定为 2.5MPa，清扫链张紧压力设定为 1.5MPa。

7）当挤压头的格栅上有大块渣时，运行人员操作挤压头进行碎渣。

8）当因结焦而出现大渣块，挤压头无法破碎时，可开启渣井冷渣门，用冷却水将大渣块击碎后关闭渣井冷渣门。

9）当输渣机运行出现故障时，系统报警，关闭挤压头，输渣机停止运行，进行检修；输渣机需要停运检修时，如果非输渣机本身故障，应在关闭挤压头后，提高输渣机的运行速度，将输渣机内的灰渣输送完毕后，方可进行检修工作。

10）检修完毕，挤压头应逐渐打开。此时从锅炉渣斗卸出的渣量较大，控制系统驱动电动机调速，运行速度加快，迅速排渣；当渣量减少时，运行速度恢复正常。

11）输渣机每次停运前都要将挤压头关闭。临时检修时，挤压头关闭，输渣机停运时间不得超过 2h。在检修结束后，应先张紧钢带，启动输送机，然后逐对打开。

（8）提渣机的运行与维护：

1）各润滑部位润滑油（脂）油量足量，油质良好。

2）经常保持输送机及周围清洁，及时清除尾部积料。

3）检查链斗输送机轴承无异声，轴承温度正常。

4）链轮张紧适度，链条与头、尾轮啮合良好，无异声。

5）承载滚轮在轨道上运行正常，料斗无变形现象。

6）正常运行时，提渣机一运一备，只有当锅炉渣量大时，方可两台运行；提渣机设定频率为20～50Hz。

7）运行中随时监视提渣机电流，确保运行频率正常，提渣机无报警。

8）当除渣系统运行时，每半月切换提渣机运行前应先启动备用提渣机，再停运运行提渣机；切换前应确认碎渣机出渣门已开启。

第十二章

超超临界直流锅炉启停及保养

第一节 超超临界锅炉的启动方式及启动特点

一、锅炉启动系统

启动系统是为解决直流锅炉启动和低负荷运行而设置的功能组合单元，主要包括启动分离器、混合球体、混合过滤器、大气式扩容器、循环泵、集水箱、回水疏水泵及其他汽侧和水侧连接管、阀门等，其作用是在水冷壁中建立足够高的质量流量，实现点火前循环清洗，保护蒸发受热面，保持水动力稳定，同时还能回收热量，减少工质损失。

直流锅炉启动系统按分离器正常运行时是否参与系统工作，可以分为内置式分离器启动系统和外置式分离器启动系统。

外置式启动分离器系统只在机组启动和停运过程中投入运行，而在正常运行时被解列。我国125MW和300MW亚临界机组锅炉均采用外置式启动分离器系统。外置式启动分离器系统在启动系统解列或投运前后操作复杂，汽温波动大，难以控制，对汽轮机运行不利，一般较少采用。

内置式启动分离器系统在锅炉启停及正常运行过程中，汽水分离器均投入运行。所不同的是，在锅炉启停及低负荷运行期间，汽水分离器湿态运行，起汽水分离作用，而在锅炉正常运行期间，汽水分离器只作为蒸汽通道。内置式启动分离器设在蒸发区段和过热区段之间，汽水分离器与蒸发段和过热器间没有任何阀门，系统简单，操作方便，无外置式启动系统那样的分离器解列或投运操作，从根本上消除了汽温波动问题。由于该系统适合于机组调峰，因而在世界各国超临界及超超临界锅炉上得到了广泛应用。我国超临界锅炉全部采用内置式启动分离器系统。

内置式启动分离器系统由于疏水回收系统不同，基本可分为扩容器式、循环泵式和热交换器式三种。不同的内置式分离器启动系统各有优缺点，其选择原则应以用户的要求为主，主要考虑投资和运行维修的方便性。我国燃料价格低于日本和西方国家，调峰幅度还没有达到两班制及周日停机的程度，因而适合采用投资小、运行维修简单的扩容器式内置式启动分离器系统。

分离器疏水流到扩容器回收箱，在机组启动疏水不合格时，将水放入地沟；疏水合格后，排入凝汽器进行工质回收。同时，分离器疏水还可以通入除氧器，一方面可以回收工质，另一方面也可用来加热除氧器水回收热量。

二、某发电厂660MW机组启动系统回路的组成

在超临界直流锅炉中，为适应变压运行的要求，随启动时间长短及启动频率的大小，其

启动系统存在着两种运行模式：一种是带BCP（Boiler Circulation Pump，锅炉循环泵）的启动循环系统，另一种就是不带BCP的启动循环系统。在这两种启动模式中，如何确定锅炉启动循环系统模式，必须考虑机组是带基本负荷运转为主，还是DDS（Daily Start and Stop）运转为主，以及选用的燃烧设备情况后再确定最适宜该锅炉的启动循环系统。

（一）带BCP的启动循环系统

1. 系统回路构成

带BCP的启动循环系统由大循环回路和小循环回路组成。大循环回路由汽水分离器、分离器储水罐和储水罐水位控制阀组成。小循环回路由汽水分离器、分离器储水罐、BCP循环泵（包括其辅助系统）和控制调节阀组成。

BCP的辅助系统包括循环泵的加热系统、循环泵加热管路排水系统、循环泵过冷管系统、循环泵最小流量回流管路、循环泵冲洗系统（包括高压水冲洗和低压水冲洗系统）、循环泵冷却水系统等。

各循环泵辅助系统设置的功能简述如下：最小流量回流管路的设置是为了改善BCP的调节特性及防止循环泵过热；过冷管系统的设置是为了防止在快速降负荷时，循环泵进口循环水发生闪蒸；循环泵加热管路的设置是为了防止循环泵受到热冲击；循环泵的高压冲洗系统是为了防止循环泵电动机部分的冷却水系统异常，低压冲洗系统的设置是在锅炉停止运行进行化学清洗时，防止循环泵电动机进水；循环泵冷却水系统是为了控制循环泵电动机部分的水温。

带BCP的启动循环系统，其循环回路如图12-1所示。

2. 运行操作

在锅炉启动工况下，由启动分离器到高水位调节阀到凝汽器的大循环管路是在冷态启动时供水再循环和启动过渡阶段控制分离器储水罐水位用的。冷态启动时，锅炉先要进行冷态清洗，清洗后的炉水通过高水位调节阀后的排污管排出系统外，水质达到一定要求后，关闭高水位调节阀出口的排污阀，炉水通过高水位调节阀排到凝汽器，达到锅炉供水再循环；分离器水位达6.0m且稳定时启动循环泵，锅炉点火，进行热态清洗，通过炉水质量来确定是否升温升压。达到要求后，升温升压时的锅炉水循环要求的最低流量主要通过循环泵和锅炉给水泵相互协调配合来满足要求。此时，高水位调节阀主要用作分离器储水罐水位控制用。在汽水分离器进口的水全部变为蒸汽时，汽水分离器为干态运行，此时锅炉进入直流运行状态，BCP停运，出口截止阀、高水位调节阀关闭，锅炉进入滑压运行状态。

在停炉、快速降负荷或MFT工况下，在锅炉由直流运行转变为循环运行时，启动高水位调节阀及循环泵来达到循环，此时由分离器出口的压力参数进行控制。随后的操作由锅炉给水泵和循环泵进行协调配合来满足运行要求。

3. 带BCP的启动循环系统的优缺点

从启动时间看，配置高、低压汽轮机旁路与锅炉循环泵可以确保最短的启动时间；从锅炉热效率看，带BCP的启动循环系统由于在启动时利用了高、低压加热器及炉内的热量，因此相比没有带BCP的系统而言，其热效率更高，主蒸汽温度更容易控制。

但是，带BCP的系统由于辅助系统多、设备费用高、增加的投资大，而且系统复杂，因此每年必需的检查维修费用也较高。

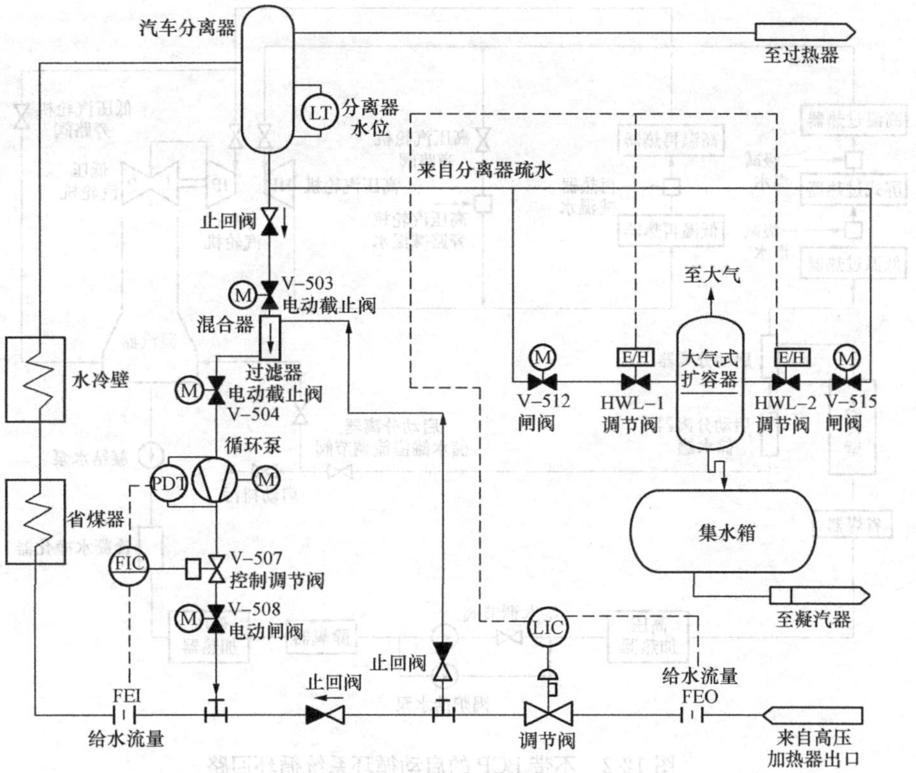

图 12-1 带 BCP 的启动循环系统循环回路

（二）不带 BCP 的启动循环系统

不带 BCP 的启动循环系统，其循环回路如图 12-2 所示。

1. 系统回路构成

不带 BCP 的启动循环系统由汽水分离器、分离器储水罐和储水罐水位控制阀（361 阀）组成。与带 BCP 的循环系统相比，就是不包括 BCP 泵、360 阀及其 BCP 的辅助系统部分。

2. 运行操作

由于这是一条独立的管路，在直流运行前，送至省煤器的水经水冷壁加热后，送到汽水分离器，流体在汽水分离器内分离成水和饱和蒸汽。水在分离器储水罐水位控制阀（361 阀）的控制下，由分离器储水罐再返至凝汽器，这一阶段为循环运行。361 阀可在循环运行时，通过使汽水分离器分离出的多余的水（为此需确保 BFP 提供至少不少于保护炉膛的最少给水量的前提下）由储水罐回到凝汽器，来达到控制汽水分离器水位在控制范围内的目的。阀的开启程度由汽水分离器储水罐水位控制程序决定。

3. 不带 BCP 启动循环系统的优缺点

不带 BCP 的启动系统，其系统构成简单，运行安全、可靠，并能节约大量投资。缺点是：单从启动时间看，配置高、低压汽轮机旁路与不带 BCP 的启动系统，其启动时间相对于带 BCP 的启动系统来说要长一些；从锅炉热效率看，不带 BCP 的启动系统由于在启动时，高、低压加热器及炉内的热量要通过凝汽器来冷却，在启停时热量有一定的损失，因此相比较带 BCP 的系统而言，其热效率要低些。主蒸汽温度上升快，不易控制。

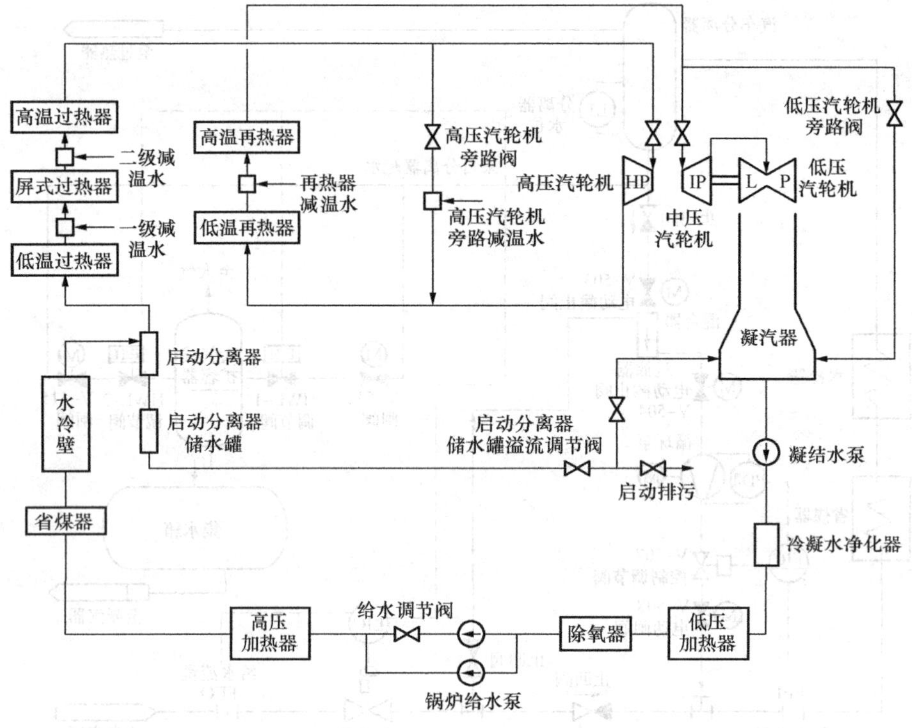

图 12-2 不带 BCP 的启动循环系统循环回路

带与不带 BCP 的启动循环系统，在国外成熟的市场中，根据运行情况两种启动方式都采用过。从我国目前的情况分析来看，现阶段不带 BCP 的启动循环系统较为适合我国的电力发展技术要求，并具有较高的经济实用价值。但是，随着经济发展以及一次能源开发受限，电力需求又增大，眼前的电力格局将被打破，此时将考虑启动时间的缩短和热量损失问题与增加 BCP 循环系统所带来的设备投资及运行维修费用进行综合经济性比较后，再决定是否需要设置锅炉循环泵。

三、启动系统的功能及控制

在湿态运行状态下，给水是通过分离器的水位和蒸汽量来控制的，其控制方法与亚临界控制循环锅炉类似，分离器的水位需要连续的监视。为了防止启动初期汽水膨胀时分离器水位过高，饱和水进入过热器，除了给水控制水位外，还设置了大气扩容式系统，在扩容器进口设置有两个高水位调节阀，其功能与简单疏水启动系统相同；此外，当循环泵发生故障时，该系统也能启动锅炉，只是工质和热量损失较多。

锅炉启动系统的控制体现在两个方面。

1. 从水位控制到温度控制的切换

从水位控制到温度控制的切换过程（见图 12-3）在维持省煤器和蒸发器最小流量的同时，对于燃烧率的控制也是很重要的。在湿态运行期间，省煤器和蒸发器中的流量保持恒定值，此时燃烧率要渐渐地增长，以满足产汽量的要求。当负荷增长时，为了维持分离器中的压力，燃烧率也要相应增长。在整个湿态运行过程中，分离器中的压力需要一直监视，而燃烧率的增长通过分离器的温度来体现。

最低直流负荷是启动系统的隔离点和锅炉进入干态运行的起始点。在此负荷以下，当燃烧率增长时，省煤器和蒸发器中的流量却是固定不变的。在最低直流负荷点，燃烧率和给水量达到一个预先设定的点。

当逼近最低直流负荷时，分离器水位消失进入干态，此时蒸汽温度控制投入使用。在切分期间，以分离器出口蒸汽温度作为导前控制点，为了避免温度控制失效而重新使启动系统投入运行，分离器出口蒸汽焓值要保持一定的过热度；同时，锅炉负荷应按升速率直接通过最低直流负荷点。过热度取决于汽轮机冲转时的压力，对于一台已设计的锅炉，冷态启动汽轮机冲转时的压力为8.4MPa，过热温度约15℃。在直流方式运行时，通过控制水煤比来调节分离器出口温度。根据锅炉性能计算，在BRL工况下，当燃料量及给水温度不变时，分离器出口蒸汽温度改变±1℃，相应的给水量改变约±10t/h，才能维持分离器出口蒸汽温度基本不变。在BRL工况下，当给水量及给水温度不变时，分离器出口蒸汽温度升高1℃，相应的燃料量（低位发热量约23 400kJ/kg）改变约－1.2t/h，才能维持分离器出口蒸汽温度基本不变。

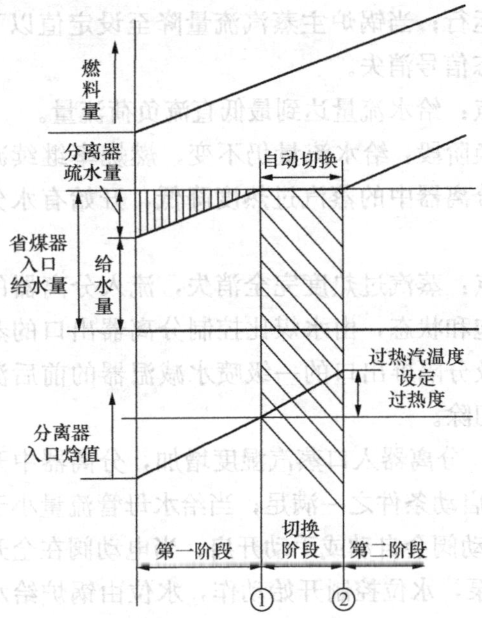

图12-3 从水位控制到温度控制的切换过程

如图12-3所示，在第一阶段以前，按照冷态、温态、热态及极热态启动方式，顺序启动锅炉及相关的锅炉辅机，循环泵启动系统投运；分离器水位由控制锅炉母管给水流量来实现。

第一阶段：省煤器入口的给水流量保持在某个最小常数值；当燃料量逐渐增加时，随之产生的蒸汽量也增加，从分离器下降管返回的水量逐渐减小，锅炉给水流量应逐渐增加，以保证省煤器入口的给水流量，此时分离器入口的湿蒸汽的焓值增加。

①点：分离器入口蒸汽干度达到1，饱和蒸汽流入分离器，此时没有水可分离，锅炉给水流量等于省煤器入口的给水流量，但仍保持在某个最小常数值。

切换阶段：省煤器入口的给水流量仍不变，燃烧率继续增加，在分离器中的蒸汽慢慢地过热（此时分离器压力不变），分离器出口实际温度仍低于设定值，温度控制还未起作用。所以，此时增加的燃烧率不是用来产生新的蒸汽，而是用来提高直流锅炉运行方式所需的蒸汽蓄热。

②点：分离器出口的蒸汽温度达到设定值，进一步增加燃烧率，使温度超过设定值。

第二阶段：进一步增加燃烧率，给水量也相应增加，锅炉开始由定压运行转入滑压运行，温度控制系统投入运行，由水煤比控制分离器出口的蒸汽温度及分隔屏出口的一级喷水减温器的前后温差。该温差是锅炉负荷的函数，当锅炉主蒸汽流量增加至设定值时，锅炉正式转入干态运行。

在干态自动方式时，循环泵自动停，循环泵停运后，电动阀自动关闭。在完成切换后，循环泵与给水泵串联运行，此时如将循环泵停运。由于循环泵提升压头的消失，会产生压力扰动，不利于锅炉安全运行。若循环泵仍保持运行，随着锅炉负荷上升，省煤器进口给水流量增加，循环泵通流量也增加，循环泵出口的调节阀前后压差增加。当循环泵通路的阻力超过给水母管止回阀压差时，止回阀通路打开，两路并行工作。随着锅炉负荷进一步上升，循环泵出口的调节阀前后压差进一步增加，会使泵的提升压头对循环泵通路趋向于零，此时循环泵停运，可避免压力扰动。根据循环泵的具体运行特性，循环泵通路提升压头趋向于零的负荷一般要求大于45%BMCR。

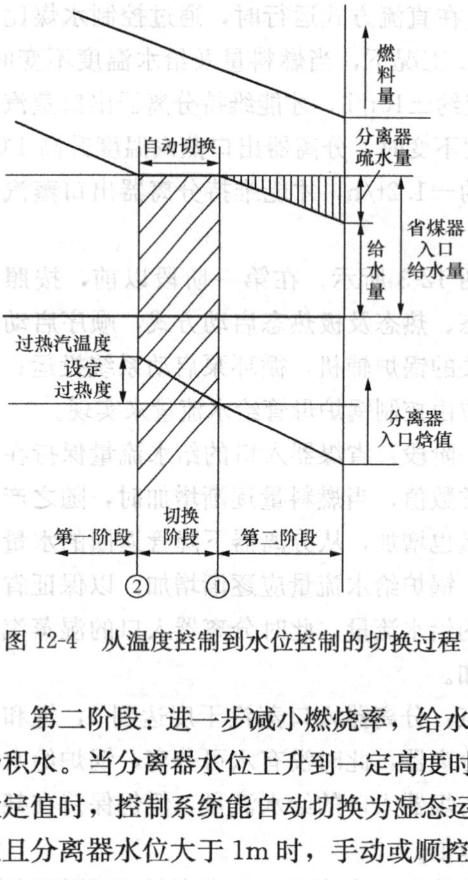

图 12-4 从温度控制到水位控制的切换过程

2. 从温度控制到水位控制的切换

图 12-4 所示为负荷降低，从纯直流锅炉方式后切换到启动运行方式，由温度控制切换到水位控制的过程。

第一阶段：锅炉负荷指令同时减少燃烧率和给水流量，锅炉处于滑压运行状态，温度控制系统投入运行；当锅炉主蒸汽流量降至设定值以下时，干态信号消失。

①点：给水流量达到最低直流负荷流量。

切换阶段：给水流量仍不变，燃烧率继续减小，在分离器中的蒸汽过热度降低，开始有水分离出。

②点：蒸汽过热度完全消失，流入分离器的蒸汽呈饱和状态，由水煤比控制分离器出口的蒸汽温度及分隔屏出口的一级喷水减温器的前后温差回路切除。

第二阶段：进一步减小燃烧率，给水流量不变，分离器入口蒸汽湿度增加，分离器中开始积水。当分离器水位上升到一定高度时，循环泵启动条件之一满足；当给水母管流量小于设定值时，控制系统能自动切换为湿态运行，则电动阀会自动或手动开启；当电动阀在全开位且分离器水位大于1m时，手动或顺控启动循环泵，水位控制开始动作，水位由锅炉给水自动调节。

第二阶段以后，随着负荷的降低，蒸汽量减少，母管给水量也减少。从理论上讲，当产汽量为零时给水母管给水可为零，但实际工程应用中，母管给水量应保持约为5%BMCR不变，直到停炉。当循环泵系统故障解列时，分离器水位会上升；当分离器水位上升到一定高度时，调节阀会自动调节分离器水位在规定值以内；当分离器水位上升到14.5m时，MFT动作，锅炉跳闸。

第二节 660MW超超临界锅炉的启动

一、锅炉启动前的准备

(1) 检查锅炉及所属系统、设备正常，没有影响机组启动的缺陷存在。

(2) 检查公用辅助系统正常，没有影响机组启动的缺陷存在。

(3) 汇报值长，机组准备启动，并得其同意。

(4) 锅炉风烟系统已全部投运正常。

(5) 确认给水泵C运行正常，启动分离器水位正常，炉水循环泵运行正常。省煤器进口流量不小于30%BMCR（607t/h左右）。

(6) 凝汽器真空在88kPa以上。

(7) 投入A、B侧炉膛烟温探针。

(8) 检查前、后墙包覆疏水门及隔墙包覆疏水门开启，炉顶过热器进口疏水门及分离器空气门、过热器空气门开启。

(9) 确认燃油循环正常，燃油压力、燃油温度、雾化气压力均符合油系统运行要求。

(10) 锅炉冷态清洗已完成。给水、炉水水质满足锅炉点火前要求。

(11) 检查燃油泄漏试验条件满足，启动燃油系统泄漏试验，直至“泄漏试验成功”灯亮。

二、系统已投用或具备投用的条件

系统投运的注意事项如下：

(1) 系统的投运操作，必须在系统检修复役（或有试转单）、系统管路畅通、系统所属辅机至少有一台符合投运条件，系统所属阀门均已校验完毕、系统设备电源送上且系统仪表、保护均投入运行后进行。

(2) 系统投运应按系统投运检查卡检查，并得到单元长通知后进行。

(3) 系统投运若与相邻机组有关，应与相关的岗位值班员取得联系，并征得其同意投运的回应。系统投运后，也应及时向其联系。

(4) 在系统投运时或系统投运后可进行辅机的在线联锁校验。

(5) 系统投运后，应及时对系统和运转设备进行全面详细检查，发现问题及时处理，以保证系统投运正常。

(6) 系统投运后，值班员应及时将系统投运情况向单元长汇报。

(7) 辅机联锁及机组横向保护校验正常。

三、锅炉启动方式

锅炉由静止状态转变成运行状态的过程称为启动。停运是启动的反过程，即由带负荷状态转变成静止状态。锅炉启停的实质就是冷、热态的转变过程。

锅炉的启动分为冷态启动、温态启动、热态启动和极热态启动。冷态启动是指锅炉的初始状态为常温和无压时的启动。这种启动通常是新锅炉、锅炉经过检修或者经过较长时间停炉备用后的启动。温态启动、热态启动和极热态启动则是指锅炉还保持有一定的压力和温度，启动时的工作内容与冷态启动大致相同。它们是以冷态启动过程中的某一阶段作为启动的起始点，而起始点以前的某些工作内容在这里可以省略或简化，因而它们的启动时间可以较短。具体细分如下：

(1) 机组冷态：汽轮机第一级金属温度＜120℃：长期停机之后。

(2) 机组温态1：120℃≤汽轮机第一级金属温度＜280℃，停机超过72h。

(3) 机组温态2：280℃≤汽轮机第一级金属温度＜415℃，停机10～72h。

(4) 机组热态：415℃≤汽轮机第一级金属温度＜450℃，停机1～10h。

(5) 机组极热态：汽轮机第一级金属温度≥450℃，停机不到1h。

四、锅炉冷态循环清洗

锅炉上水前应对炉水循环泵进行注水，当循环泵注水完成且循环泵电动机腔内水质合格后，方可对锅炉进行上水。

锅炉循环清洗的主要目的是清洗沉积在受热面上的杂质、盐分和因腐蚀生成的氧化铁，保证进入锅炉的水质。锅炉清洗分为冷态清洗和热态清洗两个阶段。锅炉清洗水量推荐按最小直流负荷流量（25%MCR）。机组应先进行低压系统清洗，再进行高压系统清洗。低压系统清洗流程为：凝汽器→凝给水泵→除盐设备→低压加热器→除氧器→凝汽器。当除氧器出口的水质含铁量不大于200×10^{-9}时低压循环清洗结束，可以向锅炉进水。启动电动给水泵开始向锅炉进水，建立启动流量和启动压力。启动流量是在启动过程中锅炉的给水量，启动压力是指启动过程中水冷壁内工质具有的压力，一般以启动分离器出口压力为依据。锅炉进水方式一般由电动给水泵经给水旁路管道由给水泵及给水旁路的调整门和差压门维持直流锅炉需要的25%～30%额定蒸发量的启动流量。锅炉进水经除氧器加热，温度应控制在120℃左右，上水开始以一定的流量向锅炉进水，同时进行高压系统循环清洗。高压系统循环清洗流程为：凝汽器→凝结水泵→除盐设备→凝结水泵→低压加热器→除氧器→给水泵→高压加热器→省煤器→水冷壁炉→启动分离器→凝汽器。当省煤器入口水的电导率小于1μS/cm、含铁量≤100×10^{-9}、pH值9.3～9.5时，锅炉循环清洗完成，锅炉方可点火。

五、锅炉滑参数启动

1. 滑参数启动的分类

滑参数启动按操作方法分为压力法和真空法两种。压力法滑参数启动就是锅炉先要产生一定温度和压力的蒸汽之后才开启电动主闸门及主汽门冲动汽轮机。启动参数一般为8.3MPa、380℃。这种启动方法由于操作简单、控制方便而被广泛采用。真空法启动就是启动前全开电动主闸门、主汽门和调速汽门，真空区一直扩展到锅炉汽包，点火后炉水在真空状态下汽化，在不到0.1MPa的压力下就可以冲动汽轮机；随着锅炉燃烧的增强，一方面提高汽温、汽压，一方面汽轮机升速、定速、并网、带负荷。由于真空法滑参数启动具有疏水困难、蒸汽过热度低、汽轮机转速不易控制、易引起水冲击等安全性较差及再热器出口温度很难提高、抽真空困难等缺点，目前已很少采用。滑参数启动按启动前汽缸金属温度的高低可分为冷态滑参数启动和热态滑参数启动。启动时高压缸调节级汽室下内壁温度低于它在额定参数下维持空转的金属温度时称为冷态滑参数启动；如果高压缸调节级汽室下内壁温度高于此温度则称为热态滑参数启动。

2. 禁止启动的条件

(1) 锅炉水压试验不合格。

(2) 启动分离器水位无法监视。

(3) 保温不全或脚手架未拆，油系统漏油，通信失灵，影响安全。

(4) 机组主要联锁保护功能试验不合格。

(5) DCS控制系统通信故障或任一过程控制单元功能失去。

(6) 操作员站工作不正常。

(7) CCS、SCS、FECS、DEH、TSI、FSSS系统工作不正常，影响机组启动或正常运行。

(8) 机组主要热工仪表失灵。

(9) 控制气系统不能正常投运。

(10) 主要电动门、调整门遥控失灵。

(11) 机组发生汽轮机跳闸或 MFT 后，原因未查明或缺陷未消除。

(12) 高、低压旁路系统不能正常投运。

(13) 发现其他威胁安全的严重设备缺陷。

六、锅炉点火、升温升压至机组满负荷

1. 启动前的检查确认工作

(1) 值长接到机组启动命令后，应通知各岗位及相关人员做好启动前的准备工作。

(2) 确认所有影响机组启动的检修工作结束，工作票已全部收回。确认所有已结束的检修工作所做的各项安全措施及临时设施全部拆除，各系统无影响机组启动的缺陷。各系统、设备的人孔门、观察孔及防爆门等完好，确认内部无人、无遗留物后应关闭严密。

(3) 检查各设备、管道保温良好，各转机转动部分保护罩壳完好。检查全部设备周围应清洁无杂物，道路畅通，照明良好。各平台、扶梯、栏杆、孔盖完整牢固。集控楼和锅炉电梯可用。

(4) 投入所有热工监视仪表并确认其完好可用。

(5) 检查各系统电动阀门动作正常，且手动、电动阀门状态正确。

(6) 以下各系统均投用正常：循环水系统，闭冷水系统，锅炉油系统，控制及杂用气系统，飞灰传送系统，火焰电视（TV)，风烟系统，灰渣系统，工业水、消防水、生活水系统。

(7) 机组排水槽具有排水能力，废水处理系统可投运。

(8) 备好启动用工具、仪表，各种记录图表。

(9) EP、FGD、DCC 和磨煤机石子煤系统应均具备启动条件。

(10) DCS、DEH 画面中无影响启动的报警出现。

(11) 汇报值长，机组准备启动，并征得其同意。

2. 锅炉点火前的工作

(1) 确认给水泵 C 运行正常、启动分离器水位正常、炉水循环泵运行正常，省煤器进口流量不小于 30%BMCR（607t/h 左右)。

(2) 凝汽器真空在 27kPa 以上。

(3) 投入 A、B 侧炉膛烟温探针。

(4) 检查前、后墙包覆疏水门及隔墙包覆疏水门开启，同时炉顶过热器进口疏水门、分离器空气门、分隔屏过热器空气门开启。

(5) 确认燃油循环正常，燃油压力、燃油温度、雾化气压力均符合油系统运行要求。

(6) 锅炉冷态清洗已完成。给水、炉水满足锅炉点火前要求。

(7) 检查燃油泄漏试验条件满足，启动燃油系统泄漏试验，直至“泄漏试验成功”灯亮。

(8) 炉膛吹扫。炉膛吹扫的目的是将炉膛内的残留可燃性物质清除掉，以防锅炉点火时发生爆燃。具体步骤如下：

1）选定 DCS“炉膛吹扫”画面操作员站，确认炉膛吹扫条件全部满足：

(a) 锅炉无 MFT 指令。

(b) 有送风机运行正常。

(c) 有引风机运行正常。

(d) 有预热器主电动机运行正常。

(e) 两台一次风机停运。

(f) 所有火检探头均探测不到火焰。

(g) 燃油进、回油跳闸阀关。

(h) 所有油枪进油阀关闭。

(i) 所有磨煤机停用。

(j) 所有磨煤机热隔门关闭。

(k) 所有给煤机停用。

(l) 所有 SOFA 挡板关闭。

(m) 所有燃烧器摆角在水平位置。

(n) 总风量在 30%～40%之间。

(o) 所有燃料风、辅助风挡板总开度在 40%位置（CCOFA、SOFA 挡板除外）。

(p) 炉膛压力正常。

(q) 冷却风压力正常（大于 6.0kPa）。

(r) 燃油泄漏试验已经完成。

2）当炉膛吹扫条件全部满足后，“吹扫准备好”指示灯亮，在“炉膛吹扫”画面上操作员站触发启动炉膛吹扫指令。

3）吹扫指令发出后，BMS 向 CCS 或 FSSS 发信号将燃料风、辅助风挡板置吹扫位置（燃料风 10%，辅助风 40%），吹扫开始计时 300s，“吹扫进行中”指示灯亮。在炉膛吹扫过程中，如炉膛吹扫条件之一失去，吹扫计时器停止计时，“吹扫中断”指示灯亮，并发出报警，吹扫条件恢复后，吹扫计时器自动重新开始 5min 的计时。如炉膛吹扫允许条件失去，则吹扫失败、逻辑退出吹扫模式。待吹扫允许条件满足后，重新发指令启动炉膛吹扫程序。吹扫中断后，应查明原因，消除故障，复置故障信号，重新进行吹扫。

4）炉膛吹扫完成后，“吹扫完成”指示灯亮，维持 30%的总风量。将各辅助风门和燃料风门及辅助风主控投自动。

3. 锅炉点火

(1) 锅炉预点火：开启进油快关阀、回油快关阀。

1）检查下列条件满足后，在 DCS“炉膛吹扫系统”画面检查“MFT”自动复位：

(a) 无 MFT 跳闸条件存在。

(b) 膛吹扫完成。

(c) MFT 继电器复位。

(d) OFT 复位。

2）检查下列条件满足后，在 DCS“炉膛吹扫系统”或“锅炉燃油系统”画面操作员站触发开进油快关阀指令，OFT 复位（“MFT”自动复位），开启进油快关阀：

(a) MFT 已复位。

(b) 无 OFT 跳闸条件存在。

(c) 燃油泄漏试验已完成。

(d) 所有进油门关闭。

3) 检查下列油枪允许点火条件应满足：

(a) MFT 已复位。

(b) 燃油进、回快关阀开启。

(c) 油枪控制气压力正常。

(d) 炉膛吹扫完成。

(e) 火检柜电源正常。

(f) 所有辅助风挡板开度在点火位置或任一燃烧器在运行。

(g) 火检冷却风压力不低。

(h) 锅炉风量大于 30%。

(i) 启动分离器水位正常。

(j) 燃油供油压力正常。

(k) 雾化空气压力正常。

(l) 燃油温度正常。

(m) 炉膛压力正常。

4) 在锅炉吹扫后 10min 内，应成功点燃油枪，否则点火超时，MFT 动作。

(2) 锅炉采用微油点火（锅炉点火首选方式）：

1) 磨煤机启动次序见表 12-1。

表 12-1 磨煤机启动次序

启动顺序	厂家推荐	微油点火模式	启动顺序	厂家推荐	微油点火模式
1	A	A（微油点火）	4	D	D
2	B	B	5	E	E
3	C	C	6	F	F

2) 锅炉点火前，下列条件应满足：

(a) 给水控制在“自动”，省煤器进口流量不小于 30%BMCR（607t/h）。

(b) 燃油母管压力控制在 1.2MPa 左右。

(c) 炉膛压力控制投自动。

(d) 风量控制投自动，维持 30%的总风量。

(e) 高、低压旁路控制投自动，凝汽器真空应建立，高、低旁路喷水减温水备用。

(f) 炉膛烟温探针进退正常并投入。

(g) 炉膛火焰电视已送电，监视功能开启，火检冷却风压力正常。

3) 检查下列系统及设备：

(a) 检查制粉系统 A、微油点火装置、磨煤机 A 暖风器已按启动前检查卡检查完毕，系统完整，阀门、挡板位置正确。

(b) 检查投运微油点火火检冷却风压力正常。气膜风风压、流量正常，气膜风出口调整门置30%。油配风风速为11～12m/s，油配风差压为90kPa左右。

(c) 检查微油点火火焰监控装置已投运。

(d) 检查备汽系统已投运，备汽母管压力合适，磨煤机A暖风器具备投运条件。

(e) 检查仪用、杂用压缩空气系统运行正常。

(f) 检查除渣、除灰系统投运正常。

4) 启动一次风机A、B，调节风机动叶开度，将预热器出口一次风母管压力升至6.2kPa左右。

5) 启动一台密封风机，密封风母管与磨煤机进口一次风压差正常。将另一台风机投联锁备用。

6) 开启磨煤机B热隔门1、磨煤机B热风门，开启磨煤机A暖风器进风门、出口门1～4。逐渐开启磨煤机A暖风器出风调节门，使磨煤机3A进口风流量为50t/h（最大不超过60t/h），磨煤机A暖风器汽侧暖管后并投用正常，对磨煤机A进行以3℃/min的速率进行暖磨。

7) 确认微油点火允许投运条件满足：

(a) 锅炉吹扫完成，MFT、OFT已复置。

(b) 微油点火装置通信正常。

(c) 微油点火火检冷却风压高于1.5kPa。

(d) 微油点火气膜风开度为30%（一般燃烧器壁温不超温，尽量低一些）。

(e) 油配风机运行正常，油配风风速11～12m/s，油配风差压为90kPa左右。

(f) 至少有一台一次风机运行，一次风母管压力正常，磨煤机一次风速大于15m/s。

8) 微油点火启动：

(a) 检查磨煤机A启动条件满足。

(b) 调节总风量在30%～50%，调整辅助风与炉膛差压大于0.5kPa，调节A层燃烧器上下辅助风门在点火位置（30%开度）。

(c) 磨煤机A进口风温不低于190℃。

(d) 调节油配风机频率，使油配风风速达11～12m/s。逐角投运A层微油点火装置正常，火检信号正常。

(e) 调节磨煤机A进口风量正常（≥79t/h），保持磨煤机出口粉管一次风速为18～22m/s（煤粉管不堵时，尽量减小一次风量）。

(f) 启动磨煤机进行暖磨，当磨煤机A出口温度达到65℃时再按规定暖磨15min后磨煤机出口温度控制在65～82℃，启动给煤机，将给煤量置最小值16t/h，磨煤机增加煤量速度为6～10t/h，以利于煤粉着火。调节油配风机频率，使油配风速正常。煤粉浓度最佳：风粉比为1.8～2.0。

(g) 检查各微油燃烧器着火正常，必要时调整油配风机频率。

(h) 首次点火时，注意记录从给煤机投运至燃烧器喷口见火的时间间隔，一般为100～120s；若投运后200s仍未着火，立即停止A磨煤机运行，待查明原因，炉膛吹扫后方可继续投运。

(i) 微油点火燃烧器燃烧稳定后，将给煤量升至22t/h，调整磨煤机A一次风量，使燃烧工况达到最佳。

(j) 锅炉点火后应维持给水最小流量不小于5%BMCR，省煤器进口流量不小于607 t/h。

(k) 加强对磨煤机的监视，再热器干烧期间调整给煤量，控制炉膛出口烟温低于538℃，各受热面金属壁温不超限，金属壁温升温率小于4℃/min。

(l) 待预热器出口热一次风温达200℃以上，将磨煤机A旁路进风切至正常进风回路，停止磨煤机A暖风器运行。

(m) 微油点火燃烧器运行，监视燃烧器内壁温不得超过600℃。

9) 投用备汽对预热器进行连续吹灰，直至机组负荷达25%BMCR (180MW)。

10) 第一台制粉系统运行正常后，通知灰硫值班员投入电除尘器一电场运行。

11) 全开炉顶过热器进口疏水门，前、后墙包覆疏水门及隔墙包覆疏水门及再热器疏水门。

12) 调整风量使燃烧稳定，严格控制炉膛出口烟温不超过538℃。

13) 严密监视锅炉本体的膨胀情况，做好膨胀记录，发现问题及时汇报。

14) 当主汽压力高于0.2MPa时，检查关闭炉侧空气门。

15) 当主蒸汽压力高于0.4MPa时，关小炉顶过热器进口疏水门开度至20%，关小前、后墙包覆疏水门及隔墙包覆疏水门开度至15%。

16) 分离器压力为0.5MPa时，关闭顶进疏1、2；待过热蒸汽有一定过热度后，就可关闭过热器系统疏水阀（包覆疏水）。

17) 监视水冷壁、分离器、过热器、再热器金属壁温不超温。

18) 锅炉点火正常后，出系低真空联锁，将旁路系统投入“启动方式”运行，高压旁路和低压旁路投入自动，调整高、低压旁路系统的压力设定，检查高、低压旁路动作正常，对过热器、再热器抽真空干燥。

19) 调节给水泵C勺管控制转速，维持给水旁路前后差压3～5MPa。给水旁路控制分离器水位正常，视情况投入给水泵C勺管、给水旁路自动。

(3) 锅炉轻油枪点火：

1) 锅炉点火前检查下列条件满足：

(a) 给水控制在“自动”，省煤器进口流量不小于607t/h。

(b) 燃油母管压力为控制在1.2MPa左右，燃油调节阀控制投自动。

(c) 雾化气压力为0.6～0.8MPa。

(d) 炉膛压力控制投自动。

(e) 风量控制投自动，维持30%的总风量。

(f) 高、低压旁路控制在“启动方式”并投自动，凝汽器真空应建立，低压旁路喷水减温水备用。

(g) 炉膛烟温探针进退正常并投入。

(h) 炉膛火焰电视已送电，监视功能开启，火检冷却风压力正常。

(i) 燃油泄漏试验完成，锅炉吹扫完成。

2) 开启投运油枪进油隔绝门。

3) 打开投运油枪吹扫隔绝门。

4) 检查炉膛点火许可条件满足：

(a) MFT、OFT 已复位。

(b) 火检冷却风压正常。

(c) 锅炉风量大于 30%且小于 50%，或任意燃料层投运（包括油层和煤层）。

5) 检查油层点火许可条件满足：

(a) 燃油进油快关闭开，回油快关阀开启。

(b) 燃油压力合适，为 1.0～1.2MPa。

(c) 若是首次点火，燃烧器摆角在水平位置。

6) 检查单只油枪点火许可条件满足：

(a) 油层点火许可条件满足。

(b) 油角点火控制柜正常。

(c) 无油燃烧器跳闸信号。

(d) 油枪进油阀关。

(e) 无该油枪跳闸条件。

(f) 无 MFT。

7) 投 AB 层油：通过 LCD 油层控制画面上的层控按钮或单只油枪选择及控制按钮，选择层投或单投油枪。层投油枪顺序为 1 号→3 号→2 号→4 号。油枪应按照对角投入原则。投入油枪 2 支。油量不大于 3t/h 稳定 5min。油枪可以单独投运，也可以对角或整层投运。整层投运时每隔 15s 依次投入顺序为 1 号、3 号、2 号、4 号；选择对角投运时 15s 投入 1 号、3 号或 2 号、4 号；选择单角投运时，应尽量保持对角投运。第三支油枪投入运行后，检查关闭燃油回油快关阀，将燃油压力控制自动切换至流量控制，AB 层油枪均投运后控制燃烧率在 5%BMCR，油量设置不大于 6.7t/h；应注意燃油压力、流量正常和雾化空气压力正常。控制分离器水位正常。油枪投用后，检查油枪着火良好，火检正常，无漏油等不正常情况发生。根据启动需要确定投用油枪次序和根数。

8) 油枪点火步骤：

(a) 油枪推进。

(b) 油枪进到位后，点火枪推进。

(c) 点火枪进到位后，开始打火，打火时间为 20s。

(d) 开油枪雾化气阀，开油枪进油阀。

(e) 40s 内火检监测到火焰，确认点火成功。

(f) 点火成功 10s 后，点火枪退出。

9) 锅炉点火到断油燃烧的整个启动过程中应加强对预热器火灾报警装置的监视，发现报警应及时到现场检查，防止预热器着火事故的发生。

10) 全开炉顶过热器进口疏水门，开启前、后墙包覆疏水门及隔墙包覆疏水门。

11) 调整风量使燃烧稳定，严格控制炉膛出口烟温不超过 538℃。

12）首次启动锅炉，启动分离器出口压力的上升速度应尽量慢。严密监视锅炉本体的膨胀情况，做好膨胀记录，发现问题及时汇报。

13）监视水冷壁、分离器、过热器、再热器金属壁温不超温。

14）当分离器压力高于0.2MPa时，关闭分离器空气门，确保水循环稳定。

15）当主蒸汽压力高于0.2MPa时，关闭过热器空气门。

16）当主蒸汽压力高于0.4MPa时，关小炉顶过热器进口疏水门，开度至20%，关小前、后墙包覆疏水门及隔墙包覆疏水门开度至15%（关小过热器疏水）。

17）在启动分离器压力达到0.5MPa前，燃烧率不能增加。

18）分离器压力为0.5MPa时，关闭顶进疏1、2，过热器有蒸汽流量建立后，就可关闭过热器系统疏水阀（包覆疏水）。

19）根据汽温、汽压情况，可增投油枪。

20）根据投入油枪情况，及时调整辅助风门开度及大风箱差压。

21）锅炉点火正常后应维持给水流量最小不小于5%BMCR。

22）锅炉点火正常后，出系低真空联锁，将旁路系统投入"启动方式"运行；高压旁路和低压旁路投入自动，调整高低压旁路系统的压力设定，检查高、低压旁路动作正常，对过热器、再热器抽真空干燥。

23）调节给水泵C勺管控制转速，维持给水旁路前后差压为3～5MPa。给水旁路控制分离器水位正常，视情况投入给水泵C勺管、给水旁路自动。

4. 锅炉热态清洗

锅炉热态清洗：当水冷壁出口温度为170～190℃，分离器压力为0.7～0.9MPa时保持稳定，检查开启高水位调节阀1前隔绝门，微开高水位调节阀1进行锅炉热态清洗。待混合球出水炉水水质合格后关闭，否则应停止升温升压。

混合球出水水质应符合表12-2的要求。

表12-2　混合球出水水质要求（锅炉热态清洗，要求的给水流量不小于607t/h）

项　目	单　位	允许值	备　注	项　目	单　位	允许值	备　注
pH值	—	9.3～9.5		二氧化硅含量	$\times10^{-9}$	<30	
铁含量	$\times10^{-9}$	<100	目标<50	N_2H_4	$\times10^{-9}$	>200	
溶解氧	$\times10^{-9}$	<10		导电率	μS/cm	<0.5	

当混合球出水水质合格时，锅炉热态清洗完成。

如果热态冲洗需要很长时间，应进行下列操作，以加速冲洗时间：

（1）通过增加再循环量或给水泵流量增加给水流量。

（2）反复增减再循环流量。

（3）改变燃料量，使水温在190℃以下波动。

5. 锅炉升温升压

（1）锅炉升温升压应按机组冷态启动曲线进行，调整燃料量，控制升温、升压速率。

（2）热态清洗完成后，增加燃料量。继续升温、升压，调节给煤量（微油点火）或投CD层油枪（油枪点火），增加锅炉燃料量至8%BMCR（总燃料量为10.8t/h左右）。密切监视水冷壁、分离器、过热器、再热器金属壁温不超温。

(3) 定期检查高、低压旁路压力控制正常，高、低压旁路阀后温度正常。

(4) 采用油枪点火时，根据燃烧情况和启动的需要，可投入第一台制粉系统（一般在机组负荷为10%BMCR时执行）。

(5) 制粉系统按启动要求做好投用前准备，开启所要投运给煤机煤闸门、落煤管闸门，检查点火支持有效。

(6) 若采用油枪点火时，投入第一台给煤机。机组启动过程，一般按A、B、C、D…的顺序启动磨煤机。在启动过程中，尽早投入磨煤机进行暖磨和启动给煤机，以减少启动用油。具体要求如下：

1) 启动磨煤机进行暖磨。

2) 预热器二次风出口温度高于177℃。

3) 控制磨煤机出口温度在65～82℃（当磨煤机出口温度达65℃时，需再暖磨15min），启动给煤机，调节控制一次风量，并观察炉膛煤粉燃烧情况。根据暖机参数的要求，逐渐增加煤量，注意控制分离器水位正常。投入电除尘器高压整流变压器。

4) 密切监视水冷壁、分离器、过热器和再热器壁温，防止超过允许值。

5) 做好第二台磨煤机的暖磨和启动准备工作。

6) 控制升温升压速率：严格按冷态升温升压曲线控制升温、升压率，具体要求见表12-3。

表12-3　　升温、升压速率控制标准

序号	阶段	升温率（℃/h）	升压率（MPa/min）
1	锅炉起压前	28	
2	起压至10MPa	56	0.12
3	10MPa以上	100	0.09

7) 锅炉升温、升压时，除控制燃料量外，同时调整高、低压旁路，包覆疏水（确认）来满足升温、升压的要求，同时应注意分离器水位并维持正常。

6. 锅炉渡膨胀

当水冷壁出口压力为0.9～1.2MPa，出口温度为190～220℃，分离器前水冷壁受热面工质首次达到该压力饱和温度时，锅炉渡膨胀开始。当分离器水位有上升趋势时，应控制锅炉燃烧率，注意分离器高水位调节阀1、2动作正常，防止启动分离器满水。锅炉膨胀开始时，给水流量小于蒸汽流量，出现汽水膨胀；两流量相等时，锅炉膨胀结束。

7. 汽轮机冲转

汽轮机冲转时锅炉侧操作如下：

(1) 启动分离器水位维持低水位，防止冲转后水位上升过多。

(2) 高、低压旁路自动控制维持主蒸汽压力稳定。

(3) 调节给煤量或燃油量，维持主蒸汽压力8.6MPa、主蒸汽温度380℃稳定，再热蒸汽压力0.8MPa，再热蒸汽温度340℃。

(4) 控制炉膛出口烟温低于538℃。

(5) 当主蒸汽温度高于 380℃，再热蒸汽温度高于 340℃，锅炉负荷大于 10%BMCR 时，可开减温水总门，谨慎投入过热器减温水和再热器减温水。主蒸汽温度设定在 380℃，再热器温度设定在 340℃（再热器温度则可考虑改变总风量来控制）。

(6) 冲转时开启再热器空气门，汽轮机转速达到 3000r/min 时关闭。

8. 发电机并网

(1) 机组并网时锅炉操作如下：

1) 锅炉适当增加燃料量（40～45 t/h），以保证并网后蒸汽参数稳定。

2) 退出炉膛烟温探针，防止烧损。

3) 初负荷保持期间，尽量保证汽温、汽压稳定。

4) 机组并列前维持分离器较低水位，防止并网后主蒸汽压力下降，其水位上升过多。

5) 并网后，检查关闭所有过热器和再热器的疏水门、空气门。

6) 发电机并网后，在 1min 内将负荷升至 35MW（5%BMCR）。

7) 机组升负荷过程中，增加煤量，减少油量，控制升负荷不大于 30MW/min、升压速率不大于 0.12MPa/min。

机组加负荷率根据当时机组状态确定，具体参见表 12-4。

表 12-4 机组加负荷率

负荷段（MW）	冷态（MW/min）	温态（MW/min）	热态（MW/min）	极热态（MW/min）
40～130	5	5	10	10
120～200	5	5	5	5
200～330	5	10	10	10
330～660	15	20	20	20

9. 采用油枪点火时第一台制粉系统的投运

(1) 检查下列条件满足：

1) 预热器出口二次风温度高于 177℃。

2) 锅炉负荷超过 12%BMCR（80MW）。

3) 相邻油枪确保一层已经启动，点火能量满足。

(2) 检查启动一次风机，启动密封风机正常，维持各运行参数正常。

(3) AB 油枪已经投运且负荷达到 80MW 左右时，投入第一层制粉系统（选择 A 磨煤机或 B 磨煤机）。

(4) 第一台磨煤机启动正常后，电除尘器一电场可投入运行。

(5) 采用微油点火时，当磨煤机 A 煤量达 40t/h 时，第二台制粉系统按卡检查，磨煤机启动进行暖磨操作，做好给煤机投用的准备工作，开启所要投运给煤机进、出口闸门，检查点火能量满足。

(6) 在汽轮机暖机过程中，机组启动过程中应投入制粉系统，一般按 A、B、C、D、E…的顺序启动制粉系统。

1) 检查一次风机运行正常，控制一次风压在 6.2～6.5kPa。

2) 启动磨煤机进行暖磨。

3）控制磨煤机出口温度在65～82℃，并按规定启动给煤机，调节控制一次风量，并观察炉膛煤粉燃烧着火正常，磨煤机电流、出口风压变化正常。根据汽轮机暖机参数的要求，逐渐增加煤量，注意控制分离器水位正常。

10. 机组加负荷

（1）当机组负荷加至110MW时，根据汽温情况，开启减温水总门，投入Ⅰ、Ⅱ、Ⅲ级减温水。

（2）负荷达110MW时，主蒸汽压力应为8.6MPa，主蒸汽温度应为400℃，再热蒸汽温度应为370℃。做好第二台磨煤机的暖磨和启动准备工作。

（3）第二台磨煤机启动正常后，增加燃烧率，负荷增加至160MW，加负荷速率为3MW/min。

（4）新机组或机组大修后的首次启动，应在150MW负荷下稳定运行3～4h，然后发电机解列做主机超速试验。

（5）当负荷升至180～240MW时，锅炉由湿态转为干态运行。升负荷过程中不要在170～200MW之间停留，适当增加燃料量，控制好运行参数，迅速、平稳地完成从湿态到干态的转变。

（6）当锅炉负荷达到30%BMCR之前，给水品质必须确认已全部合格后才允许增加锅炉负荷至200MW，加负荷速率为3MW/min。检查湿态信号消失（锅炉中间点温度有过热度），给水控制"分离器水位"方式进入"水煤比控制"方式，维持锅炉主蒸汽温度正常。

（7）当锅炉负荷大于200MW后，值长通知：给水处理可由AVT方式切换为CWT方式（由各厂自行执行）。

（8）当锅炉负荷至200MW稳定后，确认高、低压旁路已关闭，机组TF控制方式运行正常。

（9）预热器吹灰汽源由备汽切至主蒸汽（后屏进口集箱供汽）。

（10）锅炉在纯干态前，加负荷过程中主蒸汽流量略高于给水流量，所以启动分离器水位逐渐降低；当再循环流量在最小值时（试运时确定），炉水循环泵出水调节门关至最小。满足下列条件之一时，锅炉循环泵停运，且运行模式从湿态切换到干态：

1）炉水循环泵出水调节门关至最小。

2）机组负荷保持280～300MW稳定。

（11）增加燃煤量，检查分离器出口温度正常（>320℃），主蒸汽温度由水煤比控制正常；检查炉水循环泵停用条件满足，停运炉水循环泵，并保持省煤器进口流量不变且稳定。

（12）若采用油枪点火，则当第二台制粉系统出力均达80%以上时，暖磨投第三台制粉系统。根据升负荷速率，增加给煤机煤量，减少燃油流量（根据燃烧情况，保留2～4支油枪）。

（13）若采用微油点火，则当两台制粉系统出力均达80%以上时，暖磨投第三台制粉系统。

（14）干态运行时，通过给水、燃料量调节主蒸汽压力，通过水煤比来调节分离器出口过热度（中间点温度有20～30℃过热度）。

（15）锅炉负荷加至280MW后稳定，检查炉水循环泵已停运：开启炉水循环泵进、出水旁路门及分离器下降管出水止回阀旁路门，关闭炉水再循环泵进、出水门及分离器下降管出水门。投入锅炉启动系统暖管系统：开启启动暖进总门，稍开启动暖进调节门，微开启动暖进A、B；下降管水位正常后，开启启动暖出总门，投入启动暖出调节门“自动”，检查一级减温器出口温度、下降管水位正常。若下降管水位不正常上升，则启动暖出调节门自动开启，注意一级减温器出口后温度变化应正常。

(16) 若采用油枪点火时，则当第三台制粉系统出力均达80%时，三台磨煤机运行正常，燃烧稳定后，逐根停用所有油枪。所有燃油枪停用后，保持燃油循环。

(17) 启动第二台汽动给水泵正常。

(18) 锅炉负荷在280MW以上时，燃烧稳定，投入给煤机控制“自动”，逐个停运微油点火装置。微油点火停运后，检查燃烧正常。

(19) 锅炉负荷在330MW以上时，机组“CCS”投入正常。联系脱硫值班员投入FGD系统。

(20) 锅炉断油全烧煤预热器连续蒸汽吹灰改为定期吹灰。

(21) 机组负荷升至330MW以上时，暖磨投用第四台制粉系统。

(22) 当机组负荷达到330MW时，保持负荷稳定，确认主、再热减温水控制在自动状态且汽温调节正常，主蒸汽压力为15.8MPa，主蒸汽温度为520～530℃，再热器温度为490～500℃。

(23) 第四台制粉系统投运前，检查所有水冷壁、分离器、过热器、再热器的壁温，以确保不超温。

(24) 设定目标负荷为500MW，负荷变化率为6MW/min。

1) 确认锅炉CCOFA、SOFA风门挡板控制投“自动”。

2) 根据值长要求投入AGC（AGC调试正常后执行）。

3) 当机组负荷高于400MW且燃烧稳定后，投入锅炉本体吹灰系统，对锅炉进行全面吹灰。

4) 当机组负荷升至460MW时，确认机前压力达22.0MPa，锅炉水动力特性转变到超临界状态。

5) 机组继续加负荷，主、再热蒸汽温度逐渐升到额定值。

6) 负荷变化期间，检查下列控制回路正常：

(a) 主蒸汽压力控制。

(b) 主蒸汽温度控制。

(c) 分离器出口中间点温度控制。

(25) 启动第5台制粉系统：

1) 锅炉进入500～660MW负荷区域前应满足下列条件：

(a) 总煤量达250t/h时，5台制粉系统已投运。

(b) 所有水冷壁、分离器、过热器、再热器的壁温不超温。

(c) 将目标负荷定在660MW，负荷变化率设在6～9MW/min。

2) 在机组负荷达到530MW后，根据需要可做主机真空严密性试验。

3) 当机组负荷升至590MW时，确认机前压力达25.0MPa，对机组汽水系统作全面检查无泄漏。

4）当负荷达到660MW时，主、再热蒸汽压力和温度逐渐升到额定值。全面检查、调整机组各系统，使机组处于正常运行状态。

七、超超临界锅炉启动过程操作注意事项

1. *冷态启动*

（1）锅炉在油枪投用过程中应进行观察，发现燃烧不良应及时处理，防止事故发生。就地检查油枪、金属软管、接头及油系统无漏油。

（2）机组启动燃油期间应加强预热器备汽吹灰，同时加强对燃烧的监视和调整，防止熄火和烟道再燃烧。

（3）启动前后应记录锅炉各膨胀指示器的位置；启动过程中发现膨胀指示器超标，应暂停升温、升压，待恢复正常后再继续启动。

（4）在升温、升压过程中，应经常监视启动分离器和对流过热器出口集箱的金属温度，发现问题应停止增加燃料量，延长升温、升压的时间。

（5）启动过程中控制分离器出口温在321～430℃。

（6）在冷态清洗，热态清洗，升温、升压各个过程中，应严格要求控制汽水品质，品质不合格不得进入下一阶段。

（7）锅炉在湿态与干态转换区域运行时，应尽量缩短其运行时间，并应注意保持燃料控制与启动分离器水位的稳定，严格按升压曲线控制汽压的稳定，以防止锅炉受热面金属温度发生波动。

（8）在锅炉启动分离器入口汽温第一次达到饱和温度和第二层油枪投入运行时，锅炉有汽水膨胀过程，此时应注意启动分离器和除氧器的水位控制防止超限。

（9）锅炉转入纯直流运行后启动系统集水箱水位逐渐降低，此时应将往凝汽器管道上的阀门置于闭锁状态，防止由启动系统漏空气导致凝汽器真空降低而影响机组的正常运行。

（10）锅炉在各种启动方式下允许的升负荷控制速率及时间见表12-5。

表12-5　　锅炉在各种启动方式下允许的升负荷控制速率及时间

状态	5%ECR (min)	→(%/min)	30%ECR (min)	→(%/min)	50%ECR (min)	→(%/min)	总时间 (min)
冷态	30	0.5(50min)	20	1.0(20min)	30	1.0(50min)	200
温态	15	0.7(36min)	20	1.0(20min)	0	2.0(25min)	116
热态	2	1.5(17min)	7.5	3.0(7min)	0	4.0(12.5min)	46
极热态	2	1.5(17min)	7.5	3.0(7min)	0	5.0(10min)	43.5

2. *热态启动*

（1）锅炉温、热态及极热态启动要点及说明：

1）锅炉热态启动时，炉膛吹扫、锅炉点火及启动过程中其他操作与冷态启动相同。如锅炉泄压后启动，锅炉升温、升压、升负荷速率按相应的启动曲线执行。

2）在锅炉点火前启动烟风系统。

3）给水水质合格后才能上水，水温应高于120℃。上水时，注意检查分离器内外壁温差

不大于45℃，上水方法基本同冷态（注意水冷壁的蒸汽被充分置换）。上水后，尽快启动炉水循环泵，炉水再循环泵启动后给水量不得低于5%BMCR。

4）锅炉以点火后的最低主蒸汽压力为起始点，按“热态启动曲线”或“极热态启动曲线”控制升温、升压速度，或按以下规定控制：升温速度≤2.5℃/min；升压速度<0.12MPa/min。

5）通过调节高、低压旁路，尽快提高主蒸汽温度和再热蒸汽温度，以满足汽轮机的冲转要求。

6）调节燃料时，注意炉膛出口烟温不能超过538℃，同时应防止“再热器失去保护”动作。

(2) 温、热态及极热态启动锅炉一般不需要冷、热态清洗，具体应根据汽水品质决定。如锅炉泄压后启动，上水前开启省煤器空气门，见水后关闭；点火前开启包覆疏水。启动分离器空气门、低温过热器空气门、前屏过热器空气门、后屏过热器空气门，关闭同冷态启动。

(3) 锅炉泄压后启动点火同冷态；如为热态启动，则直接采用微油点火（优选），或采用层投油枪方式。但磨煤机A在跳闸后启动暖磨前必须投AB层油枪，而后启动微油点火，燃烧稳定后停运油枪。

(4) 给水旁路门开度达80%或机组负荷达240MW以上时，给水由旁路切至主给水回路。注意省煤器进口流量应保持稳定。

(5) 温、热态启动时燃料的启动顺序为：（微油）→A层煤→B层煤→C层煤→D层煤→E层煤或F层煤。

第三节 660MW超超临界锅炉的停用

一、锅炉停用概述及全过程

1. 锅炉停用概述

锅炉机组从运行状态转入停止向外供汽，停止燃料，并逐步降压冷却的过程称为停炉。根据锅炉的原因，锅炉机组的停运一般分为正常停炉和事故停炉两种。

锅炉设备运行的连续性是有条件限制的。当锅炉运行一定时间后，为了恢复或提高锅炉机组的运行性能和预防事故的发生，必须停止锅炉运行并对其进行有计划的检修工作；另外，当电网负荷减少时，为了满足电网的需要和保证电站锅炉安全、经济，必须在一定的时间内停止一部分锅炉运行并将其转入备用状态。上述两种情况的停炉，都属于正常停炉。

无论是由于锅炉机组的内部原因还是外部原因发生事故，必须停止锅炉运行时，叫做事故停炉。根据事故的严重程度，需要立即停止锅炉运行时，称为紧急停炉。若事故不是非常严重，但为了锅炉设备的安全运行又不允许继续长时间运行下去，须在一定的时间内停止其运行，则称为故障停炉。

大型机组多采用单元制运行方式，无论是汽轮机和发电机的停止运行都必定引起锅炉停止运行。锅炉的正常停炉方式有两种：一种是额定参数的停炉，另一种是滑参数停炉。机组停炉一般采用滑参数停炉方式进行，若是机组故障及辅助设备的故障停炉，可视情况作正常停炉或紧急停炉。

和启动过程相似，因直流锅炉没有汽包，故降温过程可以快一些，即直流锅炉停运较快。直流锅炉的正常停炉至冷态，也经历停炉前准备、减负荷、停止燃烧和降压冷却等几个阶段。与汽包锅炉相比，主要的不同是，当锅炉燃烧率降低到30%左右时，由于水冷壁流量仍必须维持启动流量而不能再减，因此在进一步减少燃料、降负荷的过程中，包覆管出口工质由微过热蒸汽变成汽水混合物。为了避免前屏过热器冲水，锅炉必须投入启动分离器运行，使进入前屏过热器的仍是干饱和蒸汽，多余的水则疏掉，保证前屏过热器的安全。

2. 锅炉停用准备工作

(1) 锅炉停止运行应根据值长的调度命令执行，在明确停炉的原因、时间和方式后，做相应的准备工作。

(2) 根据要求降低原煤仓存量，锅炉检修之前的停炉，应根据检修要求清空原煤仓或落煤管。

(3) 机组停用前，机组负荷大于330MW时，对各受热面进行一次全面吹灰。

(4) 仔细检查锅炉炉管泄漏报警装置的历史记录值，分析受热面是否存在微漏。

(5) 对要进行检修的设备运行参数进行详细记录，以便检修后启动作相应的比较。

(6) 停炉前检查锅炉启动系统、炉水循环泵及有关系统备用正常，暖管系统正常投运。

(7) 停炉前检查炉前油系统循环正常，雾化气系统及磨煤机微油点火系统正常，具备投运条件。锅炉燃烧稳定。各油枪试投一次，都应正常。

(8) 机组停用前应提前通知燃料、灰硫控、油泵房等岗位，做好停炉准备。

(9) 机组停用前，应对机组设备进行全面检查，记录所有缺陷，以备检修时消除。

3. 锅炉正常停用过程

(1) 适用范围：机、炉本体无停机检修项目，不需要对锅炉和汽轮机及相关的管道进行冷却。

(2) 锅炉减负荷过程：

1) 在减负荷过程中，应加强锅炉各主要参数的监视，如自动失灵，及时手动干预，减负荷速率控制在6MW/min左右。根据机组负荷情况，按从上到下的原则逐台减少磨煤机给煤量，逐台停运磨煤机；如磨煤机A可用，应将磨煤机A投运，投用微油点火，并尽可能使磨煤机A最后停运（优先方式）或按顺序：F层煤→E层煤→A层煤→B层煤→D层煤→CD层油停运。

2) 在减负荷的同时控制主蒸汽压力下降速率不大于0.10MPa/min，主蒸汽降温速率为不大于1.5℃/min，再热蒸汽温度降温速率不大于2.0℃/min。逐渐将主蒸汽温度先降至500℃，主蒸汽压力保持较高值，但应保证主蒸汽温度、再热蒸汽温度大于56℃过热度以上。

3) 在减负荷过程中，应加强对风量、启动分离器出口工质温度，以及主、再热蒸汽温度的监视和各段受热面金属壁温监视，控制各工况参数不超限。若自动不灵，应及时用手动进行风量、水煤比及减温水的调整。锅炉转入湿态运行时，应注意启动分离器水位的监视和控制。

4) 锅炉目标负荷210MW：将各台给煤机出力减至80%，机组负荷由660MW减至

500MW，并按由上到下的原则逐台减少磨煤机给煤量，逐台停用磨煤机。

5）机组负荷减至500MW，开启主机轴封减温器后疏水器旁路阀，加强疏水，确认轴封供汽温度为280～320℃；450～500MW时注意轴封汽源切换，检查主机轴封压力、温度正常。

6）当负荷低于500MW或中压缸第四级抽汽压力低于0.7MPa时，备汽汽源由中压缸第四级抽汽切换到低温再热器口。

7）当负荷减至500MW时，停运第一台制粉系统。

8）当负荷减至300MW时，停运第二台制粉系统。

9）在CCS协调方式下按正常减负荷将机组的负荷减至330MW，保持15min，减负荷速率为9MW/min（最大为16.5MW/min），降压速率为0.1MPa/min。机组负荷为330MW时，主蒸汽压力为17.0MPa，主蒸汽温度为550℃，再热汽温度为550℃。

10）在机组减负荷过程中，根据汽缸金属温度控制要求控制主蒸汽、再热蒸汽温度。

11）机组负荷为300MW左右时，一般应保留A、B、C三台制粉系统运行。

12）机组负荷为300MW及以下时，进行下列操作：

（a）负荷减至220MW时，将锅炉主控切至“手动”，汽轮机主控在“自动”，将机组控制方式切至TF方式。启动电动给水泵，停运一台汽动给水泵，切换过程中应加强对给水流量的监视和调整，维持省煤器进口流量保持不变（不小于607t/h）。

（b）机组负荷从300MW减至210MW时，减负荷速率控制在5MW/min左右。

（c）机组负荷由300MW减至210MW时，根据减负荷和降温速率要求，逐渐减少煤量。根据燃烧情况，若磨煤机A运行；投用微油点火；若磨煤机A未运行，则投用相邻层轻油枪，稳定燃烧。油枪投用后，应投用备汽对预热器连续吹灰。

（d）当负荷为240MW时，稳定运行10min，进行机组厂用电切换（将支接的厂用电源切换至备用电源供电）。

（e）负荷减至210MW时，停用第三台制粉系统。

（f）当负荷低于220MW时，为了防止分离器水位高，检查开启高水位调节阀1、高水位调节阀2前隔绝门。检查高水位调节阀调节门油系统正常（油箱油位、液压油压、蓄能器出口压力等正常）。

（g）机组负荷为200MW时，主蒸汽压力为13.9MPa，主蒸汽温度为530℃，再热器温度为530℃。

（h）机组负荷为200MW左右时，将给水总门切换到给水旁路调节门控制。切换时应注意省煤器进口流量保持不变，省煤器进口流量不小于30%BMCR（607t/h）。

（i）当负荷小于或等于180MW时，检查投入微油点火或油枪燃烧正常，加强备汽对预热器连续吹灰。

（j）机组负荷小于180MW时，随负荷继续降低的过程中蒸发量按比例低于给水量，启动分离器逐渐见水位，继续减少燃料，分离器水位逐渐升高，锅炉“干态信号”消失。

（k）当炉水循环泵条件满足时，启动炉水循环泵，锅炉运行模式从干态切换到湿态。随着循环泵出水调节门逐渐开大，给水自行切至炉水循环泵侧，省煤器进口流量由炉水循环泵出水调节门控制，维持在不小于30%BMCR（607t/h）。给水控制方式由“水煤比控制”

改为“分离器水位控制”，退出启动暖管系统。

(l) 负荷减至180MW时，磨煤机A运行，检查微油点火火检正常；如磨煤机A未运行，应检查油枪着火正常，锅炉燃烧稳定。给水处理由CWT切至AVT方式（暂不执行）。负荷由180MW减至120MW，主蒸汽压力下降速率为0.1MPa/min，主蒸汽温度下降速率不大于1.5℃/min，再热蒸汽温度下降速率不大于2.0℃/min。

(m) 继续减少燃料量，锅炉正式进入湿态方式，分离器水位建立并控制正常，确认炉水循环泵运行正常，省煤器进口流量由炉水循环泵出水调节门控制正常，给水控制方式由“水煤比控制”改为“分离器水位控制”；确认分离器高水位调节阀1、2前隔绝门已开启，高水位调节阀1、2辅助调节分离器水位正常。当集水箱水位高1.3m后，置Ⅰ值疏水泵自启动，集水箱水位调整门投“自动”，另一台疏水泵投Ⅱ值备用；当集水箱水位高于1.6m后，置Ⅱ值疏水泵自启动。集水箱水位低至Ⅰ值小于1.0m，置Ⅰ值疏水泵自停；集水箱水位低至Ⅱ值小于0.6m，置Ⅱ值疏水泵自停。水质不合格，排水至机组排水槽或循环水出水；水质合格，排水至机组凝汽器。

(n) 在给水进入分离器水位控制方式后应继续降低燃烧率，进入完全湿态方式，避免在干、湿态临界工况长时间停留，避免两相流交变热应力冲击。应平稳操作转入湿态运行。

(o) 当负荷低于200MW时，检查电动给水泵运行正常，并将第二台汽动给水泵停用。给水流量降低至680t/h时，切除电动给水泵自动。

(p) 机组负荷由120MW减至60MW，保留两台制粉系统运行。负荷为60MW时，可投入高、低压旁路“自动”，主蒸汽压力控制在8.6MPa；检查关闭过热器、再热器减温水门。主蒸汽压力下降速率为0.09MPa/min，主蒸汽温度下降速率不大于1.0℃/min，再热蒸汽温度下降速率不大于1.5℃/min。负荷减至60MW时，主蒸汽压力为8.6MPa，主蒸汽温度不低于485℃，再热蒸汽温度不低于450℃。

(q) 机组负荷减至60MW时，停用第四台制粉系统。

(r) 机组负荷由60MW减至30MW时，检查过热器、再热器减温水调整门及隔绝门均应关闭。

(s) 机组负荷减至30MW时，主蒸汽压力维持8.6MPa不变，主蒸汽温度为460℃，再热蒸汽温度不低于430℃。省煤器进口流量不小于30%BMCR（607t/h）。DEH运行方式切“OA”控制，继续减负荷。

4. 发电机解列

略。

5. 汽轮机停机

(1) 检查高、低压旁路投入自动正常，停用最后一台磨煤机时，应检查最后停运磨煤机相邻层油枪4支投运正常（磨煤机A运行，微油点火投运正常除外），将停用给煤机煤量减至最低（16t/h），停运最后一台磨煤机。

(2) 如为磨煤机A运行，应投入1支AB层油枪；磨煤机A吹扫结束后，停运微油点火装置，控制主蒸汽温度下降速率不大于5℃/min，然后停运两台密封风机及一次风机。通知灰硫控值班员停用全部电除尘高压整流柜（最后一台磨煤机运行时，电除尘一般保留一电场高压整流柜运行）。

6. 锅炉停用

(1) 为了防止水冷壁局部超温，在锅炉停炉前应始终保持省煤器进口流量不小于30% BMCR (607t/h)。

(2) 逐一停运油枪并吹扫退出，给水量降至不小于5%BMCR (101t/h)，分离器水位由高水位调节阀1、2辅助控制正常。停运最后一支油枪，锅炉熄火，燃油快关阀跳闸，锅炉MFT动作。

7. 锅炉熄火后的操作

(1) 检查关闭所有过、再热器减温水总门。

(2) 锅炉熄火后，维持启动分离器水位正常，锅炉停止进水，关闭给水旁路门调节门及调进、调出门，给水流量到“0”，停用给泵C，并关小炉水循环泵出水调节门至最小流量值，停用炉水循环泵。

(3) 锅炉停炉后，可采用开启高低压旁路或包覆疏水进行锅炉一次汽降压操作，降压速率不大于0.30MPa/min。

(4) 开启再疏，进行再热汽的降压操作，降压速率不大于0.30MPa/min。

(5) 锅炉熄火后，维持风量在(30%～40%)BMCR，进行炉膛吹扫；吹扫完毕后，吹扫未吹扫的油枪，依次停运送风机、引风机，锅炉闷炉。

(6) 将预热器密封挡板装置退至“完全回复位置”。

(7) 根据需要关闭给水、炉水、主蒸汽和再热蒸汽取样门。

(8) 当主蒸汽压力降至1.2MPa时，关闭高、低压旁路或包覆疏水门。

(9) 锅炉熄火后，当锅炉需要进行热炉放水，汽水分离器压力下降至1.0MPa、分离器进口工质温度达到200℃左右时，关闭送风机和引风机进、出口挡板，封闭炉膛。开启水冷壁及省煤器放水门，带压将水排空。

(10) 当启动分离器金属温度达到180℃时，启动引风机、送风机对炉膛进行通风冷却。

确认高、低压旁路已关闭后，当主蒸汽压力达0.2MPa时开启省煤器、水冷壁，启动分离器、过热器、再热器空气门，排除系统内的水蒸气，利用余热烘干锅炉有关受热面。待过热器压力降至0MPa时，开启高、低压旁路抽真空，将剩余湿汽排尽。

(11) 预热器进口烟温降至150℃以下时，方可停止预热器的运行。

(12) 当炉膛出口温度低于65℃或排烟温度降至65℃时，停用冷却风机。

(13) 所有引风机、送风机跳闸后造成MFT动作的，应将引风机、送风机进、出口挡板开启，使锅炉处于自然通风状态至少15min，在此期间，严禁启动引风机、送风机运行。

二、锅炉热备用停炉

(1) 由于调峰需要或机、电设备消缺需临时停炉时，且不要求锅炉冷却泄压的停炉，均属调停热备用停炉。

(2) 调停热备用停炉的操作与检修停炉操作基本相同。停炉热备用的机组在减负荷时，降压速度要比正常停炉小，当机组解列后锅炉要求保持压力。

(3) 当短时间内即将启动时，根据需要可适当降低汽轮机进汽温度，以利再启动时锅炉更易达到冲转参数。当不需要降低汽温时，汽轮机随锅炉燃烧率的逐渐降低而关小汽轮机调节门降负荷。主蒸汽压力尽可能保持在12.5MPa以上，最低不小于8.5MPa。汽温随负荷降低而下降，但主蒸汽温度过热度应保持高于100℃，尽量保持较高值，否则应适当降低主蒸汽压力。

(4) 锅炉熄火后，应尽量减少各种热损失。过热器微开疏水5～10min，应关闭过热器、再热器的疏水门。

(5) 锅炉熄火，炉膛吹扫结束后，停运送风机、引风机并关闭风机进出口风门、挡板；保持预热器运行，关闭预热器出口二次风门和烟气进口挡板。

(6) 锅炉热备用时应关闭锅炉各人孔门、风门及烟风挡板，尽量减缓汽压的下降。

(7) 锅炉熄火后停止进水，给水流量减至“0”后，停用给水泵C、炉水循环泵，维持分离器水位正常。

(8) 热备用停炉的注意事项：

1) 加强对预热器和脱硝系统进、出口烟温的监视，发现温度不正常升高应及时处理。

2) 停炉后仍应加强对主蒸汽压力的监视。

3) 当锅炉停用7天以上时，应通知检修对预热器受热面进行检查。当积油垢或积灰堵塞时，应及时冲洗清理，并通风干燥。

三、机组停用后的冷却操作

1. 锅炉冷却操作

(1) 锅炉熄火后，有检修工作需要，进行小流量冷却锅炉。在锅炉熄火前，得值长命令：通知热工人员解除MFT联跳电动给水泵联锁。保留炉水循环泵、电动给水泵运行，控制省煤器进口流量不小于10%BMCR（202t/h）左右，进行小流量冷却，增加分离器进水、放水次数加快冷却。维持启动分离器水位正常，控制水冷壁出口工质温度和金属温度降温速度不大于1.5℃/min，分离器内外壁温度偏差不大于50℃，否则应减小省煤器进口流量，进行小流量冷却。

(2) 送风机、引风机停用后。锅炉开启所有烟、风挡板和风机进、出口挡板进行自然通风冷却。

(3) 锅炉熄火后，如检修需要加速冷却时，应经总工程师批准后，保留两台预热器运行，启动一台或两台送风机、引风机运行，减少送风量至10%BMCR（233t/h），保持送风机、引风机运行，维持正常炉膛压力。直至预热器进口烟温小于204℃，停用最后一台送风机前，将两台引风机静叶关至小于10%，停用送风机、引风机。

(4) 可使用包覆疏水或高、低旁路对锅炉主蒸汽及再热蒸汽进行降压，降压速率不大于0.3MPa/min。

(5) 主蒸汽压力降至1.2MPa以下，关闭包覆疏水和高、低压旁路。

(6) 锅炉正常停用冷却时，当启动分离器金属温度达到180℃后，启动引风机、送风机对炉膛进行通风冷却。当分离器进口温度接近给水温度时，可停运炉水循环泵和电动给水泵。

(7) 在停炉及冷却过程中，应严密监视启动分离器、过热器出口集箱的内外壁温差不大于50℃；如超过允许范围，应降低冷却速度。

(8) 预热器的停运：

1) 正常情况下，停用预热器前必须确保预热器进口烟温度降至150℃以下。

2）确认对应侧的送风机、引风机已停运。

3）将预热器辅助电动机联锁出系，停运主电动机，联动关闭预热器进口烟气挡板，联动关闭预热器进、出口一次风门和预热器出口二次风门。

4）预热器主、辅电动机停运后，须就地确认气动马达自启动。5min 后可停运气动马达，使预热器停止转动。遇预热器故障停用时，应保持气动马达继续运行，直至排烟温度降至 150℃以下，方可停用气动马达。

5）检查确认预热器密封挡板已在"完全回复位置"。

6）当炉膛出口温度低于 65℃或排烟温度低于 65℃时，停用冷却风机。

7）停炉 8h 后炉膛无炉渣落下，通知灰硫控值班员，停用干式除渣系统。

2. 停炉后热炉放水操作

(1) 锅炉停炉按正常停炉方式进行，直到锅炉熄火后吹扫 5min。

(2) 锅炉吹扫完毕，停用送风机、引风机。

(3) 用包覆疏水或高、低压旁路控制泄压速度，以不大于 0.3MPa/min 的速度进行泄压，同时保持分离器水位正常。

(4) 锅炉熄火后，当分离器入口水温达到 200℃左右，分离器压力为 1.0MPa 时，关闭引风机进、出口挡板及送风机出口风门，封闭炉膛。开启水冷壁放水门、省煤器放水门带压放水。

(5) 确认包覆疏水和高、低压旁路已关闭后，当主蒸汽压力达 0.2MPa 时开启省煤器、水冷壁，启动分离器、过热器、再热器空气门，排除系统内的水蒸气，利用余热烘干锅炉有关受热面。待过热器压力降至 0MPa 时，开启高、低压旁路抽真空，将剩余的湿汽排尽。

第四节 660MW 超超临界锅炉的停炉保养

一、超临界直流锅炉停炉防腐

1 锅炉停炉后保养的意义

在锅炉停止备用期间或者检修期间都要进行防腐保养，因为锅炉停止运行后，锅炉汽水系统的金属内表面会遭到溶解氧的腐蚀。外界空气必然会大量地进入锅炉汽水系统，此时锅炉已放水，但在炉管的金属内表面上往往因受潮而附着一层水膜，空气中的氧便溶解在水膜中，使水膜包含溶解氧，很容易引起金属的电化腐蚀。当停运锅炉的金属表面上还有沉积物或者水渣时，腐蚀过程会进行得更快。

2. 停炉后的保养

停炉后保养的基本原则为：

(1) 避免空气进入锅炉汽水系统内。

(2) 保持汽水系统金属表面的干燥。当停用锅炉内湿度小于 20%时，就能避免腐蚀。

(3) 在金属表面形成具有防腐蚀作用的薄膜，以隔绝空气。

(4) 使金属表面浸泡在含有除氧剂或其他保护剂的溶液中。

锅炉停备用保养的方法有湿式防腐和干式防腐两类。

(1) 湿式防腐保养法：

1）锅炉水侧保护。随着锅炉停炉冷却，当炉水温度降至150℃以下时，将含有 N_2H_4 及 NH_3 的水上到分离器，关闭疏水门及取样门。炉水中应含有 10^{-5} 的氨和 2×10^{-4} 的联氨，炉水 pH 值应接近 10。当分离器压力降至 0.172MPa 时，打开充氮门，维持氮气压力为 0.034 3MPa。

2）过热器、再热器的保护。当分离器压力降至 0.172MPa 时，打开过热器、再热器的充水阀，用含有 10^{-5} 的氨和 2×10^{-4} 的联氨的除盐水或冷凝水充入过热器和再热器，这些溶液的 pH 值应接近 10，把充水加至不能疏水部分的出口。当水从空气门溢流后，关闭空气门，停止上水。之后打开充氮门向过热器、再热器充氮，并维持氮气压力在 0.034 3MPa（表压）。

(2) 干式防腐保养法。干法保护即充氮保护水、汽侧受热面，其方法如下：

1）当过热器压力降至 0.172MPa 时，打开过热器充氮阀，向过热器充氮，以便排水。过热器内氮气压力为 0.034 3MPa（表压）。

2）打开水冷壁下集箱疏水门、排污门和省煤器放水门进行放水，应控制放水门开度，注意锅炉压力不低于 0.1MPa。开省煤器充氮门。

3）水冷壁、省煤器的水放净后，关各疏水门，维持水冷壁、省煤器、过热器内氮气压力为 0.034 3MPa（表压）。

4）当再热器压力降至 0.172MPa 后，打开再热器充氮阀，向再热器充氮；当再热器温度小于100℃时，维持再热器内氮气压力为 0.034 3MPa（表压）。

5）定期化验氮气纯度，注意氮气压力，保持各充氮系统氮气压力都维持在 0.034 3MPa（表压）。

二、660MW 超超临界锅炉的保养

1. 锅炉保养目的及要求

(1) 为保证机组设备的安全经济运行，机组设备在停（备）用期间，必须采取有效的防腐蚀措施，避免热力设备锈蚀损坏。

(2) 停（备）用设备防锈蚀方法的选择，应根据停运设备所处的状态、停运时间的长短、防锈蚀材料药剂的供应情况、设备系统的严密程度、周围环境温度和防锈蚀方法本身的工艺要求等综合因素确定。

(3) 防锈蚀工作是一项周密细致、涉及面广的技术工作，应加强各专业统一配合提前准备，所需时间应纳入检修计划，药剂应经检查合格。解除防锈蚀养护时应对设备进行检查，记录防锈蚀的效果，并建立设备防锈蚀技术档案。

(4) 保持停运的汽、水系统及设备金属内表面干燥，或金属内表面形成具有防腐蚀作用的保护膜。

(5) 对退出运行的锅炉，不论是检修或备用，均应按相应方法对锅炉进行保养。

(6) 停运保养的汽轮机、锅炉与相邻的汽、水系统必须隔离。

(7) 防止空气进入停运设备系统的管道内。

(8) 机组保养方法有热炉放水、氨—联氨、十八氨保养法等。停炉 7 天以内采用热炉放水法进行锅炉保养，机组停用 7 天及以上时，热力系统一般采用加氨—联氨的保养方法。

(9) 当环境温度低于 5℃时，对停（备）用设备应采取防冻措施。

2. 锅炉保养

(1) 锅炉停炉后的保养规定：

1) 锅炉停用时间少于2天时，可不采取保养方法。

2) 锅炉停用时间在3～5天以内时，对省煤器、水冷壁、启动分离器采取加药湿态保养，对过热器、再热器进行干燥保护。

3) 锅炉停用时间在5天以上时，对省煤器、水冷壁、过热器、再热器等采取热炉放水、余热烘干、充氮气保护。

4) 按正常冷却方法对锅炉进行冷却，当主蒸汽压力降至0.1MPa时，向锅内充入氮气，充氮过程中将炉水放尽。

5) 保养期间定期检查炉内氮气压力在0.03MPa左右，并视压力下降情况补充氮气。

(2) 锅炉加药湿态保养法：锅炉采用湿态保养时，锅炉水系统不放水。采用湿保养法时，应联系化学加药处理。

(3) 锅炉干保养法（热炉放水）：

1) 冬季（环境温度低于5℃）停炉后的防冻。

2) 停炉后检查投入有关设备的电加热或蒸汽伴热，由热工投入有关仪表加热装置。

3) 检查锅炉的人孔门、检查孔及有关风门、挡板关闭严密，防止冷风侵入。

4) 锅炉各辅机设备和系统的所有管道均应保持管内介质流动，对无法流动的部分要将介质彻底放尽，以防冻结。

5) 停炉期间，应将锅炉所属管道内不流动的存水彻底放尽。

6) 如无检修要求，炉水循环泵电动机不得放水，而应对炉水循环泵电动机加热或连续注水，以防冻。

第十三章

锅炉的正常运行及调整

第一节 锅炉运行调整的任务

单元机组是炉—机—电纵向串联构成的一个不可分割的整体，其中任何一个环节运行状态的变化都将引起其他环节运行状态的改变，所以炉—机—电的运行维护与调整是互相联系的。但正常运行中各环节的工作又有其特点，如锅炉侧重于调整；汽轮机侧重于监视；而电气则负责与单元机组的其他环节及外界电力系统的联系。

锅炉运行的好坏在很大程度上决定着整个电厂运行的安全性和经济性。为此，必须认真监视某些重要的运行参数，必要时，应对自动调节装置的工作进行干预并及时调整。

锅炉运行就是通过对锅炉运行工况的监视和调整，连续不断地向汽轮机提供一定数量并符合要求的蒸汽，以满足外界负荷的需要。

锅炉运行调整的主要任务如下：

(1) 保证锅炉的蒸发量满足外界负荷的要求。

(2) 调节水煤比，控制中间点温度，保证过热器和再热器出口汽温、汽压及各部分受热面金属壁温在规定范围内。

(3) 保持合格的炉水和蒸汽品质。

(4) 组织炉内良好的燃烧工况，维持经济燃烧，尽量减少热损失，提高锅炉机组的效率。

(5) 及时进行正确的调整，消除各种异常隐患，确保锅炉安全经济运行。

第二节 锅炉运行控制的特点

锅炉是一个复杂的调节对象，它的特点是：被调整参数多，如蒸汽流量、汽温、汽压、汽包水位等；调节参数多，如燃料量、给水量、风量、减温水量、烟气量（烟气调节挡板调节）等；扰动因素多，如燃料的品质或数量，给水温度或给水量、炉内燃烧工况，锅炉辅机的启动或停用，机组负荷的变化等，以及调节装置多。由于以上特点，使锅炉的运行形成了多种参数相互影响的复杂动态变化过程。

在锅炉运行的动态变化过程中，要确保运行的安全性和经济性，就必须要求运行人员熟悉锅炉的动态特性，熟悉各参数变化的相互关联，掌握各种扰动下参数变化的范围和幅度以及参数变化的物理本质。目前 600MW 机组配套的锅炉，一般都配备有较完善的自动调节装置，绝大多数机组采用计算机参与控制、调节和保护，因而大大提高了机组的自动调节质量和保护的可靠性。因此，大型机组的运行人员还应掌握自动调节的基本原理和过程，以便运行工况发生变化时能及时分析、判断，并进行必要的调整和处理。

一、各种类型锅炉的运行特点

由于锅炉类型的不同，它们的结构特性和热工特性就不同，因而其运行特性也不相同，不同类型锅炉的主要运行特点比较见表 13-1。

表 13-1　不同类型锅炉的主要运行特点比较

锅炉类型	自然循环汽包锅炉	直流锅炉	控制循环锅炉
工作特点	依靠工质水、汽密度差形成自然循环，工质压力愈高，水汽的密度差愈小，循环的可靠性将下降；给水泵所需的压头较小，因而耗功也较小；循环倍率在 4～5 左右，负荷低时对水循环的可靠性要求也将下降	直流锅炉循环倍率等于 1，全靠给水泵的压头使水、汽在系统中流动，阻力较大，因而要求给水泵的压头高，耗功过大；蒸发受热面内工质流动的稳定性，主要决定于各管屏间及同屏各管间流量分配的合理性	控制循环锅炉炉水的循环主要依靠装设在下降管出口处的炉水循环泵，只要炉水循环可靠，水循环在各种负荷下都能得到保证，循环倍率在 2 左右
启动速度	由于厚壁汽包的存在，升温升压速率将受到限制，因而启动速度较慢	无汽包等厚壁部件，因而允许有较大的升温升压速率，在此三种炉型中，直流炉的启动速度最快	汽包容积小，相对壁厚较薄，比自然循环汽包炉允许有较大的升温升压速率，因而启动速度介于自然循环汽包炉和直流炉之间
适应负荷变化的能力及可控性	蓄热能力大，抗外扰能力也强，因而可控性较好；但对负荷变化的适应能力较差	蓄热能力小，自行保持参数的能力差，因而对参数调节的要求高；锅炉可控制性较差，但对负荷变化的适应能力较强	介于自然循环汽包炉和直流炉之间
对设备和操作的要求	操作较简单，参数易于控制	需要专门的启动旁路系统，启停操作和正常运行调节均较复杂	操作较简单，参数易于控制
启动热损失	较小	较大	较小

由表 13-1 可知，直流锅炉对负荷及参数变化的响应速度快，工况变化时参数变动剧烈且各参数之间的变化相互影响，因而控制技术要求高，使参数调节和自动调节系统比汽包锅炉要复杂。自然循环汽包锅炉在工况变动时适应性好，各参数变化相互间的影响小，因而使参数调节方便和简单；但对负荷及参数的变化，响应较为迟缓。控制循环锅炉既具有自然循环汽包锅炉参数调节方便简单的优点，又具有水循环可靠和直流锅炉对负荷及参数变化响应快的特点，是目前较为理想的一种炉型。一般来说，直流锅炉蓄热量小，自动控制宜采用以汽轮机跟踪为主的方式；而汽包锅炉，为了充分利用锅炉的蓄热，可采用以锅炉跟踪为主的方式。

二、超临界直流锅炉的特点

(1) 超临界直流炉没有汽包环节，给水经加热、蒸发和变成过热蒸汽是一次性连续完成的，随着运行工况的不同，锅炉将运行在亚临界或超临界压力下，蒸发点会自发地在一个或多个加热区段内移动。因此，为了保持锅炉汽水行程中各点的温度、湿度及水汽各区段的位置在一规定的范围内，要求燃水比、风燃比及减温水等的调节品质相当高。

（2）在超临界直流炉中，由于没有汽包，汽水容积小，所用金属也少，锅炉蓄能显著减小且呈分布特性。

蓄能以两种形式存在——工质储量和热量储量。工质储量是整个锅炉管道长度中工质总质量，它随着压力而变化，压力越高，工质的比体积越小，必须泵入锅炉更多的给水量。在工质和金属中存在一定数量的蓄热量，它随着负荷呈非线性增加。由于锅炉的蓄质量和蓄热量整体较小，负荷调节的灵敏性好，可实现快速启停和调节负荷。另一方面，也因为锅炉蓄热量小，汽压对被动负荷变动反映敏感，这种情况下机组变负荷性能差，保持汽压稳定比较困难。

（3）超临界锅炉表现出严重的非线性。在超临界锅炉中，各区段工质的比热容、比体积变化剧烈，工质的传热与流动规律复杂。变压运行时随着负荷的变化，工质压力将在超临界到亚临界的广泛压力范围内变化，随之工质物性变化巨大，这些都使得超临界机组表现出严重的非线性。具体体现为汽水的比热容、比体积、热焓与其温度、压力的关系是非线性的，传热特性、流量特性是非线性的，各参数间存在非相关的多元函数关系，使得受控对象的增益和时间常数等动态特性参数在负荷变化时大幅度变化。

（4）超临界锅炉强烈的耦合特性。直流锅炉不像汽包炉那样，由于汽包的存在解除了蒸汽管路与水管路及给水泵间的耦合。直流炉机组从给水泵到汽轮机，汽水直接关联，使得锅炉各参数间和汽轮机与锅炉间具有强烈的耦合特性，整个受控对象是一多输入多输出的多变量系统。

直流锅炉的一次循环特性，使机组的主要控制参数功率、压力、温度均受到了汽轮机调节门开度、燃料量、给水量的影响。从而也说明直流锅炉是一个三输入/三输出相互耦合关联极强的被控特性。

三、超临界机组控制特点

（1）超临界锅炉是一个多输入、多输出的被控对象，输入量为汽温、汽压和蒸汽流量，输出量为给水量、燃料量、送风量。

（2）负荷扰动时，主汽压力反应快，可作为被调量。

（3）超临界锅炉工作时，其加热区、蒸发区和过热区之间无固定的界限，汽温、燃烧、给水相互关联，尤其是燃水比不相适应时，汽温将会有显著的变化，为使汽温变化较小，要保持燃烧率和给水量的适当比例。

（4）从动态特性来看，微过热汽温能迅速反应过热汽温的变化，因此可以用该信号来判断给水和燃烧率是否失调。

（5）超临界机组的蓄热系数小，对压力控制不利，但有利于迅速改变锅炉负荷，适应电网尖峰负荷的能力强。

四、直流锅炉动态特性

从控制特性角度来看，直流锅炉与汽包锅炉的主要不同点表现在燃水比例的变化，引起锅炉内工质储量的变化，从而改变各受热面积比例。影响锅炉内工质储量的因素很多，主要有外界负荷、燃料流量和给水流量。

对于不同压力等级的直流锅炉，各段受热面积比例不同。压力越高，蒸发段的吸热量比例越小，而加热段与过热段吸热量比例越大。因而，不同压力等级直流锅炉的动态特性通常存在一定的差异。

1. 汽轮机调节门开度扰动

(1) 主蒸汽流量迅速增加，随后随着主蒸汽压力的下降而逐渐下降直至等于给水流量。

(2) 主蒸汽压力迅速下降，随后随着主蒸汽流量和给水流量逐步接近，主蒸汽压力的下降速度逐渐减慢直至稳定在新的较低压力上。

(3) 过热汽温一开始由于主蒸汽流量增加而下降，但因为过热器金属释放蓄热的补偿作用，汽温下降并不多，最终主蒸汽流量等于给水流量，且燃水比未发生变化，故过热汽温近似不变。

(4) 由于蒸汽流量急剧增加，功率也显著上升，这部分多发功率来自锅炉的蓄热。由于燃料量没有变化，功率又逐渐恢复到原来的水平。

2. 燃料量扰动

燃料发生变化时，由于加热段和蒸发段缩短，锅炉储水量减少，在燃烧率扰动后经过一个较短的延迟，蒸汽量会向增加的方向变化。当燃烧率增加时，一开始由于加热段蒸发段的缩短而使蒸发量增加，也使压力、功率、温度增加。

(1) 由于给水流量保持不变，因此主蒸汽流量最终仍保持原来的数值。但由于燃料量的增加而导致加热段和蒸发段缩短，锅炉中贮水量减少，因此主蒸汽流量在燃料量扰动后经过一段时间的延迟后会有一个上升的过程。

(2) 主蒸汽压力在短暂延迟后逐渐上升，最后稳定在较高的水平。最初的上升是由于主蒸汽流量的增大，随后保持在较高的水平是由于过热汽温的升高，蒸汽容积流量增大，而汽轮机调速阀开度不变，流动阻力增大所致。

(3) 过热汽温一开始由于主蒸汽流量的增加而略有下降，然后由于燃料量的增加而稳定在较高的水平。

(4) 功率最初的上升是由于主蒸汽流量的增加，随后的上升是由于过热汽温（新汽焓）的增加。

3. 给水流量扰动

当给水流量扰动时，由于加热段、蒸发段延长而推出一部分蒸汽，因此开始压力和功率是增加的；但由于过热段缩短使汽温下降，最后虽然蒸汽流量增加但压力和功率还是下降，汽温经过一段时间的延迟后单调下降，最后稳定在一个较低的温度上。

(1) 随着给水流量的增加，主蒸汽流量也会增大，但由于燃料量不变，加热段和蒸发段都要延长。在最初阶段，主蒸汽流量只是逐步上升。在最终稳定状态，主蒸汽流量必将等于给水量，稳定在一个新的平衡点。

(2) 主蒸汽压力开始随着主蒸汽流量的增加而增加，然后由于过热汽温的下降而有所回落。

(3) 过热汽温经过一段较长时间的迟延后单调下降直至稳定在较低的数值。

(4) 功率最初由于蒸汽流量的增加而增加，随后则由于汽温降低而减少。因为燃料量未变，所以最终的功率基本不变，只是由于蒸汽参数的下降而稍低于原有水平。

五、锅炉运行的经济性

不断提高锅炉运行的经济性是锅炉运行调整的重要组成部分。对于单元机组而言，锅炉运行调整的任务，不仅是为了提高锅炉的热效率，而且还要为提高整个机组的热效率服务。600MW机组锅炉在额定工况下运行时，一些主要参数变化对整个机组发电煤耗的影响大致如表13-2所示。

表13-2　锅炉参数变化对机组发电煤耗影响值参考

参　　数	变化量	影响机组发电煤耗值［g/（kW·h）］
主蒸汽温度（℃）	1	0.19
主蒸汽压力（MPa）	0.1	0.24
再热蒸汽温度（℃）	1	0.16
排烟温度（℃）	1	0.17

锅炉运行调整的内容通常可分为燃烧调整、参数调整和运行方式调整三个方面。

就提高运行的经济性而言，燃烧调整的目的是为了减少炉内各种不完全燃烧损失；通过参数调整，减少锅炉排烟热损失和提高整个机组的热力循环效率；通过运行方式调整，优化辅机组合，降低辅机能耗和自用水、汽的消耗量。就减少大气污染而言，燃烧调整的目的是为了减少二氧化硫和氮氧化物的排放量。

为了提高锅炉和整个机组的热效率，正常运行中一般应保持较高的汽温、汽压，进行合理配风，优化燃烧器的组合，采用低氧燃烧，保持合适的煤粉细度，杜绝“七漏”（漏油、漏水、漏汽、漏风、漏煤、漏粉、漏灰），尽量减少给水阀门的压差和再热器减温水的使用，降低锅炉各部分的漏风，按规定对受热面进行吹灰及采用变压运行方式等。

六、锅炉运行的安全性

安全生产在电力工业中占有首要的地位，锅炉运行调整的首要任务是确保锅炉安全、可靠运行，在此基础上不断提高机组的经济性。

为了提高锅炉运行的安全性，应认真执行启停阶段及变工况运行时锅炉各受热面安全运行的各项有效措施，加强运行监视和调整，防止由于监视疏忽、调整不及时或操作不当甚至误操作所造成的锅炉四管（省煤器管、水冷壁管、过热器管、再热器管）泄漏爆破事故，认真做好防止受热面结垢、磨损、腐蚀的防护工作和停炉后的保养工作，确保运行中各参数及变化速度不超限，充分发挥BMS（锅炉燃烧器管理系统）和FSSS（锅炉炉膛安全监控系统）的作用，做好锅炉防爆工作。此外，还应在不同季节，适时做好防火、防冻、防台风、防汛等工作。

为了保证锅炉的安全运行，运行人员除了需严格监视参数的变化外，还应养成运行分析的良好习惯，发现疑问应追根溯源，以便把事故消灭在萌芽状态。

第三节　蒸汽温度的控制与调整

蒸汽温度是蒸汽质量的重要指标之一。锅炉正常运行中，过热汽温和再热汽温偏离额定值过大时，将会直接影响到锅炉和汽轮机的安全经济运行。

汽温过高时，会加快金属材料的蠕变，引起过热器、再热蒸汽管道以及汽轮机汽缸阀门、转子部分金属强度降低，导致设备使用寿命缩短。因而，汽温过高对设备的安全是一个很大的威胁。

蒸汽温度过低时，则会使汽轮机最后几级叶片的蒸汽湿度增加，对叶片的侵蚀加剧，严重时甚至有可能发生水冲击，威胁汽轮机的安全。当蒸汽压力不变而汽温降低时，蒸汽的热焓必然减少，蒸汽的做功能力降低，使汽轮机的汽耗增加，机组热力循环的效率下降。通常亚临界压力的锅炉，过热蒸汽温度降低10℃，汽耗将增加1.3%～1.5%，大约会使循环效率降低0.3%。所以，汽温过低不仅严重影响设备的安全性，而且还将给机组运行的经济性带来不良的后果。

过热汽温和再热汽温如发生大幅度变化，除使锅炉管材及有关部件产生较大的热应力和疲劳外，还将引起汽轮机、转子与汽缸间的差胀变化，严重时甚至可能发生叶轮与隔板的动静摩擦，造成汽轮机剧烈振动。汽温两侧偏差过大时，还将使汽轮机汽缸两侧受热不均，热膨胀不匀，威胁机组的安全运行。因此，运行中应对蒸汽温度严格监视与控制，某电厂SG-2024/26.15-M621型锅炉规定，正常运行时应维持主汽温度和再热汽温度在605/603℃±5℃的范围内，主汽两侧温差不大于10℃，再热汽两侧温差不超过12℃。

一、影响汽温变化的主要因素

影响汽温变化的因素是多种多样的，这些因素常常还可能同时发生影响，下面分述各个因素对汽温的影响。

1. 水煤比

水煤比是最关键、最根本的因素。水煤比变大，过热汽温降氐；反之，过热汽温升高。

2. 给水温度

若给水温度降低，在同样给水量和水煤比的情况下，直流锅炉的加热段将延长，过热段缩短（表现为过热器进口汽温降低），过热汽温会随之降低；再热器出口汽温则由于汽轮机高压缸排汽温度的下降而降低。因此，当给水温度降低时，必须改变原来设定的水煤比，即适当增大燃料量，才能保持住额定汽温。

3. 受热面沾污

炉膛结焦使锅炉传热量减少，排烟温度升高，锅炉效率降低。对工质而言，1kg工质的总吸热量减少。而工质的加热热和蒸发热之和一定，所以过热吸热（包括过热器和再热器）减少，过热汽温降低，但再热器吸热因炉膛出口烟温的升高而增加。对于再热汽温，进口再热汽温的降低和再热器吸热量的增大影响相反，所以变化不大。对流式过热器和再热器的积灰使传热量减小，使过热汽温和再热汽温降低。

在调节水煤比时，若炉膛结焦，可直接增大水煤比；但若过热器结焦，则增大水煤比时应注意监视水冷壁出口温度，在其不超温的前提下来调整水煤比。

4. 过量空气系数

当增大过量空气系数时，炉膛出口烟温基本不变。但炉内平均温度下降，炉膛水冷壁的吸热量减少，致使过热器进口蒸汽温度降低，虽然对流式过热器的吸热量有一定的增加，但前者的影响更强些。在水煤比不变的情况下，过热器出口温度将降低。若要保持过热汽温不变，也需要重新调整水煤比。

随着过量空气系数的增大，辐射式再热器吸热量减少不多；而对流式再热器的吸热器增加，对于显示对流式汽温特性的再热器，出口再热汽温将升高。

5. 火焰中心高度

当火焰中心升高时，炉膛出口烟温显著上升，再热器无论显示何种汽温特性，其出口汽温均将升高。此时，水冷壁受热面的下部利用不充分，致使1kg工质在锅炉内的总吸热量减少。由于再热蒸汽的吸热是增加的，所以过热蒸汽吸热减少，过热汽温降低。

由上述分析可见，直流锅炉的给水温度、过量空气系数、火焰中心位置、受热面沾污程度对过热汽温、再热汽温的影响与汽包锅炉有很大的不同，有些影响是完全相反的。对于直流锅炉，上述后四种因素的影响相对较小，且变动幅度有限，它们都可以通过调整水煤比来消除。

只要严格地保持给水量和燃料量的固定比例不变，就能使过热蒸汽温度稳定。但是，在燃用固体燃料的锅炉上，燃料量的测定是很不准确的。所以，一般采用锅炉蒸发量和汽压变动信号的综合信号（即热量信号）来反映锅炉燃料。

二、过热汽温调节

直流锅炉蒸汽温度的调节主要是调节燃料量与给水量。但是，在实际锅炉运行中，由于锅炉效率、燃料发热量和给水焓（取决于给水温度）等也会发生变化，要保证燃水比的精确值是非常不容易的。燃煤锅炉还由于给煤量和燃料量会发生波动而引起蒸汽温度的变化。因此，这就迫使直流锅炉除了采用燃水比作为粗调的调节手段外，还必须采用喷水减温的方法作为细调的调节手段。有些锅炉也有采用烟气再循环、烟道挡板和摆动火焰中心的方法作为辅助调节手段，但国内常用这些方法来调节再热汽温。

在运行中，为维持锅炉出口汽温的稳定，通常在过热区段中间部分取一温度测点，将它固定在相应的数值上（一般取分离器出口工质温度为中间点温度，正常运行时控制在320～430℃），这就是通常所说的中间点温度，我国运行人员总结出一条直流锅炉的操作经验：给水调压，燃料配合给水调温，抓住中间点温度，喷水微调。

三、再热汽温调节

对于中间再热锅炉，与主蒸汽温度相似，再热汽温偏离额定值同样会影响机组运行的经济性和可靠性。例如，再热汽温降低，将使汽轮机耗汽量增加；再热汽温过高，可能会造成金属材料的损坏；特别是再热汽温的急剧改变，将会导致汽轮机中压缸与转子间的差胀发生显著变化，有可能引起汽轮机的剧烈振动和事故，威胁设备安全。

再热汽温与主蒸汽温度一样也受到锅炉机组各种运行因素的影响，锅炉负荷、给水温度、燃料性质、燃烧工况以及受热面的清洁程度等工况的改变都将引起再热汽温发生变化。由于再热器大多是布置成对流式的，故再热汽温的变化特性与对流过热器的汽温特性基本相同。但是，由于再热蒸汽的温度高、压力低，因而再热蒸汽的比热容较主蒸汽小，这样，等量的蒸汽在获得相同的热量时，再热蒸汽的温度变化幅度就比主蒸汽要大；此外，再热汽温不仅受到锅炉方面的因素的影响，而且汽轮机工况的改变对它的影响也较大，在过热器中，进口蒸汽温度始终等于分离器出口工质压力下的饱和温度的微过热20～40℃。而在再热器中，进口蒸汽温度则随汽轮机负荷的增加而升高，随负荷的减少而降低，因此，再热汽温受工况变化的影响要比主蒸汽温度敏感，再热汽温的波动也较主蒸汽温度大。

通过采用烟气挡板、燃烧器摆角和减温水调节再热汽温，烟气挡板为主调温手段，喷水只在事故情况下使用。

1. 烟气挡板调节

SG-2024/26.15-/605/603-M621 型锅炉采用烟气挡板为主调温手段，低温再热器出口的微量喷水为辅助手段。

该锅炉将尾部竖井烟道分隔成两个通道，主烟道布置低温再热器，旁烟道布置低温过热器和省煤器，在烟道下部设置烟气调节挡板，改变烟气挡板开度，可以改变通过主、旁烟道的烟气流量分配，从而改变烟道及受热面的吸热量，实现调节汽温的目的。

当改变烟气挡板开度来调整再热汽温时，同样也要影响到主蒸汽温度。本锅炉以再热汽温的要求来调节，对于主蒸汽温度的改变，则利用其喷水减温器来进行终极的校正调节。

2. 再热减温水调节

在高温再热器进口管道上装有微量喷水减温器。设计该喷水减温器的主要目的是，一旦出现事故工况，再热器入口汽温超过规定值，使再热器出现超温损坏危险时，微量喷水减温投入运行，用于保护再热器。在正常运行工况下，只有当积极采用烟气调节挡板，对再热汽温调节尚不能完全满足需要的情况下，微量喷水减温才投入少量减温水，作为烟气挡板调节的辅助细调节。

事实上，采用喷水来调节再热汽温是不经济的。因为喷水减温将增加再热蒸汽的流量，从而增加了汽轮机中、低压缸的蒸汽流量，亦即增加了中、低压缸的出力。如果机组的负荷不变，势必要限制汽轮机高压缸的出力，即减少高压缸的蒸汽流量。这样，就等于部分地用低压蒸汽循环去代替高压蒸汽循环做功，因而必然导致整个机组热经济性的降低。根据计算，对于超高压机组，再热蒸汽中每喷水 1%（锅炉蒸发量的 1%），机组循环热效率下降 0.1%～0.2%。

四、汽温监视与调节中应注意的问题

（1）运行中首先要监视好汽温，并经常根据有关工况的改变分析汽温的变化趋势，尽量使调节工作恰当地做在汽温变化之前。如果等汽温变化以后再采取调节措施，则必然形成较大的汽温波动。应特别注意对过热器中间点汽温的监视，以保证过热器出口汽温的稳定。

（2）虽然现代锅炉一般都装有自动调节装置，但运行人员除应对有关表计加强监视外，还需熟悉有关设备的性能，如过热器和再热器的汽温特性，喷水调节门的阀门开度与喷水量之间的关系，过热器和再热器管壁金属的耐温性能等，以便在必要的情况下由自动切换为远程手操时，仍能维持汽温的稳定并确保设备的安全。

（3）在进行汽温调节时，操作应平衡均匀。例如，对于减温水调节门的操作，不可大开大关，以免引起急剧的温度变化，危害设备的安全。

（4）由于蒸汽量不均或者受热不均，过热器和再热器总存在热偏差，在并联工作的蛇形管中总可能有少数蛇形管的汽温比平均壁温高，因此运行中不能只满足于平均汽温不超温，而应该在调节上力求做到不使火焰偏斜，避免水冷壁或凝渣管发生局部结渣。注意烟道两侧的烟温变化，加强对过热器和再热器受热面壁温的监视等，以确保设备的安全并使汽温符合规定值。

第四节 锅炉负荷与汽压的控制与调整

一、汽压波动的影响

主蒸汽压力是蒸汽质量的重要指标。运行中汽压波动过大，会直接影响锅炉和汽轮机的安全经济运行。由于单元机组没有母管及相邻机组的缓冲作用，蒸汽压力对单元机组的影响比母管制机组的影响要突出。所以，在锅炉的运行中，汽压总是作为监视和控制的主要运行参数之一。

汽压降低，则会减少蒸汽在汽轮机中做功的焓降，使蒸汽做功能力降低，当外界负荷不变时，汽耗量必然增大，煤耗也随之增大，从而降低发电厂运行的经济性。若汽压过低，由于在相同的负荷下汽轮机进汽量的增加，使汽轮机轴向推力增加，易发生推力瓦烧坏事故。某些资料表明，当汽压较额定值降低5%时，则汽轮机的汽耗率将增加1%。

汽压过高，机械应力过大，将危及机、炉和蒸汽管道的安全。当安全门发生故障拒动时，轻则锅炉超压，严重时还可能发生承压部件爆破事故。当汽压过高致使安全门动作时，不但会造成大量的排汽损失，而且安全门动作次数过多，还会由于磨损或有杂物沉积在阀座上，易发生回座时关闭不严造成经常性的漏汽现象，严重时甚至发生安全门无法回座而被迫停炉的后果。

二、影响汽压变化的主要因素

1. 外部扰动

外扰是指外部负荷的正常增减及事故情况下的甩负荷，它具体反映在汽轮机所需蒸汽量的变化上，汽压的稳定取决于锅炉产汽量与汽轮机的需要汽量的平衡。

2. 内部扰动

内扰是指锅炉机组本身的因素引起的汽压变化，在外界负荷不变时，汽压的变化主要决定于炉内燃烧工况的稳定，锅炉热交换情况的改变也会影响汽压的稳定。

3. 怎样判断内扰或外扰

如果蒸汽压力 p 与蒸汽流量 D 的变化方向相反，那么此时就是外扰的影响。

如果蒸汽压力 p 与蒸汽流量 D 的变化方向一致时，这通常是内扰影响的表现。

三、影响汽压变化速度的因素

1. 负荷变化速度

负荷变化速度越快，引起汽压变化的速度也越快。对于单元机组来说，汽轮机负荷的变化幅度将直接影响到锅炉主蒸汽压力变化的数值。

2. 锅炉蓄热能力

锅炉的蓄热能力是指当外界负荷变化而燃烧工况不变时，锅炉能够放出或吸收热量的大小。各种不同形式锅炉的蓄热能力是不同的。蓄热能力越大，则在锅炉工况和汽轮机负荷发生变化时保持汽压稳定的能力越大，即汽压变化的速度就越慢；反之，蓄热能力越小，则保持汽压稳定的能力就越小，工况扰动时汽压变化的速度就越快。

3. 燃烧设备惯性

燃烧设备的惯性是从燃料量开始变化到炉内建立起新的热负荷所需要的时间，在锅炉中，燃烧设备的惯性越大，负荷变化时，汽压变化的速度就越快。燃烧设备的惯性与燃料种类和制粉系统的形式有关。油的着火、燃烧比较迅速，因而烧煤比烧油时的惯性大，直吹式制粉系统的惯性比中间储仓式制粉系统的惯性大，因为前者从改变给煤量到进入炉膛的煤粉量发生变化，要有一段较长的时间。

四、汽压的控制与调节

直流炉的压力调节的任务，实质上就是经常保持锅炉出力和汽轮机所需的蒸汽量相等。在直流锅炉中，炉膛内放热量的变化并不直接引起锅炉出力的变化。直流锅炉的出力首先应当由给水量保证，然后对燃料量进行相应的调整，以保持其他参数的稳定。

在采用自动调节的直流锅炉上，往往还利用调节汽轮机的调速汽门的开度来稳定汽压。

五、锅炉负荷与汽压的调整

控制汽压在规定范围内，实际上就是力争保持锅炉蒸发量和汽轮机负荷之间的平衡。汽压的控制与调节是以改变锅炉蒸发量作为基本的调节手段。只有当锅炉蒸发量已超出允许值或有其他特殊情况时，才用增减汽轮机负荷的方法来调整。

外界负荷的变化是客观存在的，而锅炉蒸发量的多少则是可以由运行人员通过对锅炉燃烧的调节来控制的。当负荷变化，如增长时，如果能及时和正确地调整燃烧，使锅炉蒸发量也相应地随之增加，则汽压就能维持在正常的范围内；如果不能及时或正确地调整燃烧，造成蒸发量跟不上负荷的需要，则汽压就不能稳定并会下降。因此，对汽压的控制与调节过程，就是运行人员如何正确地调整锅炉燃烧，以控制好锅炉蒸发量，使之适应外界负荷需要的问题。对汽压的调节，实质上就是对锅炉蒸发量的调节。下面仅就负荷变化对汽压（即对蒸发量）实施调节的一般方法进行说明。

当负荷变化时，例如当负荷增加（蒸汽流量指示值增大）使汽压下降时，必须强化燃烧，即增加燃料量和风量（当然还必须相应地增加给水量和改变减温水量）。

关于增加燃料量和风量的操作顺序，一般情况下最好先增加风量，然后再增加燃料量。如果先增加燃料量而后增加风量，一旦风量增加较迟，则将造成不完全燃烧。但是，由于炉膛中总是保持有一定的过剩空气量，因此在某些实际操作中，当负荷增加较大或增加的速度较快时，为了保持汽压稳定使之不致有大幅度的下降，则可以先增加燃料量，然后再适当地增加风量。低负荷情况下，由于炉膛内过剩空气量相对较多，因而在增加负荷时，也可先增加燃料量，后增加风量。

增加风量时，应先开大引风机静叶，然后再开大送风机的动叶。如果先加大送风，则火焰和烟气可能喷出炉外伤人，并且恶化了锅炉房的环境。送风量的增加，一般都是增大送风机动叶的开度，即增加总风量。只有在必要时，才根据需要再调整各个（或各组）燃烧器前的二次挡风板。

增加燃料量的手段是同时或单独地增加各运行燃烧器的燃料量（燃煤时增加给粉机或给煤机转速等；燃油时，增加油压或减少回油量）或者是增加制粉系统运行。在负荷增加不大，各运行给粉机尚有余度的情况下，只需采用前一种方法，否则，必须投入备用的制粉系统。当负荷降低（蒸汽流量指标值减小）使汽压升高时，则必须减弱燃烧，即先减少燃料量再减少风量（还应相应地减少给水量和改变减温水量），其调节方法与上述汽压下降时相反。在异常情况下，当汽压急剧升高，只靠燃烧调节来不及时，可开启向空排汽门（ERV），以尽快降压。

第五节 锅炉燃烧调整

一、燃烧调整的目的和任务

锅炉燃烧调整的任务主要包括：

（1）保证产汽量适应外界负荷需要，汽压、汽温稳定在正常范围内。

（2）着火稳定，燃烧中心适当，火焰分布均匀，不烧坏燃烧器、过热器等设备，避免结渣。

（3）燃烧完全，使机组处于最佳运行经济状态。

（4）使NO_x、SO_x及锅炉各项排放指标控制在允许范围内。

燃烧工况稳定良好，是保证锅炉安全可靠运行的必要条件。因为燃烧过程不稳定不但引起蒸汽参数发生波动，且还将引起未燃尽可燃物在尾部受热面的沉积，以致给尾部烟道带来再燃烧威胁；炉膛温度过低则着火燃烧困难，容易造成炉膛灭火、打炮。炉膛温度过高则可能引起水冷壁结渣，过热器热偏差增大，并有可能造成局部管壁超温损坏。

燃烧工况的稳定和良好是提高机组运行经济性的可靠保证。只有燃烧稳定了，才能确保锅炉其他运行工况的稳定；只有锅炉运行工况稳定了，才能保持蒸汽的高参数运行。此外，锅炉燃烧工况的稳定、良好，是采用低氧燃烧的先决条件。采用低氧燃烧，对降低排烟热损失，提高锅炉热效率，减少NO_x和SO_x的生成都是极为有效的。

燃烧过程的经济性要求保持合理的风、煤配合，一、二次风配合，送风机、引风机配合，同时还要求保持适当的炉膛温度，这样才能实现着火迅速、燃烧完全、减少损失、提高锅炉效率的目的。为此，对于煤粉炉，在燃烧调整的运行操作方面应使燃烧器一、二次风的出口风速、风率和相位角配合恰当；燃料量的供给与外界负荷相适应，煤粉为经济细度，炉膛的过量空气系数为最佳值，调整送风机、引风机配合，使炉膛保持适当的负压，减少漏风等。

负荷的变化是锅炉运行中最经常碰到的工况改变，此时必须及时调整送入炉膛的燃煤量和空气量，相应地改变燃烧工况。锅炉在高负荷运行时，由于炉膛温度高，着火与混合条件较好，故燃烧一般是稳定的。此时可适量减少过量空气系数运行，这样既可减少排烟损失，又可使炉内温度提高，烟气流速降低，使煤粉在炉内停留时间长，因此，未完全燃烧损失可能不增加或增加极少，结果可使锅炉效率有所提高。锅炉低负荷运行时，由于燃烧减弱，故炉膛温度较低，火焰充满度差，燃烧不稳定，经济性也差。因此，低负荷时，在风量满足要求的情况下，应适当降低一次风速，使着火点提前，并适当降低二次风的风速，以增强高温烟气的回流，利于燃料的着火和燃烧，在燃用低挥发分的煤种时可采用集中火嘴增加煤粉浓度的方式，使炉膛热负荷相对比较集中，以利于燃料的点燃和各火嘴的相互引燃。

二、不同煤种的燃烧调整原则

1. 无烟煤

无烟煤是挥发分最低的煤种，它的可燃基挥发分在6.5%～10%，而固定碳高，因此不易着火和燃尽。在燃烧无烟煤时，为保证着火，必须保持较高的炉膛温度，一次风量、一次风速应低些，这样对着火有利；但一次风速不能过低，否则气流刚性差，卷吸力量小，严重时反而不利于着火和燃烧，同时还有可能造成一次风管内煤粉堵塞；二次风速应高些，二次风速较高才能有利于穿透和使空气与煤粉充分混合，并能避免二次风过早混入一次风，影响着火。各组二次风门开度可采用倒宝塔形，即上二次风门开大，中二次风门较小，下二次风门开度最小。这是因为在燃烧器后，随烟气向上运动，烟速逐渐增加，易使上二次风射流上翘，开大上二次风，且提高上二次风风速，对混合有利。下二次风关小，以提高炉膛下部温度，对着火引燃有利，但风速应以能托住煤粉为原则。此外，煤粉细度应适当控制细些，一般R_{20}可在8%～10%，并应提高磨煤机出口温度，这样对着火和燃烧有利，贫煤的挥发分含量为10%～12%，其着火性能比无烟煤要好些。

2. 烟煤

通常烟煤的挥发分和发热量都较高，灰分较少，容易着火燃烧，因而一次风量和风速应高些。二次风速可适当降低，使二次风混入一次风的时间推迟，将着火点推后以免结渣或烧坏燃烧器。燃烧器最上层和最下层的二次风门开度应大些较好，这是因为最上层二次风除供给上排煤粉燃烧所需空气外，还可以补充炉膛中未燃尽的煤粉继续燃烧所需要的空气，另外还可以起到压住火焰中心的作用。最下层二次风能把分离出来的煤粉托起继续燃烧，减少机械不完全燃烧损失。

3. 劣质烟煤

劣质烟煤是水分多、灰分多、发热量低的烟煤。这种煤的挥发分较高，但是由于煤的灰分高，水分又多，燃用该煤时，将使炉膛温度降低，而且挥发分又被包围不易析出，因此这种煤着火比较困难，着火后燃烧也不易稳定。由于灰分的包围，煤粉也难以燃尽，燃烧效果不好，同时由于灰分多，炉内磨损、结渣等问题较为突出。

总之，燃用劣质烟煤，必须解决着火困难、燃烧效果差、磨损结渣等问题。燃用劣质烟煤的配风方式与燃用无烟煤相似，一次风量与一次风速较低些，二次风速可高些。一般一次风率为20%～25%，一次风速为20～25m/s，二次风速可高些，一般为40～50m/s。

4. 褐煤

褐煤是发热量低、水分多、灰分多、挥发分高、灰熔点低的劣质煤，由于褐煤的水分高，煤的干燥就比较困难，并使炉内烟气量增大，烟气流速增高；加上灰分多，因而极易造成受热面的严重磨损。褐煤灰熔点低，在炉内容易发生结渣。

燃用褐煤时的配风原则与燃用烟煤时的基本相同。但一次风量、一次风速和二次风速的数值，一般比燃用烟煤时要高一些。

三、燃料量的调节

1. 直吹式制粉系统的锅炉煤量的调节

具有直吹式制粉系统的锅炉，一般都装有5～6台中速磨煤机，相应地具有5～6套独立的制粉系统。由于直吹式制粉系统无中间粉仓，它的出力大小将直接影响到锅炉蒸发量，故当锅炉负荷有较大的变动时，即需启动或停止一套制粉系统。

当负荷变动不大时，则可通过调节运行的制粉系统的出力来解决，当负荷有较大的变动时，则需通过启动备用或停用运行制粉系统方能满足对燃料量改变的需要。其原则是一方面应使磨煤机在合适的负荷下运行，另一方面则要求燃烧器在新的组合方式下能保证燃烧工况良好，火焰分布均匀，以防止热负荷过于集中造成水冷壁运行工况恶化。

在启动或停用制粉系统时，应及时调整一次风、二次风及炉膛压力，及时调整其他燃烧器的负荷，保持燃烧稳定并防止负荷的骤增、骤减；在调节给煤量和风门开度时，应注意挡板开度指示、风压的变化情况及各电动机的电流变化，防止发生堵管或超电流等异常情况。

2. 燃油量的调节

采用蒸汽（杂用气）雾化的油枪，一般油压允许在某一范围内变动，当油压低至允许的低限时，如仍需减少油量，则应通过减少油喷嘴的数量来进行；当油压高至允许的高限时，则应投入适当数量的备用油枪，降低油压，使油量调节保持一定的裕度。燃油雾化蒸汽（杂用气）压力通常采用定压或与油压保持固定压差的方式运行。

对于四角切圆燃烧的锅炉，油枪一般应采用成对投入或停用的方式，以尽量使炉膛热负荷分布均匀。

四、风量的调节

当外界负荷变化而需要调节锅炉出力时，随着燃料量的改变，锅炉的风量也要作相应的调节。

送入炉内空气量的大小，可以用过量空气系数 α 来衡量，过量空气系数 α 与烟气中的 O_2 有如下关系：

$$\alpha = \frac{21}{21 - O_2} \tag{13-1}$$

式中 O_2——烟气中的含氧量，%；

α——过量空气系数。

根据式（13-1）可知，通过控制烟气中的含氧量，可达到控制过量空气系数的目的。一般锅炉控制盘上均装有氧量表，运行人员可直接根据氧量表的数值来控制炉内空气量，而不必换算成过量空气系数。

从运行经济性方面来看，在一定范围内，炉内过量空气系数增大，可以改善燃料与空气的接触和混合，有利于完全燃烧，使化学不完全燃烧热损失 q_3 和机械不完全热燃烧损失 q_4 降低。但是，当过量空气系数过大时，则因炉膛温度降低和烟气流速加快燃烧时间缩短，可能使不完全燃烧损失反而有所增加，而排烟带走的热损失 q_2 总是随着过量空气系数的增大而增加的。所以，过量空气系数过大时，锅炉总的热损失就要增加；与此同时，还将使送、引风机的电耗增大。合理的过量空气系数应使各项热损失之和（$q_2+q_3+q_4$）为最小，这时的过量空气系数称为锅炉的最佳过量空气系数。显然，正常运行时送入锅炉的空气量，应当使过量空气系数尽量维持在最佳值附近。

从锅炉工作的安全性方面来看，炉内过量空气系数过小，会使燃烧不完全，造成烟气中含有较多的未燃尽炭黑和一氧化碳可燃气体等，导致尾部烟道受热面发生可燃物再燃烧的危险。由于灰分在还原性气体中熔点降低，易引起炉内结渣等不良后果。过大的过量空气系数还将使煤粉炉受热面管子和引风机叶片的磨损加剧，影响设备使用寿命。此外，过量空气系数增大时，由于过量氧的相应增加，将使燃料中的硫分易于形成三氧化硫，烟气露点温度也相应提高，从而使尾部烟道的空气预热器更易于腐蚀。同时，烟气中的氧化氮也将增多，影响排放指标的合格。

正常稳定的燃烧，说明风、煤比配合恰当。这时，炉膛内应具有光亮的金黄色火焰，火焰中心应在炉膛的中部，火焰均匀地充满炉膛，但不触及四周水冷壁，不冲刷屏式过热器，火焰中不应有煤粉分离出来，也不应有明显的星点。如火焰亮白刺眼，表示风量偏大，如火焰暗红，则表示风量过小或煤粉太粗，漏风过大等；火焰发黄、无力，则是煤的水分偏高或挥发分低。同一层燃烧器的火焰中心应处于同一标高上。着火点应适中，太近易引起燃烧器周围结渣或烧坏喷燃器；着火点过远，又会使火焰中心上移，使炉膛上部结渣和不完全燃烧程度增加，影响锅炉效率；严重时还将使燃烧不稳，甚至引起锅炉灭火。

总之，风量过大或过小都会给锅炉的安全、经济运行带来不良的影响。

在锅炉的风量控制中除了改变总风量外，一、二次风的配合调节也是十分重要的。一、二次风的风量分配应根据它们所起的作用进行调节。一次风量应以能满足进入炉膛的风粉混合物挥发分燃烧及固体焦炭质点的氧化需要为原则。二次风量不仅应能满足燃烧的需要，而且还应起到补充一次风末段空气量不足的作用。此外，二次风应能与进入炉膛的可燃物充分混合，这就需要有较高的二次风速，以便在高温火焰中起到搅拌混合的作用，以强化燃烧。在有些情况下，还可借助改变二次风门的开度，来达到由于喷燃器中煤粉浓度偏差造成的需求风量不同的目的。

SG-2024/26.15/605/603-M621 型锅炉，当在 70%BMCR 以上负荷时，要求烟气含氧量控制在 3.0%～5.0%。

五、炉膛压力的调节

炉膛压力是反映燃烧工况稳定与否的重要参数，炉内燃烧工况一旦发生变化，炉膛压力将迅速发生相应改变。

当锅炉的燃烧系统发生故障或异常情况时，最先将在炉膛压力的变化上反映出来，而后才是蒸汽参数的一系列变化，因此监视和控制炉膛压力，对于保证炉内燃烧工况的稳定具有极其重要的意义。

炉膛负压维持过大，将会增加炉膛和烟道的漏风，锅炉在低负荷或燃烧工况不稳的情况下运行时，便有可能由于漏入冷风而造成燃烧恶化，甚至发生锅炉灭火。反之，若炉膛压力偏正，则炉膛内的高温火焰及烟灰就有可能外喷。不但影响环境卫生，还将造成设备损坏或引起人身事故。目前国内燃煤电厂基本上都采用既有送风机又有引风机的平衡通风方式，使炉膛负压稍低于环境压力。由于炉内高温烟气有自拔风力的作用，因而自炉底到炉顶烟气压力逐渐增高；另外，由于烟气离开炉膛后沿烟道流动需克服流动阻力，所以烟气压力又逐渐降低，直到最终由引风机提高压头后，才从烟囱排出。这样，使整个炉膛和烟道内的烟气压力都呈负压状态，其中以炉顶的烟气压力最高（负压最小）。炉膛负压表的测点就装在炉顶的出口处。这样，只要炉顶保持着合适的负压值，就不会出现烟气外泄的现象，也不会出现漏风系数偏大的情况。

在单位时间内，如果从炉膛排出的烟气量等于燃料燃烧产生的烟气量时，则进出炉膛的物质保持平衡，炉膛风压就保持不变；否则炉膛风压就要变化。例如：在引风量未增加时，先增加送风量，就会使炉膛压力提高，可能出现正压。当炉负荷改变而燃料量和风量也发生改变时，随着烟气流速的改变，各部分负压也相应改变，锅炉负荷增加，烟道各部分的负压也相应增大；反之，则各部分负压相应减少。当受热面管束发生结渣、积灰，以致部分堵塞时，烟气流经该段管束的阻力增加，于是该段出口烟气负压及其进口压差就较正常流动时大。

运行中即使在送、引风保持不变的情况下，由于燃烧工况总有小量的变化，故炉膛压力总是脉动的。当燃烧不稳时，炉膛压力将产生强烈的脉动，炉膛风压表相应作大幅度的剧烈晃动。运行经验表明：当炉膛压力发生剧烈脉动时，往往是灭火的预兆，这时必须加强监视和检查炉内燃烧工况，分析原因，并及时进行调整和处理。

当锅炉负荷改变需进行风量调整时，为了避免出现正压和缺风现象。原则上是在负荷增加时先增加引风，而后再增加送风量和燃料量；反之，在减负荷时，则应先减燃料量和送风量。

对于负压运行的锅炉，由于炉内烟气经常有变动，而且炉膛同一截面上的压力也不一定相等；因此，为了安全起见，引风机调整时，以炉膛负压表值为－5～－3mmH_2O为好。在运行人员即将进行吹灰、清渣或观察炉内燃烧情况时，炉膛的负压值应比正常值大一些，为－10～－5mmH_2O。

六、一、二次风的调节

燃烧器保持适当的一、二次风配比即保持适当的一、二次风出口速度和风量，是建立良好的炉内工况，使风粉混合均匀，保证燃料正常着火与燃烧的必要条件。一次风速过高会推迟着火，过低则容易烧坏燃烧器，并在一次风管内造成煤粉沉积。二次风过高或过低都将直接影响汽流的混合扰动情况，从而降低燃烧的稳定性。表 13-3 列出了各煤种一、二次风速的推荐值。

表 13-3 各煤种一、二次风速的推荐值 m/s

燃烧器型式		无烟煤	贫煤	烟煤与褐煤
四角布置的直流式燃烧器	二次风	18～22	20～26	20～30
	一次风	20～30	20～30	25～32

从表 13-3 中可知，对于不同的燃料和不同结构的燃烧器，对一、二次风的风速要求是不相同的。因为燃烧器出口断面的尺寸及风速决定了一、二次风量的百分率，而一、二次风的风率及配比是燃烧调整中的重要参数。尤其是一次风量，它与着火过程密切相关，一次风量越大，要达到气粉混合物着火温度需要吸收的热量就越多，因而达到着火所需的时间就越长，对于挥发分低的燃料是不利的；对于高挥发分的燃料着火并不困难，而着火后为保证挥发分的及时燃尽，却需要较高的一次风量。因此，不同煤种采用的风速和一次风量是不相同的。

通常，一次风量的大小是用一次风率来表示的，它是指一次风量占锅炉总风量的百分数。一次风率主要决定于煤种和制粉系统的形式，其推荐值见表 13-4。

表 13-4 各煤种所用一次风率推荐值 %

制粉形式 \ 煤种	无烟煤	贫煤	烟煤		褐煤
			挥发分≤30%	挥发分＞30%	
热风送粉	15～20	20～25	25～40	25～45	40～45

七、四角布置的直流燃烧器的调节

四角布置的直流燃烧器，由于其燃烧方式是靠四股气流组织的，所以合理的一、二次风风速及风量的选择，是形成炉膛良好的空气动力工况的基本条件，任何不适当的一、二次风配比，都会破坏气流的正常混合和扰动，从而造成燃烧工况的恶化。

因此，正常运行中判断风速或风量是否合理的标准，第一是燃烧的稳定性，炉膛热负荷分布的均匀性，以及对过热汽温的影响；第二是比较经济指标，主要是排烟热损失 q_2 和机械不完全燃烧热损失 q_4 的数值。

四角布置的燃烧器正常运行时，四周水冷壁的热负荷比较均匀，燃烧中心的火焰最高温度和最大热流密度较低，有利于在高热负荷区避免产生膜态沸腾和降低 NO_x。炉内气流的旋转使风粉混合条件改善，并能起到相邻火焰相互引燃的作用，因而燃烧比较稳定，对煤种的适应性也较好。直流式燃烧器的阻力较小，易于操作和调整，采用摆动式燃烧器时还可以改变火焰中心的高度，以适应不同工况的需要。

采用四角布置的燃烧器，各个燃烧器出口风粉混合物的不均匀性允许范围较大。这是因为各个燃烧器的火焰在炉膛中心旋转混合，将使风粉混合物的不均匀性得到补偿。

燃烧器四角布置也可能出现一些问题。例如，当炉膛出口处气流的旋转动量未完全消失时，将造成炉膛出口烟气偏向一侧，使炉膛出口左右两侧的烟气量和烟温偏差增大，这就是所谓的炉膛出口残余旋转的影响。此外，四角布置的风粉管道布置走向较复杂，容易造成各角风粉速度和煤粉浓度偏差较大。

1. 一次风的调节

直流式燃烧器的一次风速必须保持在适当的范围内。一次风速过低，不能保证必要的刚性，很易偏转和贴墙，且卷吸高温烟气的能力也差；此外，对于高挥发分的煤，将由于点火过近而使燃烧器有烧坏的可能。一次风速过低，还有可能产生一次风堵管等异常情况。一次风速过高则会推迟燃料（特别是低挥发分低反应能力的燃料）的着火，并增大未完全燃烧损失。同时还将使煤粉管道的磨损速度加快，使用寿命缩短，以及在低负荷的情况下，容易造成燃烧不稳，甚至灭火。

直吹式制粉系统中不具有运行中单独调节一次风速的功能，只在改变一次风量的同时，改变一次风速。一次风量除了与燃烧有关外，还与煤粉的制粉和输送过程（干燥、磨制、分离、输送）有关，因而要综合考虑这些因素来确定一次风量。

2. 二次风的调节

二次风主要起扰动混合和煤粉着火后的氧气补充作用，它是燃料完全燃烧的关键。

二次风量的分配与煤种、燃烧器类型、炉型以及运行条件等有关。一般来说，直流式燃烧器送入炉膛的二次风，从分配方式上大致有：上大下小（倒宝塔型）、中大（腰鼓型）、上中下均匀分配（均匀型）以及上小下大（宝塔型）等工况。固态排渣通常以前三种为主。

各层二次风的调节对燃烧有较大的影响。上二次风能压住火焰不使其过分上飘，是煤粉燃烧和燃尽的主要风源，中二次风是煤粉燃烧阶段所需氧气的主要来源，下二次风可防止煤粉离析，托住火焰不致过分下冲，防止未燃尽的炭粒落入冷灰斗，增加排烟温度损失。

增加上层二次风，减少下层二次风，可使炉膛火焰中心下移；反之，火焰中心上移。

二次风的调节，是通过改变二次风门的开度来实现的。二次风根据其在燃烧器中所处的位置和作用不同一般又可分为燃料风和辅助风，燃料风设置在煤粉喷嘴风室的前面。它的作用是：一是冷却煤粉喷嘴，二是调节煤粉喷嘴出口处空气与煤粉的比例，以控制着火点与喷嘴之间的距离。

在自动调节过程中，燃料风风门的开度，由煤粉喷嘴的出力或给煤机的煤量及燃料特性等因素综合决定的。煤粉喷嘴投运前，燃料风门自动置点火状态，开度为5%～10%，当煤粉喷嘴投运后，随着该煤粉喷嘴出力的增大，燃料风门将按一定的比例相应逐渐开大。当煤种发生变化时，则可通过改变燃料风门的偏置来调整燃料量与风量的比例关系。对于燃用燃烧反应性差，挥发分含量低的煤种时，在相同燃料量的情况下，燃料风门的开度应控制得适当小些，以保证稳定燃烧；反之，对于燃烧反应好的煤种则可以适当增大燃料风门的开度。

辅助风的调节根据炉膛与大风箱之间的压差Δp来进行。辅助风处于自动状态运行时，当某层辅助风的相邻煤燃烧器处于运行状态，则该层辅助风即可自动按Δp进行控制；当与某层辅助风相邻的所有燃烧器（包括该层辅助风内的油燃烧器）全部停运时，自动系统将关闭该层辅助风门。

Δp的控制值是锅炉负荷的函数。在总风量不变的情况下，Δp越大，二次风速也就越高；反之，Δp越小，则二次风速就越低。

油枪层的辅助风门处于自动状态时，当油枪在运行中，其开度将随油量（或油压）的变化而同步变化；油枪未投运时，则与其他辅助风门一样，按Δp的要求参与自动调节。

各层辅助风门的开度，根据实际运行需要，还可通过改变各层的偏置值来进行调整，各二次风门自动调节过程中，将对锅炉总风量带来直接的影响。为了维护自动调节过程中锅炉总风量不变，一般来说，各二次风门应在风量自动（送风自动）投运的情况下，方可投入自动状态运行。

各二次风门手动调节的原则应与自动调节相同。

二次风挡板的控制见表13-5。

表13-5　　二次风挡板的控制

名　称	炉膛吹扫	点火及单投油	油煤混烧	单烧煤
SOFA-Ⅴ SOFA-Ⅳ SOFA-Ⅲ SOFA-Ⅱ SOFA-Ⅰ	关	关	开度为总风量的函数	
CCOFA-Ⅱ CCOFA-Ⅰ	关	关	开度为总风量的函数	
FⅡ辅助风	吹扫位	锅炉负荷小于30%时，置为差压控制；负荷大于30%且F层磨煤机停则关，否则置为差压控制		
F层燃料风	开度为给煤机F的函数，给煤机F停运50s后开度为总风量的函数			
FⅠ辅助风	吹扫位	同FⅡ辅助风		
EF辅助风	吹扫位	锅炉负荷小于30%，点火时则关，火点着后固定开度；负荷大于30%，点火时置为差压控制；负荷大于30%且E/F层磨煤机均停则关，否则置为差压控制		

续表

名　称	炉膛吹扫	点火及单投油	油煤混烧	单烧煤
EⅡ辅助风	吹扫位	锅炉负荷小于30%时，置为差压控制；负荷大于30%且E层磨煤机停则关，否则置为差压控制		
E层燃料风	开度为给煤机E的函数，给煤机E停运50s后开度为总风量的函数			
EⅠ辅助风	吹扫位	同EⅡ辅助风		
DE辅助风	吹扫位	锅炉负荷小于30%，置为差压控制；负荷大于30%且D/E层磨煤机均停则关，否则置为差压控制		
DⅡ辅助风	吹扫位	锅炉负荷小于30%时，置为差压控制；负荷大于30%且D层磨煤机停则关，否则置为差压控制		
D层燃料风	开度为给煤机D的函数，给煤机D停运50s后开度为总风量的函数			
DⅠ辅助风	吹扫位	同DⅡ辅助风		
CD辅助风	吹扫位	锅炉负荷小于30%，点火时则关，火点着后固定开度；负荷大于30%，点火时置为差压控制；负荷大于30%且C/D层磨煤机均停则关，否则置为差压控制		
CⅡ辅助风	吹扫位	锅炉负荷小于30%时，置为差压控制；负荷大于30%且C层磨煤机停则关否则置为差压控制		
C层燃料风	开度为给煤机C的函数，给煤机C停运50s后开度为总风量的函数			
CⅠ辅助风	吹扫位	同CⅡ辅助风		
BC辅助风	吹扫位	锅炉负荷小于30%，置为差压控制；负荷大于30%且B/C层磨煤机均停则关，否则置为差压控制		
BⅡ辅助风	吹扫位	锅炉负荷小于30%时，置为差压控制；负荷大于30%且B层磨煤机停则关，否则置为差压控制		
B层燃料风	开度为给煤机B的函数，给煤机B停运50s后开度为总风量的函数			
BⅠ辅助风	吹扫位	同B燃料风		
AB辅助风	吹扫位	锅炉负荷小于30%，点火时则关，火点着后固定开度；负荷大于30%，点火时置为差压控制；负荷大于30%且A/B层磨煤机均停则关，否则置为差压控制		
AⅡ辅助风	吹扫位	锅炉负荷小于30%时，置为差压控制；负荷大于30%且A层磨煤机停则关，否则置为差压控制		
A层燃料风	开度为给煤机A的函数，给煤机A停运50s后开度为总风量的函数			
AⅠ辅助风	吹扫位	同A层燃料风		
AA辅助风	吹扫位	锅炉负荷大于30%且A层磨煤机停则关，否则开度为给煤机A转速的函数		

锅炉总风量与燃烧器大风箱/炉膛出口压差间的函数关系见表13-6。

表 13-6 锅炉总风量与燃烧器大风箱/炉膛出口压差间的函数关系

压差（Pa）	426.0	420	635	850	950
锅炉总风量（%BMCR）	0	30	50	80	105

锅炉总风量与 CCOFA-Ⅰ间的函数关系见表 13-7。

表 13-7 锅炉总风量与 CCOFA-Ⅰ间的函数关系

CCOFA-Ⅰ挡板开度（%）	0	0	80	100	100
锅炉总风量（%BMCR）	0	30	40	42.5	105

锅炉总风量与 CCOFA-Ⅱ间的函数关系见表 13-8。

表 13-8 锅炉总风量与 CCOFA-Ⅱ间的函数关系

CCOFA-Ⅱ挡板开度（%）	0	0	20	100	100
锅炉总风量（%BMCR）	0	40	50	52.5	105

锅炉总风量与 SOFA 间的函数关系见表 13-9。

表 13-9 锅炉总风量与 SOFA 间的函数关系

SOFA-Ⅰ挡板开度（%）	0	0	20	100	100
锅炉总风量（%BMCR）	0	40	50	52.5	105
SOFA-Ⅱ挡板开度（%）	0	0	80	100	100
锅炉总风量（%BMCR）	0	50	60	62.5	105
SOFA-Ⅲ挡板开度（%）	0	0	80	100	100
锅炉总风量（%BMCR）	0	60	70	72.5	105
SOFA-Ⅳ挡板开度（%）	0	0	80	100	100
锅炉总风量（%BMCR）	0	70	80	82.5	105
SOFA-Ⅴ挡板开度（%）	0	0	80	100	100
锅炉总风量（%BMCR）	0	80	90	92.5	105

为了保护停运燃烧器不过热烧坏，停运燃烧器挡板开度应随锅炉总风量的改变而作相应的调整，停运燃烧器挡板开度与锅炉总风量间的函数关系见表 13-10。

表 13-10 停运燃烧器挡板开度与锅炉总风量间的函数关系

停运燃烧器挡板开度（%）	0	0	10	10	15	15
锅炉总风量（%BMCR）	0	55	60	78	80	105

八、燃烧器的运行方式

燃烧工况的好坏不仅受到配合工况的影响，而且与炉膛热负荷及燃料在炉内的分布有关，即与燃烧器运行方式有关。

为了保持正确的火焰中心位置，避免火焰偏斜，一般应将投入运行的各燃烧器的负荷（即风量和煤粉量）尽量分配均匀、对称。但有时为了调整燃烧中心，改变火焰的偏斜现象，避免结渣，调节汽温偏差，提高运行经济性以及为了适应锅炉负荷、煤种变化等原因，常有意识地改变各燃烧器的负荷分配。对于四角布置的直流燃烧器的炉膛，改变上、下排喷口的给煤量或二次风量，是调节燃烧中心高度和改善气粉混合程度及提高燃烧效率的常用措施。如在保持汽温正常的情况下，为了提高经济性，可减少上排燃烧器的负荷或停止其运行，以延长燃料在炉内停留的时间，尽量达到完全燃烧。

运行实践表明：在热负荷允许的情况下，尽量多采用相邻制粉系统投入的运行方式，将有利于火焰间的相互引燃，便于调节，容易适应负荷的变化，同时对于风粉混合和火焰充满程度均较好，使燃烧比较完全和稳定。但当燃用低挥发分的燃料时，则应采用集中火嘴，增加煤粉浓度的运行方式，使炉膛热负荷集中，以利于燃料的着火。

四角布置的摆动式直流燃烧器，对调节燃烧中心的位置，改变汽温和煤粉燃烧的完全程度是有相当作用的，故应充分利用这种燃烧器喷口倾角可调的特点。一般在保证汽温的条件下，可尽量增加其下倾角，以取得较高的经济性，但应避免冷灰斗因温度过高而结渣。对于整组可调的摆动式燃烧器，可采用改变一、二次风喷口中心线夹角的方式来改变风、粉混合情况，以适应煤种变化的需要。如当燃料挥发分较高时，夹角便可适当大些，以便使一、二次风能较早地混合，在调节过程中应注意不使对应两侧的风速相差太大，以免发生气流的射程不一样，使火焰中心偏斜而造成结渣等。

在高负荷运行时，炉膛热负荷较高，燃烧比较稳定，但主要问题是汽温高，容易结渣。因此，此时应设法降低火焰中心或缩短火焰长度，同时力求避免结渣。

在低负荷运行时，炉膛热负荷低，容易灭火。为了防止灭火，应适当减少炉内过量空气系数，调节好各燃烧器的煤粉量和风量，避免风速产生大的变动，对燃烧工况不太好的燃烧器更应加强监视。

判断燃烧器运行方式调整效果好坏的标准，除了蒸汽参数、燃烧的稳定性、炉膛出口烟温及炉内空气动力场分布和燃烧经济性外，还应注意炉膛两侧的燃烧产物、飞灰可燃物及烟气温度的分布等是否均衡；另外，还应考虑锅炉内过程方面的均匀性，如过热汽温分布、汽包两侧炉水含盐浓度及水位是否均匀等。

为了适应燃烧调整或锅炉负荷变化的需要，有时往往需要进行燃烧器的投、停操作。在进行燃烧器的投停时，一般可参考下述原则：

(1) 为了使炉膛内的火焰充满程度好和保持合理的火焰中心位置，应尽量将全部燃烧器投入运行并均匀承担负荷。一般情况下，只有在为了稳定燃烧以适应锅炉低负荷运行的需要或保证锅炉参数必须停用部分燃烧器时，才可进行停用燃烧器的操作。这时经济性方面的考虑则是次要的。

(2) 停用上排燃烧器、投入下排燃烧器可降低火焰中心，有利于燃烧。

(3) 高负荷时为了防止结渣和汽温过高，应设法降低火焰中心和缩短火焰长度。

(4) 需要对燃烧器进行切换时，应先投入备用的燃烧器，待运行正常后，再停用运行的燃烧器，以防止燃烧中断或减弱。

(5) 在投、停或切换燃烧器时，必须全面考虑对燃烧汽温等方面的影响，不可随意进行。

(6) 四角布置的燃烧器应成对或分层投用和停用，严禁缺角燃烧。

此外，在投、停燃烧器或改变燃烧器的负荷过程中，还应同时注意风量与煤粉量的配合。运行中对于停用的燃烧器，要通入少量的空气进行冷却，以保证喷口不被烧坏。

九、660MW锅炉制粉系统运行方式优化措施

制粉系统运行有条件的情况下不安排隔磨运行。遇特殊情况违反以下原则规定时，参照本书第三章第五节执行：

(1) 当锅炉总煤量在250t/h以上时，采用五磨运行方式。

(2) 当锅炉总煤量在250t/h及以下时，采用四磨运行方式。

(3) 当锅炉总煤量在180t/h及以下时，采用三磨运行方式。优先考虑制粉系统C、D、E或B、C、D运行。

(4) 当锅炉总煤量在320t/h及以上时，采用六磨运行方式。

(5) 制粉系统正常运行方式为上五磨（B、C、D、E、F）运行为主，停用时以中四磨（B、C、D、E）为主。

(6) 当锅炉总煤量达到上述条件时，机组单元长应主动向值长提出增开或调停制粉系统的申请，值长应根据当班机组负荷曲线等情况对制粉系统运行方式作出合理的安排，只要符合制粉系统启停条件且能运行0.5h以上，必须进行制粉系统的启停操作。

(7) 备用制粉系统应严格执行定期维护试验的规定，具备条件应进行切换操作，保证备用制粉系统的煤仓内原煤不长期堆结，防止搭桥、断煤。

(8) 锅炉正常运行时，具备条件的情况下，优先投运停用时间较长的制粉系统（不限于一台磨煤机），每台磨煤机连续运行2h后及时切换至制粉系统正常运行方式。

第六节 单元机组的负荷调节

一、单元机组调节方式

锅炉与汽轮发电机组成单元机组运行时，它们控制调节的主要问题是机组的功率自动调节，也就是说动力机组作为一个生产电能的系统如何适应外界负荷的需求。所以负荷调节要涉及锅炉、汽轮机的调节性能。

从电网的角度来看，机组负荷调节的首要要求是能否快速适应负荷的需求。但从机组运行的观点来看，机组能否快速适应负荷需求，必须不危及机组本身运行的稳定性。作为一个负荷调节对象的动力机组，机炉的调节特性有相当大的差别，锅炉是一个热惯性大、反应慢的调节对象；而汽轮机相对而言是一个惯性小、反应快的调节对象。因此当外界负荷需求通过负荷调节系统使汽轮机快速进行调节（汽轮机调节门开度变化）时，就会引起机前压力产生较大的波动，从而影响机组的稳定和安全运行。因此在设计制订单元机组的负荷调节系统时，必须充分考虑到机炉特性的差异，以使机组在适应负荷变化时二者能协调动作。

二、单元机组负荷自动调节方式

单元机组负荷的自动调节一般有以下三种方式：

1. 锅炉跟随的负荷调节方式BF（锅炉跟踪或炉跟机调节方式）

这种调节方式下，当需要改变机组出力时，例如要增大机组出力，在给定功率信号增大后，功率调节器首先开蒸汽调节阀，增大汽轮机进汽量，使发电机输出功率与给定功率一致。由于蒸汽流量增加，引起主蒸汽压力下降，使主蒸汽压力低于给定主蒸汽压力值，以此

压力偏差作为信号，使进入锅炉的燃料量增加，以保持主蒸汽压力恢复到给定压力值。在这种调节方式中，机组负荷由汽轮机控制，机组的压力由锅炉控制，锅炉的负荷是按照汽轮机的需要而随之改变，所以把这种控制方式称为锅炉跟随（或锅炉跟踪）或称“炉跟机”的控制方式。过去汽包锅炉的单元机组通常都采用这种控制方式，所以也是最常用的控制方式。锅炉跟随控制方式按照给定功率信号的变化，利用锅炉的蓄热量（主蒸汽压力变化），使机组实发功率迅速随之变化。在锅炉压力的允许变化范围内，其快速作出反应是完全可能的，对系统调频是有利的。但在发生很大幅度的负荷变化时，由于锅炉燃烧迟延大，对主蒸汽压力的调节不可避免地有滞后现象。因此在锅炉开始跟踪时，主蒸汽压力已变化较大，锅炉的运行调节就不会稳定。若要抑制这种不稳定现象，在较大的负荷变化情况下，其负荷的变化率显然应加以限制。

2. 汽轮机跟随的负荷调节方式 TF（汽轮机跟踪或机跟炉调节方式）

这种调节方式下，当外界负荷突然增加时，给定功率信号增加，首先是控制锅炉的主信号增大，即功率调节器的输出增大，开大燃料调节阀，增加燃料量。随着锅炉输入热量增加，主蒸汽压力升高，为了维持主蒸汽压力不变，主蒸汽压力调节器将开大蒸汽调节阀，增大蒸汽量和汽轮发电机的功率，使发电机输出功率与给定功率相等，用控制汽轮机蒸汽调节阀来保持主蒸汽压力，其主蒸汽压力变化甚小，这对于锅炉运行的稳定有利。但是汽轮发电机出力必须随着主蒸汽压力的升高才能增加上去，而锅炉燃料量、燃烧及热传导变化是有延迟的，因而机组输出功率的变化也有较大的延迟。这样对发电机出力控制的反应就比较慢，因而对电力系统的负荷控制与频率调整是不利的。这种负荷调节方式适用于承担基本负荷的单元机组，或者当机组刚投入运行，经验还不足时，采用这种方式可使汽压比较稳定，为机组稳定运行创造有利条件。当单元机组中汽轮机运行正常、机组输出功率受到锅炉限制时，也可采用汽轮机跟随的负荷调节方式。

3. 机炉协调控制的负荷调节方式 CCS

从上述两个方式控制中可以看出，锅炉跟随方式对电网负荷变化的跟踪速度快，但当动用锅炉蓄热量过大时（负荷变动速度过大），会造成主蒸汽压力波动过大，机组运行不稳定；反之，汽轮机跟随负荷调节方式根本不动用锅炉的蓄热量，汽压可以十分稳定，但负荷变化延迟，不能满足电网快速负荷需求的要求，即调频能力差。如果我们把锅炉、汽轮机视为一个整体，把上述两种负荷控制方式结合起来，取长补短，使整个机组的实发功率能迅速跟踪给定功率变化的同时，又能维持锅炉输出蒸汽量与汽轮机输入蒸汽量及时平衡，保持主蒸汽压力基本稳定，这种联合起来进行控制的系统是比较理想的控制系统，此即协调控制系统，或称机炉协调负荷调节方式。

在机炉协调负荷调节方式中，锅炉与汽轮机的调节装置同时接受功率与压力的偏差信号。在稳定工况下，机组的实发功率等于给定功率，主蒸汽压力等于给定汽压，其偏差均为零。当外界要求机组增加出力，使给定功率（出力指令）加大，出现正的功率偏差信号，它加到汽轮机控制器上，会导致汽轮机蒸汽调节阀开大，增加汽轮机的出力；加到锅炉控制器上，会导致燃料量的增加，提高锅炉的蒸发量。

汽轮机蒸汽调节阀的开大，会立即引起主蒸汽压力的下降，这时锅炉虽已增加了燃料，但锅炉汽压的变化需要有一定的延迟，因而此时会出现正的压力偏差信号（实际汽压低于给定汽压)。压力偏差信号按正方向加在锅炉控制器上，促使燃料调节阀开得更大；压力偏差信号按负方向作用在汽轮机控制器上，因而使蒸汽调节阀向关小方向移动，使汽压得以恢复正常。正的功率偏差使蒸汽调节阀开大，而开大的结果导致产生正的压力偏差，又使该阀门关小。因此这两个偏差对汽轮机蒸汽调节阀作用的结果是使蒸汽调节阀开大一定程度后停在某一位置上。在协调控制方式中，就会同时出现功率和压力偏差信号，正是由于这两个偏差信号在汽轮机控制器上作用方向相反，有相互抵消的作用，才使蒸汽调节阀开大后停止在某一开度上不再变化。换句话说，在协调控制方式中，出现的功率偏差信号可以被压力偏差信号所抵消，这两者之间可以建立起一定的关系。显然，上述情况是不能长时间维持下去的，因为此时功率偏差信号和压力偏差信号均使锅炉燃料量加大，经过一定时间延迟后，主蒸汽压力将升高，压力偏差信号将逐渐消失。同时蒸汽调节阀在功率偏差和主蒸汽压力恢复（锅炉蒸发量增大）的作用下，提高汽轮机出力，使功率偏差也逐渐缩小，最后功率偏差与压力偏差均趋于零，机组在新的出力下达到新的稳定状态。从协调控制方式的上述动作过程可以看出，这种控制方式一方面利用蒸汽调节阀动作，在锅炉允许汽压变化范围内，利用锅炉的一部分蓄热量，适应汽轮机的需要；另一方面又向锅炉迅速补进燃料（压力与功率偏差信号均使燃料量迅速变化）。通过这样的协调方式，单元机组实际输出功率能迅速跟踪给定功率的变化，又能使主蒸汽压力稳定。

第七节　超超临界锅炉的运行与调整

一、汽温的静态特性

由于直流锅炉各级受热面是串联连接，水的加热与蒸汽的过热阶段的分界点在受热面中的位置不固定并随工况变化。当锅炉负荷变化时，在锅炉燃料发热量、锅炉效率、给水焓不变的条件下，保持适当的水煤比，主蒸汽温度可保持稳定。而汽包锅炉没有此特性，其主蒸汽温度随负荷的变化大；如果燃料发热量升高；主蒸汽温度升高；如果主蒸汽温度下降，给水焓下降，锅炉效率下降。对有再热器的直流锅炉，不同工况下，锅炉辐射吸热量与对流吸热量的份额会发生变化；因此，为维持主蒸汽温度不变，水煤比应进行适当修正。

二、汽压静态特性

直流锅炉压力是由系统的质量和热量平衡以及工质流动压力降等因素决定的。

1. 燃料量扰动

当燃料量增加，汽轮机调节门开度不变时，有以下三种情况：

(1) 给水量随燃料增加，使水煤比不变，此时，因蒸汽流量增加使汽压上升。

(2) 给水流量保持不变，水煤比降低，此时，为维持汽温必须增加减温水量，同样因蒸汽流量增加使汽压上升。

(3) 给水流量和减温水保持不变，则汽温升高，蒸汽容积增大，汽压也有所上升。如果汽温升高在允许范围内，汽压上升不大。

2. 给水量扰动

给水量增加，汽轮机调节门开度不变时，也有以下三种情况：

（1）燃料量随给水量增加，使水煤比不变，结果因蒸汽流量增加使汽压上升。

（2）燃料量保持不变，减少减温水量保持汽温，汽压不变。

（3）燃料量和减温水保持不变，如果汽温下降，在允许范围内，则汽压上升。

三、工质动态特性

1. 锅内工质储存量变化

将直流锅炉受热面简化为省煤器、水冷壁、过热器三个受热管段串联组成。水通过省煤器进行加热，水冷壁进口为未饱和水，水在水冷壁中被加热、汽化和蒸汽微过热，然后通过过热器过热。

燃料量或给水量的扰动，会造成水冷壁热水段、蒸发段和微过热段长度发生变化，从而使锅内工质储存量发生变化。如燃料量增加→受热面热负荷增大，水冷壁热水段和蒸发段长度缩短，蒸汽微过热段增长→部分空间的储水转变成蒸汽，短时间内蒸汽质量流量大于给水质量流量。同样，给水流量增大→造成部分蒸汽空间转变成水空间，短时间内蒸汽质量流量小于给水质量流量。由于锅内储存水量发生变化而使蒸汽流量增加或减少的部分，称为附加蒸发量。

从以上所述可知，当直流锅炉热负荷与给水量不相适应时，出口汽温会显著变化。因此运行中热负荷与给水应很好地配合，也就是要保持精确的水煤比。换言之，只要保持适当的水煤比，直流锅炉就可以在任何负荷与任何工况下维持一定的过热汽温。这种情况与自然循环锅炉有较大的区别。

2. 汽温汽压变化特性

（1）调节门开度变化。当调节门开度突然增大时，蒸汽流量急剧增加，汽压迅速下降。如果给水压力和给水阀开度不变，给水流量会自动增加，稍高于原来水平。汽压降低使锅炉金属和工质释放热量，产生附加蒸发量。随后蒸汽流量逐渐减少，最终与给水量相等，保持平衡；同时汽压降低的速度也逐渐减缓，达到最终值。由于燃料量不变，而给水量有所增加，锅炉出口汽温会有降低。在最初阶段，蒸汽流量显著增大时，汽温应明显下降，但由于过热器金属释放储热起到补偿作用，因而汽温下降是比较平稳的。

（2）燃料量变化。当燃料量突然增加时，使得蒸发量延时后产生增加的波动，随后蒸发量稳定下来与给水量保持平衡。随着蒸发量增加，锅炉压力也逐渐升高，给水量自动减小。

水煤比即使降低很小，蒸汽温度也会明显升高。但是，在过渡初始阶段，由于蒸发量与燃烧放热量基本按比例变化，再加上管壁金属储热的延缓作用，过热蒸汽温度要经过一定的滞后才逐渐升高。如果燃料增加速率和幅度大（煤/水增加快而多），可能造成热水段末端发生工质膨胀现象，锅炉瞬间排出大量蒸汽，蒸汽温度有一个先下降后逐渐上升的过程。

当水煤比降低时，蒸汽压力延时后上升，最后保持在较高水平。蒸汽压力最初的上升是因蒸发量增加引起，保持在较高水平是由于汽温升高后，蒸汽容积流量增大，而汽轮机调节门开度不变所致。

（3）给水量变化。给水量突然增加时，由于燃料量不变，热水段和蒸发段要延长，在最初阶段，蒸汽流量会逐渐增加。最终稳定状态为蒸发量等于给水量，达到新的平衡。由于存在金属储热延缓作用，汽温变化与燃料量扰动相似，蒸汽温度是逐渐下降的。过热蒸汽压力由于蒸汽流量的增加而升高，蒸汽温度又有所上升。

四、直流锅炉蒸汽参数调节

调节任务：使蒸发量满足汽轮机要求；保持蒸汽压力和温度稳定；保持最佳风量，使锅炉效率最佳；保持炉膛负压；保持汽水流程中某些中间点温度。

要对直流锅炉进行正确可靠的操作和配用自动调节系统，正确选择调节信号和手段很重要。

第十四章

超(超)临界直流锅炉燃烧优化调整

某发电厂锅炉系上海锅炉厂有限公司设计制造的超超临界直流锅炉。为更好地了解氧量、炉膛风箱压差、燃料风、辅助风、偏置风、CCOFA风、SOFA风、磨煤机投运组合、煤粉细度及SOFA风水平摆角等因素对锅炉运行经济性、安全性及环保指标的影响，摸清该锅炉运行规律，上海发电设备成套设计研究所受上海锅炉厂有限公司的委托，对该锅炉进行燃烧优化调整试验。

该试验旨在了解锅炉运行的技术性能，寻找锅炉最经济、安全、环保的燃烧组合方式，为今后锅炉的设计和性能鉴定试验提供技术依据。

第一节　锅炉设备概况

某发电公司1913t/h锅炉为上海锅炉厂有限公司生产的超临界压力直流锅炉。该锅炉采用螺旋管圈、单炉膛、一次中间再热、四角切圆燃烧方式、平衡通风、露天布置。锅炉设计煤种为神府东胜煤。

锅炉燃烧室蒸发受热面采用膜式水冷壁。锅炉设有一级过热器、一级再热器、一级省煤器。在低温过热器和分隔屏过热器、后屏过热器和高温过热器之间分别布置有一、二级过热蒸汽喷水减温器；在低温再热器入口布置有再热器事故喷水减温器。

制粉系统采用中速磨煤机、冷一次风机正压直吹式，配6台HP1003型磨煤机，每台磨煤机带1层煤粉喷嘴。

燃烧方式采用低NO_x同轴燃烧系统（LNCFS)，主风箱设有6层强化着火（EI）煤粉喷燃器；在每只煤粉喷燃器周围布置有燃料风喷嘴；在每相邻两层煤粉喷燃器之间布置有1层辅助风喷嘴，辅助风喷嘴包括上下2个预置水平偏角的二次风喷嘴（CFS)，1个直流二次风喷嘴。主风箱顶部为2层紧凑燃尽风喷嘴（CCOFA)，主风箱底部为1层UFA喷嘴。在主风箱上部布置有5层可水平摆动的分离燃尽风（SOFA)。各组燃烧器四角布置，并可上下摆动，用以调节蒸汽温度。

锅炉风烟系统由一次风系统、二次风系统和对流烟道组成。配有2台轴流式送风机、2台轴流式引风机、2台轴流式一次风机、2台容克式三分仓空气预热器。

第二节 燃烧优化调整试验方法和分析

一、试验原则

燃烧优化调整的目的在于保证锅炉达到额定参数，保证着火稳定、燃烧安全，同时具有较高的效率和环保指标。锅炉燃烧工况的好坏取决于燃烧系统各因素，包括燃料风、辅助风、周界风、偏置风、各层燃尽风的组合情况。所谓燃烧调整，就是调节上述各个因素，研究其对燃烧的影响，找出规律，最终确定各参数的范围和最佳组合方式。

二、试验方法

针对上海锅炉厂有限公司设计制造的1913t/h超临界压力直流锅炉，其可调对象为运行氧量、炉膛风箱压差、SOFA风投运组合、CCOFA风投运组合、磨煤机投运组合、煤粉细度、SOFA风水平摆角、偏置风开度、辅助风开度、燃料风开度。考虑到上述因素之间的相互影响，将本次燃烧调整试验分成如下8组。

1. 变氧量试验

锅炉总风量的变化影响着锅炉排烟烟气量、煤粉燃尽程度及送风机、引风机、一次风机功耗。通过改变空气预热器进口O_2量，即改变总风量，了解运行氧量变化对NO_x排放、辅机功耗、灰渣物理热损失、干烟气损失、锅炉热效率、高温再热器进出口烟温及其偏差、分离器出口汽温及其偏差、分隔屏出口汽温及其偏差、高温再热器壁温偏差及高温过热器壁温偏差的影响，并分析运行氧量和总SOFA风量的关系。

2. 变炉膛风箱压差试验

炉膛风箱压差影响着炉内燃烧的湍流程度和烟气温度场分布的均匀性。通过变炉膛风箱压差试验，掌握其对NO_x排放、主要辅机电流、锅炉热效率、再热汽温偏差、高温再热器进口及出口烟温偏差的影响。确定兼顾效率、环保和安全的最佳炉膛风箱压差。

3. CCOFA风、SOFA风投运组合试验

CCOFA风、SOFA风投运组合的不同意味着炉内氧量场的不同。它们的投入使火焰中心提高。通过此项试验，测量灰和渣的含碳量、排烟温度、NO_x排放量、高温再热器进出口烟温、分离器和分隔屏出口汽温、高温再热器壁温、高温过热器壁温，分析不同的CCOFA风、SOFA风投运组合对锅炉经济性、环保性和安全性的影响，确定最佳的CCOFA风、SOFA风投运组合。

4. 变一次风压试验

改变一次风压，监测排烟温度、高温再热器入口烟温、灰和渣的含碳量、NO_x排放量、主要辅机电耗，掌握一次风压对锅炉热效率和NO_x排放量的影响，确定较合理的一次风压。

5. 磨煤机组合方式

投运不同的磨煤机层数，监测排烟温度、灰和渣的含碳量，主要分析其对锅炉热效率的影响。

6. 变煤粉细度试验

在某一磨煤机组合下（B、C、D、E、F），通过改变各台磨煤机的折向门开度来改变煤

粉细度，分析不同的煤粉细度对灰渣物理热损失、干烟气损失、锅炉热效率及 NO_x 排放的影响。

7. 变偏置风组合试验

维持一、二次风比例，总辅助风、总偏置风比例基本不变，逐渐增大上层偏置风比例 FI，分析偏置风的大小对 NO_x 排放、高温再热器进出口烟温及其偏差、分离器出口汽温及其偏差、分隔屏出口汽温及其偏差、高温再热器壁温偏差及高温过热器壁温偏差的影响。

8. SOFA 风水平摆动试验

安排 8 个 SOFA 风水平摆角组合，分析不同的 SOFA 风水平摆角对高温再热器进出口烟温及其偏差、分离器出口汽温及其偏差、分隔屏出口汽温及其偏差、高温再热器壁温偏差及高温过热器壁温偏差的影响。

9. 组合优化试验

经过前述 8 组试验，综合考虑各项因素对经济性、安全性和环保指标的影响，将各个因素进行优化，考虑 4 种组合情形，确定机组在额定负荷下的最佳运行工况。

三、试验结果分析

1. 变运行氧量试验分析

试验过程中，维持负荷、一次风量、热一次风压力、炉膛风箱压差、燃料风挡板开度、投运燃烧器及其摆角不变，增加空气预热器进口氧量。辅机功耗、灰渣未完全燃烧热损失、干烟气损失、锅炉热效率、NO_x 排放、总 SOFA 风量、高温再热器进出口烟温、分离器及分隔屏出口汽温、高温再热器、高温过热器最高、最低壁温随氧量的变化趋势如图 14-1 所示。

随着运行氧量的提高，因送风机、引风机电耗增加，辅机总电耗增加；排放烟气量增大，造成干烟气损失增加；煤粉燃烧更加充分，灰渣未完全燃烧热损失略有下降；干烟气损失的增加要大于灰渣未完全燃烧损失，锅炉热效率随运行氧量的增加而下降。由图 14-1 (e) 可知，氧量从 2.7%到 3.3%，NO_x 排放是增加的，随着氧量进一步增加，NO_x 排放略呈下降趋势。高温再热器入口烟温随氧量的增加呈先增后降趋势，两侧偏差随氧量增加而降低。分离器、分隔屏出口汽温随氧量的增加而上升，两侧汽温偏差基本维持不变。高温再热器壁温偏差在氧量为 3.3%时为最小，高温过热器壁温及其偏差受氧量影响不大。从锅炉运行的经济性考虑，建议最佳运行氧量为 3.0%左右。

2. 变炉膛风箱压差试验分析

试验过程中，维持负荷、给煤量、一次风量、热一次风压力、CCOFA 风挡板开度、SOFA 风挡板开度、燃料风挡板开度、投运燃烧器及其摆角不变，增加炉膛风箱压差。再热汽温偏差、NO_x 排放、灰渣物理热损失、干烟气损失、锅炉热效率、主要辅机电耗、高再进口及出口烟温的变化趋势如图 14-2 所示。

由试验数据汇总表及图 14-2 可以看出，随着炉膛风箱压差的提高，NO_x 排放先略增加，后降低；各项热损失和锅炉热效率受炉膛风箱压差影响不大；主要辅机电耗随炉膛风箱压差的增大略有增加；高温再热器进、出口烟温受炉膛风箱压差影响不大，但其偏差在炉膛风箱压差为 750Pa 时为最大。

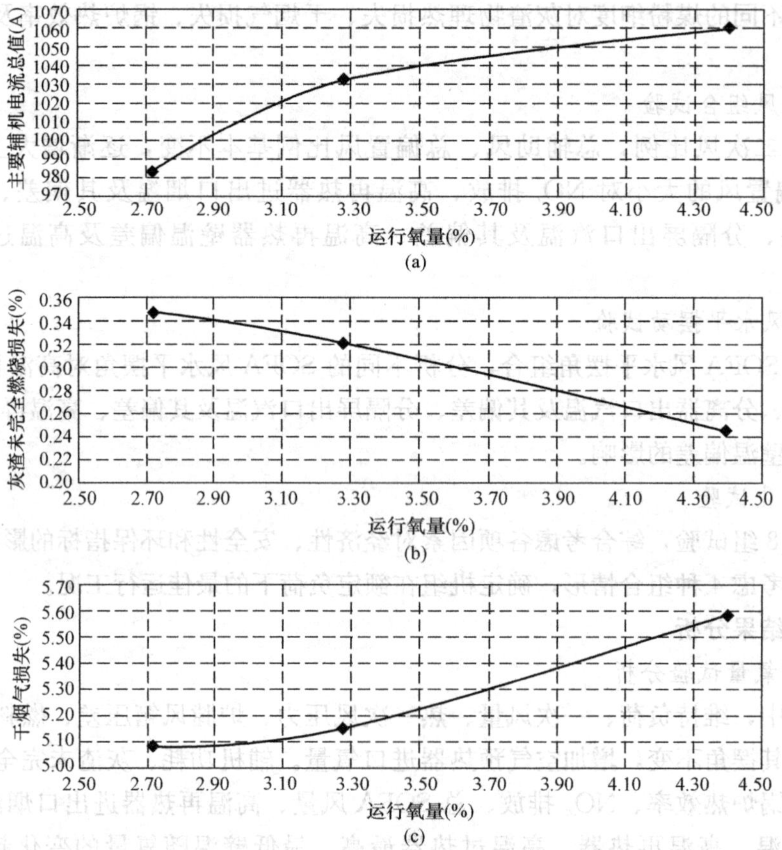

图 14-1 运行氧量变化试验趋势图（一）

（a）辅机功耗随氧量的变化趋势；（b）灰渣未完全燃烧热损失随氧量的变化趋势；

（c）干烟气损失随氧量的变化趋势；（d）锅炉热效率随氧量的变化趋势；

（e）NO_x 排放随氧量的变化趋势

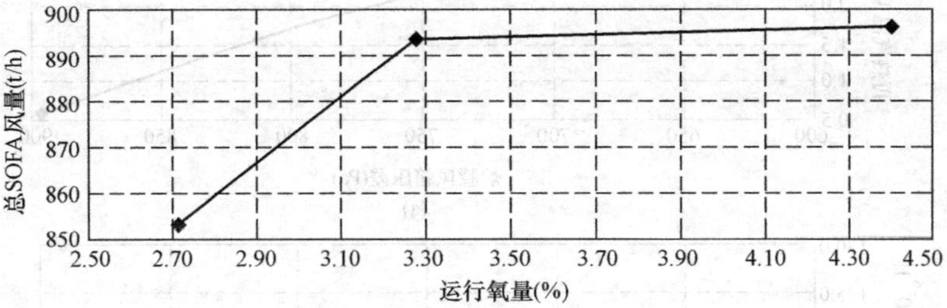

(f)

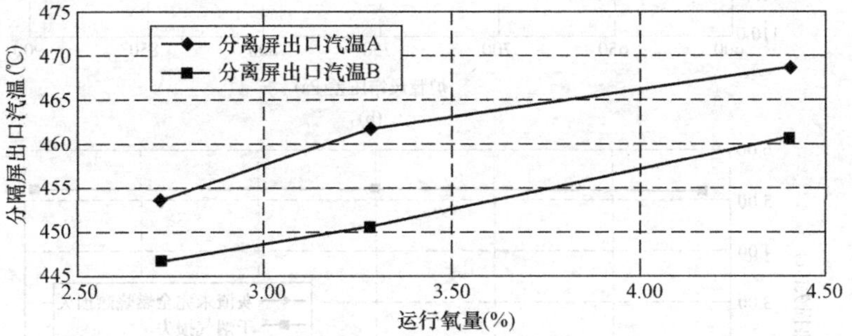

(g)

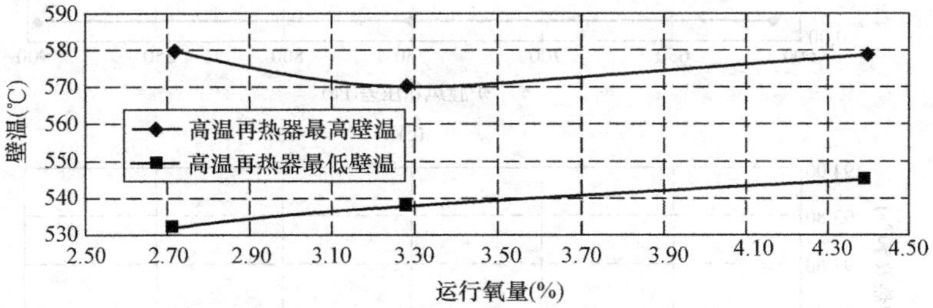

(h)

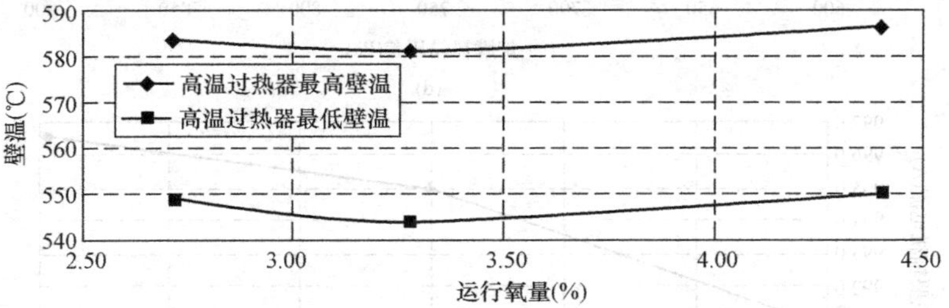

(i)

图 14-1 运行氧量变化试验趋势图（二）

(f) 总 SOFA 风量随氧量的变化趋势；(g) 分隔屏出口汽温随氧量的变化趋势；(h) 高温再热器最高、最低壁温随氧量的变化趋势；(i) 高温过热器最高、最低壁温随氧量的变化趋势

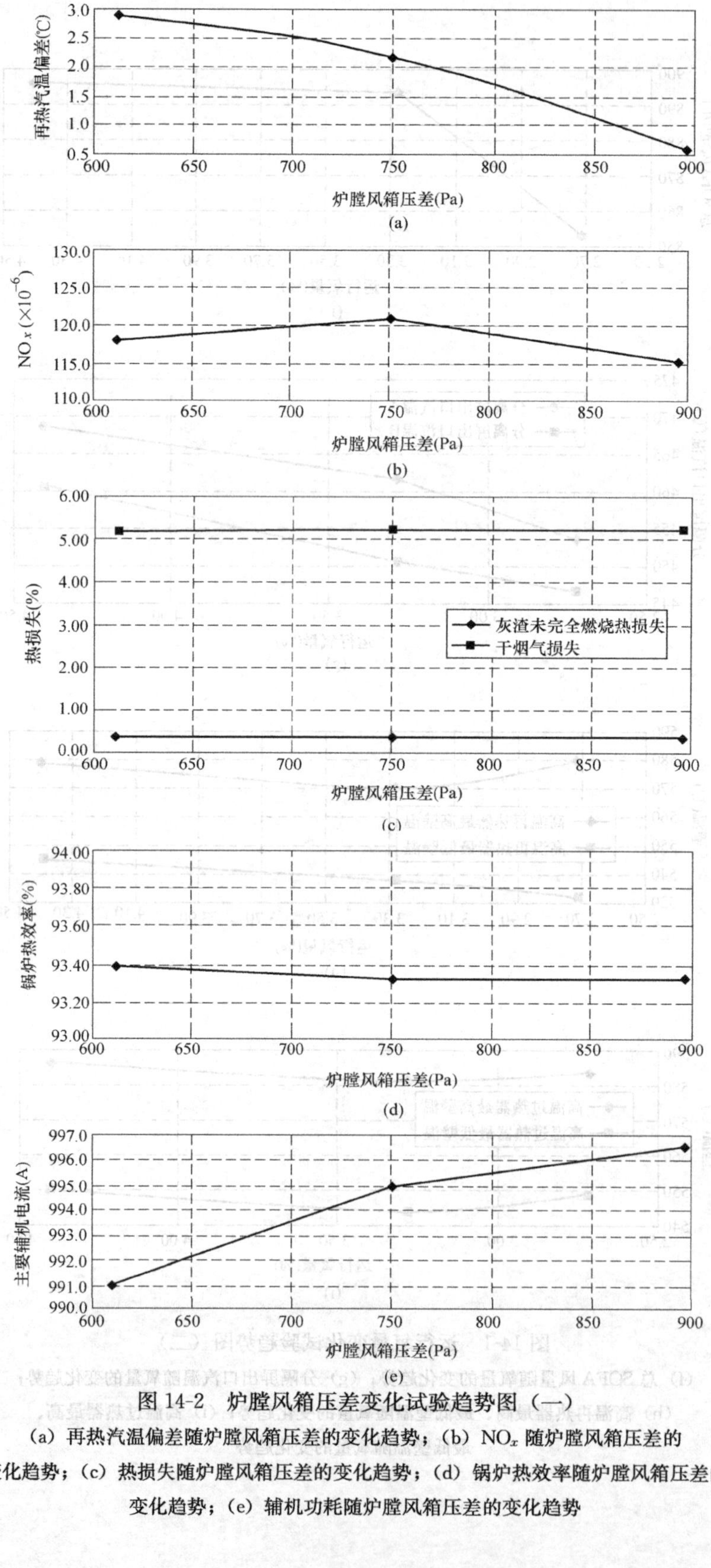

图 14-2 炉膛风箱压差变化试验趋势图（一）

(a) 再热汽温偏差随炉膛风箱压差的变化趋势；(b) NO_x 随炉膛风箱压差的变化趋势；(c) 热损失随炉膛风箱压差的变化趋势；(d) 锅炉热效率随炉膛风箱压差的变化趋势；(e) 辅机功耗随炉膛风箱压差的变化趋势

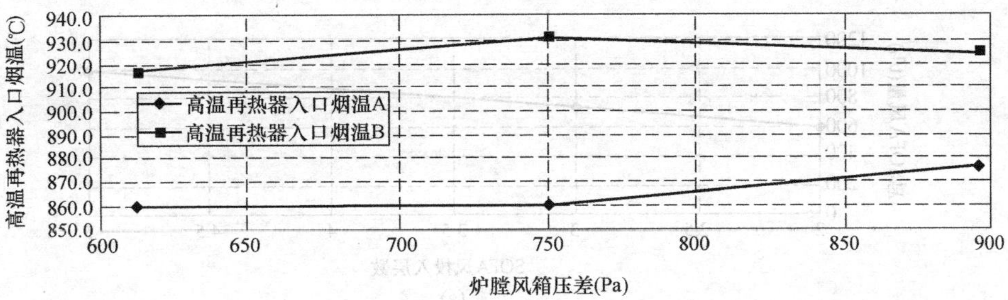

(f)

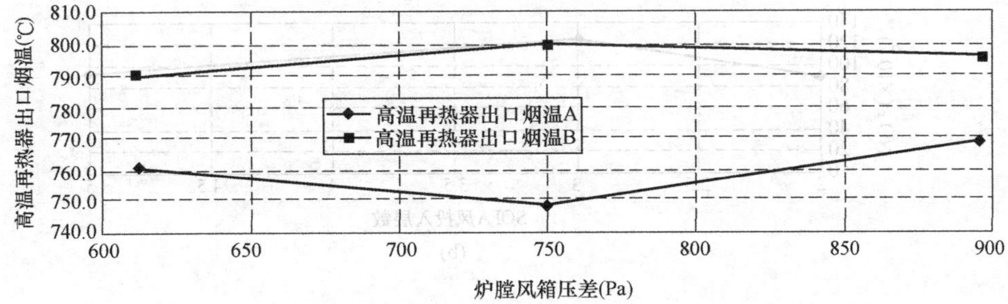

(g)

图 14-2 炉膛风箱压差变化试验趋势图（二）

(f) 高温再热器入口烟温随炉膛风箱压差的变化趋势；

(g) 高温再热器出口烟温随炉膛风箱压差的变化趋势

3. 变 SOFA 风投入层数试验分析

试验过程中，维持负荷、给煤量、一次风量、空气预热器入口运行氧量、CCOFA 风挡板开度、燃料风挡板开度、投运燃烧器及其摆角不变，改变 SOFA 投入层数。总 SOFA 风量、NO_x 排放、飞灰含碳量、排烟温度与基准温度之差、修正水煤比、高温再热器入口烟温、分隔屏出口汽温、高温再热器、高温过热器壁温的变化趋势如图 14-3 所示。

由试验数据汇总表及图 14-3 可以看出，随着 SOFA 风投入层数的增加，总 SOFA 风量几乎成正比增加；NO_x 排放先增加后降低；飞灰含碳量略有下降，排烟温度与基准温度之差基本不变，修正水煤比有一定程度的下降，高温再热器入口烟温先下降后上升，偏差基本不变；高温再热器出口烟温下降；分隔屏出口汽温及其偏差下降；高温再热器、高温过热器壁温偏差下降。综合考虑上述因素，建议 SOFA 风投 3～4 层。

4. CCOFA 风投入层数试验分析

试验过程中，维持负荷、给煤量、炉膛风箱压差、一次风量、热一次风压力、SOFA 风投运层数、燃料风挡板开度、投运燃烧器及其摆角不变，改变 CCOFA 风投入层数。NO_x 排放、飞灰含碳量、排烟温度与基准温度之差、修正水煤比、高温再热器入口和出口烟温、分离器和分隔屏出口汽温、高温再热器和高温过热器壁温偏差的变化趋势如图 14-4 所示。

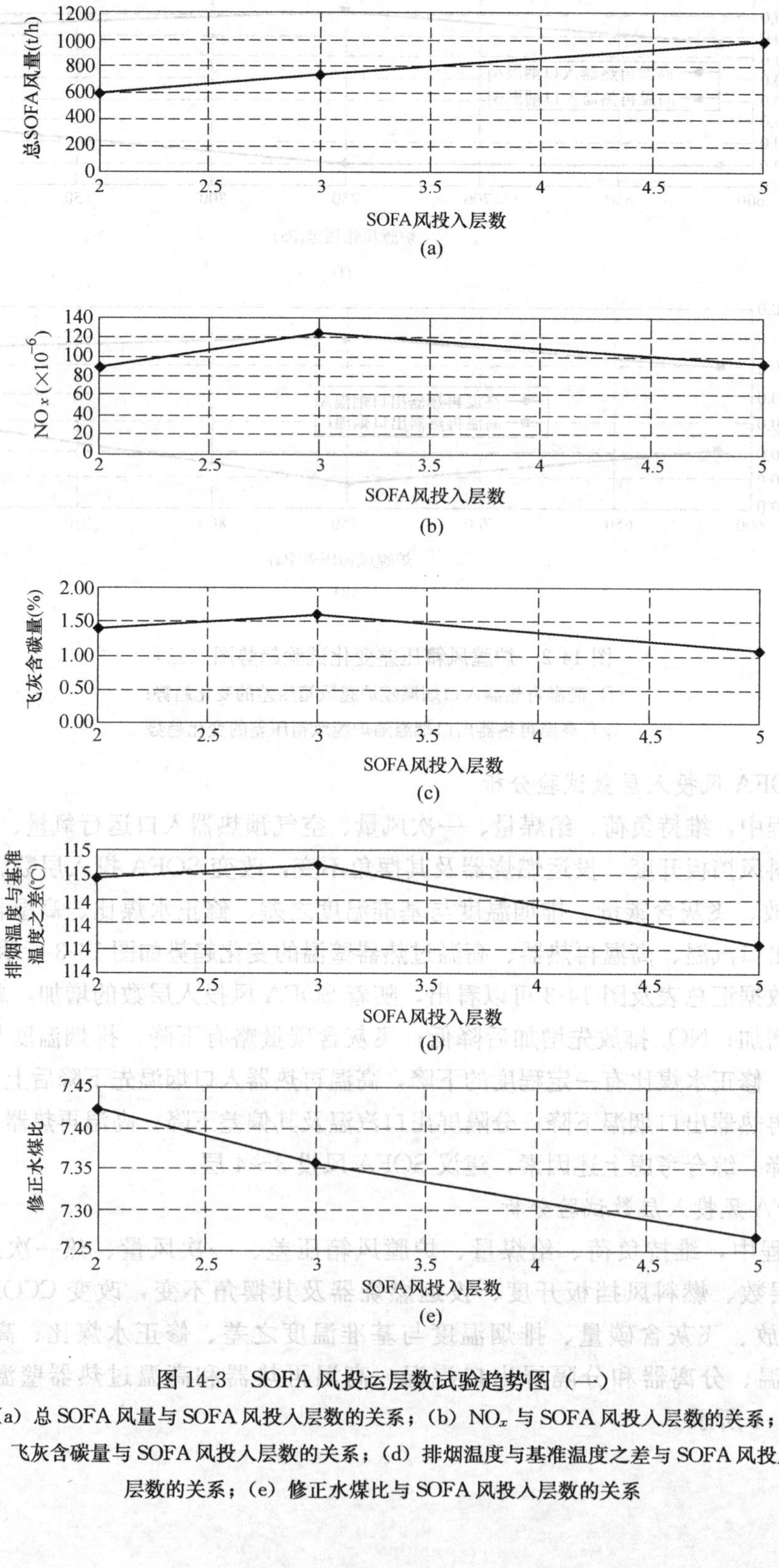

图 14-3 SOFA风投运层数试验趋势图（一）

(a) 总SOFA风量与SOFA风投入层数的关系；(b) NO$_x$与SOFA风投入层数的关系；(c) 飞灰含碳量与SOFA风投入层数的关系；(d) 排烟温度与基准温度之差与SOFA风投入层数的关系；(e) 修正水煤比与SOFA风投入层数的关系

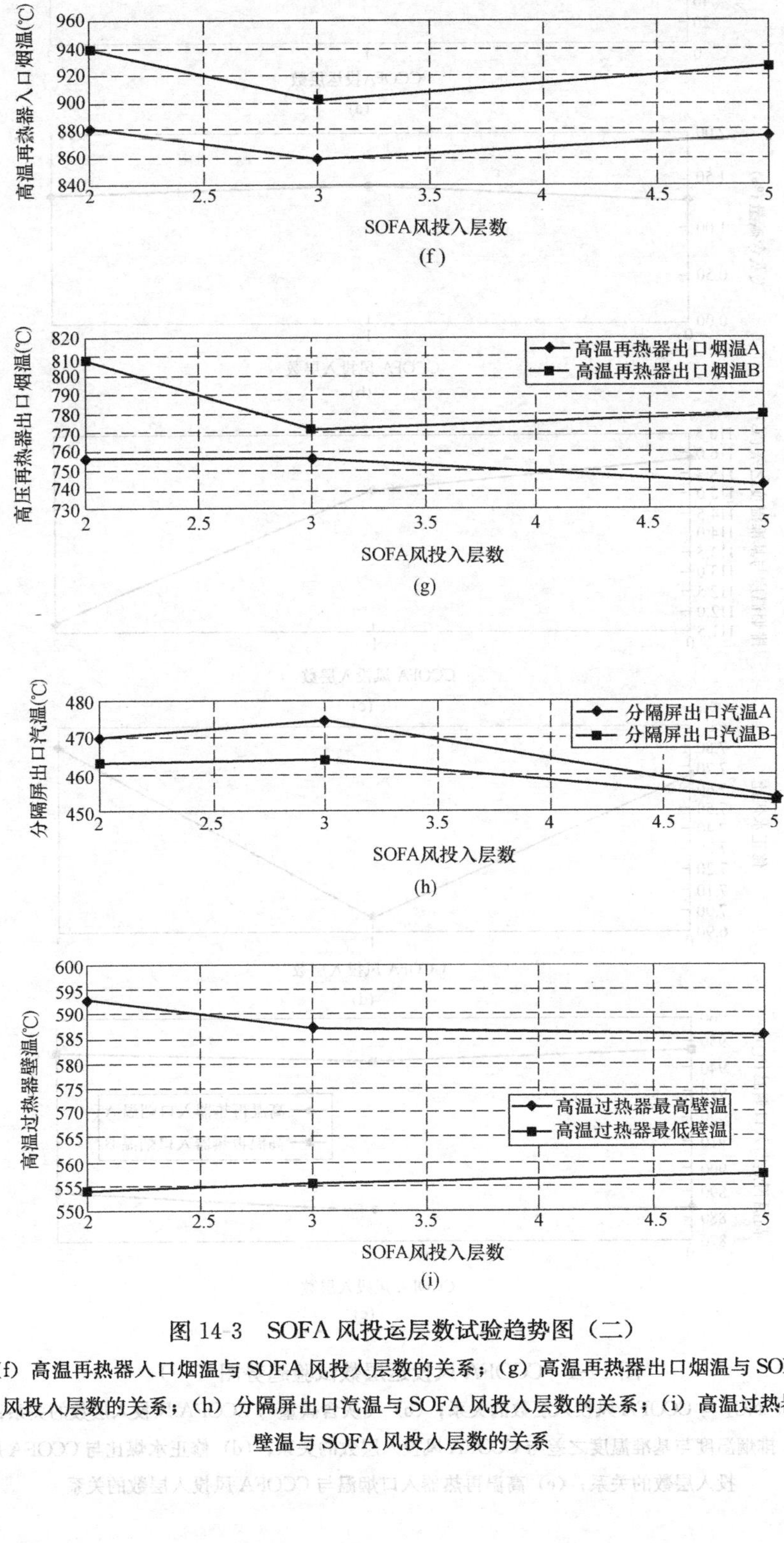

图 14-3 SOFA 风投运层数试验趋势图（二）

(f) 高温再热器入口烟温与 SOFA 风投入层数的关系；(g) 高温再热器出口烟温与 SOFA 风投入层数的关系；(h) 分隔屏出口汽温与 SOFA 风投入层数的关系；(i) 高温过热器壁温与 SOFA 风投入层数的关系

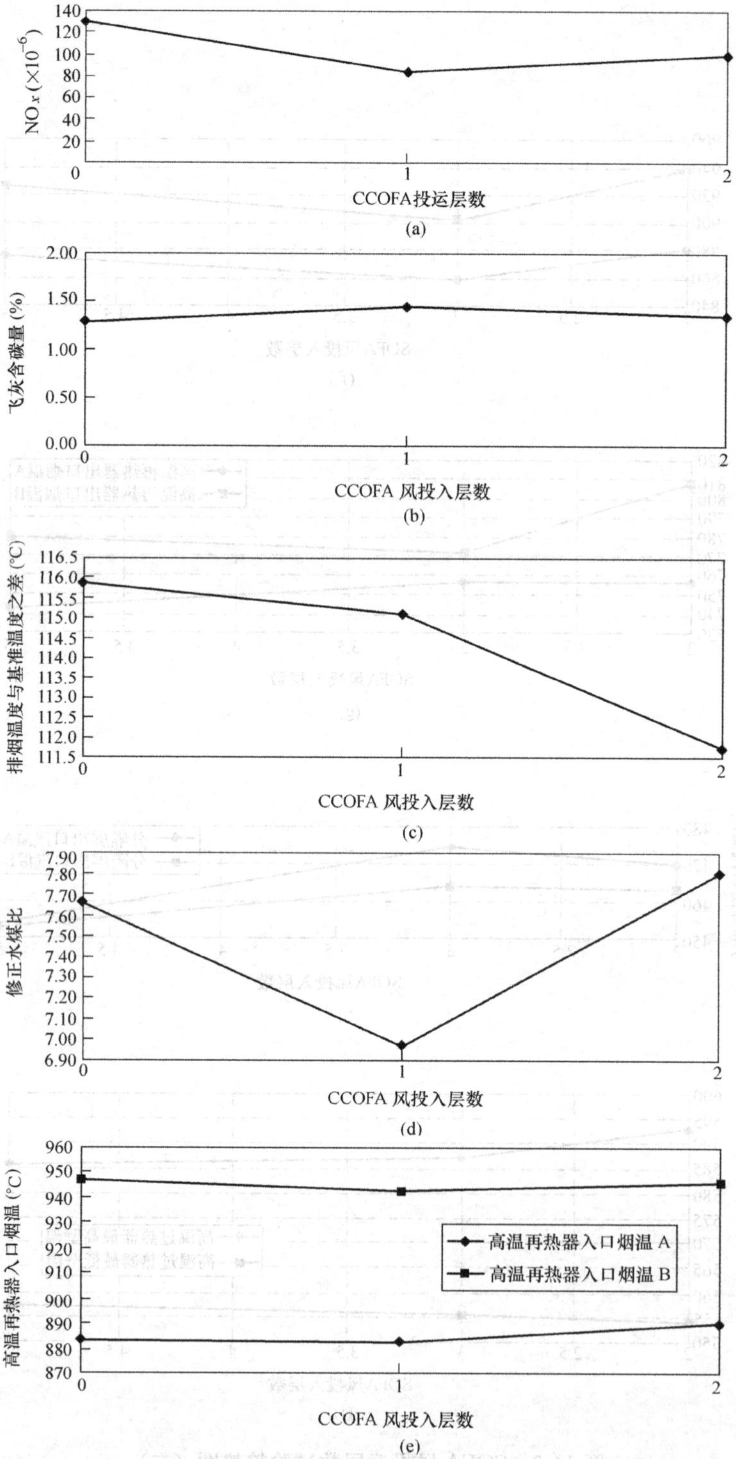

图 14-4 CCOFA 风投运层数试验趋势图（一）

(a) NO_x 与 CCOFA 风投入层数的关系；(b) 飞灰含碳量与 CCOFA 风投入层数的关系；(c) 排烟温度与基准温度之差与 CCOFA 风投入层数的关系；(d) 修正水煤比与 CCOFA 风投入层数的关系；(e) 高温再热器入口烟温与 CCOFA 风投入层数的关系

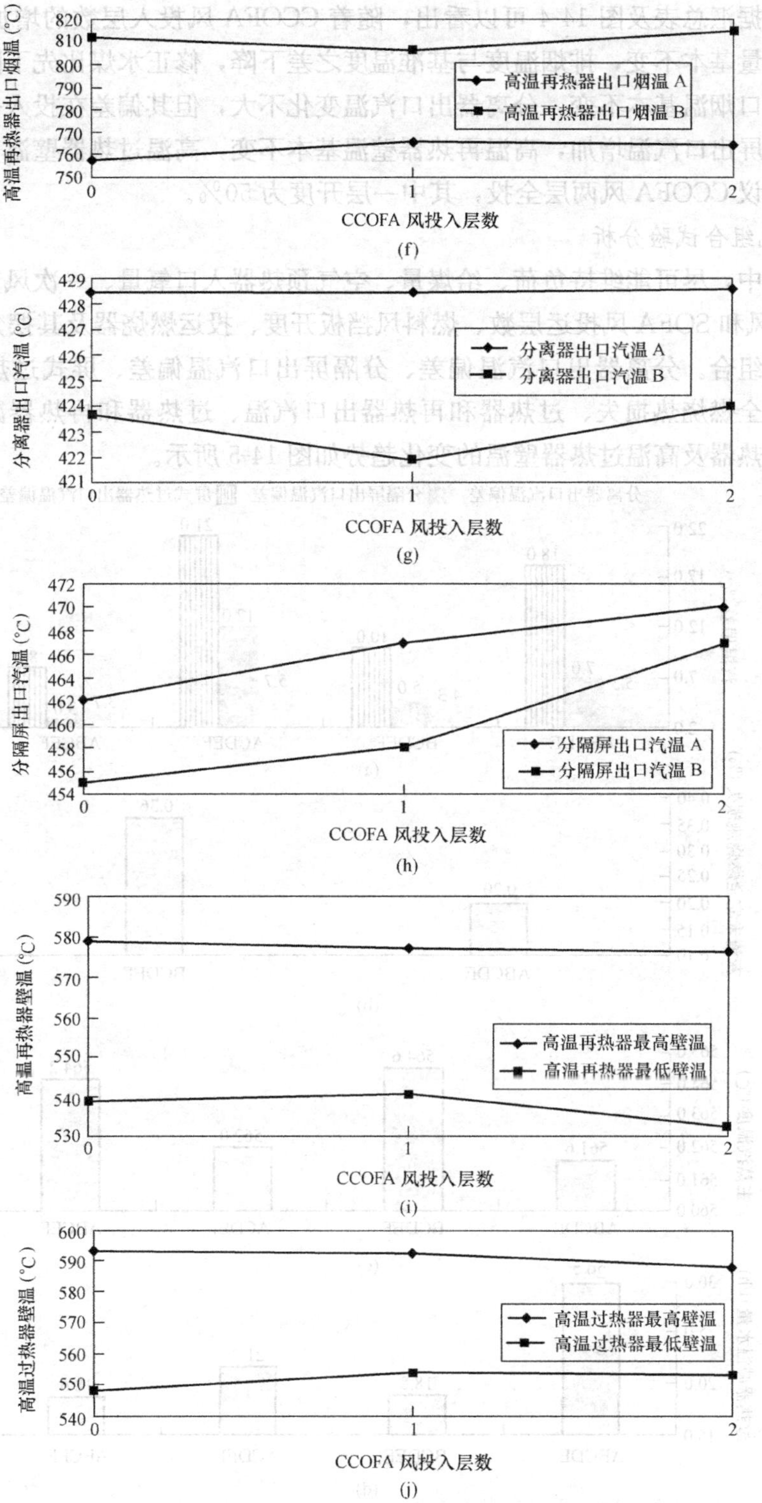

图 14-4　CCOFA 风投运层数试验趋势图（二）

(f) 高温再热器出口烟温与 CCOFA 风投入层数的关系；(g) 分离器出口汽温与 CCOFA 风投入层数的关系；(h) 分隔屏出口汽温与 CCOFA 风投入层数的关系；(i) 高温再热器壁温与 CCOFA 风投入层数的关系；(j) 高温过热器壁温与 CCOFA 风投入层数的关系

由试验数据汇总表及图 14-4 可以看出，随着 CCOFA 风投入层数的增加，NO_x 排放降低，飞灰含碳量基本不变，排烟温度与基准温度之差下降，修正水煤比先下降后上升，高温再热器入、出口烟温基本不变，分离器出口汽温变化不大，但其偏差在投入一层 CCOFA 风时最大，分隔屏出口汽温增加，高温再热器壁温基本不变，高温过热器壁温偏差下降。综合上述因素，建议 CCOFA 风两层全投，其中一层开度为 50%。

5. 煤磨机组合试验分析

试验过程中，尽可能维持负荷、给煤量、空气预热器入口氧量、一次风量、热一次风压力、CCOFA 风和 SOFA 风投运层数、燃料风挡板开度、投运燃烧器及其摆角不变，只变化投运磨煤机的组合。分离器出口汽温偏差、分隔屏出口汽温偏差、屏式过热器出口汽温偏差、灰渣未完全燃烧热损失、过热器和再热器出口汽温、过热器和再热器减温水量、NO_x 排放、高温再热器及高温过热器壁温的变化趋势如图 14-5 所示。

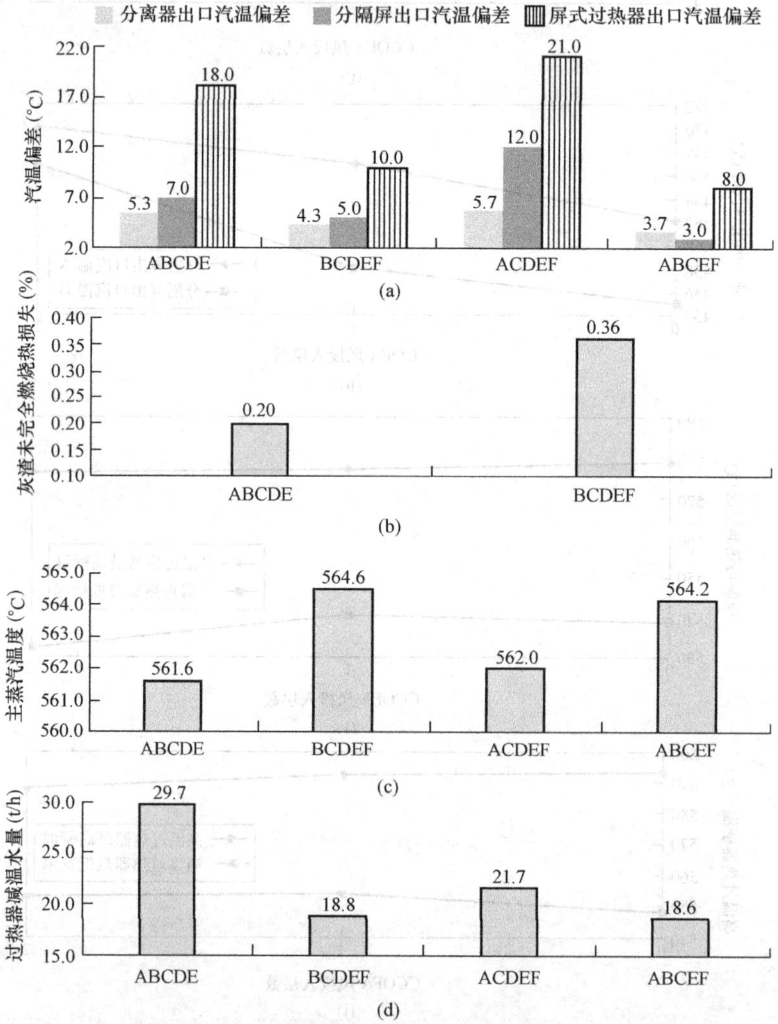

图 14-5 磨煤机投运组合试验趋势图（一）

(a) 汽温偏差与磨煤机投运组合试验；(b) 灰渣未完全燃烧热损失与磨煤机投运组合的关系；(c) 主蒸汽温度与磨煤机投运组合试验关系；(d) 过热器减温水量与磨煤机投运组合关系

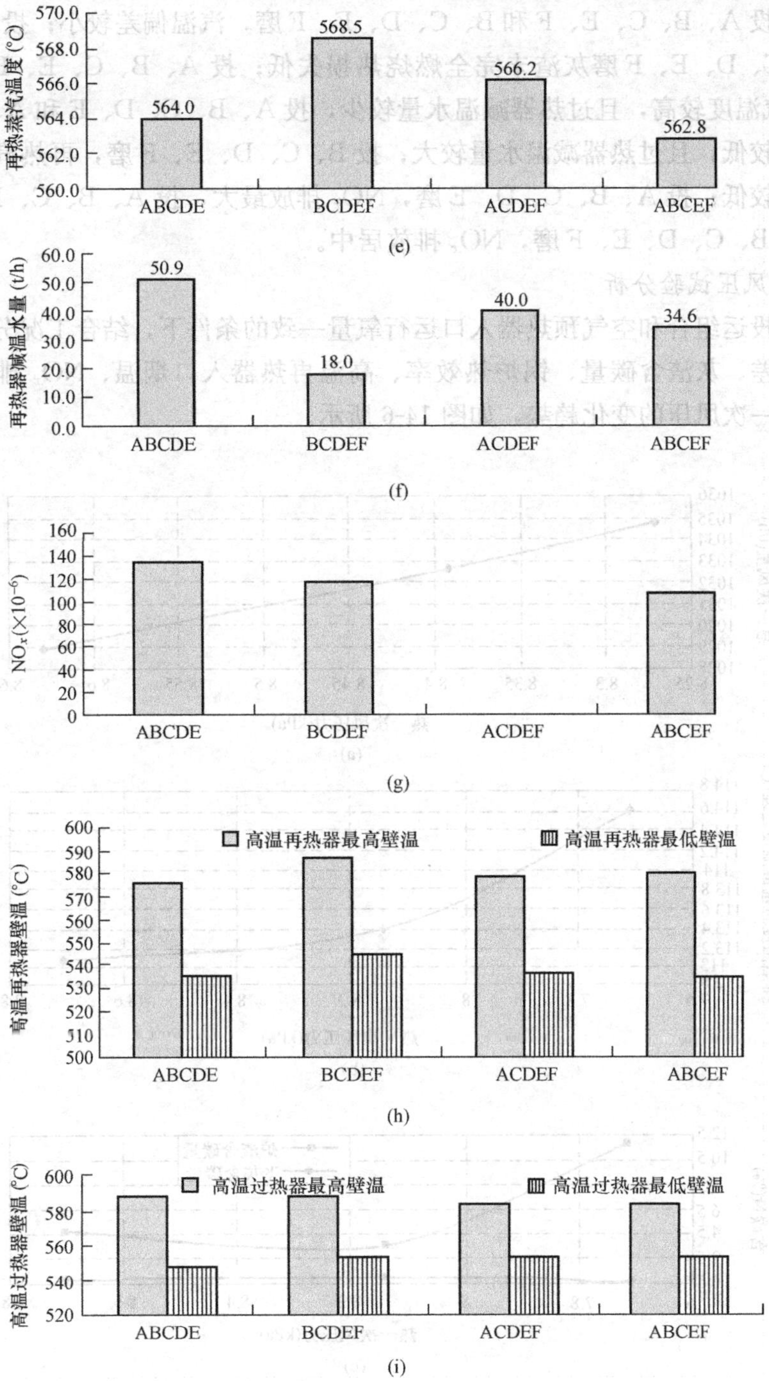

图 14-5　磨煤机投运组合试验趋势图（二）

(e) 再热蒸汽温度与磨煤机投运组合关系；(f) 再热器减温水量与磨煤机投运组合关系；
(g) NO_x 与磨煤机投运组合关系；(h) 高温再热器壁温与磨煤机投运组合关系；
(i) 高温过热器壁温与磨煤机投运组合关系

由试验数据汇总表及图 14-5 可以看出：投 A、C、D、E、F 和 A、B、C、D、E 磨，汽温偏差最大，投 A、B、C、E、F 和 B、C、D、E、F 磨，汽温偏差较小；投 A、B、C、D、E 磨比投 B、C、D、E、F 磨灰渣未完全燃烧热损失低；投 A、B、C、E、F 和 B、C、D、E、F 磨，主汽温度较高，且过热器减温水量较少，投 A、B、C、D、E 和 A、C、D、E、F 磨，主汽温度较低，且过热器减温水量较大；投 B、C、D、E、F 磨，再热汽温较高，且再热器减温水量较低；投 A、B、C、D、E 磨，NO_x 排放最大，投 A、B、C、E、F 磨，NO_x 排放最少，投 B、C、D、E、F 磨，NO_x 排放居中。

6. 热一次风压试验分析

在磨煤机投运组合和空气预热器入口运行氧量一致的条件下，结合工况分析了排烟温度与基准温度之差、灰渣含碳量、锅炉热效率、高温再热器入口烟温、NO_x 排放、主要辅机电流等参数随一次风压的变化趋势，如图 14-6 所示。

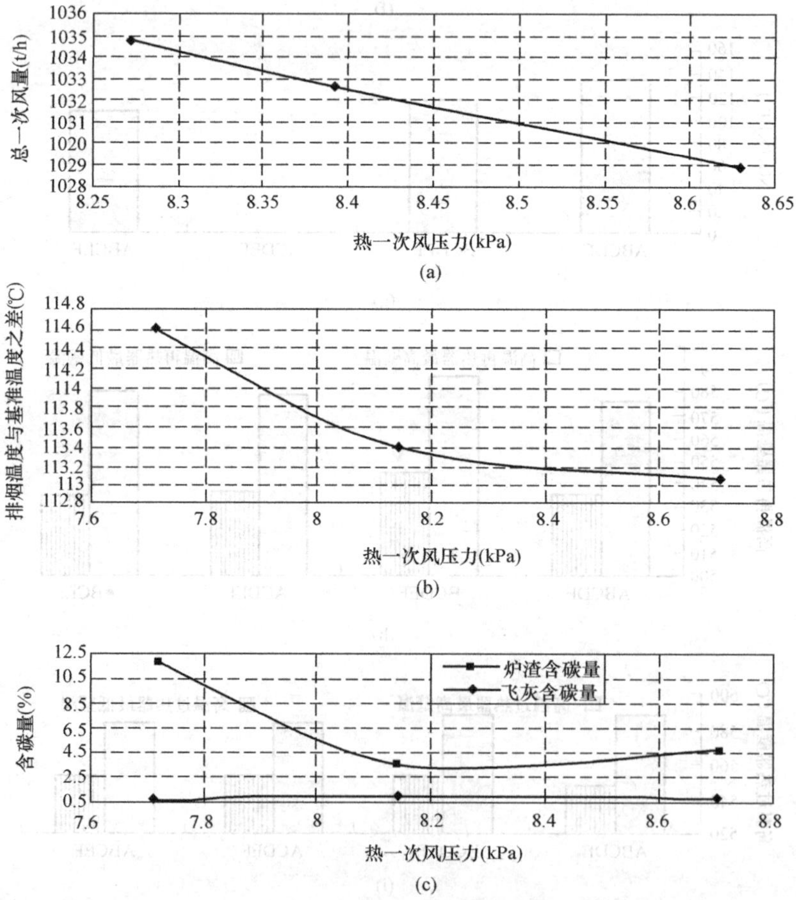

图 14-6 热一次风压试验趋势图（一）

（a）总一次风量与热一次风压的关系；（b）排烟温度与基准温度差与热一次风压的关系；（c）含碳量与热一次风压的关系

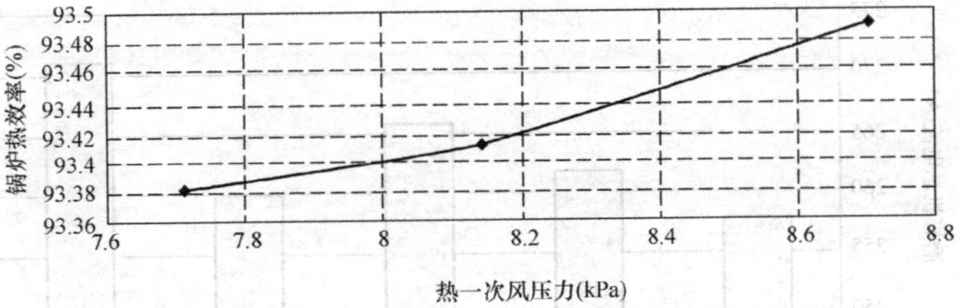

(d)

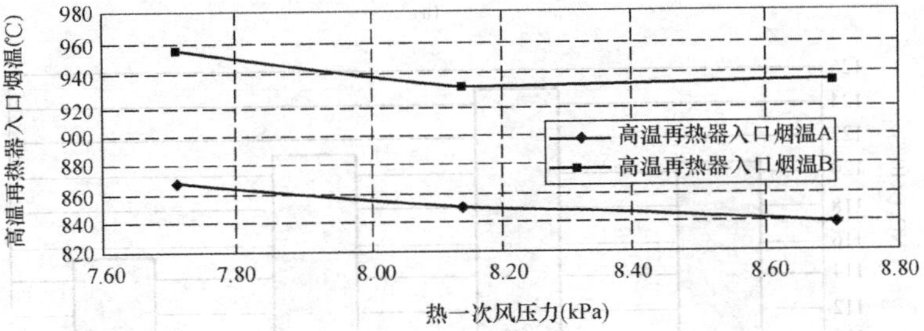

(e)

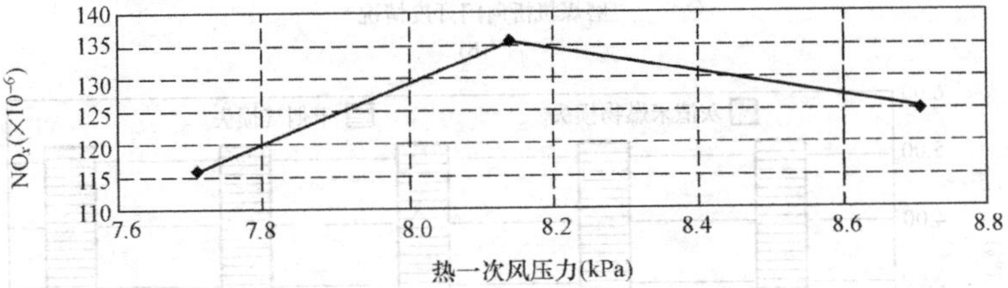

(f)

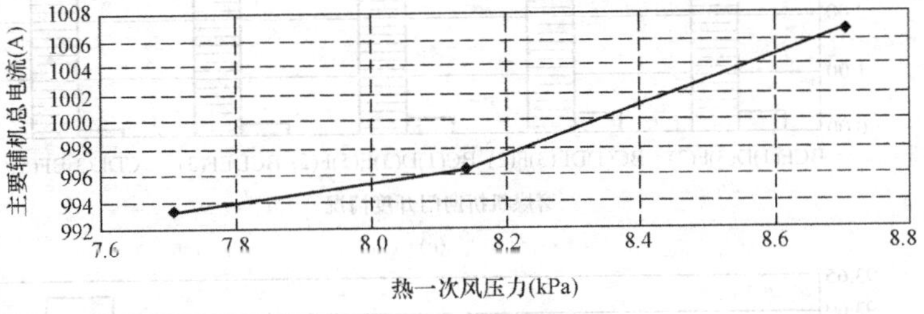

(g)

图 14-6　热一次风压试验趋势图（二）

(d) 锅炉热效率与热一次风压的关系；(e) 高温再热器入口烟温与热一次风压的关系；
(f) NO_x 与热一次风压的关系；(g) 主要辅机总电流与热一次风压的关系

由试验数据汇总表及图 14-6 可以看出：随一次风压提高，排烟温度与基准温度之差降低；锅炉热效率提高；高温再热器入口烟温降低；飞灰含碳量基本不变；炉渣含碳量和高温再热器入口烟温偏差的最低值则对应着中间的某一个一次风压；主要辅机电流提高；NO_x 排放先增加后降低。

7. 变煤粉细度试验分析

结合工况分析了 NO_x 排放、灰渣未燃物损失、干烟气损失、锅炉热效率、磨煤机总电流等参数随煤粉细度的变化，如图 14-7 所示。

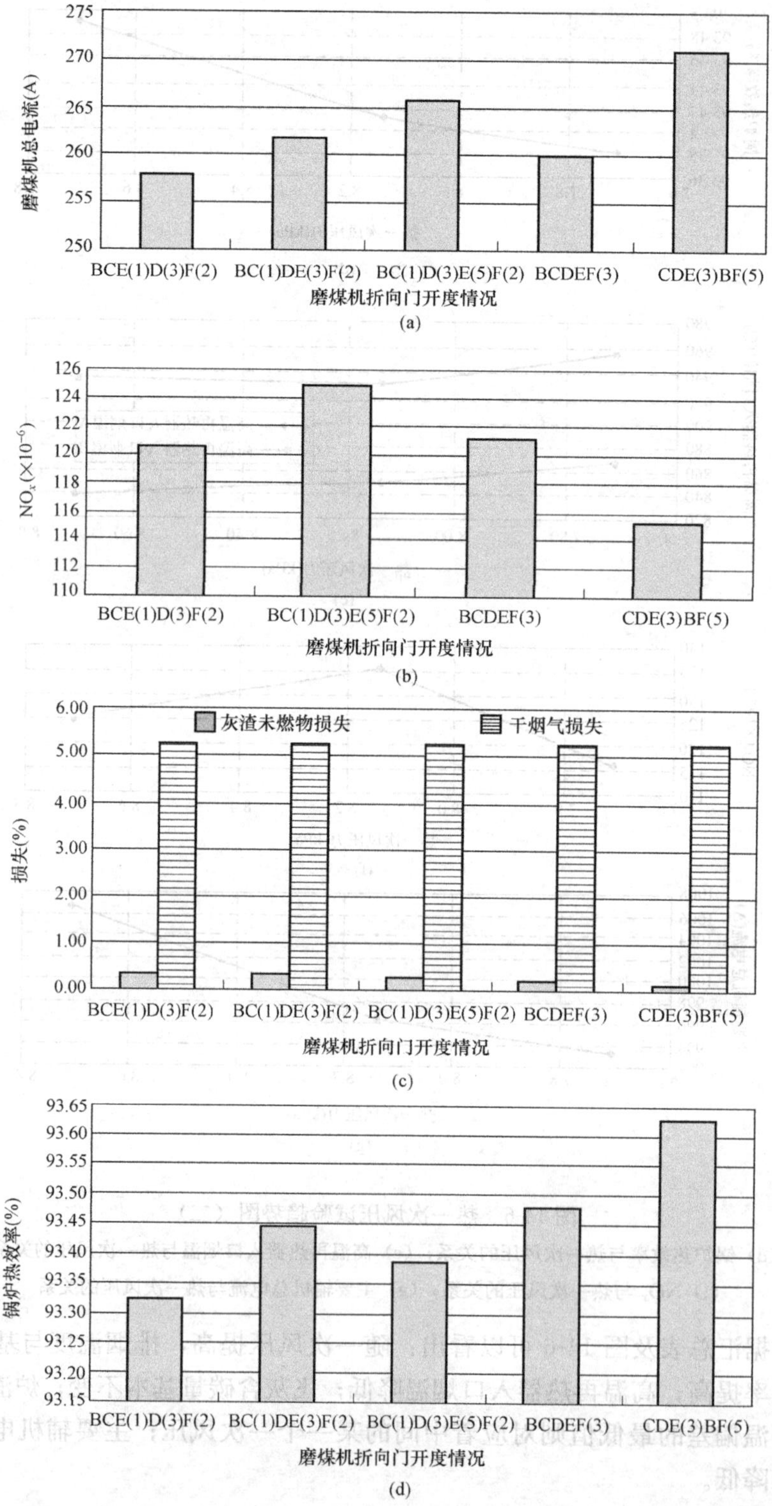

图 14-7 变煤粉细度试验趋势图

(a) 磨煤机总电流与磨煤机折向门开度的关系；(b) NO_x 与磨煤机折向门开度的关系；
(c) 损失与磨煤机折向门开度的关系；(d) 锅炉热效率与磨煤机折向门开度的关系

由试验数据汇总表及图 14-7 可以看出：CDE 磨折向门开度为“3°”，BF 磨折向门开度为“5”时，NO_x 排放最小；灰渣未燃物损失和干烟气损失在 CDE 磨折向门开度为“3°”，BF 磨折向门开度为“5°”时最少；锅炉热效率在 CDE 磨折向门开度为“3°”，BF 磨折向门开度为“5°”时最高；折向门开度为“1°”时，磨煤机电流为 50～51A；折向门开度为“3°”时，磨煤机电流为 52～54A；折向门开度为“5°”时，磨煤机电流为 54～56A；磨煤机总电流在 CDE 磨折向门开度为“3°”，BF 磨折向门开度为“5°”时最大。由于煤粉细度的提高，使锅炉热效率提高了 0.3%左右，磨煤机电耗增加导致锅炉热效率下降约 0.13%。在试验的煤粉细度变化范围内，提高煤粉细度对降低供电煤耗有利。

8. 变偏置风试验分析

维持一、二次风比例，总辅助风、总偏置风比例基本不变，逐渐增大上层偏置风比例 FI。结合工况分析偏置风对 NO_x 排放、高温再热器进出口烟温、分离器和分隔屏出口汽温、

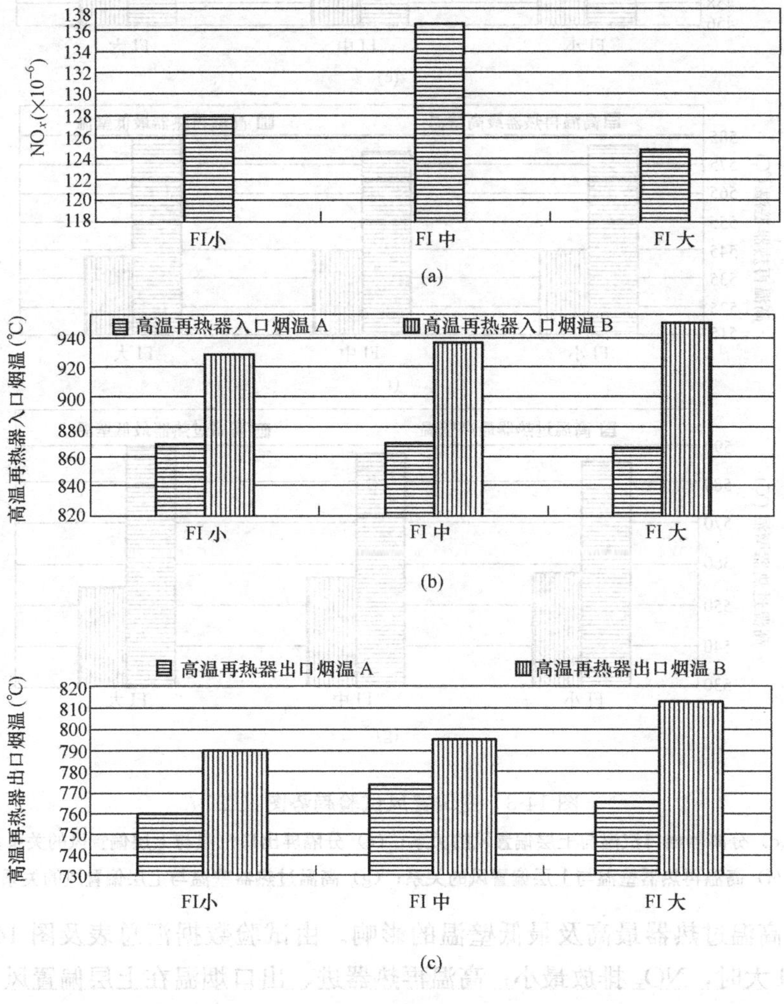

图 14-8 变偏置风试验趋势图（一）

(a) NO_x 与上层偏置风的关系；(b) 高温再热器入口烟温与上层偏置风的关系；

(c) 高温再热器出口烟温与上层偏置风的关系

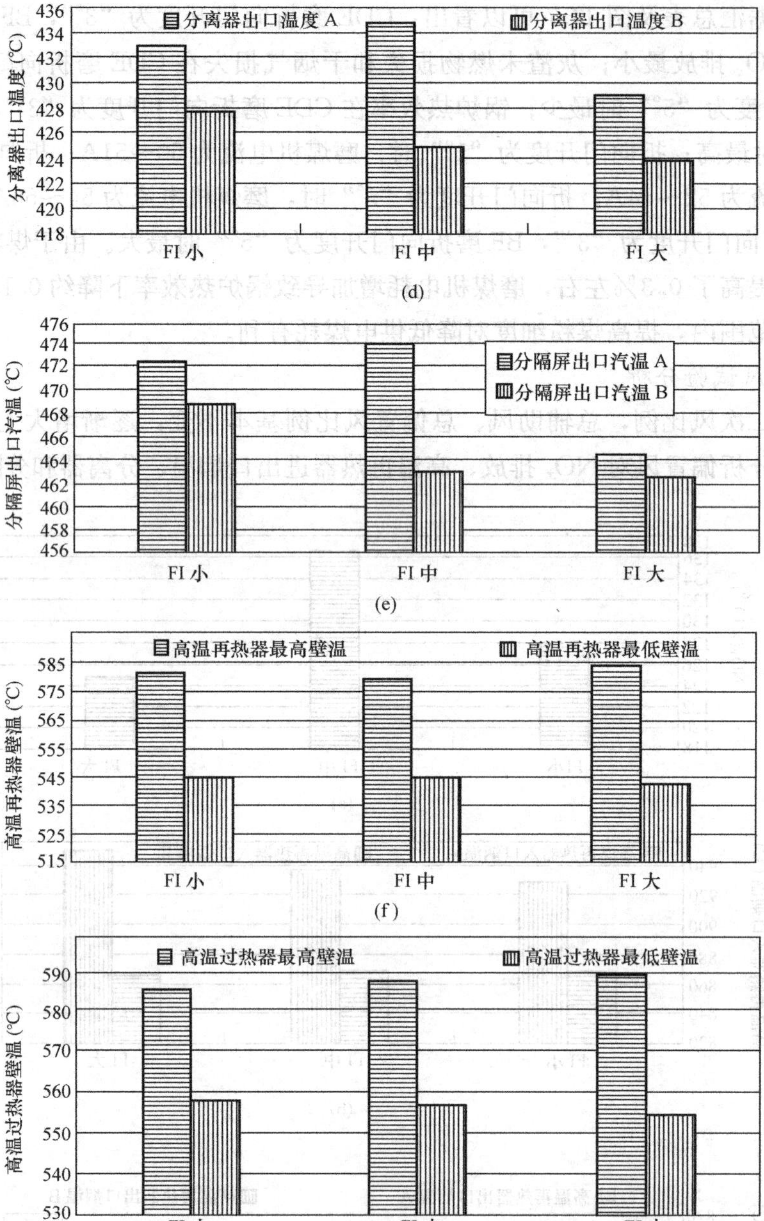

图 14-8 变偏置风试验趋势图（二）

(d) 分离器出口汽温与上层偏置风的关系；(e) 分隔屏出口汽温与上层偏置风的关系；

(f) 高温再热器壁温与上层偏置风的关系；(g) 高温过热器壁温与上层偏置风的关系

高温再热器和高温过热器最高及最低壁温的影响。由试验数据汇总表及图 14-8 可以看出：上层偏置风 FI 大时，NO_x 排放最小；高温再热器进、出口烟温在上层偏置风 FI 小时较小；分离器、分隔屏出口汽温偏差在 FI 大时较小，两侧汽温偏差也小；高温再热器、高温过热器壁温及其偏差受偏置风大小的影响不大。

9. SOFA 风水平摆动试验分析

安排8个SOFA风水平摆角组合，分析不同的SOFA风水平摆角对高温再热器进出口烟温及其偏差、分离器出口汽温及其偏差、分隔屏出口汽温及其偏差、高温再热器壁温偏差及高温过热器壁温偏差的影响（见图14-9）。

SOFA风水平摆角由“－15°”向“＋15°”方向摆动时，炉膛出口烟气的旋转残余趋于强烈，烟温偏差随之增加。SOFA风水平摆动具有改变烟气旋转残余，调节烟温偏差的作用。SOFA风反向偏置最大，但烟温偏差并不一定最低。使炉膛出口烟温偏差为最低的SOFA风水平摆角组合必须通过试验得到。SOFA风水平摆角对高温再热器进、出口烟温偏差影响最大；对分离器、分隔屏出口汽温偏差及高温再热器、高温过热器壁温偏差的影响相对小一些。

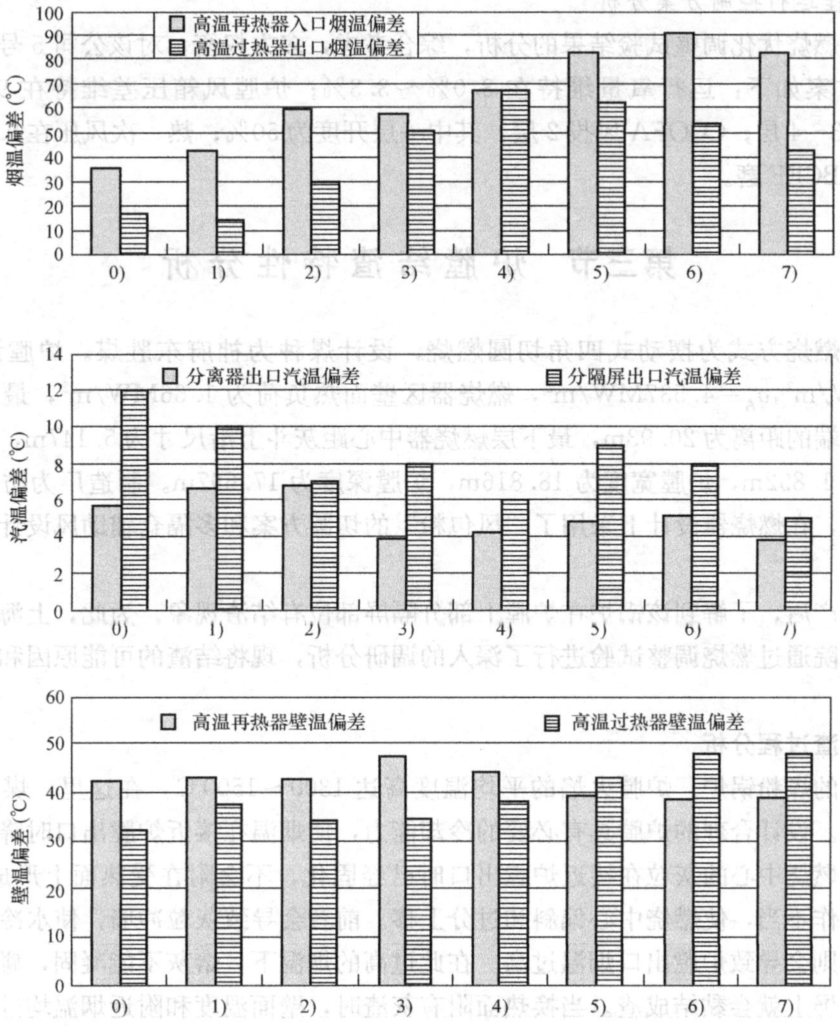

图14-9 变SOFA风水平摆角试验趋势图

10. 水冷壁管壁温度分析

在各工况下，各面墙螺旋管圈出口最高和最低壁温偏差均较低，在4～12℃之间。不同工况下，相同墙面的最高和最低壁温的管排位置基本相同，其中前墙最高壁温点位置为1排，后墙最高壁温点位置为60排和84排，左、右侧墙最高壁温点位置分别为25排和65排。试验结果表明，螺旋管圈水冷壁对热负荷变化的适应性强，这主要是由于水冷壁管螺旋结构的型式平衡了各面墙热负荷的偏差。

由垂直管壁温数据可得，在不同的试验工况下，各面墙最高和最低壁温偏差量分别为：前墙21～47℃，左侧墙34～70℃，右侧墙20～43℃，后墙悬吊管11～33℃，后墙屏管15～33℃。除炉膛左侧墙外，各面墙壁温偏差量均低于50℃。在不同的工况下，相同面墙的最高和最低壁温的管排位置基本相同。不同的工况下，各面墙的热偏差存在一定的波动，特别是左侧墙，说明垂直管对热负荷变化的敏感性强。根据水动力计算和理论分析，垂直管的吸热偏差主要与热负荷强度和管道阻力有关。

11. 最佳运行控制方案分析

经过对燃烧优化调整试验结果的分析，综合考虑，多方权衡，对该公司5号炉提出最佳运行控制方案如下：运行氧量维持在3.0%～3.3%；炉膛风箱压差维持在900Pa左右；SOFA风投3～4层；CCOFA风投2层，其中一层开度为50%；热一次风压在8.5kPa左右；建议投运ABCEF磨。

第三节 炉膛结渣特性分析

该锅炉燃烧方式为摆动式四角切圆燃烧，设计煤种为神府东胜煤。炉膛设计参数为$q_v=85.2kW/m^3$，$q_A=4.537MW/m^2$，燃烧器区壁面热负荷为$1.66MW/m^2$，最上排燃烧器中心到屏下端的距离为20.93m，最下层燃烧器中心距灰斗上沿尺寸为5.147m，相邻煤粉喷嘴中心距为1.892m，炉膛宽度为18.816m，炉膛深度为17.697m。制造厂为防止炉内结渣和高温腐蚀，在燃烧器设计上采用了“风包粉”的切圆方案和多隔仓辅助风设计，二次风正向偏转22°。

该炉投产后，了解到该锅炉在炉膛上部分隔屏部位有结渣现象。为此，上海发电设备成套设计研究院通过燃烧调整试验进行了深入的调研分析，现将结渣的可能原因和防结渣措施分述如下。

一、结渣过程分析

运行中的煤粉锅炉，炉膛火焰的平均温度高达1300～1500℃，在这里，煤灰粒子多处于熔化状态。设计合理的炉膛具有必要的冷却能力，使烟温在接近炉膛出口时降到灰熔点以下。这时，燃烧中心的灰粒在接近炉膛出口时已经固化，不会附在受热面上形成渣。但是，如果运行操作不当，使燃烧中心偏斜和过分上移。前者会导致灰粒冲墙，使水冷壁附近烟温过高；后者则会导致炉膛出口烟温过高。在此过高的烟温下，熔灰不能凝固，碰到水冷壁或炉膛出口的屏上就会黏结成渣。当换热面附有灰渣时，壁面温度和附近烟温均升高，又会进一步加剧结渣。

二、影响结渣的因素

1. 煤质

设计煤种的无灰干燥基挥发分V_{daf}为35.66%，低位热值$Q_{net,ar}$为23.00MJ/kg，软化温度

ST为1156℃，收到基灰分A_{ar}为10.26%，碱酸比B/A为0.606。根据美国电力研究院（AEP）提出的结渣指数的概念，属结渣倾向严重的煤。锅炉行业普遍用煤的灰熔点高低来估计结渣倾向。灰熔点的一个重要特性是它的数值与气氛有关。当煤灰处在还原性气氛中时，灰中的Fe_2O_3还原为FeO，灰熔点降低，结渣性增强；当煤灰处在氧化性气氛中时，灰中的FeO氧化为Fe_2O_3，灰熔点升高，燃烧时不易结渣。根据上述特性，在炉膛燃烧区域，由于火焰温度高，要求煤灰处于氧化性气氛中，即为富氧区，提高灰熔点，降低结渣倾向。

2. 煤粉细度

E磨煤机折向门位置为“1”、“3”、“5”时的煤粉细度参数如表14-1所示。

表14-1　　磨煤机折向门位置与煤粉细度关系

折向门位置	R_{75}（%）	R_{90}（%）	R_{200}（%）
1	36.99	31.34	10.19
3	33.42	23.72	4.6
5	21.64	16.08	2.64

由表14-1可以看出，当折向门位置为“5”时，煤粉获得较好的细度指标。

燃烧调整前，A、B、C、E磨折向门位置为“1”，D磨折向门位置为“3”，F磨折向门位置为“2”。由于煤粉均匀性较差，存在较多大颗粒煤粉，需要较长的燃尽时间，直到炉膛出口仍未燃烬，使火焰行程延长，炉膛出口烟温升高，并在分隔屏处形成还原性气氛，使灰熔点降低。在此过高的烟温下，熔灰不能凝固，碰到炉膛出口的屏式受热面上就会黏结成渣。

3. 运行氧量和各层燃烧器配风组合

反映结渣的重要指标是炉膛火焰温度和炉膛出口烟温。而运行氧量的高低则显著影响上述两项指标。有关运行氧量与计算火焰温度和高温再热器入口烟温的关系如图14-10所示。燃烧调整试验前，运行氧量为2.6%左右，相应的计算火焰温度为1370℃左右；随着运行氧量的提高，计算火焰温度降低。当运行氧量为4.4%时，计算火焰温度约降低了55℃。从防止结渣的角度考虑，增大运行氧量，有利于防止结渣。从贴壁氧量试验数据可得，在各二次风门开度不变的条件下，增加运行氧量，主要增加主燃烧区的氧量，虽然可使主燃烧区处于富氧燃烧，抑制还原性气氛，防止结渣，但根据炉膛内并未发现结渣现象分析，对于本燃烧器，由于采用了“风包粉”的切圆设计方式，已起到了有效防止炉膛结渣的作用。因此，对

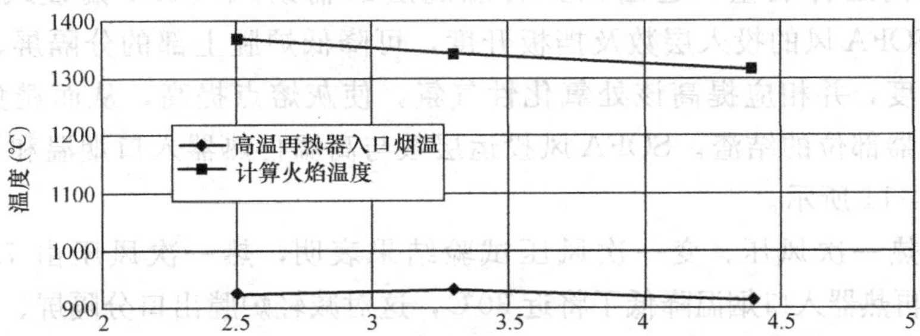

图14-10　运行氧量与计算火焰温度和高温再热器入口烟温关系

于本锅炉，为防止或减轻结渣，应增加燃尽区的氧量，即增加CCOFA风、SOFA风的投运层数和挡板开度。

4. 磨煤机出口风粉温度

燃烧调整试验前，投运燃烧器为BCDEF。其中上三层DEF磨出口风粉温度偏低，尤以F磨为甚，约低于设计值10℃（设计值为76℃），见表14-2。磨煤机出口风粉温度偏低，使火焰中心上移，造成炉膛出口处的受热面结渣。

表14-2　炉膛风箱压差对炉内气氛的影响

炉膛风箱压差	895.4Pa		754.5Pa	
测量项目	O_2（%）	CO（mg/m^3）	O_2（%）	CO（mg/m^3）
33m标高处炉膛壁面 前墙（中）	9.5	2792	6.8	263
40m标高处炉膛壁面 前墙（中）	1.1	15 070	2.5	9468
43m标高处炉膛壁面 前墙（中）	18.6	1723	7.2	38
33m标高处炉膛壁面 后墙（中）	7.7	2125	9.8	23
40m标高处炉膛壁面 后墙（中）	1.1	100 000	1.1	24 331
43m标高处炉膛壁面 后墙（中）	0.9	100 000	0.5	100 000

三、防止结渣的措施

适当调细煤粉细度。从该炉结渣现象分析，调细煤粉有利于缩短火焰行程，降低炉膛出口烟温。并且由于炉膛主燃烧区燃烧增强，相对减少了燃尽区的火焰强度，有利于抑制燃尽区的还原性气氛，提高灰熔点，减少分隔屏和高温再热器部位结渣倾向。通过做煤粉细度试验，认为磨煤机折向门位置为“5”，对应合适的煤粉细度。建议运行期间，上层磨煤机挡板位置为“5”，其余各层磨煤机挡板位置可根据石子煤排量定为“3～5”。

校准磨煤机出口风粉温度测点，将EF磨出口风粉温度提高到设计值。设计煤种的无灰干燥基挥发分V_{daf}为35.66%，稳燃不成问题。对下三层磨煤机，可适当降低其出口风粉温度和增大一次风速以便提高着火热，推迟着火点位置，可避免煤粉气流贴壁，防止燃烧器和炉膛结渣。

停运中间层燃烧器。由于燃烧不集中，传热分散，会使炉膛温度降低，缓解结渣。而且由于停用层在中间，可起到压力平衡孔的作用，对减小切圆直径和气流偏斜也非常有利。

适当提高运行氧量和优化各层燃烧器配风。根据贴壁氧量测试数据分析，在分级燃烧状况下，提高运行氧量，适当减少各燃烧层的辅助风（CFS偏置风不变），增加CCOFA风、SOFA风的投入层数及挡板开度，可降低炉膛上部的分隔屏、高温再热器区域的烟气温度，并相应提高该处氧化性气氛，使灰熔点提高，从而避免或减轻分隔屏、高温再热器部位的结渣。SOFA风投运层数与高温再热器入口烟温和计算火焰温度的关系如图14-11所示。

适当提高热一次风压。变一次风压试验结果表明，热一次风压由7.7kPa提高到8.7kPa，高温再热器入口烟温降低了将近30℃，这对减轻炉膛出口分隔屏、高温再热器部位的结渣是有利的。

适当降低炉膛风箱压差。炉膛风箱压差对贴壁氧量、CO浓度的影响如表14-2所示。该

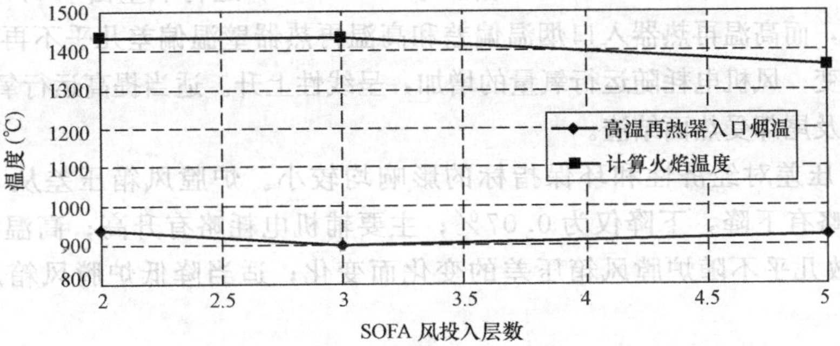

图 14-11 SOFA 风投运层数与高温再热器入口烟温和计算火焰温度的关系

结果表明适当降低炉膛风箱压差，可以降低炉膛四周贴壁的CO浓度，减少还原性气氛，增加了灰熔点，因此降低炉膛风箱压差有利于减轻结渣。

通过做空气动力场试验，将ABCDEF磨的各角一次风调平，保证炉内风粉混合均匀，避免局部缺氧造成结渣。

锅炉的初次吹灰和正常运行吹灰操作的时间间隔控制非常关键。在沾污已较重时再去吹灰，清扫能力就大大减弱。吹灰周期不合理或者没有吹灰周期，就使水冷壁、过热器和再热器表面不够清洁，换热效果变差，造成炉膛出口烟温和受热面壁温升高，使其接收熔渣变得十分容易以致结渣。通过试验，确定炉膛及换热面的最佳吹灰周期，运行人员要按此进行炉膛吹灰，并加强吹灰器的缺陷管理和维修管理。维持水冷壁、过热器和再热器表面清洁，防止壁面的初次污染和壁温升高，避免水冷壁和过热器、再热器的结渣。

加强锅炉运行工况的检查与分析。运行人员应经常检查锅炉的结渣情况，发现结渣严重应及时汇报处理；定期分析锅炉运行工况，重点分析减温水量的变化和炉膛出口烟温的变化规律，以及过热器、再热器管壁温度变化的情况。锅炉在额定工况运行时，若发现减温水量异常增大和过热器、再热器管壁超温，或喷燃器全部下倾，减温水已用足而仍有受热面管壁超温时，应适当降低负荷运行并加强吹灰。

加强燃煤的管理，及时提供入炉煤煤质分析（特别是灰熔点数据）供运行人员参考，以利于锅炉燃烧调整。有条件的电厂，可掺烧不易结渣的其他煤种，实践证明，此项措施对防止结渣作用很大。

根据电网要求，用变负荷控制落渣。即每晚低谷期间降低负荷运行2～3h，白天恢复高负荷运行。如此升降负荷，造成炉膛温度周期性变化，使渣受到周期性疲劳应力的作用而脱落，这样不致造成大面积结渣。但应注意的是，负荷不能变化过快，否则可能发生大面积落渣，会砸坏受热面。

第四节 超（超）临界锅炉燃烧优化调整结论

运行氧量对经济性、安全性和环保指标的影响都较明显。运行氧量由2.7%增大到3.3%，锅炉效率略有下降，下降仅为0.05%，高温再热器入口烟温偏差和高温再热器壁温偏差明显降低，NO_x 排放由 120×10^{-6} 增加到 132×10^{-6}；运行氧量由 3.3%增大到 4.4%，效率降低较大，而高温再热器入口烟温偏差和高温再热器壁温偏差几乎不再降低；NO_x 排放基本维持不变；风机电耗随运行氧量的增加，呈线性上升。适当提高运行氧量，有利于避免或减轻炉膛及尾部受热面结渣。

炉膛风箱压差对经济性和环保指标的影响均较小。炉膛风箱压差从 600Pa 增大到 900Pa，效率略有下降，下降仅为 0.07%；主要辅机电耗略有升高；高温再热器入口烟温和 NO_x 排放几乎不随炉膛风箱压差的变化而变化；适当降低炉膛风箱压差，有利于减轻结渣。

SOFA 风投入层数对 NO_x 排放和锅炉运行的安全性影响较大。SOFA 风投入层数由 3 增加到 5，修正水煤比略有下降；高温再热器入口烟温偏差基本不变；NO_x 排放由 123×10^{-6} 降低到 93×10^{-6}；增加 SOFA 风投入层数有利于减轻结渣。

CCOFA 风投入层数对锅炉运行的经济性、安全性和 NO_x 排放的影响较大。CCOFA 风投入层数由 1 增加到 2，飞灰含碳量下降了 0.1，排烟温度与基准温度之差下降了 3.5℃，修正水煤比由 6.97 升到 7.8；高温再热器入、出口烟温及其偏差基本不变，分隔屏出口汽温增加，高温过热器壁温偏差下降；与不投 CCOFA 风相比，CCOFA 投入后，NO_x 排放明显降低；提高 CCOFA 风投入层数，有利于减轻炉膛出口受热面的结渣。

磨煤机投运组合对锅炉运行的安全性和 NO_x 排放的影响较大，对经济性影响较小。投 A、C、D、E、F 和 A、B、C、D、E 磨，汽温偏差最大；投 A、B、C、E、F 和 B、C、D、E、F 磨，汽温偏差较小；投 A、B、C、D、E 磨，NO_x 排放最大，为 135×10^{-6}；投 A、B、C、E、F 磨，NO_x 排放最少，为 106×10^{6}；投 B、C、D、E、F 磨，NO_x 排放居中，为 118×10^{-6}。停 D 磨，投 A、B、C、E、F 磨有利于减轻炉膛的结渣。

热一次风压对锅炉运行的经济性、安全性和 NO_x 排放都有一定的影响。随一次风压提高，锅炉热效率略有提高；高温再热器入口烟温降低；NO_x 排放先增加后降低；主要辅机电流提高。适当提高热一次风压，有利于降低炉膛出口受热面的结渣。

煤粉细度对锅炉运行的经济性、安全性和 NO_x 排放均有明显影响。C、D、E 磨折向门开度为“3°”，B、F 磨折向门开度为“5°”时，锅炉热效率最高，对减轻炉膛出口受热面的结渣最有利，NO_x 排放最小。不同的煤粉细度下，效率最高为 93.63%，最低为 93.32%；NO_x 排放最高为 125×10^{-6}，最低为 115×10^{-6}。

偏置风对锅炉运行的经济性影响较小，对安全性和 NO_x 排放有明显的影响。

上层偏置风 FI 大时，NO_x 排放最小；高温过热器进、出口烟温在上层偏置风 FI 小时较小；分离器、分隔屏出口汽温偏差在 FI 大时较小；高温过热器壁温偏差在偏置风 FI 小时较小。

SOFA 风水平摆角主要影响锅炉运行的安全性。

经过对燃烧优化调整试验结果的分析比较，综合考虑，该发电有限公司 5 号炉最佳运行控制方案如下：运行氧量维持 3.0%～3.3%；炉膛风箱压差维持在 900Pa 左右；SOFA 风投 3～4 层；CCOFA 风投 2 层，其中一层开度为 50%；热一次风压在 8.5kPa 左右；建议投运 A、B、C、E、F 磨；上下两层磨的磨煤机挡板开度在位置“5°”，中间三层磨煤机的挡板开度在“3°”；1、3 号角 SOFA 风水平摆角与主燃烧器摆角反切 15°，2、4 号角 SOFA 风水平摆角与主燃烧器摆角相同。

当投运B、C、D、E、F磨时，建议各风门开度如表14-3所示。

表14-3　　风　门　开　度　　%

投用燃烧器组合	A层燃料风挡板开度	B层燃料风挡板开度	C层燃料风挡板开度	D层燃料风挡板开度	E层燃料风挡板开度	F层燃料风挡板开度	AA风门开度	AB风门开度	BC风门开度	CD风门开度	DE风门开度	EF风门开度
BCDEF	6	30	31	31	31	30	0	86	54	54	55	54
AI风门开度	BI风门开度	CI风门开度	DI风门开度	EI风门开度	FI风门开度	CCOFA1挡板开度	CCOFA2挡板开度	SOFA1挡板开度	SOFA2挡板开度	SOFA3挡板开度	SOFA4挡板开度	SOFA5挡板开度
1	24	63	24	24	25	100	100	10	18	100	90	82

第十五章

超临界锅炉常见故障及处理

第一节　锅炉事故的种类和处理原则

火电厂的事故有相当大一部分是由于锅炉事故引起的。统计表明，锅炉方面的事故约占火电厂非计划停运事故总小时数的1/2，而锅炉的事故又以水冷壁管、过热器管、再热器管和省煤器管（俗称“四管”）泄漏为最多，约占事故停运总小时数的1/3。其次是灭火放炮和炉膛结渣。因此，为了提高电厂的经济效益，必须努力提高锅炉的运行可靠性和利用率，减少事故。

电站锅炉的可靠性指锅炉在规定的条件下、规定的工作期限内达到规定性能的能力。所谓规定条件，是指燃料品种、运行方式、自控要求、给水品质、气象条件等；规定的工作期限是以锅炉允许工作多少小时数来表达的，如目前规定大型锅炉主要承压部件的使用寿命为30年，受烟气磨损的受热面使用寿命为10万h；规定的性能则是指设计的蒸发量，一、二次蒸汽的压力和温度，锅炉热效率等。

锅炉发生事故的原因很多，除了由于系统事故的影响或整个机组中的部分设备丧失运行能力等因素外，如设备设计、制造、安装和检测的质量不良；还有较多的情况是由于运行人员技术不熟练、工作疏忽大意，以及发生事故时的判断错误和操作错误等或对设备特性不掌握以致错误操作所造成的。因此要求运行人员具有高度的责任心，并且能掌握设备特性和具有熟练的操作技能，对设备做到精心维护、正确操作。

一、锅炉事故的种类

按造成事故的原因来分，锅炉事故一般可分为设备事故和误操作事故两大类，设备事故又包括锅炉设备本身故障丧失运行能力和由于电网系统厂用电供电系统、控制压缩空气系统及发电机、汽轮机等设备故障或保护误动，造成锅炉设备局部或全部丧失运行条件两种。

误操作事故按事故性质又可分为责任性事故和技术性事故两种。责任性事故是由于运行人员监视疏忽、错误操作或未经全面分析便草率作出错误判断和处理所造成的事故。因此，对于责任性事故，应着重加强对运行人员的主人翁责任感教育；而对于技术性事故，则应加强技术培训工作。

就事故造成损失的严重程度而言，还可分为特大事故、重大事故和一般事故三种。

根据事故发生的特点及规律，事故又可分为突发性事故、频发性事故及季节性事故等。对于频发性事故和季节性事故，各级技术部门应及时制订出切实可行的反事故措施。

二、锅炉事故处理原则

1. 事故处理中应遵循的总原则

发生事故时，运行人员应迅速解除对人身和设备的危害，找出故障原因并消灭事故，同时应注意保持非故障设备的继续运行，必要时设法增加非故障设备的负荷，以保持对用户的正常供电。

在处理事故的过程中，运行人员应设法保障厂用电的正常供给，运行人员必须坚守岗位，集中精力维持设备的正常运行，防止故障的扩大和蔓延，正确迅速地执行上级命令。

事故恶化时，首先避免重大设备的损坏和人身伤害，确保安全停机；使电网不受侵害，尽快恢复电网稳定运行。

机组发生故障时，运行人员一般应当按照下面所述的方法排除故障。

（1）根据仪表的指示和机组外部的象征，分析判断设备确已发生故障。

（2）迅速消除对人身和设备的危险，必要时应立即解列（或停用）发生故障的设备。

（3）迅速查清故障的性质、发生地点和设备损坏范围。

（4）采取正确、有效的措施消除故障，同时应保持非故障设备继续运行。

（5）在发生故障时，各岗位应互通情况、密切配合，在值长和单元长的统一指挥下，迅速排除故障，在故障的每一个阶段都需要尽可能迅速地汇报单元长、值长和上一级领导，以利及时采取正确的对策，防止事故扩大蔓延。

（6）处理事故时，动作应当迅速正确，但不应急躁。在处理故障时，所接到的命令，均应复诵一遍；如没有听懂应反复问清楚，否则不可执行，命令执行后的情况，应迅速向发令者汇报。

2. 事故处理的组织和调度原则

（1）值班员在处理事故时，受单元长和值长的领导，发生故障时，应及时与巡检长联系，迅速参加排除故障的工作，同时将自己所采取的措施汇报单元长和值长。值长、单元长的所有命令，值班员必须听从。

（2）在机组发生故障时，专业人员及有关技术领导必须到现场指导处理事故，并给予运行人员必要的指示，但这些指示不应与值长的命令相抵触，否则值班员仍按值长命令执行。

（3）从机组故障起到排除故障，恢复机组正常状态为止，值班人员不得擅自离开工作岗位，假如故障发生在交接班时，应延时交班；在未签名之前，交班人员应继续工作，并在接班人员协助下，排除故障，直至机组恢复正常运行状态或接到值长关于接班命令为止。

（4）与排除故障无关的人员禁止停留在发生故障的地点。

（5）值班人员发现难以分析、判断的现象时，必须迅速汇报上一级领导，共同观察、研究、查清。当遇到规程所没有规定的故障现象时，必须根据自己的知识经验判断，主动采取对策，并尽可能迅速地把故障情况汇报上一级领导。

（6）故障消除后，值班人员应将机组故障象征、时间、地点及处理经过正确地记录在交接班簿上。有追记打印的故障应追记打印备查。

（7）班后故障分析会由值长或单元长主持，对事故的原因责任及以后采取的措施，进行认真的分析和讨论，从中吸取教训，总结经验。发生事故后，应做到“四不放过”（事故原因没查清不放过、责任人员没处理不放过、整改措施没落实不放过、有关人员没受到教育不放过）。

第二节 紧急停炉处理

现代大型直流锅炉自动化程度高且保护装置完善，大多配备有由计算机参与控制和保护的燃烧器管理系统（即 BMS）或炉膛安全监视系统（FSSS）。当锅炉一旦发生威胁设备安全的情况时，为了防止造成设备损坏，计算机系统将发出主燃料切断（MFT）的指令进行自动紧急停炉。直流锅炉自动 MFT 的条件，应根据机组设备的不同特点按防止造成锅炉设备损坏的原则制订。

一、锅炉 MFT 的条件

MFT（主燃料跳闸）是指锅炉的安全运行条件得不到满足、需要紧急停炉而发出指令快速切断所有通往炉膛的燃料并引发必要的联锁动作，避免对锅炉的潜在危害，以保护锅炉炉膛、其他设备及运行人员的安全。引起主燃料跳闸的部分条件如下（不同的锅炉，MFT 条件不完全一样），只要其中任意一条成立，则引发 MFT 动作。以下以 660MW 锅炉为例说明：

（1）手动 MFT。

（2）预热器全部（主、辅电动机）跳闸。

（3）两台引风机均跳闸。

（4）两台送风机均跳闸。

（5）炉膛压力高＋2500Pa（三取二）高报警 762Pa。

（6）炉膛压力低－2500Pa（三取二）低报警－1016Pa。

（7）给水泵全部跳闸。

（8）分离器水位高 14.5m 二取二（13.2m 报警）。

（9）省煤器进口给水流量低低跳闸 500t/h 延时 5s（三取二）（报警 630t/h）。

（10）点火延时 15min。（燃油快关阀打开后开始计时，15min 后无燃烧器投运）。

（11）再热器保护丧失。

（12）全炉膛燃料中断（在“微油模式”下，微油角阀全关闭）。

（13）全炉膛火焰丧失［锅炉在启动中磨煤机 A（单磨运行）在“微油点火模式”，微油燃烧器 2/4 没有火则判断为全炉膛没火］。

（14）1 号角冷却风机压力低、2 号角冷却风机压力低、4 号角冷却风机压力低至 4.0kPa（三取二）。火检冷却风机压力低低，备用冷却风机自启动 5.0kPa，冷却风机压力低至 6.0kPa 报警。

（15）锅炉总风量小于 25%，即 580t/h（三取二）。

（16）螺旋水冷壁出口金属壁温高越限。

（17）过热器出口 A 或 B 蒸汽温度高 625℃跳闸二取二（611℃报警）。

（18）再热器出口 A 或 B 蒸汽温度高 623℃跳闸二取二（609℃报警）。

（19）分离器出口蒸汽温度高 465℃跳闸四取二（452℃报警）。

（20）两台一次风机均跳闸且无轻油枪。

二、手动紧急停炉的条件

遇有下列情况之一时，应紧急停炉：

(1) 锅炉受热面、主蒸汽管道、再热蒸汽管道、给水管道等严重爆破，无法维持锅炉正常上水时。

(2) 锅炉尾部烟道再燃烧，使空气预热器出口烟温不正常地升至200℃时。

(3) 锅炉安全阀动作，无法使其回座或压力超限所有安全阀拒动时。

(4) 炉管爆破，威胁人身或设备安全。

(5) 锅炉热控仪表电源中断，无法监视、调整锅炉主要运行参数。

(6) 所有引风机/送风机或回转式空气预热器停止。

(7) 再热蒸汽突然中断。

(8) 锅炉灭火。

三、常用故障停炉的条件

遇有下列情况之一时，应请示值长停止锅炉运行：

(1) 锅炉给水、蒸汽品质严重恶化，经多方处理无效时。

(2) 锅炉承压部件泄漏时，运行中无法处理（依具体情况、具体部位决定是否申请停炉）。

(3) 锅炉结焦严重，经多方处理难以维持正常运行时。

(4) 锅炉烟道积灰严重，经采取措施仍无法维持炉膛正常负压时。

(5) 锅炉汽温和受热面壁温严重超限，经多方调整无法降低时。

(6) PCV 阀有缺陷，不能正常动作时。

四、MFT 动作后会引起下列设备动作

(1) 关闭进油快关阀及油角阀（包括微油角阀）。

(2) 切除全部高能点火器。

(3) 两台一次风机均跳闸。

(4) 所有给煤机均停运。

(5) 所有磨煤机均停运。

(6) 磨煤机控制方式切至手动方式。

(7) 切除投运的吹灰器，关闭吹灰总门。

(8) 关闭过热减温总阀门及减温水调节阀。

(9) 关闭锅炉给水总阀门。

(10) 汽轮机跳闸。

(11) 电除尘器跳闸。

(12) FGD、增压风机跳闸。

(13) 所有给水泵跳闸。

(14) 送信号给 MCS、SCS、DAS。

(15) 送信号给汽轮轮机旁路控制系统。

(16) 开二次风门挡板。

(17) MFT 后 20s 且炉膛压力低至－2290Pa，则跳闸引风机 A、B 及送风机 A、B。

(18) MFT后20s且炉膛压力高至+2090Pa，则跳闸引风机A、B及送风机A、B。

(19) 声光报警。

五、660MW直流锅炉紧急停炉处理

(1) 检查所有运行磨煤机、给煤机跳闸，运行一次风机跳闸，燃油进、回快关阀关闭，所有油枪油角阀关闭，减温水总门关闭，再热器事故减温水总门关闭，上述设备和阀门不动作，要手动将其关闭。

(2) 检查炉膛负压自动跟踪正常，若炉膛负压自动跟踪不正常则应解除自动，手动进行调整，防止炉膛负压超限引起送风机、引风机跳闸。

(3) 锅炉主蒸汽压力27.4MPa，PCV阀不动作，手动起跳PCV阀泄压。

(4) 炉膛吹扫完毕，复置跳闸设备，复置"MFT"。

(5) 注意监视锅炉排烟温度和热风温度，防止尾部受热面再燃烧。

(6) 迅速查明MFT动作原因，待故障原因消除并经值长通知后方可重新点火。

(7) 进行油枪吹扫，开启燃油进、回快关阀，维持燃油循环。

(8) 当机组重新并网，燃烧稳定后，应逐台吹扫MFT时紧急跳闸的磨煤机。

(9) MFT动作故障难以消除时，则按正常停炉后的规定执行。

第三节 直流锅炉给水温度突降

一、给水温度突降对直流锅炉参数的影响

直流锅炉由于其循环倍率等于1，工质在直流锅炉内一次完成加热、蒸发、过热三个阶段。在直流锅炉中，这三个阶段没有固定的分界，它们将随着锅炉工况的变化而变化。当给水温度发生突降时，由于加热段延长，蒸发段后移，造成过热段缩短，最终必将造成主蒸汽温度的突降。直流锅炉的这一特性，与汽包锅炉给水温度下降时主蒸汽温度反而升高是截然不同的。

二、直流锅炉给水温度突降的原因

高压加热器退出运行，是造成锅炉给水温度突降的主要原因。当高压加热器水管严重泄漏或爆破时，将造成高压加热器水位保护动作而紧急停用；由于高压加热器保护装置误动，或运行人员在高压加热器有严重缺陷时的手动紧急停用等，均是高压加热器退出运行的常见原因。其次，高压加热器汽、水管道或阀门爆破时由于加热蒸汽量减少或通过高压加热器的水量增大，也造成给水温度的较大幅度下降。此外，除氧器压力降低造成高压加热器进水温度的下降也是锅炉给水温度下降的原因之一。

三、直流锅炉给水温度突降的处理

正常运行中发生给水温度突降时，应迅速查明故障原因，并根据不同的情况作相应的处理。

机组满负荷运行时，如发生高压加热器保护动作或紧急退出运行，为防止汽轮机中、低压缸过负荷，应立即按有关规定适当降低机组负荷。当高压加热器全部停用时，锅炉主蒸汽流量应不超过2024t/h。在负荷不超过规定的情况下，为了避免处理中对机组功率及锅炉燃烧工况造成不必要的扰动，燃料量可保持不变，在此基础上根据给水温度下降的幅度，按比例减少给水流量，维持分离器出口温度正常。与此同时，及时调整减温水量，保持主蒸汽温度正常。当给水自动动作不正常时，应及时切至手操进行处理。由于锅炉本身具有一定的蓄热，且温度较低的给水进入锅炉各受热面需要一定的时间，因此当发生给水温度突降时，锅炉各段工质温度将延迟一段时间后才开始逐渐下降。由此可见，给水流量的减少不应与给水温度的下降同步，而应滞后一段时间。运行经验表明，待省煤器出口温度发生变化后再开始减水较为适宜，一般这段滞后时间约为3min。减水的幅度与当时锅炉负荷的高低有直接关系，当锅炉蒸发量在607～2024t/h范围内时，给水温度每下降1℃，需减少给水流量1.2～2.0t/h。

机组高负荷运行时，如发生高压加热器突然退出运行，当机组采用机跟炉控制方式运行时，很有可能造成机组负荷瞬时超限和再热器进、出口压力升高，再热器安全门起座或低压旁路阀自行打开，高压加热器全部停用时机组负荷将上升约20MW；如机组采用炉跟机控制方式运行时，则有可能造成主蒸汽压力的突升或高压旁路阀自行打开。对此，必须迅速降低锅炉负荷，尽快恢复主蒸汽和再热蒸汽压力正常，关闭已打开的高、低压旁路阀，降低主蒸汽压力，将起座的安全门回座。对于采用汽动给水泵的锅炉而言，在发生安全门起座，向空排汽阀或高、低压旁路阀打开时，还应特别注意由于抽汽压力降低而可能造成的给水压力下降。

高压加热器汽、水管道或阀门发生爆破时，现场可听到爆破声和汽水外喷声，爆破点附近汽水弥漫，因此事故处理时应特别注意人身安全。当给水管道爆破时还将造成给水压力的急剧下降：当采用开大给水调节门，降低主蒸汽压力等措施后，如给水流量尚能维持在额定流量的30‰以上时，应立即紧急降低机组负荷，维持燃料与给水的比例正常，调整风量，控制锅炉各工况正常，汇报总工程师，要求申请停炉。当给水流量低至紧急停炉的条件时自动MFT将动作，否则应手动MFT紧急停用锅炉。凡因汽水中断而停炉者，应对受热面进行全面检查，只有在确无过热和损坏现象后方可向锅炉进水。

四、660MW机组给水温度骤降的现象、原因及处理

1. 现象

(1) 高压加热器解列信号报警。

(2) 给水温度大幅度下降。

(3) 省煤器进出口、螺旋水冷壁进出口温度逐渐下降。

(4) 高压加热器汽侧停用时，机组负荷将有所上升。

(5) 高压加热器汽水管道或阀门爆破时，给水压力将下降。

2. 原因

(1) 高压加热器水侧严重泄漏或爆破，造成高水位保护动作而紧急停用。

(2) 高压加热器汽水管道、阀门爆破而紧急停用高压加热器。

(3) 高压加热器保护装置误动作。

3. 处理

(1) 给水自动控制不正常时，应立即手动控制给水流量，当水冷壁出口温度变化时，根据给水温度下降值，迅速调整燃料与给水的比例（减少给水流量或增加燃料量），维持中间点温度正常，并相应调整减温水，维持主蒸汽温度正常。

(2) 若系高压加热器紧急解列，应迅速降低机组负荷至不大于630MW。

(3) 高压加热器汽、水管道或阀门泄漏爆破时，将造成给水压力大幅度下降，此时应按给水流量突降或中断的规定进行处理。

(4) 在其他工况不变的情况下，2024t/h直流锅炉在额定工况下给水温度下降100℃将使给水量比原给水量减少100～150t/h，才能维持中间点温度不变，即水煤比由7.5降至6.1左右。

第四节 锅炉受热面损坏

一、锅炉受热面损坏的影响

在锅炉设备的各类事故中，受热面（省煤器、水冷壁、过热器、再热器）泄漏、爆破等损坏事故最为普遍，约占各类事故总数的30%。锅炉受热面一旦发生泄漏或爆破，均须停炉后方可处理，由此造成的经济损失将是巨大的。当受热面发生爆破时，由于大量汽水外喷，将对锅炉运行工况产生较大的扰动，爆破侧烟温将明显降低，使锅炉两侧烟温偏差增大，给参数的控制调整带来困难。水冷壁发生爆管时，还将影响锅炉燃烧的稳定性，严重时甚至会造成锅炉熄火。当受热面发生泄漏或爆破后如不及时调停处理，还极易造成相邻受热面管壁的破损，并对空气预热器、电除尘器、引风机等设备带来不良的影响。因此，发生受热面损坏事故后应认真查找原因，制订防止对策，尽量减少泄漏或爆管。

二、锅炉受热面损坏的主要原因

锅炉受热面发生泄漏或爆破，一般来说，主要有如下原因：

(1) 制造质量方面的原因。受热面材质不良，设计选材不当或制造、安装、焊接工艺不合格。

(2) 设计、安装方面的原因。受热面支吊或定位不合理，造成管屏晃动或自由膨胀；受热面管安装不均，管间或屏间产生相对位移，相互摩擦损坏管子。吹灰器喷嘴位置不正确，造成吹损管子。

(3) 材质变化方面的原因。给水品质长期不合格或受热面局部热负荷过高，造成管内结垢严重、垢下腐蚀或高温腐蚀，使管材强度降低。由于热力偏差或工质流量分配不均造成局部管壁长期超温，其强度下降。由于飞灰磨损造成受热面管壁减薄，或设备运行太久，管材老化所造成的泄漏和爆管事故是较为常见的故障原因。此外，对于直流锅炉而言，如发生管内工质流量或给水温度的大幅度变化，还将造成锅内相变区发生位移，从而使相变区壁温产生大幅度的变化而导致管壁疲劳损坏。

(4) 运行及其他方面的原因。造成炉管泄漏或爆破的原因是多种多样的，其中有设备问题也有运行操作上的问题。如吹灰压力控制过高或疏水不彻底造成的吹损管壁，由于燃烧不良造成的火焰冲刷管屏及炉膛爆炸或大块焦渣坠落所造成的水冷壁管损坏等。此外，受热面管内或水冷壁管屏进口节流调节阀或节流圈处结垢或被异物堵塞，使部分管子流量明显减少、管壁过热而造成的设备损坏事故，运行中也较为常见。

三、锅炉受热面损坏的常见现象和处理原则

锅炉受热面损坏时，炉膛或烟道内可听到泄漏声或爆破声，锅炉各参数由于自动调节虽基本保持不变，但给水流量却不正常地大于主蒸汽流量，锅炉两侧烟温差、汽温差将明显增

大，受热面损坏侧的烟温将大幅度降低，炉内燃烧可能不稳，严重时甚至造成锅炉熄火，在炉膛负压投自动的情况下引风机开度将自行增大，电流增加，在引风未投自动时，炉膛负压将偏正，此时应立即手操开大引风，维持炉膛负压正常。

当受热面泄漏不严重尚可继续运行时，应及时调整燃料、给水和风量，维持锅炉各参数在正常范围内运行。给水自动如动作不正常时应及时切至手操控制，必要时还可适当降低主蒸汽压力或降低锅炉负荷运行，严密监视泄漏部位的发展趋势，做好事故预想。向总工程师汇报要求申请调度停炉并做好停炉前的准备工作。

如受热面泄漏严重或爆破，使工质温度急剧升高，导致管壁严重超温，不能维持锅炉正常运行或危及人身、设备安全时，应立即按手动紧急停炉进行处理。停炉后为防止汽水外喷，应保留引风机运行，维持正常炉膛负压，直至泄漏或爆破处蒸汽基本消失后方可停用引风机。为了防止电除尘器极板积灰，应立即停止向电除尘器供电，保持电除尘器连续振打方式。为了防止灰斗堵灰，应将电除尘器、回转式空气预热器、省煤器灰斗内的积灰放尽。

此外，还应做好泄漏或爆破点附近及周围（如省煤器灰斗等）防止汽、水喷出伤人的安全措施。

若受热面爆破引起锅炉全熄火或角熄火时，则应按锅炉熄火 MFT 处理。由于受热面损坏引起主蒸汽温度、再热蒸汽温度过高（过低）或两侧偏差过大时，还应结合汽温异常的有关要求进行处理。

四、660MW 锅炉过热器、再热器受热面损坏的现象及处理

1. 现象

（1）过热器、再热器处有泄漏声。四管泄漏检测装置报警。

（2）炉膛压力偏正，烟道不严密处有烟气或蒸汽外冒。引风机电流及静叶开度增大。

（3）故障侧烟温下降，两侧烟温差增大。

（4）泄漏、爆破点前汽温下降，泄漏、爆破点后汽温上升。

（5）过热器管泄漏时，蒸汽流量不正常地小于给水流量，机组功率下降。再热器管泄漏时，再热器压力下降。机组在负荷不变的情况下，主蒸汽流量增大。

2. 处理

（1）汇报值长，维持汽温正常。降低运行参数，听候停炉处理。

（2）若损坏不严重、尚能维持正常运行时，应加强监视，做好事故预想。

（3）维持炉膛压力在正常范围内，维持各段汽温正常。

（4）维持运行期间应注意监视除灰系统和空气预热器的工作情况，加强巡视检查，如除灰系统或预热器堵灰严重，电除尘器无法正常工作，则应请示停炉处理。

（5）如泄漏严重无法维持正常汽温或壁温严重超限时，应紧急停炉处理。

（6）停炉后，保留引风机运行，维持正常炉膛压力，待不向外冒汽水时方可停用引风机。

五、省煤器管的泄漏及防治

省煤器管的泄漏是电厂常见事故之一。引起省煤器泄漏的原因有：给水品质不合格，水中含氧量多，造成管子内壁氧腐蚀损坏；给水温度和流量变化，引起管壁温度变化，造成管子热应力，如热应力过大会引起管子损坏；管子焊接质量不好，使管子损坏；飞灰磨损，使管壁减薄、强度下降而损坏等。其中，省煤器管磨损是损坏的主要原因。

省煤器管爆管后，会出现以下现象：汽包（汽包炉）水位下降；给水流量不正常地大于蒸汽流量；省煤器区有异声；省煤器下部灰斗有湿灰或冒汽；省煤器后面两侧烟气温差增大，泄漏侧烟温明显偏低等。

省煤器损坏时，应尽量维持汽包（汽包炉）水位，待备用炉投入后再停炉检查、修复。如果水位不能维持，为避免事故进一步扩大则应立即停炉。

六、660MW机组省煤器管损坏的现象及处理

1. 现象

(1) 四管泄漏检测装置报警。

(2) 给水流量不正常地大于蒸汽量。机组负荷降低。

(3) 就地检查省煤器附近有泄漏声，省煤器灰斗有热水流出或有湿灰现象。

(4) 省煤器后两侧烟气温差增大，泄漏侧烟气温度下降。省煤器进出口烟气差压增加。

(5) 预热器两侧出口风温差增大。

(6) 炉膛及烟道负压变小或变正，炉膛不严密处有烟、汽冒出。引风机投自动时，静叶不正常地开大，引风机电流增大。

2. 原因

(1) 给水品质不合格，造成管内结垢和垢下腐蚀。

(2) 材质不良或安装、焊接质量不合格。

(3) 飞灰磨损外壁。

(4) 吹灰器喷嘴安装不正确，吹损管壁。

(5) 省煤器处发生可燃物再燃烧造成管壁超温损坏。

3. 处理

(1) 调整燃水比，维持各受热面温度正常，必要时采取降压降负荷措施，并注意监视各受热面沿程温度和水冷壁金属温度，听候停炉处理。

(2) 做好事故预想，加强监视，密切注意发展情况。

(3) 省煤器灰斗下部应用红白带围住，禁止行人通过，防止热水冲出伤人。

(4) 如故障继续恶化，无法维持锅炉正常运行参数时，按紧急停炉处理。

(5) 停炉后应保留引风机运行，维持正常炉膛压力。停止向电除尘器供电，防止电极积灰，将电除尘器各灰斗内的存灰放尽，以防堵灰。待省煤器不向外冒汽水时，即可停用引风机。

七、水冷壁管的爆管及其防止

水冷壁管的爆管损坏也是锅炉常见事故之一，应引起注意并加强防范。

（一）水冷壁管爆管的主要原因

1. 超温爆管

一般情况，水冷壁管壁温度并不高，受热面是安全的。但是，如果燃烧调整不当，锅炉水品质不好，则可能发生管壁超温爆管。

若炉膛燃烧发生在水冷壁附近，或贴墙燃烧时，该区域的热负荷将很高，它不但会引起

水冷壁结渣，而且由于区域水冷壁汽化中心密集，则可能在管壁上形成连续的汽膜及产生膜态沸腾，即产生第一类传热恶化现象。当出现第一类传热恶化现象时，管壁温度突然升高，会导致超温爆管。

2. 腐蚀损坏

（1）管内垢下腐蚀。在正常的情况下，水冷壁管内壁覆盖着一层Fe_3O_4保护膜，使其免遭腐蚀。如果水的pH值超标，就会使保护膜遭到破坏。研究表明，当pH值为9～10时，保护膜最稳定，管内腐蚀最小；当pH值过高时，易发生碱性腐蚀；当pH值过低时又会发生酸性腐蚀。

当氢在垢与金属之间大量产生时，氢可扩散到金属中与其中的碳结合形成CH_4，并在金属内部产生内压力，引起晶间裂纹，使金属产生脆性损坏。

（2）管外高温腐蚀。

3. 磨损爆管

水冷壁管易受磨损的部位主要是一次风喷口周围，吹灰器的冲刷也可能造成水冷壁爆管。

在一次风粉混合物中，每千克的空气中含有0.2～0.8kg的煤粉。当一次风喷入炉膛时，如果燃烧器安装角度不对，燃烧器喷口结渣、烧坏或变形时，都会使煤粉气流冲刷水冷壁，使其磨损减薄导致损坏。另外，如果吹灰前吹灰器未疏水，在吹灰时凝结水就要冲刷到水冷壁上，使其冷却龟裂，产生环状裂纹而损坏。如进汽压力调节失控超过设计值，也会导致水冷壁磨损而爆管。

4. 其他损坏

冷炉进水时，水温、水质和进水速度不合规定；锅炉启动时升压、升负荷速度过快；停炉冷却过快，放水过早等，以上因素都会使水冷壁管产生过大的热应力，致使爆管。

水冷壁管因受热不均、膨胀受阻也会拉裂爆管。被拉裂的部位通常以燃烧器附近居多。例如燃烧器大滑板与水冷壁在运行中膨胀不一致，经多次启停的交变应力作用后，就会从焊点处拉裂水冷壁致使爆管。

水冷壁选材不当，焊接质量不符合要求，弯管质量不高，使管壁变薄等，也都有可能使水冷壁产生爆管。

（二）水冷壁爆管处理及防治

水冷壁爆管以后，会有如下现象：蒸汽压力和给水压力均下降；炉内有爆破声；炉膛冒正压，有烟气从炉膛喷出；炉内燃烧火焰不稳或灭火；给水流量不正常地大于蒸汽流量；锅炉排烟温度降低等，炉管泄流仪报警。

如果水冷壁爆管不很严重，不至于在短期内扩大事故，且在适当加强给水后仍能维持锅炉运行时，可采取暂时减负荷降压运行，汇报总工同意后再停炉。但在这段时间内，应加强监视，密切注意事故的发展情况。如果爆管严重，无法保持锅炉给水流量，或燃烧工况极不稳定，或事故扩大很快，则应立即停炉。此时，锅炉引风机应继续运行，抽出炉内蒸汽。

为提高水冷壁管的运行安全性和可靠性，应根据其爆管的原因，采用不同的方法进行防治。

1. 超温爆管的防治

为了防止出现循环故障带来的超温爆管，除要求燃烧稳定，炉内空气动力场良好，炉内热负荷均匀外，还应避免锅炉经常在低负荷下运行，而且设计时水冷壁管组的并列管根数不能太多，管子组合也应合理。例如，将炉膛角部受热较弱的管子、炉膛中心受热较强的管子分别布置成独立的回路。

2. 腐蚀防治

为防止水冷壁管垢下腐蚀，应加强化学监督，提高给水品质，保证锅水品质，尽量减少给水中的杂质和锅水中的NaOH含量，防止凝汽器泄漏。保证锅炉连续排污和定期排污的正常运行。对水冷壁管应定期割管检查，并根据情况进行化学清洗和冲洗等。

为防止水冷壁的管外腐蚀，应改善燃烧，煤粉不能过粗，避免火焰直接冲刷墙壁，过量空气系数不宜过小，以改变结积物条件。控制管壁温度，防止炉膛局部热负荷过高，以防水冷壁温度过高，加剧腐蚀。保持炉膛贴墙为氧化性气氛，冲淡SO_2的浓度，以降低腐蚀速度。也可以在水冷壁管表面采用渗铝技术，提高其抗腐蚀性能。

3. 磨损爆管防治

防止水冷壁管的磨损主要是燃烧器设计与安装角度应正确，应组织好炉内空气动力场；要求配风均匀，注意运行调整。运行时如燃烧器喷口或附近结渣，应及时清除；如燃烧器烧坏或变形，应及时修复和更换。吹灰器在吹灰前应先疏水，吹灰蒸汽的压力应控制在设计的范围内。

4. 其他防治

为了防止锅炉启动、停止运行时损坏水冷壁管，在锅炉点火、停炉时，应严格按规程规定进行。为了保证受热面的升温自由膨胀，在安装和检修时，在水冷壁管自由膨胀的下端应留有足够的自由空间，并采取措施防止异物进入，以免管子膨胀受到顶或卡而使其破坏。

应注意加强金属监督工作，防止错用或选用不合格的管材。在制造和安装、检修时应严把质量关，尤其应保证焊接质量符合要求，确保水冷壁管运行的安全。

八、660MW锅炉水冷壁管的损坏现象及处理

1. 现象

(1) 四管泄漏检测装置报警。

(2) 给水流量不正常地大于蒸汽流量，机组负荷降低。

(3) 炉膛压力不正常地波动。炉膛不严密处有烟灰喷出，引风机电流增大，静叶开度增大。

(4) 炉膛内有泄漏声，管子爆破时有明显响声。四管泄漏仪报警。

(5) 泄漏严重时，锅炉燃烧不稳或造成熄火。

(6) 泄漏点后沿程壁温升高。

(7) 水冷壁严重泄漏可能造成燃烧不稳，电除尘器工作不正常，特别严重时可能造成炉膛灭火。

2. 原因

(1) 给水品质长期不合格，管内产生结垢、腐蚀。

(2) 材质不良或安装质量差，水冷壁膨胀不畅引起拉裂。

(3) 吹灰器喷嘴安装不正确，吹损管壁。

(4) 水冷壁管内部杂物堵塞、水动力工况不正常等原因造成管内质量流量低。

(5) 操作不当，锅炉经常超压导致管材应力疲劳。

(6) 机组长期运行，管材磨损老化。

(7) 煤粉冲刷，外壁磨损。

(8) 炉膛上部焦块坠落砸坏水冷壁。

(9) 炉膛热负荷较高区域管壁超温。

3. 处理

水冷壁泄漏不严重，能维持运行时，应采取降压降负荷措施，并注意监视各受热面沿程温度和水冷壁金属温度，密切注意损坏部位发展趋势，做好事故预想，向调度汇报，等待调度停炉处理。

若泄漏严重，爆破点后金属温度急剧升高或管间温度偏差超过允许值、无法维持正常运行时，应立即紧急停炉。

确认爆管后，应加强检查尾部烟道和预热器烟温变化情况。注意引风机振动、出力变化情况。

注意电除尘的工作情况，加强巡视检查，防止电除尘电极积灰和灰斗、管道及预热器等堵灰。

停炉后保留引风机运行，维持正常炉膛压力，停止向电除尘器供电，防止电极积灰，将灰斗内存灰放尽，以防堵灰。待炉膛不向外冒汽水时即可停用引风机。

第五节 锅炉汽温异常

锅炉运行过程中，过热汽温和再热汽温过高，将引起过热器、再热器以及汽轮机汽缸、转子、隔板等金属温度超限，强度降低，最终导致设备的损坏。因此锅炉运行中应防止高汽温事故的发生，一旦发生，应立即处理，尽快使其恢复正常。

而锅炉出口汽温过低除了影响机组热效率外，还将使汽轮机末级蒸汽湿度过大，严重时还有可能产生水击，以致造成汽轮机叶片断裂的损坏事故。汽温突降时，除对锅炉各受热面的焊口及连接部分将产生较大的热应力外，还有可能使汽轮机的差胀出现负值，严重时甚至可能发生叶轮与隔板的动静摩擦而造成汽轮机的剧烈振动或设备损坏。从某种意义上来讲，汽温过低如处理不好，对设备造成的危害将更大，因此必须引起每个运行人员的足够重视。

一、直流锅炉过热汽温过高

1. 直流锅炉过热汽温过高的主要原因

(1) 燃料与给水的比例失调，给水量偏小或燃料量偏大，其中包括燃料量数值虽未变化，但由于燃料品质变化所造成的实际发热量增加等。

(2) 由于炉内燃烧工况变化、火焰中心升高、风量增加、水冷壁结焦严重或低温过热器侧调温挡板开大等造成的过热器受热面对流传热增强或过热器处可燃物再燃烧。

(3) 给水温度升高或主蒸汽压力大幅度升高。减温水系统故障或汽温自动失灵造成的减温水量不正常减少。

（4）过热器受热面泄漏爆管或进口处安全门起座，造成过热器内蒸汽通流量减少。

2. 直流锅炉过热汽温过高的常见现象

主蒸汽温度指示值达到或超过高限并报警。

如因燃料与给水的比例失调引起时，锅炉各段汽温均将升高。严重时，水冷壁管屏温度将越限报警。汽温自动时，减温水调节门开度将自行增大。

发生火焰中心上移、水冷壁结焦严重或风量增加时，炉膛辐射传热减少，烟道内对流受热面传热将增加。给水自动投入时，水冷壁及包覆出口温度将不变，给水流量有所下降，过热器各段烟温、汽温均上升，减温水量明显增加。给水手操运行时，如给水流量不变，则将引起水冷壁出口及包覆出口温度下降，过热器各段烟温上升，主蒸汽温度将出现瞬时升高的现象（如维持工况不变，由于包覆出口温度降低，经数分钟后主蒸汽温度将下降至原值左右）。

在给水手操运行时如发生给水温度突升，则锅炉各段汽温均将上升。当减温水量减少时，减温后温度将明显上升。

如因受热面泄漏、爆管引起时，两侧烟温差、汽温差增大，故障点后各段工质温度上升、烟温降低。过热器进口安全门起座时现场可听到排汽声，安全门后受热面的工质温度急剧升高，再热汽温也因再热器内蒸汽通流量减少而升高，主蒸汽及再热蒸汽压力将大幅度下降，给水压力将由于汽动给水泵进汽压力降低而造成下降。

当发生过热器处可燃物再燃烧时，故障点后烟温及工质温度将不正常地升高，烟道及炉膛负压剧烈变化，烟囱冒黑烟，从引风机轴封和烟道不严密处将向外冒烟或喷出火星。

3. 直流锅炉过热汽温过高的处理

如因自动装置失灵造成过热汽温过高时，应立即将该自动切至手操进行控制。迅速调整燃料与给水的比例：减少燃料量或增加给水量；开大减温水调节门，必要时可适当降低过热汽压或提高给水压力，设法增加减温水量，尽快将过热汽温恢复至正常范围。

找出汽温过高的根本原因，除按上述要求处理外，还应按各自不同的情况分别作相应的处理：

（1）如因燃烧工况变化或炉膛火焰中心上移引起过热汽温过高时，还应立即进行燃烧调整，设法降低炉膛火焰中心，如合理调整炉膛负压及燃烧器的配风，降低上层燃烧器的负荷和增加下层燃烧器的负荷，将燃烧器摆角适当下调，检查并恢复炉底水封正常等。因风量增加引起时，应立即减少风量，维持炉膛的氧量正常。

（2）如因水冷壁严重结焦引起时，还应组织对水冷壁进行吹灰，吹灰时应做好对汽温的调整工作。

（3）凡因主蒸汽压力升高、包覆安全门起座、受热面损坏、给水温度升高、可燃物在烟道内再燃烧等原因造成过热汽温过高时，除按汽温过高处理外，还应按各自不同的要求进行处理。

发生过热汽温超限时，如经采取上述降温措施后短时间内尚不能回复正常，必要时可开启高、低压旁路阀或过热器向空排汽阀，适当降低过热汽压，以增加过热器的通流量。但进行该项操作时应注意防止再热汽温升高和机组负荷下降过多，以免造成不必要的事故扩大。

如因汽温超限或两侧偏差达到限值造成汽轮机事故停机时，应按紧急停炉处理。因此锅炉运行人员应同时熟知汽轮机汽温高、低和两侧偏差值的运行限额。

二、锅炉再热汽温过高

1. 锅炉再热汽温过高的主要原因

一般情况下，再热器都是作为对流受热面布置在炉内的；因此，如炉内燃烧工况变化、锅炉热负荷升高、炉膛火焰中心上移、风量增加、水冷壁严重结焦、再热器侧烟气调温挡板开大、燃烧器摆角过高及再热器处发生可燃物再燃烧等情况时，均将造成再热器受热面的传热增强而使再热汽温升高。

由于过热器系统的安全门、向空排汽及过热器出口通向凝汽器的大旁路等开启，或再热器进口安全门起座、高压缸排汽逆止门或中压缸联合汽门故障关闭、再热器受热面泄漏或爆破、汽轮机一、二级抽汽量突然增大等，均将造成再热器受热面内蒸汽通流量的减少，如其他工况不变则将造成再热汽温升高。

对于定压运行的机组，高压缸排汽温度不但与主蒸汽温度及高压缸的效率有关，而且还将随着负荷的增加有较明显的上升。在其他工况不变的情况下，高压缸排汽温度越高即再热器进口温度越高，则再热器出口温度也必将越高。此外，再热器系统的减温水量减少、高压旁路阀打开后高压旁路出口温度控制过高等，均将造成再热汽温升高。

2. 再热汽温过高的处理

发生再热汽温过高时，应迅速查明原因，如因自动装置失灵造成，应立即将该自动切至手操运行。

迅速开大再热减温调节门，必要时还可提高再热减温水压力和开启再热器事故减温水门，关小高汽温侧的再热器调温挡板（为了保证必须的烟气通流截面，在关小再热器烟气调温挡板的同时应相应开大低过侧的烟气调温挡板）。如风量偏大造成时应立即减少风量，必要时还可采用适当降低负荷和主蒸汽温度等方法使再热汽温尽快恢复至正常范围。

如因燃烧工况变化或炉膛火焰中心上移引起，应立即组织燃烧调整，设法降低炉膛火焰中心，方法同过热汽温过高的有关处理。如因水冷壁严重结焦引起，还应组织对水冷壁进行吹灰，吹灰时应做好汽温的调整工作。

如因某侧高压缸排汽逆止门或中压缸联合汽门关闭造成，由于再热器两侧蒸汽流量发生很大的偏差，必将造成流量减少侧的再热汽温急剧升高而另一侧大幅度下降，再热汽温两侧偏差增大。此时，应采取一切手段将高汽温侧的再热汽温设法降低，如开大减温水，关小调温挡板等，必要时还可开启该侧的低压旁路或向空排汽阀，以增加该侧再热器的通流量。与此同时，按再热汽温过低的处理要求尽快提高低汽温侧的再热汽温，以缩小再热汽温的两侧偏差。当汽温或两侧偏差达到限值造成汽轮机事故停机时，锅炉应按紧急停炉进行处理。

凡因安全门起座、过热器向空排汽阀打开、再热器受热面损坏、可燃物在再热器处发生再燃烧等原因造成时，除按再热汽温过高处理外，还应按各事故不同的要求进行处理。

三、直流锅炉过热汽温过低

1. 直流锅炉过热汽温过低的主要原因

燃料与给水的比例失调，给水量偏大或燃料量偏小，其中包括燃料量数值虽未变化，但由于燃料品质变化所造成的实际发热量减少等。

燃烧工况恶化、部分燃烧器熄火、炉膛火焰中心下移、风量减少、过热器受热面严重积灰或结焦、低过侧烟气调温挡板关小等造成的过热器受热面对流传热减弱。

给水温度降低、主蒸汽压力大幅度下降、减温水压力升高或减温自动失灵造成的减温水量不正常地增大。

启动初期低温过热器出口止回阀泄漏、启动分离器满水或切除启动分离器时操作不当，也将造成部分汽水混合物直接进入过热器而使过热汽温降低。

2. 直流锅炉过热汽温过低的常见现象

主蒸汽温度指示值达到或低于低限并报警，严重时蒸汽管道发生水冲击现象。

如因燃料与给水的比例失调引起过热汽温过低时，锅炉各段汽温均将下降。汽温自动运行时，减温水调节门开度将自行关小。

如因燃料品质变化导致发热量降低引起时，在锅炉总风量不变的情况下，炉膛出口氧量将自行增大。

发生火焰中心下移或风量减少时，炉膛辐射传热增加，烟道内对流受热面传热将减少。给水自动投入时，水冷壁及包覆出口温度将不变，给水流量有所上升，过热器各段烟温及汽温均下降，减温水量将明显减少。给水手操运行时，如给水流量不变，将引起水冷壁及包覆出口汽温上升，过热器各段烟温下降，过热汽温将出现瞬时下降而后逐渐回升至原值左右的现象。风量减少时，还可从炉膛出口氧量降低及总风量指示值下降等方面进行判断。由过热器受热面积灰或结焦引起时，工质在过热器内的温升（或焓增）将减少，过热器后各段烟温上升，过热器区段内烟阻增加。

3. 直流锅炉过热汽温过低的处理

如因自动装置失灵造成过热汽温过低，应立即将该自动装置切至手操运行。及时调整燃料与给水的比例：增加燃料量或减少给水量。适当提高过热汽压或降低减温水压力，关小减温水调节门或关闭减温水隔绝门。必要时还可开启低汽温侧的过热器有关疏水，尽快将过热汽温恢复至正常范围。

找出汽温过低的根本原因，除按上述要求处理外，还应按不同的情况作相应的处理：

（1）如因燃烧工况变化引起汽温过低，应立即进行燃烧调整，设法提高炉膛火焰中心，如合理调整燃烧器配风、增加上层燃烧器的负荷和降低下层燃烧器的负荷、将燃烧器摆角适当上调等，必要时还可增设燃烧器以提高炉膛热负荷和热负荷分布的均匀性。如因风量偏小造成，应立即增加风量，维持炉膛出口氧量及锅炉燃烧装置工况正常。发生锅炉燃烧不稳时，应立即投入助燃装置，并立即切断所有进入炉膛的燃料，按熄火事故作紧急停炉处理。

（2）如因给水温度突降造成过热汽温过低，还应按给水温度突降的有关要求进行处理。

（3）如因过热器受热面严重积灰或结焦引起，应对过热器进行吹灰，吹灰过程中应及时做好汽温上升的调整工作。

当过热汽温低至汽轮机规定的减负荷值时，应按汽轮机规定的要求进行减负荷。如因汽温过低或两侧偏差达到限值造成汽轮机事故停机时，锅炉应按紧急停炉进行处理。

启动初期发生启动分离器满水时，应立即开启启动分离器的排水门，迅速将启动分离器水位降至正常范围。如因低过出口截止阀泄漏或切除启动分离器操作不当引起汽温下降，应立即开启低过出口截止阀后疏水以降低过热器的通流量，关小减温水，适当增加燃料量，维持过热汽温正常。如在切分过程中发生，必要时还应恢复由启动分离器供汽的方式，待汽温恢复正常并具备切分条件后再进行切分操作。

四、锅炉再热汽温过低

1. 锅炉再热汽温过低的主要原因

锅炉再热器受热面的传热减弱、再热器内蒸汽通流量的增加以及低温再热器进口温度的下降或再热减温水流量的增加，是造成再热汽温下降或过低的主要原因。

当炉内燃烧工况变差、锅炉热负荷下降、炉膛火焰中心下移、风量减小、再热器受热面严重积灰或结焦、再热器侧烟气调温挡板关小等，均将造成再热器受热面的对流传热减弱而使再热汽温下降。

当某侧高压缸排汽逆止门或中压缸联合汽门故障关闭时，将造成另一侧再热器内蒸汽流量突增。汽轮机一、二级抽汽量如发生突然减少（如高压加热器停用）或低压旁路阀打开等，也将造成再热器内蒸汽流量的增加。

当高压旁路阀打开后高旁后温度控制过低、再热器事故减温误开、或定压运行的机组负荷发生较大幅度的降低时，均将造成再热器进口温度的下降。如其他工况不变，则将造成再热器出口温度的下降。

由于再热器压力突降、再热减温水母管压力上升、再热减温水调节门开大等，均将造成再热减温水流量增加，而使再热汽温下降。

2. 再热汽温过低的处理

发生再热汽温过低时应迅速查明原因，如因自动装置失灵造成，应立即将该自动切至手操运行。

迅速关小再热减温调节门，必要时还应关闭再热减温及事故减温隔绝门，开大低汽温侧的再热器烟气调温挡板，相应关小低压过热器侧的烟气调温挡板。如因风量偏小造成，应立即增加风量，维持炉膛出口氧量及锅炉燃烧工况正常。必要时，还可开启低汽温侧的再热器有关疏水，尽快将再热汽温恢复至正常范围。

如因燃烧工况变化或炉膛火焰中心下移引起，应立即组织燃烧调整，设法提高炉膛火焰中心，稳定燃烧工况。必要时还可适当增加负荷以增强燃烧强度，方法同过热汽温过低中的有关处理。

如因再热器受热面严重积灰或结焦引起，应对再热器受热面进行吹灰，吹灰过程中应做好对汽温的调整工作。

由于低压旁路阀打开造成再热器压力降低时，将造成再热器内蒸汽流量和再热减温水量增加，此时除按再热汽温过低处理外还应立即设法关闭低压旁路阀。

当某侧高压缸排汽逆止门或中压缸联合汽门关闭时，由于再热器两侧蒸汽流量发生很大的偏差，必将造成流量增加侧的再热汽温急剧下降而另一侧大幅度上升，再热汽温两侧偏差增大。此时应采取一切手段提高低汽温侧的再热汽温，如关闭减温水、开大烟气调温挡板、开启相应的疏水门等，与此同时，按再热汽温过高的处理要求尽快降低高汽温侧的再热汽温，以缩小再热汽温的两侧偏差。当由于汽温过低或两侧偏差达到限值造成汽轮机事故停机时，锅炉应按紧急停炉进行处理。

五、660MW 锅炉汽温异常的现象、原因及处理

1. 主蒸汽温度高

（1）现象：

1）主蒸汽温度高超限（611℃）并报警。

2）过热器各段汽温不正常地升高。

3）一、二、三级减温水调节门全开。

4）若受热面泄漏或爆破，则爆破点前各段工质温度下降，爆破点后各段工质温度升高。

5）若安全门起座，则有排汽声。

(2) 原因：

1）燃料与给水比例失调，燃料量偏大或给水量偏小。

2）过热器处发生可燃物再燃烧。

3）主蒸汽压力大幅度升高。

4）燃料结构或燃烧工况变化。

5）炉膛火焰中心抬高。

6）炉膛严重结焦或积灰。

7）过热器吹灰。

8）过热器受热面泄漏、爆破或锅炉受热面进口安全门起座。

9）给水温度升高或风量过大。

10）低过侧烟气调温挡板不正常地开大。

11）一、二、三级减温水系统故障或自动失灵，使减温水流量不正常减少。

(3) 处理：

1）自动动作不正常时，应立即将其切至手动，手操调节使之恢复正常。

2）设法增大减温水量。

3）适当减少燃料量或增加给水流量，及时调整风量。进行燃烧调整，设法降低炉膛火焰中心高度。

4）如系主蒸汽压力突升引起，应迅速查明原因，恢复主蒸汽压力正常。

5）当发生受热面泄漏、爆破或烟道内可燃物再燃烧，除按汽温过高处理外，还应分别按相应规定处理。

6）顶进安起座，应立即降压或设法使其回座，减少对汽温的影响。

7）经采取上述降温措施后，如主蒸汽温度继续升高至611℃时，应适当降低机组负荷，必要时调节开启高压旁路和低压旁路或主汽释放阀，以减少对汽轮机的影响，但应注意防止再热汽温超限和机组功率下降太多。

2. 主蒸汽温度低

(1) 现象：

1）主蒸汽温度低超限（585℃）并报警。

2）一、二、三级减温水调节门全关。

3）各段工质温度下降，严重时蒸汽管道发生水冲击现象。

(2) 原因：

1）燃料与给水比例失调，燃料量偏小或给水量偏大。

2）炉膛结焦和积灰严重的情况下进行吹灰。

3）减温水系统故障或自动失灵，使减温水流量不正常地增大。

4）主蒸汽压力大幅度降低。

5）燃料结构或燃烧工况变化。

6）炉膛火焰中心下移。

7）过热器结灰、结焦严重。

8）锅炉熄火。

9）给水温度降低或风量减少。

10）低过侧烟气调温挡板不正常地关小。

11）一、二、三级减温水系统故障或自动失灵，使减温水流量不正常增大。

（3）处理：

1）自动动作不正常时，应立即将其切至手动，手操调节使之恢复正常。

2）减少减温水量，必要时关闭减温水隔绝门。

3）适当增加燃料量或减少给水流量，及时调整风量，必要时可适当提高过量空气系数。进行燃烧调整，设法提高炉膛火焰中心高度，过热器结灰、结渣严重时加强吹灰。

4）如系主蒸汽压力突降引起，应迅速查明原因，恢复主蒸汽压力正常。

5）如因锅炉熄火造成低汽温时，则应按锅炉熄火进行处理。

6）当汽轮机主汽门前汽温低于一定数值时，将由于紧急停机而联跳锅炉。

3. 再热蒸汽温度过高

（1）现象：

1）再热蒸汽温度高（611℃）报警。

2）烟气调节挡板和再热减温水全开。

3）若受热面泄漏或爆破，则爆破点前各段工质温度下降，爆破点后各段工质温度升高。

4）若再热器进口安全门起座，则有排汽声。

5）中压主汽门或高排止回门故障时，流量减少侧再热汽温升高。

（2）原因：

1）再热减温或烟气调温挡板自动失灵，造成再热减温水量减少或低温再热器侧烟气量过大。

2）风量过大。

3）燃料结构或燃烧工况变化。

4）炉膛火焰中心抬高。

5）炉膛、过热器严重结焦或积灰。

6）再热器吹灰。

7）再热器受热面泄漏、爆破或顶进安起座。

8）过热器出口安全门起座或过热器排汽开启。

9）给水温度升高或风量过大。

10）低压过热器侧烟气调温挡板不正常地开大。

11）主蒸汽温度过高。

12）烟气挡板或再热减温水阀门故障。

13）喷燃器损坏、风门挡板损坏或炉膛配风不合理。

（3）处理：

1）再热减温或烟气调温挡板自动动作不正常时，应立即将其切至手动，手操调节使之恢复正常。

2）当低温再热器进口温度达385℃时，应立即开启并调节再热减温水，使之恢复正常。

3）及时调整风量，进行燃烧调整，设法降低炉膛火焰中心高度，必要时适当降低主蒸汽温度。

4）如过热器排汽开启，再热器受热面泄漏、爆破或再热器处发生可燃物再燃烧，造成再热蒸汽温度升高时，除迅速采取降温措施外，还应分别按相应规定进行处理。

5）若再热器进口安全门起座，应立即降压或设法使其回座，减少对汽温的影响。

6）烟气挡板或再热减温水门故障时，应将再热蒸汽温度自动切换为手动，并适当降低再热蒸汽温度运行。适当降低升、降负荷速度，防止再热蒸汽超温。及时对故障的烟气挡板、减温水阀门进行检修处理。

7）喷燃器损坏、风门挡板损坏或炉膛配风不合理时，应及时对损坏的喷燃器和风门挡板进行处理，故障设备未处理完之前应适当降低再热蒸汽温度运行，适当降低升、降负荷速度，防止再热蒸汽超温。

8）配风不合理时，应对炉膛配风进行调整。

9）经采取上述降温措施后，如再热蒸汽温度继续升高至608℃时，适当降低锅炉负荷，必要时开启低压旁路，以减少对汽轮机的影响。

4. 再热蒸汽温度过低

（1）现象：

1）再热蒸汽温度低（583℃）报警。

2）烟气调节挡板和再热减温水全关。

3）再热器系统各点温度下降，严重时蒸汽管道发生水冲击现象。

4）中压主汽门或高排止回门故障时，流量增加侧再热汽温降低。

（2）原因：

1）再热减温或烟气调温挡板自动失灵，造成再热减温水量减小或低压再热器侧烟气量过小。

2）风量过小。

3）燃料结构或燃烧工况变化。

4）炉膛火焰中心降低。

5）锅炉熄火。

6）再热器严重结焦或积灰。

7）中压主汽门或高排止回门故障。

8）主蒸汽温度过低。

9）烟气挡板或再热减温水阀门故障。

10）喷燃器损坏、风门挡板损坏或炉膛配风不合理。

(3) 处理：

1) 再热减温或烟气调温挡板自动动作不正常时，应立即将其切至手动，手操调节使之恢复正常。

2) 减少再热减温水量，必要时关闭减温水隔绝门。

3) 当低温再热器进口温度低于363℃时，应立即关闭并调节再热减温水，使之恢复正常。

4) 及时调整风量，必要时可适当提高过量空气系数。进行燃烧调整，设法提高炉膛火焰中心高度，必要时对再热器进行吹灰，适当提高主蒸汽温度。

5) 如因锅炉熄火造成低汽温时，则按锅炉熄火进行处理。

5. 锅炉汽水分离器出口温度高

(1) 现象：

1) 锅炉汽水分离器出口温度高（455℃）并报警。

2) 汽水分离器出口温度高于保护动作值，MFT保护动作。

(2) 原因：

1) 自动运行不正常，手动调整不及时造成水煤比严重失调。

2) 给水泵跳闸或其他原因造成RB，控制系统自动跟踪不好或手动调整不好造成水煤比严重失调。

3) 机组升、降负荷速度过快，协调跟踪不良或手动调整不好。

4) 投入油枪数量过多、过快。

5) 煤质严重偏离设计值，燃烧系统非正常工况运行。

(3) 处理：

1) 若机组协调故障造成水煤比失调，应立即切至手动，根据汽水分离器温度上升速度和当前需求负荷，迅速降低燃料量或增加给水量。为防止加剧系统扰动，当水煤比失调后应尽量避免煤和水同时调整，水煤比调整相对稳定后再进一步调整负荷。

2) 给水泵跳闸或其他原因造成RB，控制系统工作在协调状态工作不正常，造成分离器温度高时，应立即解除协调，迅速将燃料量降低至RB要求值，待分离器温度开始降低时再逐渐减少给水流量至燃料对应值。

3) 机组升、降负荷速度过快时，应适当将升、降负荷速度降低。在手动情况下升、降负荷时，为防止分离器温度高，应注意监视分离器温度变化并控制燃料投入和降低的速度。大范围升、降应分阶段进行调整，当一个阶段调整结束，受热面和分离器温度相对稳定后再进行下一步的调整。

4) 当锅炉启动过程中或制粉系统跳闸等原因需要投入油枪时，应注意油枪投入的速度不能过快，防止分离器温度高。

5) 煤质严重偏离设计值、燃烧系统非正常工况运行等原因，造成炉膛辐射传热和对流传热比例发生变化，超出协调系统设计适应范围时，可对给水控制系统的中间点温度进行修正或将给水控制切为手动控制。当煤质严重偏离设计值时，应制定相应的措施，及早恢复制粉系统正常工况运行。

第六节 锅炉汽压异常

一、锅炉过热汽压过高的原因

锅炉出口蒸发量大于外界用户所需的汽量时造成的供需不平衡，是引起锅炉汽压过高的根本原因。造成这种供大于需的主要原因，有以下两个方面：

1. 外界负荷突降

所谓外界负荷突降，一般应包括由于电网系统故障、馈线故障、发电机故障或汽轮机故障所造成的骤减负荷，以及汽轮机高压加热器紧急停用造成抽汽消耗量骤减、汽轮机调速系统故障或机跟炉方式下汽压自动失灵造成调节门突然关小等引起的外界所需蒸汽流量突然减少。

2. 直流锅炉给水流量突升

由于工质在直流锅炉中是一次流经各受热面完成加热、蒸发、过热各过程的，因而在稳定工况下如不计及减温水流量，则直流锅炉的主蒸汽流量就等于给水流量。当发生给水自动调节失灵、锅炉给水泵转速突升、备用给水泵自启动等情况时，均将造成给水压力突升和给水流量的大幅度增加。

机组在炉跟机方式下运行时，如汽压自动失灵、燃料和给水大幅度增加，也将造成锅炉过热汽压过高的现象。

主蒸汽压力指示值越高限并报警，严重时高、低压旁路阀或锅炉向空排汽阀将自动打开，过热器安全门起座。

由于机组负荷突降引起汽压过高时，还将使功率指示下降、主蒸汽流量和给水流量下降、各段工质温度升高。

由于高压加热器紧急停用造成汽压过高时，功率、主蒸汽流量均有可能上升，再热器压力升高，再热器安全门或低压旁路阀可能打开。

如发生机组负荷大幅度下降、主蒸汽压力突升时，还将出现汽轮机各级抽汽压力降低，汽动给水泵出力下降的现象，从而使锅炉给水母管压力下降。

直流锅炉由于给水流量增加引起汽压过高时，机组功率及主蒸汽流量将不会发生下降，但各段工质温度将下降。

由于燃烧工况突变引起汽压过高时，若给水为自动方式运行，则锅炉的给水调节门开度或给水泵转速将自动开大或上升；若给水为手操方式运行时，则给水流量下降；手动控制风量时，炉膛出口氧量将下降，各段工质温度及烟气温度将升高。

二、锅炉过热汽压过高的处理

发生锅炉汽压过高时应立即查明原因，分情况进行处理：

（1）如因某自动装置失灵造成过热汽压过高时，应立即将自动装置切至手操，手动恢复锅炉各参数正常。

（2）如因电网系统或馈线故障引起汽压过高，但机组功率尚未到零时，应立即降低锅炉负荷，必要时开启高、低压旁路和过热器向空排汽阀，迅速降低过热汽压至正常值。

（3）如因调节门误关造成汽压过高时，应立即设法开大调节门，恢复过热汽压正常，而不应采用骤减负荷的方法，以免造成事故扩大。

（4）高压加热器紧急停用造成过热汽压过高时，如机组尚可增加负荷，应立即开大调节门降压；如机组负荷已达到或超过额定值，应立即采用减负荷的方法进行降压。

（5）事故发生时，如果向空排汽阀已打开或安全门已起座，在过热汽压降至正常值后应立即设法使其回复。直流锅炉包覆安全门或汽包炉汽包安全门起座时，还将由于过热器通流量减少而造成主蒸汽温度升高，这时应立即打开高、低压旁路阀或向空排汽阀，必要时手操起座过热器出口安全门，或进行必要的减负荷，以便及时增加过热器的蒸汽通流量，并尽快使起座的安全门回座。当汽温变化异常时还应根据汽温事故的有关要求处理。

（6）处理过热汽压过高时，应避免盲目采用开大调节门加负荷的处理方法，因为如遇电网或馈线故障、汽轮机或发电机故障时，机组本身不允许再增加负荷；再则盲目开调节门，还有可能造成汽轮发电机组过负荷及再热器超压。因此，应针对事故的起因，采用相应的处理方法。在降压处理过程中，还应防止过调造成主蒸汽压力过低而影响直流锅炉的水动力工况。

（7）事故处理过程中，如发生高、低压旁路阀或过热器向空排汽阀打开后无法关闭或安全门起座后无法回座时，应汇报总工程师申请停炉处理。

三、再热器压力过高的原因及处理

锅炉再热器压力发生超限往往是由于机组负荷突升并超限或汽轮机一、二级抽汽量减少（如高压加热器停用等），使高压缸排汽量增加造成的。此外，如发生汽轮机中压缸联合汽门故障关闭，也将造成再热器压力升高。

如因机组负荷超限、高压加热器紧急停用造成再热器压力过高时，应通过降低机组负荷使再热器压力恢复正常。

正常运行中，如发生某联合汽门关闭，不但再热器压力将升高，还将造成再热器两侧蒸汽流量偏差，最终必将导致再热汽温的两侧偏差。此时可通过降低机组负荷、开启流量降低侧的低压旁路来降低再热器压力；同时还应按再热汽温异常的处理方法和要求，将再热汽温及两侧偏差控制在正常范围内。

事故发生时，如再热器进口安全门起座，则将由于再热器内蒸汽通流量减少而造成再热汽温升高。此时，一方面应迅速采取降低再热器压力的措施（如降低机组负荷、开启低压旁路阀等）使安全门尽快回座，另一方面还应按再热汽温过高的处理要求进行处理。如发生再热器出口安全门起座时，则因再热器内蒸汽流量增加而造成再热汽温下降，此时除应迅速采取降低再热器压力的措施使起座的安全门尽快回座外，还应按再热汽温过低的处理要求进行处理。

四、660MW锅炉汽压异常的原因、现象及处理

1. 锅炉主蒸汽压力异常

（1）现象：

1）主蒸汽压力偏离当前负荷对应的正常值。

2）主蒸汽沿程温度可能异常。

3）机组负荷可能降低。

4）主蒸汽安全门可能动作。

5）主蒸汽安全门、旁路就地有泄漏声，旁路减温器后温度高或旁路减温水门开启。

6）四管泄漏监测装置报警，就地可能听到泄漏声。

7）主蒸汽流量可能不正常低于给水流量。

（2）原因：

1）主蒸汽安全门误动或严重内漏造成主蒸汽压力低。

2）旁路误开或严重内漏造成主蒸汽压力低。

3）高压自动主汽门或高压调节门故障不正常开大或关小。

4）主蒸汽系统严重泄漏。

5）给水控制或燃料控制出现异常，水煤比可能出现较大偏差。

（3）处理：

1）主蒸汽安全门误动时，应立即进行手动强制回座。

2）如主蒸汽安全门就地强制回座无效或严重内漏无法恢复正常，应申请停炉处理。

3）旁路误开造成主蒸汽压力低时，应立即进行手动关闭，手动关闭无效时应就地强制关闭后查找原因并进行处理。

4）如果旁路就地强制关闭无效而且内漏严重无法处理，应申请停炉处理。

5）如高压自动主汽门或高压调节门因故障不正常开大或关小，应联系检修进行处理；若经处理仍不能恢复正常，主蒸汽压力高影响机组正常带负荷或可能在额定负荷时造成主蒸汽安全门动作，应减少给水量和燃料量降压运行。

6）主蒸汽系统严重泄漏时按“过热器损坏”进行处理。

7）主蒸汽压力达到29.04MPa，保护不动作时，锅炉应手动MFT。

2. 再热蒸汽压力异常

（1）现象：

1）再热蒸汽压力偏离当前负荷对应的正常值。

2）再热蒸汽沿程温度可能异常。

3）机组负荷可能突变。

4）再热蒸汽安全门可能动作。

5）四管泄漏监测装置报警，就地可能听到泄漏声。

（2）原因：

1）机组超负荷运行，导致再热蒸汽压力高。

2）再热器安全门误动或内漏造成再热蒸汽压力低。

3）中压主汽门、调速汽门故障造成再热蒸汽压力高。

4）再热蒸汽系统严重泄漏。

5）抽汽系统异常。

（3）处理：

1）调整燃料量和给水量，机组负荷降至正常范围。

2）再热器安全门误动时应立即进行手动强制回座。

3）如果再热器安全门强制回座无效或严重内漏无法恢复正常，应申请停炉处理。

4）中压主汽门、调速汽门故障应联系检修处理，若经处理仍不能恢复正常，应申请停炉处理。

5）再热系统严重泄漏时按“再热器损坏”进行处理。

6）若抽汽系统异常，应查明原因并进行处理。

第七节 锅炉熄火及防爆

一、锅炉防爆与锅炉熄火处理的关系

锅炉运行中发生全熄火或部分熄火，一旦处理不当将引起炉膛爆炸，造成锅炉设备的严重损坏和人身伤害，危害极大。因此，为了防止锅炉发生爆炸，必须首先防止锅炉熄火；其次还应充分发挥计算机保护系统的作用和制订合理的锅炉熄火处理方法，以便杜绝锅炉熄火后由于处理不当而造成的爆炸事故。

当炉膛内的放热小于散热时，炉膛的燃烧将要向减弱的方向发展，如果此差值很大，炉膛内燃烧反应就会急剧下降，当达到最低极限时就会出现灭火。目前，一般机组的锅炉均为平衡通风，在正常工作时，引风机与送风机协调工作维持炉内压力略低于大气压，一旦锅炉突然灭火，炉内烟气的平均温度在2s内从1200℃以上降到400℃以下，将造成炉内压力急剧下降，使炉墙受到由外向内的挤压而损伤，这种现象称为内爆。如果燃料在炉内大量积聚，经加热点燃后出现同时燃烧，炉内烟温瞬时升高，引起炉内压力急剧增高，使炉墙受到由内向外的推力损伤，这种现象称为爆炸或外爆，俗称放炮和打炮。

锅炉发生灭火爆炸时，对炉膛产生的危害性最大，可造成整个炉膛倾斜扭曲，炉墙拉裂，轻者也会减少炉膛寿命；其次对结构较弱的烟道也可能造成损坏。一般来说，锅炉容量越大，事故造成的危害也越大。

锅炉的灭火和爆炸是两种截然不同的燃烧现象。炉膛发生灭火时，只要处理恰当，一般不会发生爆炸。但是，如果炉膛发生灭火时，一般情况下从发生炉膛全熄火到切断进入炉膛的所有燃料，总有一定的滞后时间，或者切断不严仍有燃料漏入炉膛，或者多次点火失败，使得炉内积存大量燃料，而在点火前又未将积存的燃料清扫干净，此时炉内出现火源或重新点火，就可能发生锅炉爆炸事故。因此从防爆的角度出发，对于锅炉熄火的处理，不仅是指发生锅炉全熄火时的处理，还应包括对锅炉全熄火的前期处理，如发生临界火焰、角熄火时的处理等。

二、造成锅炉熄火的主要原因及预防措施

1．燃煤质量太差或煤种突变

燃煤水分和杂质过多，易出现堵煤，造成燃料供应不足或中断，引起熄火。煤种突变，如挥发分减少，水分和灰分增多，则燃料的着火热增加，着火延迟或困难，如跟不上火焰扩散速度就发生熄火。煤粉过粗则着火困难，也可能引起熄火。因此，燃烧劣质煤时必须采取相应的措施，如提高煤粉干燥程度和细度，定期将燃煤工业分析的结果及时通知运行人员，以便及时做好燃烧调节工作等。

2．炉膛温度低

炉膛温度低时容易造成燃烧不稳或熄火。燃用多灰分、高水分的煤，送入炉内的过量空气过大或炉膛漏风增大等都不利于燃烧，并且会导致散热增加，使炉温下降。低负荷运行

时，炉膛热强度降低，炉温降低，而且炉内温度场的不均匀性增加，因此，低负荷时燃烧不稳定。开启放灰门或其他门孔时间过长使漏风增大，都会引起炉温降低。这些情况均可能造成炉膛熄火。

要提高炉膛温度，首先要保证着火迅速，燃烧稳定。为此，在运行中应关闭炉膛周围所有的门孔，在除灰和打渣时速度应快，时间不能过长，以减少漏风。在吹灰打渣时，可适当减少送风量，若发现燃烧不稳定，应暂时停止吹灰和打渣。锅炉运行时，炉胜负压不能太大，避免增大漏风。保证检修质量，维持炉子的密封性能。在锅炉低负荷火焰不稳定时，可投入油喷嘴运行以稳定火焰。如果锅炉正常运行时炉温过低，可适当增设卫燃带，减少散热，以提高炉膛温度。

3. 燃烧调整不当

一次风速过高可导致燃烧器根部托火，一次风速过低可导致风道堵塞，这两种情况都会造成熄火。一次风率的大小及过量空气的多少，也会影响到燃烧火焰的稳定性。同时，二次风和分级风的多少、旋流强度的大小都会影响到火焰的稳定。所以，应根据煤种和运行负荷的情况，正确调整好燃烧工况，防止熄火。

4. 机械设备故障

由于锅炉设有自动控制联锁系统，所以，当引风机、送风机、一次风机、制粉系统发生故障时或电源中断，制粉系统中的给煤机、磨煤机、分离器等设备发生故障时，都会造成燃料供应中断，引起锅炉熄火。

5. 其他原因

水冷壁发生严重泄漏，大量汽水喷出，可能将炉膛火焰扑灭；炉膛上部巨大的结渣落下，也可能将炉膛火焰压灭。所以，应及时打渣和预防结渣，防止大渣块的形成。

此外，火焰检测器探头积灰、炉膛火焰中心严重偏移、炉膛内大量灰渣或焦渣塌落等，均有可能造成火焰检测器测不到火焰信号而导致熄火保护动作。

运行中锅炉主要辅机故障或电源中断；MFT动作时切断进入锅炉的所有燃料；锅炉风量或炉膛负压过大造成炉火吹熄或抽熄；锅炉配风不合理，燃料风门、辅助风门均未调好，一次风量太大、风速太高，风粉比例不当，造成锅炉燃烧工况不稳。以上这些因素都可能导致锅炉熄火。

制粉或燃油系统故障、燃料品质突变、挥发分或发热量过低等，将造成炉火不稳、锅炉实际燃料量大幅度减少甚至中断，导致炉膛热负荷和炉膛温度突降而造成熄火。锅炉吹灰或除灰除焦操作不当，使燃烧室进入大量蒸汽或冷风，造成炉膛温度突降、燃烧不良，严重时也会造成锅炉熄火。锅炉负荷过低时操作或调整不当、锅炉减负荷速度过快或发生负荷突降以及受热面（特别是水冷壁）严重爆管、炉膛内大量塌灰塌焦等扰动都可能引起锅炉熄火。

三、锅炉发生熄火时的常见现象

锅炉燃烧不稳时炉膛负压将出现大幅度摆动，当锅炉熄火时，炉膛负压将明显增大至远远超出正常的范围，部分或全部火焰检测器无火焰指示信号。炉膛出口氧量骤增、机组功率急剧下降、蒸汽温度和蒸汽压力迅速降低、各段烟气温度均将下降。

发生锅炉熄火时，BMS或FSSS的熄火保护（包括炉膛全熄火、发生临界火焰、角火焰丧失）将动作并报警。由于熄火保护动作将引起MFT，因此保护将立即关闭燃油及燃气快关阀，停用所有的磨煤机、给煤机、给粉机、一次风机和排粉机，关闭给水及减温水总门并通过横向保护联动停用汽轮机、发电机和给水泵。各自动装置除引风（炉膛负压）自动外，其余均自行切至手动位置，引风机动叶自动关小以维持炉膛负压。

如果由于受热面严重爆破或炉膛大量灰焦塌落引起熄火时，炉膛负压将出现先正后负。正压时炉室的门孔可能被打开，并有可能向外喷烟火或蒸汽。

四、锅炉熄火时的处理原则

发生锅炉熄火时，绝对禁止采用关小风门、继续向炉膛供给燃料以爆燃来恢复着火的操作。当锅炉发生全熄火、角熄火或临界火焰时，如保护装置未动作，应立即手动 MFT，按紧急停炉的操作方法和要求进行处理。查明熄火的原因并设法消除。对锅炉设备进行全面检查，确认烟道内无再燃烧现象、设备无损坏时，做好重新启动的准备。

五、锅炉熄火处理

炉膛熄火以后，应立即切断所有的炉内燃料供应，停制粉系统，并进行通风吹扫，清扫炉内积粉，严禁"增加燃料供给挽救熄火"的错误处理，以免招致事态扩大，引起锅炉爆炸。

将所有自动改成手动，切断减温水和给水。将送风机、引风机减至最低值；可适当加大炉膛负压。

查明熄火原因并予以消除，然后投入油嘴点火，着火后逐渐带负荷至满负荷。若查明熄火原因仍不能短时消除，或锅炉损坏需要停炉检修，则应按停炉程序停炉。若某一机械电源中断，其联锁系统将自动使相应的机械跳闸，此时应将机械开关拉回停止位置，对中断的机械电源重新合闸，然后逐步启动相应机械恢复运行；如重新合闸无效，应查找原因并修复。

如果出现锅炉爆炸，应立即停止向锅炉供应燃料和空气，并停止引风机，关闭挡板和所有爆炸打开的锅炉门、孔，修复防爆门。经仔细检查，烟道内确无火苗时，可小心启动引风机并打开挡板，通风 5～10min 后，重新点火恢复运行。

如烟道内有火苗，应先熄火，后通风、升火。如爆炸造成管子弯曲、泄漏，炉墙产生裂缝，横梁弯曲等情况，应停炉检修。

第八节 锅炉尾部烟道再燃烧及防止措施

一、锅炉尾部烟道发生再燃烧的主要原因

烟道内的再燃烧现象是沉积在尾部烟道或受热面上的可燃物和未燃尽物达到着火条件后的复燃现象。烟道内可燃物的沉积，主要由以下原因造成：

（1）燃料品质或运行工况变化时燃烧调整不及时或调整不当。煤粉过粗、煤粉自流、给粉不均、炉底漏风较大等，都会造成煤粉未燃尽而带入烟道积存。燃油中水分过多、杂质多、来油不均或油温低、油嘴堵塞或油质量不好，造成油雾化质量不高以及缺氧燃烧形成裂解等，都将造成燃油燃烧不稳，使未燃尽的油滴或碳黑进入烟道并与受热面接触或撞击后沉积在尾部烟道内或受热面上。为避免上述原因造成的烟道燃料积存，运行时应按燃料的性质控制各项运行指标，严密监视燃烧工况，及时调整燃烧，对不合格的或损坏的燃烧设备，必须及时修理和更换。

（2）锅炉低负荷运行、点火初期或停炉过程中，由于炉膛温度过低，燃料着火困难，燃烧过程长，机械未完全燃烧值增大，使部分燃料在炉膛内无法完全燃尽而被烟气带至烟道内。同时，低负荷运行时，烟气流量小、流速慢，烟气中的未完全燃烧颗粒也容易离析，沉积在对流烟道中，以致形成烟道再燃烧。所以，锅炉应尽量避免长期低负荷运行。

（3）发生紧急停炉时未能及时切断燃料、停炉后或点火前炉膛吹扫时间过短或吹扫风量过小，造成可燃物质沉积在尾部烟道内或受热面上。

（4）锅炉启动和停炉频繁。锅炉启动和停炉频繁，容易引起烟道再燃烧。为在锅炉启停时，炉膛温度低，燃烧不易稳定，炉内温度不均匀，所以燃料不容易燃尽；加之此时烟气流速低，过量氧量多，容易出现烟道的燃料积存和再燃烧。因此，应在锅炉启停时仔细进行监测和调整燃烧，尽量维持燃烧稳定。对经常启停的锅炉，要注意保温。

（5）油煤混烧。在锅炉启停或低负荷运行时，可能形成油煤混烧。油煤混烧时，将会出现油与煤的“抢风”现象，特别是一次风管内设置油枪的油煤混燃，这种抢风的现象尤为突出；同时，在煤油混烧时，油粉可能相互黏粘，并且两种燃料射流又相互影响。因此，炉内正常动力工况和燃烧工况受到干扰，由此造成燃烧恶化；又由于这种混烧是在炉温较低时进行，所以燃料不易燃尽，当它们进入烟道时，油腻和未燃尽的煤粉同时附着在受热面上，沉积更容易，所以容易形成二次燃烧。

因此，锅炉运行时应尽量避免油煤混烧。如果为稳定燃烧需要投油时，应尽量避免一次风管的油枪投入。注意燃烧调整，确保油嘴雾化良好，加强监视，发现异常现象应及时改变燃烧方式。

（6）运行中烟道和预热器吹灰器长期故障或停止使用，使尾部受热面上的积灰和可燃性沉积物不能得到及时清除而越积越多，这会增加受热面外表的粗糙程度，使之更易黏附烟气中的固态物质，如此恶性循环，使尾部烟道受热面上的可燃物质逐渐积聚起来。

二、锅炉尾部烟道发生再燃烧的常见现象

再燃烧处烟温、工质温度突然不正常地升高。引风机投自动时，引风机动叶动作频繁，开度增大，引风机手动时烟道及炉膛负压剧烈变化并偏正，严重时烟道防爆门动作打开。烟色监视仪指示发生异常变化，排烟温度不正常地升高，从引风机轴封和烟道不严密处向外冒烟或喷火星。如果再燃烧现象发生在预热器部位时，则一、二次风温亦将不正常地上升，回转式预热器电流指示晃动，严重时外壳烧红，转子与外壳可能有金属摩擦声。对于UP型直流锅炉，如果再燃烧现象发生在省煤器处，则有可能造成省煤器出口工质汽化，使水冷壁各垂直管屏的流量分配遭到破坏，水冷壁管或管屏出口工质温度可能超限。当再燃烧现象发生在过热器或再热器部位时，将出现过热汽或再热汽温不正常地升高的现象。

三、锅炉尾部烟道内再燃烧的处理

发现烟气温度不正常地升高时，应立即查明原因，改变不正常的燃烧方式并对预热器和烟道用蒸汽进行吹灰，及时消除烟道内可燃物再燃烧的隐患。如已影响到参数变化时，立即调整燃烧，设法尽快恢复正常。

当达到烟道内可燃物再燃烧的紧急停炉条件时，应立即手动紧急停炉（MFT）。发生烟道内可燃物再燃烧时紧急停炉的处理方法和要求除以下不同点外，其余与常规紧急停炉相同。

(1) 立即停用所有引风机、送风机，严密关闭风烟系统的所有风门、挡板和炉膛、烟道各门（孔），保持炉底及烟道各灰斗水封正常，使燃烧室及烟道处于密闭状态，严禁通风。开启蒸汽灭火装置或利用蒸汽吹灰器向燃烧室，烟道及预热器内喷入蒸汽进行灭火。待各点烟温明显下降，均接近喷入的蒸汽温度并稳定 1h 后，方可停止蒸汽灭火或蒸汽吹灰设备。小心开启检查门进行全面检查，确认烟道内燃烧已熄灭且无火源后，方可开启风烟系统的风门、挡板，启动引风机和送风机保持 30%的风量对燃烧室和烟道进行吹扫，吹扫时间不少于 10min。

(2) 停炉后回转式预热器应继续运行，必要时应采用电动或手动盘车装置使转子继续保持转动，以防止预热器停转后发生变形损坏。

(3) 若引风机处烟温过高或发现轴封处冒烟、喷火星时，在引风机停用后应设法使引风机定期转动，防止引风机叶轮或主轴变形。

(4) 由于再燃烧现象发生，使省煤器处烟温不正常地升高时，为防止省煤器管系的损坏，应在停炉后对省煤器进行小流量通水冷却，以确保省煤器管系的安全。

锅炉在发生过尾部烟道内可燃物再燃烧事故后，只有待再燃烧现象确已不再存在，并按规定要求通风吹扫完毕，经进入烟道复查设备确无损坏时，方可重新启动锅炉。

四、防止尾部烟道再燃烧的措施

锅炉尾部烟道发生再燃烧的机理是尾部烟道内或受热面上沉积的一定数量未燃尽的可燃性物质，当达到着火条件（即烟气中的含氧量和着火温度均达到一定值）时的复燃现象。事实上，锅炉正常运行中总有一定量的未燃尽物质随烟气带至尾部烟道或受热面上沉积下来，但由于正常运行中尾部烟道内的烟气含氧量极低（一般燃煤锅炉炉膛出口氧量只有 3%～4%，燃油锅炉则更低，仅 1%左右），尚达不到可燃物复燃所必需的氧量条件，所以锅炉正常运行中一般不会发生尾部烟道再燃烧现象。从事故统计的规律可以发现：再燃烧现象一般都发生在锅炉的启动或停用阶段。其原因在于停炉前尾部烟道受热面上已积聚了相当数量的可燃物，且启停过程中炉内燃烧工况较差，燃烧过程长，烟气流速低，极易造成大量未燃尽的可燃物沉积在锅炉的尾部。锅炉启停阶段燃烧系统空间的含氧量又较正常运行时要高得多，当燃烧方式不正常造成尾部烟温达到一定值时，便使尾部烟道内的可燃物具备了复燃的条件而造成尾部烟道再燃烧。综上所述，由于停炉阶段的烟温一般较启动时高，因此在停炉过程或停炉后发生尾部烟道再燃烧的可能性将比锅炉启动时更大。燃油锅炉由于未燃尽的油垢黏附性较强，一旦油垢沉积在尾部烟道受热面上不易清除且油垢的着火温度又低，所以燃油锅炉尾部受热面处发生再燃烧的可能性就更大。现场规程中一般都要求停炉以后仍需继续监视排烟温度的变化，其作用就是为了分析、判断尾部烟道再燃烧的发生以保证受热面的安全性而规定的。

可燃物在尾部烟道内的沉积是产生再燃烧的根源，要防止再燃烧现象的发生，关键是要消除其根源。因此应尽量避免锅炉长期低负荷运行；此外在锅炉正常运行中，无论从运行的经济性还是从设备的安全性出发，均应重视和搞好燃烧调整工作，不使大量的可燃物产生并带至尾部烟道中。在燃烧调整过程中，为了缩短燃烧过程，应使煤粉细度合适、油枪雾化良好、风和燃料均匀混合、对不同结构的燃料进行合理的配风、采用低氧燃烧，即既保证燃料的充分燃烧，又不使烟气中的过剩氧量太大。在设备方面，对制粉系统应定期进行煤粉细度的测定和调整，使其符合规定的要求；备品油枪应经性能试验合格方准使用，运行油枪也应定期进行雾化片质量的标定工作，不合格的油枪应及时调换，以确保油枪雾化质量良好。结合锅炉大修还应做好炉膛切圆、空气动力场、燃烧器角度等的检查和调整工作。

锅炉运行中应按规定要求对受热面进行吹灰，以保持受热面的清洁，不使可燃物在尾部烟道或受热面上大量积聚。吹灰过程中，为了提高吹灰效果，应先对预热器进行一次吹灰，然后按烟气流向逐只或逐对进行，最后对预热器再进行一次吹灰。锅炉启动过程中由于炉膛热负荷低，燃烧工况比正常运行时差，烟气中的未燃尽可燃物相对较多，因此在锅炉启动正常后对受热面进行一次全面的吹灰工作，其作用就比正常运行时更大和更有必要。此外，锅炉停用前也应对受热面进行一次全面吹灰工作，以减少尾部烟道和受热面上可燃物的沉积数量，切不可认为锅炉即将停止运行因而没有必要再进行吹灰工作了。实践证明，锅炉启动结束后进行第一次吹灰和停炉前进行的最后一次吹灰工作，是防止尾部受热面再燃烧的一项行之有效的措施。发生锅炉熄火时应立即切断所有燃料，以免造成大量可燃物进入尾部烟道。遇锅炉紧急停炉，若未进行停炉前受热面的吹灰工作，在紧急停炉后应对炉膛和烟道进行一次彻底的通风吹扫工作（由于发生尾部再燃烧而紧急停炉时除外），同时加强对排烟温度的监视，以防再燃烧现象的发生。在进行紧急停炉后的通风吹扫工作前，应先停止向电除尘器的电极供电，以免造成电极污染和通风时由于电极产生火花而引起爆炸或再燃烧。此外，还应仔细检查锅炉尾部受热面，只有在确无再燃烧危险后方可对炉膛和烟道进行通风吹扫工作。紧急停炉后的油枪冲洗工作应在点燃点火枪的前提下进行，并确保油枪内的剩油在冲洗过程中于燃烧室内燃尽。

五、660MW锅炉尾部烟道发生再燃烧的现象、原因及处理

1. 现象

(1) 再燃烧处烟温、工质温度不正常地升高。

(2) 烟道及燃烧室内的压力剧烈变化。

(3) 排烟温度不正常地升高，烟囱冒黑烟。

(4) 预热器处发生再燃烧时，排烟温度，一、二次风温将不正常地升高，外壳发热、烧红，可能有金属摩擦声及预热器电流异常。

2. 原因

(1) 煤质突变或运行工况变化时，燃烧调整不当，煤粉细度过高，风量不足或配风不合理。

(2) 锅炉低负荷或启停锅炉的过程中燃烧不良，使可燃物积存在烟道内。

(3) 燃烧室压力过低，使未完全燃尽的燃料带入烟道。

(4) 燃油雾化不良或油枪喷嘴脱落，使尾部受热面积油垢而黏附大量未燃尽的煤粉。

3. 处理

(1) 如发现烟气温度不正常地升高，应立即进行分析并查明原因。进行燃烧调整，改变不正常的燃烧方式，对再燃烧处受热面进行吹灰。

(2) 若在过热器、再热器处发生可燃物再燃烧，引起汽温异常时，按汽温异常进行处理。

(3) 若经采取措施无效，确系烟道内再燃烧，当排烟温度异常升高至200℃时，紧急停炉并停止送风机、引风机的运行，关闭所有风门挡板，保持预热器运行，保持炉底及各灰斗密封正常，严禁通风。

（4）利用吹灰蒸汽进行灭火，待各点烟温明显下降，再燃烧处火已熄灭时，方可停止蒸汽灭火。

（5）确认设备无损坏、烟温正常、烟道内无火源后，方可开启风烟系统的风门挡板，启动引风机、送风机，保持35%额定风量，通风5～10min，并经复查正常后，锅炉方可重新点火启动。

第九节　锅炉燃料品质的突变

一、燃料品质变化对锅炉运行的影响

锅炉燃用高灰分的煤时，由于煤的发热量低，将使锅炉出力下降，如不及时进行调整，必将造成其他参数的不正常变化。燃用高灰分的煤，还将加剧受热面的磨损，造成受热面的严重积灰和积焦。此外，高灰分的煤由于着火速度慢，还将对着火稳定不利。当原煤中的挥发分降低时，由于煤的着火温度提高，将造成着火困难、燃烧不稳，严重时甚至熄火。原煤中水分过高时，还将造成磨煤机出力下降或制粉系统的堵煤现象。对于直吹式制粉系统的锅炉，将直接造成锅炉热负荷下降、出力下降和其他参数的大幅度变化，严重时炉火不稳甚至发生锅炉熄火事故。当燃用灰熔点过低的煤时，还将造成炉膛严重结焦。燃料品质变差时，还将使燃料在炉膛内的燃烧过程延长或产生不完全燃烧。燃用高灰分的煤时，由于灰分容易隔绝可燃质与氧化剂的接触而使煤不易完全燃尽，以致大量未燃尽可燃物带至锅炉尾部埋下尾部烟道再燃烧的祸根。燃煤品质的突变，对于燃烧单一煤种和无分仓加煤设施的直吹式制粉系统的锅炉，其危害则更大。

燃油中的水分突然升高时，将造成油枪燃烧不稳，甚至熄火。这是因为燃油中的水分越高，则燃油的低位发热量越小；在油量不变的情况下，锅炉实际热负荷将下降。此外，燃油中的水分过高时，燃烧过程中水分将吸收大量的热量以汽化，这样就大大地降低了油雾周围的烟气温度，使油雾着火困难。燃油中的水分突然升高时，由于油量表读数并不改变，容易造成运行人员的疏忽或误判断，如不及时发现并进行调整，必将危及锅炉的正常运行。燃用含硫量高的油种时，还将造成尾部受热面的低温腐蚀。

二、锅炉燃料品质突变的主要原因

未严格执行燃料管理的燃煤调度的有关规定和制度。对来煤不进行分析、分场堆放，加仓前未经配煤便直接加仓，尤其是对一些新来的煤种，在特性尚未了解之前便草率加仓。雨季的运输过程中将大大增加原煤中的表面水分，如到厂后又采用露天场地堆放，则必造成原煤的水分过高。原煤在场地上堆放时间过长，由于自燃和挥发物析出将造成碳分和挥发分降低而使煤质变差，如用此煤连续加仓，必将造成锅炉燃料品质的突变。在燃油管理方面，如油库（油罐）的定期放水工作不正常、油库的蒸汽加热装置泄漏或燃油母管切换时操作不当使备用系统中的积水进入运行系统等，均将造成锅炉燃油中的含水量突然增加。

三、锅炉燃料品质突变的常见现象

燃料品质，特别是燃料的低位发热量发生突变时，由于是发生了燃料质的变化而量并未

变，因而燃料计量指示一般不变。锅炉各参数中首先反映出来的是炉膛出口烟气含氧量变大和炉膛负压摆动或增大，如风量自动运行时自动系统将调节送风机、引风机出力，维持氧量和炉膛负压正常。其次是各段烟温下降。在给水和燃料手动时，还将造成直流锅炉各段汽温下降，汽包锅炉蒸发量下降和汽包水位上升；给水自动时，由于直流炉汽温下降或汽包炉水位上升，给水流量将自动减少；燃料自动时，在有计算机参与控制的锅炉中，由于燃料发热量的修正和锅炉蒸发量的下降，将使燃料量自动增加。如因原煤水分过高引起时，磨煤机出口温度将下降，如磨煤机出口温度自动运行时，热风门将自动开大而冷风门将自行关小；同时，原煤仓或落煤管可能出现堵煤现象。当燃料的挥发分大幅度降低时，还将造成炉火不稳，严重时还将造成部分燃烧器熄火或锅炉熄火事故。

四、锅炉燃料品质突变的防止及处理

1. 防止锅炉燃料品质突变的措施

防止发生锅炉燃料品质突变的主要措施是加强燃料管理工作。

对于燃煤管理，应做到来煤及时取样分析，有条件时应对各煤种进行分场堆放。在加仓前应先进行配煤，将各煤种按比例混合后再加仓尽量避免来煤直接加仓，使锅炉燃煤品质不受来煤品种变化的影响，能始终保持相对稳定。对于无条件分场堆放和先混合后加仓的锅炉，运行人员应熟悉本厂燃用各煤种的成分和特性，锅炉上煤前应先通知司炉所加煤种，让司炉做到心中有数，以便根据不同煤种能及时进行配风。对于新来煤种，有条件时最好能先进行局部试烧，以便让运行人员了解其特性。

配有直吹式制粉系统的锅炉，在燃用劣质煤或进行原煤仓的铲仓工作时，应对1～2台磨煤机配以好煤，或投用助燃油枪进行助燃，以免煤质过差时造成锅炉熄火。

在雨季和原煤水分高的情况下，应尽量先使用干煤棚的存煤，避免湿煤直接加仓。容易自然的煤不宜长期堆存，在冬季或寒冷地区，还应有防止冻煤的措施。

对于燃油管理，应严格执行油库（油罐）定期放水制度，有条件时还应对来油先进行脱水，以减少锅炉燃油中的水分。燃油母管或系统切换和油加热器投入操作前，应事先将系统或设备内的积水放尽，并做好防止油中大量带水的事故预想和安全措施。

2. 锅炉燃料品质突变的处理

发生锅炉燃料品质突变时，应及时进行燃烧调整。当煤的挥发分降低时，应适当降低一次风量和增加煤粉细度。对于直吹式制粉系统，还可适当提高磨煤机出口温度，在出现炉火不稳现象时，应及时投用助燃油枪，以稳定燃烧。当燃料的发热量降低（包括燃油中的含水量增加）时，应即增加燃料量维持炉膛出口氧量不变；如燃料量已无法再增加时，应按维持原氧量不变为原则，迅速减少锅炉风量，并相应减少给水流量和对其他参数进行合理的调整，必要时投入助燃油枪，以稳定燃烧。迅速查明燃料品质突变的原因并设法消除。

在燃料品质突变的处理过程中，如发生汽温、汽压、水位、制粉系统等异常情况，还应按各事故的处理要求分别进行处理。锅炉已发生临界火焰、角熄火或全熄火时，严禁再投助燃油枪，而应立即切断进入锅炉的所有燃料，按锅炉熄火紧急停炉进行处理。

第十节 锅炉辅机故障

锅炉辅机的种类很多，其中风机和回转式空气预热器等是锅炉的主要辅机。这些辅机发生故障，将严重影响锅炉的安全、经济运行。本节将重点介绍风机和回转式空气预热器的常见故障和处理原则。

一、锅炉主要辅机故障处理的总原则

两台并联运行的锅炉主要辅机，运行中发生一台故障停用而另一台运行正常时，RB功能将自动保留最下三层主燃烧器运行，并将其余制粉设备停运和紧急减荷至50%。自动调节系统将增大正常运行辅机的负载，并维持锅炉各参数正常。当保护或自动动作不正常或锅炉未配备RB功能时，则应按此原则手动将锅炉负荷骤减至50%，迅速调整各参数，维持锅炉运行工况正常。根据规定或炉火情况，投入一定数量的助燃油枪，以维持锅炉燃烧稳定。

两台并列运行的锅炉主要辅机，当运行中发生两台同时故障停用时，应按紧急停炉进行处理。

二、轴流风机失速

风机在不稳定工况区域内运行是造成轴流风机失速的根本原因。由于受热面严重积灰结焦，或风烟系统的风门挡板操作不当造成风烟系统的阻力增加，或风量调节过程中造成的风机特性改变，均有可能使风机工作点落入不稳定工况区域而导致失速现象的发生。当负载偏差过大时，并联运行的两台轴流风机，极易形成一台风机进入不稳定工况区域运行的现象，也就是司炉常称为“抢风”的异常情况。

风机发生失速时，风机失速将报警，故障风机的电流、风量及进口或出口压力将出现大幅度的摆动，风机噪声明显增加，机壳及风道或烟道振动。当该振动频率与风道或烟道的固有频率合拍时，将使风机和风道或烟道发生剧烈的振动，这种现象称为喘振。当并联运行的两台风机发生“抢风”现象时，风机的电流、压力、流量将出现明显的一侧上升另一侧下降的现象，且电流、压力、流量低的那台风机噪声及振动明显增加。发生风机失速时，炉膛出口氧量将降低。当引风机发生失速时，炉膛压力变正；送风机发生失速时，炉膛负压增大，烟色指示仪大幅度摆动，锅炉燃烧不稳，严重时甚至会导致锅炉熄火。

风机发生失速时，计算机系统将发出RUN DOWN指令进行自动减荷处理。自动动作不正常或无RUN DOWN功能的机组，应即将风量自动或炉膛负压自动切至手操控制，并立即降低该风机的负荷，迅速关小未失速风机的动叶，相应关小失速风机的动叶，使两台并联运行风机的电流、动叶开度相接近（但应使失速风机的动叶开度略大于未失速风机的动叶开度），直至失速现象消失。与此同时，还应迅速采取降低系统阻力的措施，如开大燃料风、辅助风或烟气调温挡板的开度（必要时还可开启停用燃烧器的有关风门），检查风、烟系统的风门或挡板位置使之符合要求。风、烟系统如有旁路通道者，还应根据情况打开旁路通道等。

处理风机失速的过程中，还应参照炉膛出口氧量及时调整锅炉负荷，维持各参数正常。引风机发生失速时，应适当减少风量；送风机发生失速时，也应及时关小吸风量，以维持炉膛负压正常。

失速现象消失后，应找出并消除造成失速的原因方可逐步恢复锅炉负荷，以免失速现象再次发生。

在处理风机失速的过程中，若发生其他异常情况，还应按有关故障的处理要求作相应的处理。

风机失速属故障状态，如不及时处理，将造成风机叶片断裂或设备严重损坏事故，因此事故一旦发生，即应迅速处理。当采取上述各项措施仍无效时，应即停用该风机。

三、风机调节装置故障

大容量机组配套锅炉的风机调节装置一般采用动叶调节和静叶调节两种形式。风机调节装置故障，主要是指风机风量调节的失控现象。

造成风机调节装置故障的常见原因有：动叶调节液压缸有缺陷或卡煞、动叶叶柄推力轴承损坏、动叶叶柄或静叶调节机构处结垢造成传动阻力增加、伺服马达或执行机构故障、动叶调节油压过低等。

造成动叶调节油压过低的原因通常有：动叶调节装置所属设备或系统漏油、泄压阀定值偏低或误动作、动叶油泵故障或停用、液压系统油温过高等。

风机调节装置发生故障后，在操作动叶或静叶时，该风机的电流、电压、风量将均无变化。动叶调节油压过低或内部卡煞时，调节臂报警装置将发生报警。如因伺服马达或执行机构故障，则伺服马达可能不转或出现连杆脱开、断裂等情况。风机静叶调节机构卡煞时，执行机构连杆可能弯曲。动叶调节油压过低时，将出现油压过低报警。发生液压缸或液压油系统漏油时，油箱油位将降低，并在风道或烟道连接处可能有油渗出；某些部位泄漏严重时，还有可能造成风机动叶自行开大或关小的异常情况。

风机调节装置发生故障后，应即将并联运行的两台风机均切至手动控制，并迅速查明故障原因。

因动叶调节油压过低引起时，应即启动备用油泵设法恢复油压正常。如因泄压阀定值偏低或误动造成，则除应设法恢复油压正常外，还应联系检修前来处理。发现动叶调节油压过低时，还应检查油箱油位及系统是否漏油；如有漏油现象，应设法消除并及时补充维持油箱油位正常。如因严重漏油造成油压过低、油箱油位无法维持，或动叶自行开大、关小而使该风机或锅炉参数无法维持在正常范围内，应即停用该风机。

当动叶调节液压缸卡煞、动叶叶柄推力轴承损坏、动叶叶柄或静叶调节机构处结垢造成调节阻力增加无法进行调节时，应维持风机原开度运行并联系检修进行处理。

如发生风机所属动叶油泵全部故障停用或液压油系统无法向液压缸供油的情况，在确认短期内无法恢复时，锅炉应迅速将负荷减至50%后停用该风机。

在风机调节装置发生故障无法关小的情况下停用该风机时，为防止损坏设备，应在维持该风机原开度的情况下进行，停用后及时关闭其进口或出口隔绝挡板或风门。

四、辅机轴承温度过高

造成锅炉辅机轴承温度过高的主要原因有以下几个方面：

（1）轴承存在缺陷。例如：滚动轴承的滚珠或滚柱有缺陷；轴或轴承座与轴承的紧力不够，产生相对运动而摩擦发热；轴承间隙过小或不均匀；滑动轴承刮研不良，或由于表面裂纹、破损、剥落等导致油膜的稳定性和均匀性遭到破坏而使轴承发热等。

（2）润滑故障。无论是滚动轴承还是滑动轴承，均借助润滑介质来防止动静部分直接接触而产生摩擦。如某润滑介质的数量不足或质量不好（如润滑油乳化、变质或受到污染等），均会因润滑不良而造成轴承发热。

（3）冷却不良。当轴承冷却不良时，由于影响热量的散发，必将使轴承温度升高。造成轴承冷却不良的主要原因有：轴承冷却风量或水量不足或中断、润滑油脂过多、周围环境温度过高、辅机流通介质温度过高（如排烟温度过高，将影响到引风机主轴承的散热）及带有润滑油系统的轴承油温过高、油量过小等。

（4）运行工况变化的影响。有轴向推力平衡装置的推力轴承如发生平衡装置故障或无平衡装置的推力轴承在辅机超载时，均将由于轴向推力过大而易造成轴承发热温度过高。轴承因振动而承受冲击负载，严重时将影响油膜的稳定性，使轴承发热。

在锅炉辅机轴承温度出现升高现象时，应及时分析和找出原因，并进行针对性的处理。如因缺油引起时，应即补充润滑油。如因润滑油质不良造成时，应及时调换合格的润滑油。辅机运行中进行换油工作时，应在保持油位的情况下，一边加新油一边进行放油，直至油质合格、油位正常为止。

如因冷却介质不足或中断引起时，应及时增加或设法恢复使其正常。如因周围环境温度过高造成时，可增设临时通风机，进行强制对流散热。如流通介质温度过高时，则应设法降低流通介质的温度。

当推力轴承温度升高时，可降低该辅机的负载，以降低轴向推力，使温度下降；同时还应检查轴承温度的升高是否会有其他异常情况所造成。由于轴承严重振动引起时，还应设法消除造成振动的原因。

如因轴承本身缺陷或润滑油系统故障造成时，应联系检修前来处理；在缺陷未消除前，应重点监视缺陷的发展情况，采取必要的降温措施，做好相应的事故预想。

当锅炉辅机的主轴承或电动机轴承温度不正常地升高，经采取措施无效且超过允许的极限时，应即停用该辅机。

五、辅机电动机线圈或铁芯温度过高

电动机线圈温度或铁芯温度升高一般是因电动机负载过大、电压偏低造成电流过大而使内部发热量增加所致。此外，由于周围环境温度升高所造成的散热效果降低以及采用空气冷却器、水冷器等冷却方式的电动机，由于冷却介质温度过高或流量过小，甚至中断造成的冷却效果降低等也会造成电动机线圈或铁芯温度升高。

当发生电动机单相或两相运行、电动机绝缘击穿造成内部短路等情况时，将造成电动机线圈或铁芯温度的突升和过高。

电动机线圈或铁芯温度升高时，遥测监视装置将显示有关温度升高；当达到一定值时，还将发出报警。

如因电动机冷却介质温度过高、流量过小或中断造成时，还将出现冷却器出口温度升高的现象。此时应检查冷却器工作是否失常并设法提高冷却效果，以加强散热。

如因电压偏低造成时，应即要求调整并提高厂用电电压，以改善电动机的运行条件。

由于周围环境温度过高造成时，可在电动机周围采用临时强制通风的措施，以加强对流散热效果。当电动机线圈或铁芯温度升高到限额前5℃时，应即降低该辅机的负载，使温度下降。当发生电动机故障或采用上述降温措施无效，温度继续上升并达到限额时，应即停用该辅机。

六、辅机振动

辅机在运行中发生机械振动是较为常见的一种故障，其主要原因有以下几个方面：

（1）基础或机座的刚度不够或不牢固。辅机、电动机或轴承座底脚螺栓断裂或松动。

（2）转子不平衡。原因可能是：原始动平衡未校好，运行中发生辅机转子或风机叶片不均匀的积灰、腐蚀、磨损或局部损伤、断裂，转子上的平衡块移位或脱落，轴流风机发生失速时由于叶片间气体流道内的气流不平衡所造成的转子受力不平衡等。

（3）辅机和电动机轴不同心，转子或联轴器和轴不同心。

（4）轴承间隙过大，轴承或减速箱损坏，转子或联轴器与轴松动，联轴器螺栓松动等造成转子的紧固部分松弛。

（5）转子变形或碰壳；回转式预热器的波纹板或密封片损坏，造成动、静间的摩擦。

当辅机的振动是由于基础或机座的刚度不够、不牢固或底脚螺栓断裂造成时，将发生基础或机座与电动机和辅机整体振动的现象。由于转子不平衡造成时，辅机与电动机将发生同步振动，且振动的频率与转速有关。如因风机失速引起时，还将出现风机失速的象征。由于转子的紧固部分松弛造成时，机体的振动一般不显著，而是出现局部振动（如轴承箱等处），且振动频率与转速无关，并可能有尖锐的杂音或敲击声。当轴承损坏时，轴承温度还将升高。发生动、静摩擦或转子碰壳时，辅机周围将有明显的异声。

发现辅机振动增大时，应实测振动部位的振动值，并通过实地检查和参数分析找出引起振动增大的原因，根据不同的原因再作相应的处理。

由于风机失速造成时，应按风机失速进行处理，尽快使风机回到稳定工况区域运行。由于设备存在缺陷或发生故障引起时，如振动尚未超过限值，则应尽量维持运行，必要时还应适当降低该辅机的负载，并加强监视、做好预想，联系检修前来处理。如运行中无法处理时，还应申请减荷，将辅机调停后再由检修处理；如因轴承损坏造成时，还应按轴承温度过高的有关处理要求进行处理。

如发生风机叶片断裂、辅机内部强烈撞击或振动超过规定的极限时，应即停用该辅机。

七、回转式空气预热器停转和故障停用

造成回转式空气预热器停转或故障停用的常见原因有：

（1）机械部分卡煞、液力耦合器或联轴器故障或脱开。

（2）电动机故障或保护误动，造成电气有关保护动作跳闸。

（3）电动机失电，使预热器停转。

锅炉运行时如发生一台预热器故障跳闸，预热器停转及电气跳闸信号将报警，该预热器的一、二次风隔绝门及烟气进、出口挡板将联动关闭，对应侧的送风机及一次风机将联动跳闸，保留最下两层制粉系统运行，其他制粉设备也将联动停用，该预热器盘车装置自动投入。此时如未引起锅炉熄火，应尽量提高运行辅机的负载，迅速调整各参数将锅炉负荷紧急减至50％，按规定或根据需要投入一定数量的重油枪或助燃油枪，维持锅炉运行工况正常。预热器跳闸前无电流过大或机械卡煞现象时，应将跳闸开关复位，并重合一次，如启动成功，则逐步投入该侧的送风机、一次风机及停用的制粉设备，恢复机组正常的出力；如启动失败，则应通知检修前来处理。

由于一台预热器故障停用造成锅炉熄火或发生两台预热器同时故障停用时，应按紧急停炉进行处理。

由于电动机失电、机械部分卡煞、液力耦合器或联轴器故障脱开造成预热器停转时，转子停转信号将报警，此时电动机开关仍在合上位置，故预热器的风门、挡板不会联动关闭，相应的辅机不会联动停用，盘车装置也不会自动投入，锅炉排烟温度将升高而热风温度下降。如发生上述情况，应即按该预热器的停用按钮，使开关分闸并联动关闭预热器一、二次风门及烟气进、出口挡板，停用该侧的送风机及一次风机，停用有关的制粉设备，投入盘车装置。尽量增大运行辅机的负载，调整各参数将锅炉负荷迅速减至50%；根据需要或规定投入重油枪或助燃油枪，维持锅炉运行工况正常。上述联动动作不正常时，应即手操使其动作。

正常运行中发生回转式空气预热器故障停用或转子停转时，均应立即关闭该预热器风侧及烟气侧的隔绝风门和挡板，以免转子由于两侧温差过大而造成严重变形。此外，风门和挡板即使已关闭，一般总还有一定的泄漏量。因此，当发生预热器停用或转子停转时，应立即投入盘车装置（一般应有主电动机分闸时联动投入盘车的保护），必要时还应开启该预热器烟气侧的人孔门进行冷却；当电动盘车无法投用时，应派专人进行手动盘车，直至温度已降至制造厂允许停用盘车的数值时方准停用盘车装置。

八、660MW锅炉辅机故障现象、原因及处理

（一）引风机、送风机紧急停用条件

（1）锅炉风机或电动机有严重缺陷或发生火警，危及设备或人身安全。

（2）风机发生喘振，经调整和采取措施无效，且威胁到设备或人身安全。

（3）风机内有强烈的撞击和摩擦声，且风机轴承振动超限，经处理无效。

（4）风机轴承温度及电动机轴承温度超限，经处理无效。

（5）风机叶片断裂或碰壳，威胁设备及人身安全。

（二）引风机、送风机跳闸

1. 原因

（1）厂用电系统故障。

（2）电动机保护动作。

（3）锅炉辅机联锁动作。

（4）引风机轴承温度高于100℃延时10s。

（5）引风机转动机械轴承振动大于11mm/s（X或Y）。

（6）引风机电动机轴承温度不低于95℃。

（7）引风机电动机润滑油压低低至0.1MPa或两台润滑油泵全停。

（8）MFT动作后，炉膛压力不高于−4kPa，跳一台引风机A。

（9）送风机轴承温度不低于110℃。

（10）送风机电动机轴承温度不低于95℃。

（11）送风机喘振值且延时15s。

（12）送风机转动机械振动大于11mm/s（X或Y）。

（13）MFT动作后，炉膛压力不低于4kPa，跳一台送风机A。

2. 现象

(1) 锅炉RB投入时，RB动作，机组负荷下降。

(2) 锅炉燃烧不稳或熄火。

(3) 跳闸的风机电流到零。

(4) 保护动作或电气故障跳闸时，LCD报警画面信号报警。

(5) 一台引风机跳闸时，炉膛压力高报警。

(6) 一台送风机跳闸时，总风量下降、二次风压下降、炉膛压力低并报警。

(7) 两台引风机同时故障跳闸时，MFT保护动作；当锅炉辅机联锁开关人系时，将联动两台送风机跳闸。

3. 处理

(1) 锅炉尚未熄火，应按RB处理。

(2) 已造成锅炉熄火时，应按锅炉MFT处理。

(三) 风机轴承温度高

1. 原因

(1) 轴承有缺陷或故障。

(2) 油站油箱油位低、轴承缺油或润滑油变质。

(3) 环境温度过高。

(4) 风机烟气温度过高或轴承密封处泄漏。

(5) 引风机轴冷风机故障或跳闸、备用冷却风机不联启。

2. 处理

(1) 油站油箱油位低，及时加油。

(2) 润滑油变质，及时换油。

(3) 环境温度高，增开备用轴冷风机、增大冷油器水量和设法加强通风冷却、增设临时通风机等。

(4) 引风机轴冷风机故障、跳闸，查备用轴冷风机自启动正常，设法加强通风冷却，增设临时通风机等。

(5) 烟气温度过高，应设法降低烟气温度。

(6) 轴承密封处泄漏，应及时通知检修处理。

(7) 轴承有缺陷时，应汇报值长，要求降低该风机负荷。

当轴承温度升高到下列值时，应紧急停用引风机、送风机：

1) 引风机风机轴承温度不低于95℃，电动机轴承温度不低于80℃。

2) 送风机风机轴承温度不低于95℃，电动机轴承温度不低于95℃。

(四) 送风机、引风机电动机定子绕组温度高

1. 原因

(1) 环境温度高、冷却器风扇故障或堵塞。

(2) 电动机负荷高、电流大。

2. 处理

(1) 降低环境温度，如加强临时通风等。

(2) 当绕组温度过高时，应即汇报值长，要求降低该风机的负荷。

(3) 当绕组温度达下列值时，应紧急停用风机：

1) 引风机电动机绕组温度≥130℃。

2) 送风机电动机绕组温度≥130℃。

(五) 引风机、送风机失速

1. 原因

(1) 风机在不稳定工况区域运行。

(2) 受热面、预热器严重积灰或风门、烟气挡板操作不当，造成风、烟系统的阻力增加，以及风机动、静叶开度与烟气量不适应，使风机进入失速区。

(3) 调节导叶时幅度过大，使风机进入失速区。

(4) 自动控制装置失灵，使一台风机进入失速区。

(5) 机组在高负荷时，吹灰器多组投入或吹灰间隔时间太长灰量过大，引风机超出力运行。

(6) 并联运行的两台风机发生“抢风”现象时，使其中一台风机进入不稳定区域运行。

2. 现象

(1) LCD 报警画面上“引风机失速”或“送风机失速”信号报警。

(2) 失速风机的风压或烟压、电流发生大幅度的变化或摆动。

(3) 风机噪声明显增加，严重时机壳、风道、烟道也发生振动。

(4) 当发生“抢风”现象时，一台风机的电流、风压或烟压上升，另一台则下降。

(5) 氧量降低，风量、炉膛压力大幅波动，燃烧不稳，烟囱可能冒黑烟。

(6) 燃烧不稳，严重时锅炉可能熄火。

3. 处理

(1) 紧急降低风机的负荷，迅速关小未失速风机的动叶，相应关小失速风机的动叶，使两台风机的动叶开度、电流相接近。应控制失速风机的动叶开度略大于未失速风机的动叶，直至失速现象消失。

(2) 如风机并列过程中失速，应停止并列。

(3) 如由风烟系统的风门、烟气挡板误关引起，应立即打开，采取降低系统阻力的措施，同时调整动、静叶开度。

(4) 若为吹灰引起，应立即停止吹灰器运行。

(5) 经上述处理，失速现象消失，则稳定运行工况，进一步查找原因并采取相应的措施后方可逐步增加风机的负荷。

(6) 处理过程中应参照氧量调整锅炉煤水比，维持各参数正常。

(7) 失速现象消失后，应找出失速的原因方可逐步恢复锅炉负荷。

(8) 风机失速系故障状态，发生后应紧急处理；当采取上述各项措施均无效，且威胁设备安全运行时，应即停用该风机。

(六) 引风机静叶调节装置故障

1. 原因

(1) 静叶伺服马达故障。

（2）静叶调节臂传动销脱落。

2. 现象

（1）开大或关小风机的静叶时，该风机的电流及进出口烟压、流量无变化。

（2）自动跟踪失灵。

3. 处理

（1）静叶伺服马达故障，禁止操作该静叶，维持该风机原开度运行。联系热工，做好固定调节臂措施，由检修进行处理。

（2）在调节装置故障静叶无法关小的情况下停用风机处理故障，可适当关小该风机的进出口挡板后停用，以尽量减少对锅炉燃烧的扰动，但不能使风机发生失速或喘振。

（七）送风机动叶调节装置故障

1. 原因

（1）送风机动叶油压不正常降低：运行动叶油泵跳闸，备用泵未自启动；滤油器堵塞；动叶油箱油位低，造成油泵打空泵。

（2）送风机的液压缸有缺陷。

（3）动叶调节伺服执行机构故障。

2. 现象

（1）开大或关小风机的动叶时，该风机的电流及进出口烟压、风压、流量无变化（动叶油压不高于 0.8MPa 时动叶闭锁）。

（2）送风机动叶油压降至 1.0MPa 并报警。

（3）送风机液压油系统漏油，油压可能降低，油箱油位下降，风烟道连接处有油渗出。

（4）严重时动叶挡板自行开大或关小。

（5）送风机动叶调节臂故障报警。

3. 处理

（1）如送风机动叶油压不正常，应即启动备用油泵，设法恢复油压正常。

（2）如送风机动叶油系统漏油，应及时联系炉修处理并加油维持油位正常，维持风机正常运行。如泄漏严重或爆破，无法维持动叶开度，动叶自行开大或关小，应即停用该风机。

（3）如送风机所属的动叶油泵全部故障，或液压油系统无法向液压缸供油时，严禁操作该风机的动叶。联系检修并汇报总工程师，确认 1h 内无法恢复正常时，根据锅炉运行规程减负荷后停用风机。

（4）在调节装置故障无法关小的情况下停用风机处理故障，可适当关小该风机的进出口挡板后停用，以尽量减少对锅炉燃烧的扰动，但不能使风机发生失速或喘振。

（5）由于送风机液压缸卡煞、伺服机构等原因造成该风机的动叶无法操作时，禁止操作该风机的动叶，维持该风机原开度运行，由检修进行处理。

（八）送风机、引风机的振动

1. 原因

（1）风机主轴承、电动机轴承损坏或故障。

（2）风机动平衡未校好，电动机的中心未校好。

(3) 风机发生失速。

(4) 叶片碰壳。

(5) 叶片或转子局部积灰、损伤、断裂或磨损严重。

(6) 风机或电动机座底脚螺栓断裂或松动。

2. 现象

(1) 就地检查风机、电动机、主轴承或机壳振动严重。

(2) 若因风机失速引起，则出现电流的晃动和风压、烟压的大幅度波动。

(3) 若轴承故障，轴承温度将不正常地升高。

(4) 如叶片碰壳或叶片断裂，从外壳处能听到金属摩擦声或撞击声。

3. 处理

(1) 如因风机失速引起，则按风机失速处理。

(2) 如因轴承故障或损坏引起，则按风机轴承温度高处理。

(3) 如底脚螺栓断裂或松动，则联系检修处理。

(4) 当风机的振动速度达到下列数值时，汇报值长，要求在适当的时间停用该风机：

1) 引风机风机轴承振动速度大于 2.5mm/s (50μm)。

2) 送风机风机轴承振动速度大于 4.0mm/s (50μm)。

当锅炉风机的振动超过下列数值时，立即停用该风机：

1) 引风机风机轴承振动速度大于 4.0mm/s (80μm) 或引风机电动轴承振动速度大于 4.0mm/s (80μm)。

2) 送风机风机轴承振动速度大于 5.6mm /s (80μm) 或送风机电机轴承振动速度大于 6.3mm/s (80μm)。

如动叶碰壳或叶片断裂，应即停用该风机。

(九) 动叶调节伺服执行机构故障

1. 现象

(1) 开大或关小风机的动叶时，该风机的电流及进出口烟压、风压、流量无变化 (动叶油压不高于 0.8MPa 时动叶闭锁)。

(2) 送风机动叶油压降至 1.0MPa 并报警。

(3) 送风机液压油系统漏油，油压可能降低，油箱油位下降，风烟道连接处有油渗出。

(4) 严重时动叶挡板自行开大或关小。

(5) 送风机动叶调节臂故障报警。

2. 处理

(1) 如送风机动叶油压不正常，应即启动备用油泵设法恢复油压正常。

(2) 如送风机动叶油系统漏油，应及时联系炉修处理并加油维持油位正常，维持风机正常运行。如泄漏严重或爆破，无法维持动叶开度，动叶自行开大或关小，应即停用该风机。

(3) 如送风机所属的动叶油泵全部故障，或液压油系统无法向液压缸供油时，严禁操作该风机的动叶。联系检修并汇报总工程师，确认 1h 内无法恢复正常时，根据锅炉运行规程减负荷后停用风机。

（4）在调节装置故障无法关小的情况下停用风机处理故障，可适当关小该风机的进出口挡板后停用，以尽量减少对锅炉燃烧的扰动，但不能使风机发生失速或喘振。

由于送风机液压缸卡煞、伺服机构等原因造成该风机的动叶无法操作时，禁止操作该风机的动叶，维持该风机原开度运行，由检修进行处理。

（十）预热器紧急停用条件

（1）预热器及附属设备运行中有严重缺陷或发生火警，危及设备及人身安全。

（2）预热器上轴承或下轴承温度高于85℃。

（3）预热器电动机轴承振动大于0.085mm。

（4）预热器减速箱油温高于80℃。

（5）液力耦合器故障造成预热器转子停转。

（十一）预热器跳闸

1. 现象

（1）预热器电流到零，辅助电动机自动投入，LCD光字牌报警。

（2）辅助电动机、气动马达投入不成功时，预热器停转报警，跳闸侧烟温升高。

（3）一次风机跳闸。

2. 原因

（1）厂用电故障失电。

（2）电气设备故障，或电动机保护动作。

3. 处理

（1）一台预热器故障跳闸，检查关闭预热器进出口烟气挡板，进出口一次风门和出口二次风门。当对应侧引风机未运行时，电除尘器出口烟气连通挡板应联动关闭，磨煤机按RB动作，相应磨煤机跳闸，将负荷减至330MW。

（2）检查投入跳闸预热器的辅助电动机盘车，如不能投入，应启动气动马达盘车。维持润滑油系统和闭冷水系统的正常运行。

（3）两台预热器均跳闸时，将联跳两台引风机、送风机，锅炉MFT。

（4）待预热器进口烟温降至150℃以下，方可停用辅助马达或气动马达。

（十二）预热器上、下轴承温度高

1. 原因

（1）轴承有缺陷或故障。

（2）轴承油位过低或油变质。

（3）冷却水量过少或中断。

（4）上、下油泵故障或滤油器阻塞严重。

（5）油系统安全阀动作后未回座或泄漏，造成油压过低。

2. 处理

（1）轴承有缺陷或故障时，应汇报值长，联系检修处理，并做好事故预想。

（2）轴承油位过低时，应查明原因联系加油，油质变质时应换油。

（3）闭冷水量过少或中断时，应查明原因设法增加闭冷水量或恢复闭冷水正常。

（4）滤油器阻塞严重时，应调换滤油器。

(5) 安全阀动作后未回座或泄漏时，应联系检修处理。

(6) 当预热器上轴承或下轴承温度油温高于 85℃，或预热器减速箱油温高于 80℃时，应立即停用预热器。

(十三) 预热器转子停转

1. 现象

(1) “预热器转子停转”报警或误报警。

(2) LCS 控制系统中断转子停转侧预热器密封挡板的自动跟踪模式，将密封挡板提升到完全回复位置。

2. 原因

(1) 检测到预热器转子转速低于 0.3r/min。

(2) 由于预热器过载而造成液力耦合器动作。

(3) 减速箱故障。

3. 处理

(1) 现场检查预热器转子是否转动，若误报警，则消除报警。

(2) 若预热器确已停转，应立即停用预热器，投入辅助马达。关闭预热器进出口烟气挡板、一次风进出口挡板和二次风出口挡板。

(3) 检查辅助马达投用正常，若启动不成功，迅速投用气动马达；若气源失去，则联系检修进行手动盘车。

(十四) 预热器电流超限

1. 原因

(1) 减速箱故障。

(2) 锅炉启动初期，单引风机运行时，造成升温速率过快，引起动、静摩擦。

(3) 预热器漏风控制系统（LCS）故障，引起动、静摩擦。

2. 处理

(1) 启动初期，因单风机运行，造成升温速率过快，引起动、静摩擦。应尽快恢复两台引风机运行。若电流上升至运行限额，则关闭该预热器的进口烟气挡板。

(2) 若因减速箱故障引起，或液力耦合器保护动作，则应投入盘车，关闭预热器进口烟气挡板。

(3) 若密封挡板故障引起，应尽快使之“完全回复”。

(十五) 空气预热器（尾部烟道）着火。

1. 现象

(1) 预热器进出口烟温升高、排烟温度升高、烟压异常、氧量变小、预热器火灾探测装置报警。

(2) 预热器电流晃动大，轴承、外壳温度升高，严重时发生卡涩。

(3) 热一次、二次风温不正常升高。

(4) 炉膛压力波动，引风机静叶自动开大，引风机电流上升。

(5) 再热器侧发生再燃烧时，再热汽温不正常地升高，烟气挡板自动关小；过热器侧发生再燃烧时，屏式过热器入口汽温升高，一级减温水水量增大。

2. 原因

(1) 锅炉启动（停运）过程中，煤、油混燃时间太长。

(2) 锅炉燃油期间油枪雾化不良。

(3) 锅炉低负荷运行时间过长，使尾部烟道内积存可燃物。

(4) 煤粉过粗或燃烧调整不当，使未燃尽的煤粉进入锅炉尾部烟道。

(5) 吹灰器故障，长期投运不正常。

3. 处理

(1) 预热器入口烟温不正常升高时，应分析原因并采取相应的调整措施，同时对烟道及预热器受热面进行吹灰。

(2) 经处理无效而使预热器出口烟温上升至 250℃（200℃）时，汇报值长，按紧急停炉处理。

(3) 停炉后，停引风机、送风机，炉膛严禁通风，严密关闭着火侧风、烟挡板。

(4) 投入相应吹灰器进行灭火。

(5) 预热器燃烧严重时，投入消防灭火装置进行灭火或投入水冲洗进行灭火。灭火期间，保持预热器运转，严禁打开预热器人孔门观察。

(6) 确认着火已熄灭，接值长命令后，进行通风、吹扫，准备恢复。

（十六）预热器密封挡板（LCS）的故障报警及处理

1. 热电偶故障

(1) 现象：

1)“热电偶故障”报警。

2) 备用热电偶自动投入使用。

(2) 原因：热电偶断偶，不能正常测温。

(3) 处理：

1) 检查故障热电偶。

2) 待停炉维修时更换故障热电偶。

2. 传感器异常

(1) 现象：

1)“传感器异常”报警。

2) 控制系统中断原来的工作模式，自动切换到温控运行。

3) 密封挡板提升到“完全回复”的位置。

(2) 原因：

1) 初级限位开关失效。

2) 密封挡板下行时碰到次级限位开关。

(3) 处理：

1) 将故障密封挡板“紧急停机”开关置“1”，中断温控运行模式。

2) 将“紧急停机”开关置“0”后按“强制提升”开关，将密封挡板提升至“完全回复”位置后停机。

3) 跟换失效的初级限位开关后重新启动系统。

第十一节 制粉系统故障

一、直吹式制粉系统的故障

直吹式制粉系统，由于系统布置的特点决定了其运行的连续性。在直吹式制粉系统中，锅炉的负荷与制粉系统的出力有着直接的关系。也就是说，制粉系统的出力就是进入锅炉的燃料量。因此，直吹式制粉系统中的落煤管、给煤机、给煤管、磨煤机、密封风机或煤粉管等环节只要其中一环出现故障，都将造成制粉系统出力的下降而使锅炉负荷下降，并给锅炉燃烧工况的稳定带来直接的影响。根据直吹式制粉系统的这一特点，要求在制粉系统一旦发生故障时迅速稳定燃烧，立即查明原因，进行正确处理，并尽快排除故障使其恢复运行，以满足外界负荷的需要。

1. 磨煤机断煤

造成磨煤机断煤的原因主要有：

（1）落煤管或给煤管堵塞或走空。落煤管（从原煤仓到给煤机之间的管段）或给煤管（从给煤机到磨煤机之间的管段）堵煤，一般是由原煤水分高、粒度细、黏性大或原煤内混有树枝、木块、铁丝或其他杂物造成的。给煤机停用时间过长，也易发生落煤管堵煤。落煤管走空，往往是由原煤仓走空、走洞或搭桥引起的，而给煤管走空则是由于某种原因造成给煤机停止向磨煤机输送原煤引起的。

（2）给煤机故障或断煤。给煤机故障一般指给煤机失电、故障停用，联锁或保护动作跳闸，或机械部分故障等原因造成的停止向磨煤机输送原煤。给煤机断煤往往是由于落煤管走空或堵煤造成的。

当发生落煤管或给煤管堵煤时，敲击管道声音沉闷，给煤管堵煤至一定高度时将发出报警并使给煤机跳闸。给煤机跳闸时，还将连跳对应的磨煤机。当落煤管堵煤时，将造成给煤机断煤。发生落煤管或给煤管走空时，敲击管道声音清脆，落煤管走空时将发出断煤报警并使给煤机断煤。给煤机机械部分故障时，电动机转动可能仍正常，但加至磨煤机的煤量可能时有时无、时大时小，甚至完全终止。

当发生磨煤机断煤时，将出现磨煤机电流下降，进出口风压差减小，如磨煤机风量和出口风温自动运行，则热风门自动关小，冷风门自动开大；如手动运行时，则将使磨煤机出口温度和风量均上升。具有断煤跳闸保护的磨煤机，发生断煤并延迟一定时间后，将使磨煤机跳闸。中速辊式磨煤机发生断煤时，由于磨辊与磨盘直接接触，将发出金属摩擦声并使磨煤机出现剧烈的振动。

锅炉风量、燃料、给水等自动均投运时，如发生某台磨煤机断煤，自动系统将增加正常运行磨煤机的煤量，尽量维持原出力。如所有磨煤机的出力均已加足，但总燃料量尚小于原数值，自动系统的 RUN DOWN 功能将自动进行减荷操作，使功率指令与总燃料量相适应。其他参数通过自动调节，维持在正常范围内。锅炉如手动运行时，则将造成锅炉出力和过热汽压下降，氧量上升，燃烧可能不稳。

当发生原煤仓走洞、搭桥、堵煤或落煤管、给煤管堵煤时，应即投用故障部位的振动或振打装置，无此设备时应人工敲击故障部位，尽快恢复煤流正常。发生落煤管走空或给煤机断煤时，除对原煤仓采用上述方法振打或敲击外，还应立即通知燃料运行工协助进行处理。

当发现磨煤机煤量减少时，应即查明原因，如因堵煤或落煤管走空引起时，应即按上述方法进行振打或敲击；如涡炉未投自动时，应即增加其他磨煤机的煤量，尽量保持总燃料量不变，同时调节风量、给水量和减温水量，维持锅炉各参数正常。合理组织燃烧，必要时投用助燃油枪，以稳定炉火。及时调整故障磨煤机的一次风量和冷、热风门开度，维持磨煤机出口温度在正常范围内。

由于给煤机机械部分故障造成给煤量小于磨煤机运行所允许的最低煤量或磨煤机发生剧烈振动、内部有强烈的摩擦和撞击声时，应即停用该磨煤机。

如发生给煤机故障停用、磨煤机断煤，或由于磨煤机煤量骤减造成该磨煤机所属的一层煤粉燃烧器火焰丧失（即层熄火）时，磨煤机将跳闸，如保护拒动时应即停用该磨煤机。如因磨煤机发生断煤造成其他异常情况时，还应按不同的要求进行处理。

磨煤机因断煤停用后，应待故障原因消除，内部经全面检查无设备损坏，对中速辊式磨煤机还应适当加煤后，方可重新将其投入运行。

2. 磨煤机阻塞

磨煤机发生阻塞的主要原因有：

(1) 磨煤机一次风量过小或给煤量过大。当磨煤机风量过小或煤量过大时，将使磨煤机内部煤粉变粗以及输送单位重量煤粉的动能减少，以致煤粉无法及时排出磨煤机。引起一次风量过小的常见原因是：一次风量控制不当、一次风机故障、磨煤机进口风门或出口门误关、落渣箱未及时清理，造成煤矸石或铁件等杂物堆积至一次风室内或备用磨煤机烘磨等。

(2) 原煤水分过高。由于一次风的作用不但是输送煤粉，而且还负责对原煤进行干燥，因此，在一次风量和煤量不变时如原煤水分过高，则将造成磨煤机出口风粉混合物的温度下降。由于温度降低使比体积减小，造成煤粉流速降低、磨煤机出力下降。在给煤量不变的情况下，由于磨煤机出力下降，时间稍长，必将造成磨煤机的阻塞。

(3) 磨煤机的制粉能力下降。由于磨煤机制粉部件的磨损、折向门（磨煤机上部分离器的可调切向叶片）损坏或角度过小、中速磨煤机碾磨力的降低等，均将造成磨煤机出力的下降，使磨煤机内部的积粉增加。

磨煤机发生阻塞时，磨煤机出口温度和一次风量下降，磨煤机出口风压降低，进出口压差增大，中速磨煤机刚开始阻塞时电流增大，严重阻塞时电流将下降。故障磨煤机所属的一层煤粉燃烧器燃烧不稳，严重时层熄火保护动作使磨煤机跳闸。

发生磨煤机阻塞时，如锅炉手动运行，则主蒸汽流量、过热汽压力下降，氧量上升，直流锅炉汽温或汽包炉水位下降；如锅炉自动运行，由于机组实际功率下降，自动系统将增加燃料量以恢复给定的功率目标值，并通过自动调节维持锅炉各参数正常。

发生磨煤机阻塞时，应即将该磨煤机退出自动状态，迅速降低给煤量至允许的最低值，增加该磨煤机的一次风量，调节磨煤机出口温度使之正常。锅炉手动运行时，还应立即增加其他磨煤机的煤量或燃油量，维持炉膛出口氧量和锅炉负荷不变。合理组织燃烧，必要时投用助燃油枪，以稳定炉火。对磨煤机的落渣箱进行一次清理。全面分析，查明故障的原因并设法消除。

经上述处理仍无法消除磨煤机阻塞现象时，应停用给煤机，由程控系统对磨煤机进行吹扫后停用磨煤机。

因磨煤机阻塞造成层熄火或一次风量过低时，保护将动作使磨煤机跳闸；如保护拒动，则应立即停用该磨煤机。如因磨煤机阻塞造成其他异常情况时，还应按不同的要求进行处理。

磨煤机因阻塞停用后，应待故障原因消除，磨煤机内部积煤清理结束方可重新启动将其投入运行。

3. 给煤机故障

给煤机的种类很多，由于篇幅有限，本节仅介绍直吹式制粉系统中常用的皮带式给煤机的常见故障和处理。

皮带式给煤机的故障一般包括电气故障和机械故障两大类。常见的机械故障有皮带跑偏、皮带过松打滑、皮带损坏、刮煤机停走等。电气故障一般包括给煤机失电、电气保护动作跳闸等。

给煤机皮带跑偏一般是由于给煤机端部张紧滚筒两端紧力不一致所造成的。发生跑偏时，皮带的一边将出现鼓凸现象，由于皮带歪斜，造成皮带的一侧露出滚筒面，另一侧则拱起，严重时还将造成皮带撕裂。因此，一旦发现皮带跑偏，尚不严重时，应立即通知检修前来处理；如跑偏严重，则应立即停用给煤机，以免造成设备损坏事故。

给煤机皮带撕坏一般是由于皮带严重跑偏后处理不及时或原煤中有尖锐杂物引起的。当发现皮带有撕裂现象时，应立即停用给煤机。皮带式给煤机的皮带过松时将造成皮带打滑，使给煤量不均匀，严重时甚至皮带停走，造成磨煤机断煤。皮带打滑或停走时，由于皮带上有煤且电动机、滚筒等仍转动正常，故给煤量信号将不变，但实际给煤量却减少甚至中断，如不及时发现，将造成燃烧不稳或锅炉参数变化异常。皮带过松，一般是由于张紧滚筒张力不够造成的。正常运行过程中，皮带运行一段时间后会发生自然胀长现象，因此应制定定期检查、定期调整紧力的制度。此外，每逢皮带调换后均应进行皮带张力的调整，然后方可将其投入运行。发现给煤机皮带打滑时，如给煤量尚大于磨煤机允许的最低煤量，应立即增加其他运行磨煤机的煤量，保持锅炉总燃料量不变，及时调整各参数维持锅炉运行工况正常，立即通知检修人员前来处理。给煤量已小于磨煤机允许的最低煤量或造成磨煤机断煤时，应立即停用磨煤机和给煤机。

给煤机皮带下部的刮煤机停走时，可从给煤机端部的检查窗内发现。造成刮煤机停走的原因一般是：给煤机停用时联动停用对应的刮煤机，或电动机过负荷热偶动作跳闸、机械剪切销切断等。给煤机运行中如发现刮煤机停走，应及时通知检修前来处理。因为刮煤机停走后，由于皮带下面的剩煤不能及时清除，将造成给煤量指示不正确和可能引起的皮带拱起、卡住、变形、跑偏等异常情况。

当给煤机失电时，为防止磨煤机因空磨造成设备损坏，应立即停用磨煤机。当给煤机因故跳闸时将联跳磨煤机，如保护拒动，应立即停用对应的磨煤机。给煤机因电气故障造成停用时，应待故障原因消除后方可重新投入运行。

4. 磨煤机及附属设备故障

磨煤机及附属设备的故障范围较广，本节将重点介绍磨煤机密封风系统故障、磨煤机润滑油系统故障、磨煤机严重振动和磨煤机故障停用等常见故障。

磨煤机密封风与一次风的压差低，一般是由于密封风机进口滤网被灰尘杂物阻塞、密封风系统泄漏、密封风机故障或脱扣等原因造成的。

正常运行中发现密封风与磨煤机进口一次风的压差逐渐变小时，应及时分析并查明原因。当密封风系统泄漏时，密封风机电流将增大；如因密封风机进口滤网阻塞造成，则密封风机电流将下降。此时应及时清除进口滤网上的杂物，使密封风压与磨煤机进口一次风的压差恢复正常。密封风机在运行中如发生叶片断裂、碰壳、振动严重或轴承温度超限等异常情况，应立即将其停用。磨煤机运行过程中，为了防止煤粉进入磨辊轴承造成设备的损坏，以及防止磨煤机内温度较高的风粉混合物吹入给煤机内造成积粉自燃和煤粉从磨煤机轴封处漏出而影响厂房环境，一般磨煤机都有密封风与磨煤机进口一次风的压差小于规定值时联跳磨煤机的保护。

磨煤机润滑油压降低一般由以下原因造成：

(1) 系统泄漏。当磨煤机润滑油系统泄漏时，油泵出口及系统油压均将下降，齿轮箱油位降低，泄漏处有油漏出。当发生冷油器泄漏时，如冷却水压力低于油压，则冷却水出口将有油花漂出，严重时有油流出；如冷却水压力高于油压，则由于冷却水漏入油中，使齿轮箱油位反而上升且油质乳化。

(2) 滤油器阻塞。发生滤油器阻塞时，油泵出口油压升高而系统油压降低，即滤油器前后压差增大。

(3) 油温过高。磨煤机润滑油系统温度过高时，由于油的黏度下降而使系统油压下降。

(4) 润滑油泵故障停用或低速运行。有些磨煤机当油温低至一定值时，为防止润滑油泵过载造成设备损坏，润滑油泵将自动转为低速运行并投入油加热装置，以提高油温。当油泵转为低速运行时，系统油压将明显下降，并因润滑条件不满足而使对应的磨煤机跳闸，并联跳对应的给煤机。

发生磨煤机润滑油压降低但尚高于允许的低限值时，应立即查明原因并迅速设法提高油压。如因滤油器阻塞引起时，应立即投入备用滤油器，将阻塞的滤油器退出运行并进行清洗。如因油温过高引起时，应立即增加冷却水量，以降低油温。

当发现系统泄漏时，应立即维持油箱油位，将磨煤机调停后交检修处理。

当发生润滑油泵故障停用或转为低速运行、润滑油压低至限值或推力瓦回油温度高于极限值时，由于润滑油条件不满足保护将动作而使对应的磨煤机跳闸并联跳对应的给煤机，如保护不动作，应立即手动停用磨煤机和给煤机。

磨煤机运行中发生剧烈振动，一般是由于基础松动、磨煤机断煤、轴承损坏、磨煤机内部衬扳或其他部件脱落、原煤中有较大的铁件或硬物落入造成的。当磨煤机发生剧烈振动时，磨煤机电流也将随之有较大幅度的变化并有可能超限，现场还可能有异常的撞击声或金属摩擦声，这时应紧急停用该磨煤机。磨煤机紧急停用后应进行内部检查，确认设备无损坏时方可重新启动。

二、660MW锅炉制粉系统的故障

1. 制粉系统的故障处理原则

制粉系统发生故障时，值班员应根据计算机 LCD 的显示和设备外部的象征，对运行工况进行全面分析，并判断设备故障的性质和影响范围，采取一切可行的办法，尽快消除故障根源，解除对人身和设备的威胁，维持制粉系统设备的正常运行，防止事故扩大。只有在制粉系统设备确已不具备运行条件，或继续运行对人身、设备的安全构成威胁时，方可停止制粉系统设备的运行。

制粉系统发生故障时，值班员应在单元长的领导下，果断地按规程的规定进行处理。当发生规程中没有列举的故障情况时，值班员应根据计算机 LCD 的显示和设备外部的象征等设备具体情况，对运行工况进行认真、全面的分析，并判断设备故障性质和影响范围，采取主动的对策、措施，迅速进行处理。单元长的命令，除对人身、设备有直接危害外，均应坚决执行。

制粉系统运行时，凡发生运行工况或参数达停用制粉系统运行设备保护条件或动作值而联锁、保护拒动时，应立即手动停止该设备的运行，并进行相应的处理。

机组发生 MFT 时，应检查两台一次风机跳闸、运行密封风机跳闸、所有运行制粉系统跳闸，且磨煤机出口门关闭；若磨煤机 A 微油点火装置投运，则相应跳闸。发生 RB 动作时，在断油全烧煤的情况下，应维持三台制粉系统运行；在油煤混烧的情况下，应维持两台制粉系统运行，并维持机组负荷满足于 RB 的需要。如运行中一台一次风机跳闸，磨煤机的风量不能满足，则应及时投入油枪，然后再停运一台制粉系统。

值班员在故障处理结束后，应将故障发生的时间、现象及采取的措施，详细记录交班。

2. 制粉系统设备的停运

发生下列情况之一的，应立即停止制粉系统设备的运行：

(1) 制粉系统设备、电动机有严重缺陷或发生火警，危及设备或人身安全。

(2) 一次风机电动机或风机轴承温度高于 80℃。

(3) 一次风机电动机绕组温度高于 130℃，经采取措施仍无效。

(4) 制粉系统设备内部发生强烈撞击声和摩擦声，振动大于 0.10mm 或电动机振动大于 0.080mm。

(5) 设备油箱油位低于最低油位线。

3. 密封风机故障跳闸

(1) 现象：

1) 密封风机停运，电流至“0”，LCD 显示状态由红色变成白色，且 LCD 报警画面出现“密封风机跳闸”声、光信号。

2) 备用密封风机自启动，其 LCD 显示状态由绿色变成红色，电流正常。

3) 如另一台密封风机自启动不成功，则延迟 60s 后跳闸所有运行磨煤机。此时如无油枪运行，则机组 MFT 动作。

4) 密封风/炉膛压差不大于 1.0kPa，引起第二台密封风机启动。

(2) 原因：

1) 锅炉辅机联锁开关在“入系”位置时，两台一次风机均已停运，延时 15s。

2) 电汇失电。

3) MFT 动作引起两台一次风机跳闸，延时 15s。

4) 手动停运。

(3) 处理：

1）检查另一台密封风机自启动正常。

2）根据需要及时投运油枪。

3）检查密封风机跳闸的原因，尽快消除缺陷，及早恢复运行。

4. 磨煤机故障跳闸

（1）现象：

1）该磨煤机电动机电流到“0”，LCD设备状态显示由红色变成白色。

2）LCD报警画面发出“磨煤机跳闸”声、光报警。

3）对应给煤机联锁跳闸，LCD设备状态显示由红色变成白色，LCD报警画面发出“给煤机跳闸”声、光报警，煤量到0。

4）总煤量突降。

5）锅炉氧量上升，汽温、汽压、负荷下降，磨煤机火焰信号消失，可能引起炉膛压力下降、燃烧不稳。

6）锅炉自动回路中，如燃料控制在“自动”方式，则其他运行给煤机的煤量自动增加，自动维持机组负荷；否则机组负荷、汽压将下降。

（2）原因：

1）MFT动作。

2）RB动作、一次风机仅剩一台运行（如有油枪运行，则自下而上保留相邻两台磨煤机运行；如无油枪运行，则自下而上保留三台磨煤机运行）。

3）两台一次风机均跳闸。

4）两台密封风机均已跳闸并延时60s。

5）点火支持有效信号丧失，且磨煤机火焰同时丧失两个及以上。

6）磨煤机出口温度不低于110℃。

7）磨煤机密封风与磨碗压差不大于2.03kPa，延时60s。

8）推力瓦温度任两点不低于80℃。

9）磨煤机润滑油条件不满足。

10）磨煤机润滑油泵跳闸。

11）手动停运。

（3）处理：

1）如未发生MFT动作，应及时调整运行磨煤机的煤量、风量，以维持运行磨煤机工况正常。

2）迅速调整风量，维持炉膛压力及氧量正常，保持各参数正常。

3）如发生燃烧工况不稳定，除及时调整燃料风和辅助风进行燃烧调整外，若磨煤机3A运行，还可投入微油点火或油枪，以稳定燃烧。

4）根据需要，投运备用磨煤机，及时根据机组负荷及燃烧情况，停用油枪。

5）检查对应的给煤机已跳闸，磨煤机出口门1～4关闭，关闭热隔门、热风门。

6）全面清理该磨煤机渣斗一次。

7）迅速查明原因，设法消除故障，恢复设备备用。

8）若锅炉熄火，则按锅炉MFT处理。

5. 煤粉管阻塞

(1) 现象：

1) LCD报警画面“磨煤机煤粉管温度低”故障报警声、光信号出现。

2) 火焰信号强度减小，甚至检测不到。

3) 煤粉燃烧器无煤粉喷出或仅有少量煤粉喷出。

4) 磨煤机出口温度出现偏差。

5) 磨煤机出口压力升高。

(2) 原因：

1) 磨煤机风量小，煤粉过粗。

2) 磨煤机出口门未开足。

3) 煤粉燃烧器喷口处结焦。

4) 磨煤机出口温度太低，煤粉太湿。

5) 磨煤机煤粉分配器故障。

6) 磨煤机风速、煤粉不平衡。

(3) 处理：

1) 减少磨煤机煤量，增大磨煤机风量。

2) 适当提高磨煤机出口温度。

3) 清理煤粉燃烧器喷口处结焦。

4) 敲打阻塞的煤粉管。

5) 检查开启磨煤机出口门。

6) 经上述手段后，仍未消除的，应停运磨煤机，联系检修处理。

6. 给煤机故障跳闸

(1) 现象：

1) 运行给煤机停运，LCD显示设备状态由红色变成白色，LCD报警画面“给煤机故障跳闸”声、光报警信号出现。

2) 运行磨煤机可能因此而跳闸，LCD显示设备状态由红色变成白色。

3) 磨煤机四角火焰丧失，炉膛燃烧火焰不稳，炉膛负压波动。

4) 机组在自动方式时，其他运行给煤机的煤量可能会自动增加，否则锅炉蒸发量下降、汽压降低、机组负荷减小。

(2) 原因：

1) MFT或RB。

2) 磨煤机跳闸，联锁跳闸给煤机。

3) 点火支持有效信号丧失，且磨煤机火焰同时失去两个及以上。

4) 磨煤机的两个及以上出口门关闭。

5) 给煤机堵煤。

6) 电源故障。

7) 手动停运。

(3) 处理：

1）如锅炉燃烧火焰不稳，则应及时投入油枪稳定炉火。

2）增加其他运行给煤机的煤量，或投运备用磨煤机，维持机组负荷。

3）仔细检查、分析给煤机跳闸的原因，尽快消除，恢复正常。

7. 刮煤机停转

（1）现象：

1）刮煤机停运。

2）刮煤机底部煤粉逐渐增多。

（2）原因：

1）刮煤机电动机过荷热偶动作。

2）刮煤机剪切销切断或机械故障。

3）给煤机跳闸、联锁动作。

（3）处理：

1）将刮煤机开关置“停运”位置。

2）如系剪切销被切断引起，则联系检修人员，调换剪切销。

3）如系给煤机跳闸引起，按给煤机跳闸处理的相应条文处理。

4）如系刮煤机故障停运，且一时无法消除故障根源，则应尽快停运磨煤机，联系检修处理。

8. 给煤机皮带打滑

（1）现象：

1）给煤机燃料量不稳定，并可能引起燃烧不稳。

2）磨煤机出口温度不稳定。

3）给煤机煤量有时多时少的现象。

4）磨煤机风量随煤量变化而不稳定，引起磨煤机出口压力、温度波动。

（2）原因：

1）给煤机皮带过松、张力小。

2）煤仓来煤太潮。

3）给煤机皮带本身的质量差。

4）皮带与辊轮之间有异物。

（3）处理：

1）如系给煤机皮带太松或皮带质量问题，则安排停运并隔绝给煤机、磨煤机，通知检修人员处理。

2）如系原煤潮湿引起，则减小给煤机煤量，以防落煤管等阻塞，并通知燃料运行人员，尽量减小来煤的湿度。

9. 给煤机皮带跑偏

（1）现象：

1）给煤机煤量不稳定。

2）给煤机皮带跑偏，甚至跑出滚筒，以至于拉坏皮带。

（2）原因：

1）给煤机皮带张力未调整好。

2）刮煤机停运、引起积煤堆积过高，影响皮带的正常运行。

3）煤中有杂物。

（3）处理：

1）及时投运备用磨煤机，停运该给煤机。

2）联系检修处理。

10. 磨煤机润滑油泵故障跳闸

（1）现象：

1）运行磨煤机联锁跳闸，电流至“0”，LCD显示设备状态由红色变成白色。

2）磨煤机润滑油泵跳闸，LCD显示设备状态由红色变成白色。磨煤机润滑油泵故障报警声、光信号出现。

3）润滑油压低和油量低等报警声、光信号出现。

4）运行给煤机联锁跳闸，LCD显示设备状态由红色变成白色，LCD报警画面“给煤机故障跳闸”声、光信号报警出现。

5）磨煤机火焰丧失，炉膛燃烧火焰不稳。

6）当机组燃料控制不在自动位置时，机组负荷下降，否则自动增加在投入煤量自动运行给煤机煤量。

（2）原因（出现下列条件之一的，先跳闸磨煤机，2min后再跳闸润滑油泵）：

1）润滑油压力低不小于0.07MPa，并持续2s。

2）磨煤机推力瓦温度任两点不低于80℃。

3）冷油器出口润滑油温度不低于65℃。

4）润滑油油箱温度不高于15℃。

5）润滑油箱油量小于700L。

（3）处理：

1）按运行磨煤机跳闸处理相关条文处理。

2）仔细检查、分析润滑油泵跳闸的原因，尽快消除，恢复正常。

第十二节 厂用电源故障

厂用电源是指供给发电设备的动力电源、操作电源、照明电源，以及热控、保护、计算机和仪表等用的交、直流电源。一般发电厂的厂用电源有6kV、400V、220V等电压等级。

厂用电源一般在同一电压等级中采用母线分段布置的形式。同一段母线一般又都有两个电源可向其供电。正常运行时由其中一个电源向母线供电，另一个电源备合闸投入作为备用。锅炉数台同一种辅机的电源，一般分别接自不同的厂用母线，所以厂用电源故障时对锅炉造成的影响，就有局部厂用电源故障失电和全部厂用电源故障失电两种情况。

厂用电源故障失电，一般是由于电力系统故障、发电机故障、厂用变压器故障、人员误操作或保护动作时备用电源自投不成功所造成的。此外，厂用母线故障，如发生短路、接地等异常情况时也将造成厂用电源故障失电。

发生厂用电源故障失电时，失电母线上的电压指示到“0”。该母线上所有设备的电源都失去，电动门指示灯熄灭，各电动机电流均到“0”；有低电压保护的辅机合闸开关释放，运行指示灯熄灭，停用指示灯闪光并报警；无低电压保护的辅机（如预热器、引风机等）虽也停转并电流到“0”，但运行指示灯仍亮。失电母线上的各备用辅机或备用厂用变压器，也由于电源失去而失去备用作用。当6kV母线失电时，母线上的低压厂用变压器将同时失电，如备用电源自投不成功，将造成该400V低压厂用母线也失电。当部分6kV厂用电源发生故障失电时，将出现机组负荷、锅炉流量、压力、汽包水位等参数的急剧下降，锅炉燃烧不稳，严重时可能导致锅炉熄火。当厂用电源全部失去时，锅炉熄火、机组负荷到“0”，热控、保护、计算机及仪表等也有可能同时失电。

发生部分6kV厂用母线失电时，若锅炉尚未熄火，应迅速投入助燃油枪以稳定燃烧，计算机系统的RB功能将快速减荷至50%，并通过自动调节维持锅炉各参数正常。对于无RB功能和手动运行的锅炉，运行人员应立即调整锅炉的给水、燃料、风量和减温水量，迅速将锅炉负荷降至50%并维持各参数在正常范围内。复置所有失电辅机的开关。若锅炉已熄火，则严禁向炉膛继续供给燃料（如投助燃油枪等），并立即按锅炉熄火紧急停炉的规定进行处理。

当发生部分400V低压厂用母线失电时，应立即启动失电辅机的备用设备，复置失电辅机的开关，迅速调整锅炉各参数正常，尽量保持锅炉运行工况稳定，并联系电气迅速恢复电源。

因失电造成电动门、调节门、风门挡板等无法操作时，应立即将有关自动切至手操。在电源未恢复前尽量维持负荷不变，以减少不必要的操作，如必须操作时，应到现场进行近控手操。

由于失电造成计算机和仪表指示失去或失常时，应立即通知热工人员迅速处理恢复电源。在电源未恢复前尽量减少操作维持原工况运行，利用机炉的一次表计进行综合分析，派专人监视汽包就地水位，用电话或手拨水位指示进行联系。如计算机和仪表电源夫去，在5min内无法恢复或机组运行工况不稳，应立即按紧急停炉进行处理。

如发生厂用电源全部失去时，锅炉虽已熄火停炉，但运行人员仍应按紧急停炉的要求进行逐项处理。这时由于汽轮机凝汽器真空已无法维持，因此不可投用高、低压旁路来降低过热器及再热器的压力。预热器失电后应对其进行手动盘车。在风机动叶调节液压油系统失电的情况下，禁止近控或遥控操作风机动叶，以免造成设备损坏。电动门、调节门、风门及挡板失电时均需近控手操，以符合停炉操作的要求。